# 新技术在环境监测中的应用与展望

江苏康达检测技术股份有限公司技术委员会　编著

中国石化出版社

## 内 容 提 要

本书归纳并详细介绍了环境监测各种新技术的原理、特点、优势、局限，实际应用案例以及对未来应用方向的展望。全书共分十四章，包括电子信息技术、大数据技术、区块链技术、物联网技术、5G技术、自动化与人工智能技术、传感器技术、在线监测技术、便携式监测设备、移动监测设备、无人监测设备、现代生物技术、卫星遥感技术、纳米科技及新型化学材料和新型检测技术。本书有助于读者全面了解新型前沿的科技在环境监测中的赋能助力，也对未来新技术在其他领域的应用拓展提供预测方向。

本书可供环境监测人员、环境管理人员、环境研发人员在监测及研发工作中参考使用，也可供高等院校环境工程、环境化学等相关专业师生学习参考，亦可作为其他行业研发人员的技术参考书籍。

**图书在版编目(CIP)数据**

新技术在环境监测中的应用与展望 / 江苏康达检测技术股份有限公司技术委员会编著. —北京：中国石化出版社，2023.7
ISBN 978-7-5114-7152-9

Ⅰ.①新… Ⅱ.①江… Ⅲ.①新技术应用-环境监测-研究 Ⅳ.①X83

中国国家版本馆 CIP 数据核字(2023)第 124964 号



**中国石化出版社出版发行**
地址：北京市东城区安定门外大街 58 号
邮编：100011 电话：(010)57512500
发行部电话：(010)57512575
http://www.sinopec-press.com
E-mail:press@sinopec.com
北京柏力行彩印有限公司印刷
全国各地新华书店经销

*

710 毫米×1000 毫米 16 开本 22.5 印张 366 千字
2023 年 9 月第 1 版 2023 年 9 月第 1 次印刷
定价：88.00 元

# 《新技术在环境监测中的应用与展望》
# 编 委 会


主　　任　张　峰

主　　编　李冠华

副 主 编　赵雅芳

编　　委　(以姓氏笔画为序)

方　圆　尹雪香　朱佩玉　许　震　李　月

李　军　李志鸿　吴秋硕　汪燕南　张正华

张　磊　张　燕　陈正英　陈海秀　周　荣

封　岳　侯利文　姜金萍　顾俊鹏　徐　兰

高　晨　郭　骏　陶玲琳　葛明敏

主编单位　江苏康达检测技术股份有限公司

参编单位　清华大学深圳国际研究生院

江苏省苏州环境监测中心

# 编写人员

第 1 章　李冠华

第 2 章　朱佩玉

第 3 章　李　月

第 4 章　汪燕南

第 5 章　陈海秀

第 6 章　高　晨

第 7 章　方　圆

第 8 章　吴秋硕

第 9 章　许　震

第 10 章　侯利文　顾俊鹏　郭　骏

第 11 章　姜金萍

第 12 章　陶玲琳

第 13 章　李志鸿　封　岳

第 14 章　张　燕　李　军　周　荣

校核人员　张正华　赵雅芳　陈正英　徐　兰　尹雪香

张　磊　葛明敏

# 前言

环境监测是环境保护工作的基础，是环境污染控制的眼睛，是执行环境保护法规的依据，是污染治理、环境科研、设计规划、环境管理中不可缺少的重要手段。目前，环境监测技术有以下发展趋势：监测手段向多元化方向发展，越来越多的先进技术应用到环境监测中；监测设备自动化、智能化程度会越来越高；监测方法向分析项目系统化方向发展；监测精度向痕量分析甚至超痕量分析方向发展；现场快速检测技术会涵盖越来越多的检测指标，应用于越来越多的场景；在线监测会逐渐取代部分实验室检测工作；新型污染物的检测技术从常规的污染物浓度检测向生物毒性检测和健康风险评估方向发展；向着高效便捷、成本更低、对环境友好的样品前处理技术和净化技术方向发展。

生态环境部《"十四五"生态环境监测规划》也强调了新技术的应用，"监测为服务管理而生，靠技术进步而强"。环境监测新技术在自动在线监测领域、实验室分析领域、应急监测领域、卫星遥感监测领域、综合分析领域都已广泛应用。本书系统地归纳总结了各种环境监测新技术的特点、优势、劣势、实际应用案例以及未来发展方向。

本书第1章简要介绍了环境污染问题的由来，环境保护的发展历程，环境监测的作用、分类及技术发展趋势。第2章至第13章详细阐述了电子信息技术、大数据技术、区块链技术、物联网技术、5G技术、自动化与人工智能技术、传感器技术、在线监测技术、便携式监测设备、移动监测设备、无人监测设备、现代生物技术、卫星遥感技术、纳米科技及新型化学材料等新技术在环境监测中的应用，以及具体应用中的优势和存在的问题。第14章主要介绍了微流控技术、原位电离质谱技术、膜进样质谱技术、稳定同位素技术、三维荧光光谱技术等新检测技术在环境监测中的应用。

本书由我司技术委员会成员共同协作完成，旨在对近些年来环境监测领域中应用的各种新技术做一个归纳总结，希望能够为读者提供有价值的参考。本书也参考、借鉴了一些已经出版的著作、教材、学术论文等文献资料，在此也由衷感谢行业前辈们的工作积累。

由于编者的学识水平所限，无论从理论上还是技术方面都还需要继续深入研究和完善，书中存在的纰漏、不足甚至错误之处，敬请专家和读者批评指正，以便我们在后续工作中做出相应的修订和改进。

江苏康达检测技术股份有限公司

2023年5月

# 目 录

# 第1章　绪　　论

## 1.1　环境与环境污染

### 1.1.1　环境的定义及分类

环境是指人类生存的空间以及直接或间接影响人类生存的各种因素的总和。《中华人民共和国环境保护法》从法学的角度对环境的定义是："本法所称环境，是指影响人类生存和发展的各种天然的和经过人工改造的自然因素的总体，包括大气、水、海洋、土地、矿藏、森林、草原、湿地、野生生物、自然遗迹、人文遗迹、自然保护区、风景名胜区、城市和乡村等。"

按环境的属性，习惯上将环境分为两类：自然环境和社会环境。

自然环境，是指环绕于人类周围的自然界未经过人工改造而天然存在的环境，是客观存在的各种自然因素的总和，也是人类赖以生存和发展的物质基础。自然环境按环境要素又可分为大气环境、水环境、土壤环境、地质环境和生物环境等。

社会环境，是指人类在自然环境的基础上，为不断提高物质和精神生活水平，通过长期有计划、有目的的发展，逐步创造和建立起来的人工环境，如城市、农村、工矿区等。

### 1.1.2　环境污染

工业革命以来，人类社会生产力水平有了极大提高，但在科学技术、社会经济以及工业水平快速发展的同时，自然资源被过度消耗，各类污染物被大量排放，生态环境遭到大范围破坏，人类为此付出了沉痛代价。从20世纪30年代开始，世界上发生的严重环境污染事件数不胜数，如英国伦敦烟雾事件、日本水俣病事件、墨西哥湾井喷事件、库巴唐"死亡谷"事件、印度博帕尔公害事件、切尔诺贝利核泄漏事件、莱茵河污染事件等。

环境对人类生存的影响是综合性的，而人类活动也从各个方面反过来影响、改变环境，这种影响和改变有可能使环境更适合人类生存，但也有可能进一步恶化人类的生存环境。

环境污染是指人类活动使环境要素或其状态发生变化，造成环境质量恶化，扰乱和破坏生态系统稳定性及人类正常生活条件的现象。环境污染的实质是人类活动将大量的污染物排入环境，降低其自净能力，进而影响生态系统的功能。环境问题是不合理的资源利用方式和经济增长模式的产物，根本上反映了人与自然的矛盾冲突，究其本质是经济结构、生产方式和消费模式问题。

环境污染的类型，按环境要素可分为大气污染、水体污染和土壤污染等。

① 大气污染，包括企业废气排放污染、机动车尾气排放污染、饮食业油烟排放污染、建筑施工污染、垃圾焚烧污染、作物秸秆焚烧污染、室内装饰装修材料释放有害物污染、室内空气污染；

② 水体污染，包括地表水污染、地下水污染、海洋污染、饮用水污染；

③ 土壤污染，包括化肥污染、农药污染、白色污染。

按污染的性质可分为化学污染、生物污染和物理污染等。

① 化学污染，包括重金属污染、有机物污染、无机物污染；

② 生物污染，包括大肠杆菌污染、致病细菌污染、病毒污染；

③ 放射性污染，包括建材放射性污染、氡气污染、医疗放射性污染；

④ 噪声污染，包括工业噪声污染、生活噪声污染、交通噪声污染、建筑噪声污染等；

⑤ 电磁辐射污染，包括工频辐射污染、射频辐射污染；

⑥ 固废污染，包括垃圾(建筑垃圾、生活垃圾、医药垃圾等)污染、放射性废物污染、白色污染。

按污染的来源可分为工业污染、农业污染、交通运输污染和生活污染等。

① 工业污染，工厂排出的废烟、废气、废水、废渣和噪声等；

② 农业污染，农业生产中大量使用化肥、杀虫剂、除草剂等化学物质，如有机磷农药，有机氯农药等；

③ 交通运输污染，交通工具(燃油车辆、轮船、飞机等)排出的废气和噪声；

④ 生活污染，人们生活中排出的废烟、废气、噪声、脏水、垃圾。

按污染物的分布范围，又可分为全球性污染、区域性污染、局部性污染等。

环境污染的危害是多方面的，以大气污染为例：

(1) 对人体健康的危害

大气污染物对人体健康的危害主要表现为呼吸系统受损、生理机能障碍、消化系统紊乱、神经系统异常、智力下降、致癌、致残等。人们把大气污染引起的烟雾称为“杀人的烟雾”。当大气中污染物的浓度很高时，会造成急性污染中毒，或使病情恶化，甚至在几天内夺去几千人的生命。

（2）对植物的危害

大气污染物，尤其是二氧化硫、氟化物等对植物的危害是十分严重的。当污染物浓度很高时，会对植物产生急性危害，使植物叶表面产生伤斑，或者直接使叶子枯萎脱落；当污染物浓度不高时，会对植物产生慢性危害，造成植物产量下降，品质变坏。

（3）对天气气候的危害

大气污染物易使空气变得浑浊，遮挡阳光，使得到达地面的太阳辐射量减少。大气污染导致的酸雨能使大片森林和农作物毁坏，能使纸品、纺织品、皮革制品等腐蚀破碎，使金属的防锈涂料变质而降低保护作用，还会腐蚀、污染建筑物等。此外，大量废热排放到城市上空会导致“热岛效应”，大气中的二氧化碳含量增加会引起“温室效应”，导致全球的气候异常。

### 1.1.3 环境保护

环境保护，简称环保，一般是指人类为解决现实或潜在的环境问题，协调人类与环境的关系，保护人类的生存环境、保障经济社会的可持续发展而采取的各种行动。环境保护涉及自然科学和社会科学的诸多领域，其方法和手段包括工程技术、行政管理、经济、宣传教育等方方面面。

#### 1.1.3.1 国际环境保护发展历程

日趋严重的环境问题促使人类环保意识开始觉醒，人类对环境问题的认识逐步深入，对粗放式的经济发展模式不断进行深刻反思。《寂静的春天》《增长的极限》《只有一个地球》等著作给予了人类强有力的警示，让社会大众开始关注环境污染、生态破坏问题，同时开启了环境保护的先河，更是播下了民众参与环境保护行动的种子。

4 次世界性环境与发展会议标志着人类对环境问题的认识发生的 4 次历史性飞跃。

1972 年 6 月 5 日联合国在瑞典首都斯德哥尔摩召开联合国人类环境会议。此次大会是国际社会就环境问题召开的第一次世界性会议，会议通过的《人类环境宣言》，是世界环境保护史上一个重要的里程碑。会议开幕日被联合国确定为世界环境日。

1992 年 6 月 3 日至 14 日在巴西里约热内卢召开联合国环境与发展大会。会议第一次把经济发展与环境保护结合起来，提出了可持续发展战略，标志着环境保护事业在全世界范围启动了历史性转变。由我国等发展中国家倡导的“共同但有区别的责任”原则，成为国际环境与发展合作的基本原则。

2002 年 8 月 26 日至 9 月 4 日在南非约翰内斯堡召开可持续发展世界首脑会

议。会议提出经济增长、社会进步和环境保护是可持续发展的三大支柱，经济增长和社会进步必须同环境保护、生态平衡相协调。

2012 年 6 月 20 日至 22 日在巴西里约热内卢召开联合国可持续发展大会。会议开启可持续发展目标讨论进程，提出绿色经济是实现可持续发展的重要手段，正式通过《我们憧憬的未来》这一成果文件。

国际社会为解决环境问题付出了很大努力，但全球环境问题少数有所缓解、总体仍在恶化。生物多样性锐减、气候变化、水资源危机、化学品污染、土地退化等问题并未得到解决。目前，发达国家和地区已经基本解决传统工业化带来的环境污染问题。大多数发展中国家由于人口增长、工业化和城镇化、承接发达国家的污染转移等因素，环境质量恶化趋势加剧，治理难度进一步加大。

**1.1.3.2　我国环境保护发展历程**

发达国家环境保护进程中的经验教训值得我们深思。对于发达国家曾走过的“先污染后治理、牺牲环境换取经济增长”的老路，我国不能重蹈覆辙，必须努力避免，积极探索环境保护新路。

根据《中华人民共和国环境保护法》的规定，环境保护的内容包括保护自然环境、防治污染和其他公害两个方面。也就是说，要运用现代环境科学的理论和方法，在更好利用资源的同时深入认识、掌握污染和破坏环境的根源和危害，有计划地保护环境，恢复生态，预防环境质量的恶化，控制环境污染，促进人类与环境的协调发展。

我国环境保护发展历程大致可以分为 5 个阶段：

第一阶段：党的十一届三中全会之前。我国在 1956 年提出了“综合利用”工业废物方针，20 世纪 60 年代末提出“三废”处理和回收利用的概念，到 20 世纪 70 年代改用“环境保护”这一比较科学的概念。1972 年我国派出代表团参加了人类环境会议。1973 年 8 月国务院召开第一次全国环境保护会议，提出了“全面规划、合理布局，综合利用、化害为利，依靠群众、大家动手，保护环境、造福人民”的 32 字环保工作方针。1973 年国家建委下设的环境保护办公室成立，后来改为国务院直属的部级国家环境保护总局。

第二阶段：从党的十一届三中全会到 1992 年。这一时期，我国环境保护逐渐步入正轨。1981 年，国务院发布《关于在国民经济调整时期加强环境保护工作的决定》，提出了“谁污染、谁治理”的原则。1982 年颁布《征收排污费暂行办法》，排污收费制度正式建立。1983 年第二次全国环境保护会议，把保护环境确立为基本国策。1984 年 5 月，国务院作出《关于环境保护工作的决定》，环境保护开始纳入国民经济和社会发展计划。1988 年国家环境保护总局设立，成为国务院直属机构，此后地方政府也陆续成立环境保护机构。1989 年国务院召开第三次全国环境保护会议，提出要积极推行环境保护目标责任制、城市环境综合整治定量考核制、排放污染物许可证制、污染集中控制、限期治理、环境影响评价制度、“三同时”制度、排污收费制度共 8 项环境管理制度。同时，以 1979 年颁布试行、1989 年正式实施的以《环境保护法》为代表的环境法规体系初步建立，为开展环境治理奠定了法治基础。

第三阶段：从 1992 年到 2002 年。里约热内卢环境与发展大会两个月之后，党中央、国务院发布《中国关于环境与发展问题的十大对策》，把实施可持续发展确立为国家战略。1994 年 3 月，国务院通过《中国 21 世纪议程》，将可持续发展总体战略上升为国家战略。1996 年，国务院召开第四次全国环境保护会议，发布《关于环境保护若干问题的决定》，大力推进“一控双达标”（控制主要污染物排放总量、工业污染源达标和重点城市的环境质量按功能区达标）工作，全面开展“三河”（淮河、海河、辽河）、“三湖”（太湖、滇池、巢湖）水污染防治，“两控区”（酸雨污染控制区和二氧化硫污染控制区）大气污染防治，“一市”（北京市）、“一海”（渤海）（简称“33211”工程）的污染防治，启动了退耕还林、退耕还草、保护天然林等一系列生态保护重大工程。

第四阶段：从 2002 年到 2012 年。党的十六大以来，党中央、国务院提出树立和落实科学发展观、构建社会主义和谐社会、建设资源节约型和环境友好型社会、让江河湖泊休养生息、推进环境保护历史性转变、将环境保护列为重大民生问题、探索环境保护新路等新思想、新举措。2002 年、2006 年和 2011 年国务院先后召开第五次全国环保大会、第六次全国环保大会和第七次全国环保大会，并作出一系列新的重大决策部署，提出把主要污染物减排作为经济社会发展的约束性指标，完善环境法制和经济政策，强化重点流域区域污染防治，提高环境执法监管能力，积极开展国际环境交流与合作。

第五阶段：党的十八大以来。党的十八大将生态文明建设纳入中国特色社会主义事业总体布局，把生态文明建设放在突出地位。这是具有里程碑意义的科学论断和战略抉择，标志着我国将从建设生态文明的战略高度来认识和解决环境问题。2014 年 4 月 24 日，十二届全国人大常委会第八次会议表决通过了《中华人民共和国环境保护法》修订案，被称为“史上最严厉”的环境保护新法，于 2015 年 1 月 1 日正式施行。

《“十四五”生态环境监测规划》指出生态环境监测是生态环境保护的基础，是生态文明建设的重要支撑。为贯彻落实《中共中央 国务院关于深入打好污染防治攻坚战的意见》，建立完善现代化生态环境监测体系，强化“监测先行、监测灵敏、监测准确”，以更高标准保证监测数据“真、准、全、快、新”，有力支持生态环境质量持续改善，为减污降碳协同增效提供指导。

## 1.2 环境监测概述

### 1.2.1 环境监测的概念

环境监测是指按照有关技术规范规定的程序和方法，运用物理、化学、生物、遥感等技术，监视、检测和分析环境污染因子及其可能对生态系统产生影响的环境变化，评价环境质量，编制环境监测报告的活动。

环境监测的任务包括：①对环境中各项要素进行经常性监测，是了解、掌握、评估、预测环境质量状况及发展趋势的基本手段；②对各有关单位排放污染物的情况进行监视性监测；③为政府部门执行各项环境法规、标准，全面开展环境管理工作提供准确、可靠的监测数据和资料；④开展环境测试技术研究，促进环境监测技术的发展。

环境监测是运用现代科学技术手段对代表环境污染和环境质量的各种环境要素(环境污染物)的性质、数量、浓度进行的监视、监控和测定，从而科学评价环境质量及其变化趋势的操作过程。环境监测在对污染物监测的同时，已扩展延伸为对生物、生态变化的大环境监测。环境监测机构按照规定的程序和有关标准、法规，全方位、多角度、连续地获得各种监测信息，实现信息的捕获、传递、解析及控制。目前环境监测技术主要包括：水和废水监测技术、空气和废气监测技术、噪声和振动监测技术、土壤监测技术、生物监测技术等。

环境监测技术具备以下几个方面的特点：

① 环境监测技术具有多综合性。主要体现在监测手段和监测对象的多样性。监测手段包括化学、物理、生物、物理化学、生物化学及生物物理等一切可以表征环境质量的方法。监测对象包括空气、水体(江、河、湖、海及地下水)、土壤、固体废物、生物等客体，只有对这些客体进行综合分析，才能确切描述环境质量状况。

② 环境监测技术具有连续性。由于环境污染具有时间、空间分布性等特点，如果只进行短时间的监测，可能会导致其获取的数据具有片面性，所以，只有坚持长期测定，才能从大量的数据中揭示其变化规律，预测其变化趋势，数据样本越多，预测的准确度就越高。

③ 环境监测具有可追溯性。环境监测包括监测目的的确定，监测计划的制定，采样、样品运送和保存，实验室测定及数据处理等过程，是一个复杂而又有联系的系统，任何一步的差错都将影响最终数据的质量。为使监测结果具有一定的准确度，并使数据具有可比性、代表性和完整性，需有一个量值追溯体系予以监督。为此，需要建立环境监测的质量保证体系。

### 1.2.2 环境监测在环境保护工作中的作用

环境监测是环境保护工作的基础，是环境污染控制的眼睛，是执行环境保护法规的依据，是污染治理、环境科研、设计规划、环境管理中不可缺少的重要手段。环境监测在环境保护工作中的作用主要体现在以下几个方面：

① 对污染物排放情况进行监视性监测。为政府有关部门执行各项环境法规、标准，开展环境管理工作提供准确、可靠的监测数据和资料。同时根据污染分布情况，追踪寻找污染源，为实现监督管理、控制污染提供依据。

② 对环境中各项要素进行经常性监测。准确、及时、全面地反映环境质量现状及发展趋势，为环境管理、环境规划、污染防治等提供科学依据。

③ 环境监测获得的数据用以制定或修改各类环境质量标准、环保法规、规划。

④ 依法监测，可作为执行环保法规的技术仲裁。

⑤ 根据环境质量标准评价环境质量。准确地评价环境质量，并在此基础上提出或确定控制环境污染的对策，收集本底数据，积累长期监测资料，为研究环境容量、实施总量控制和目标管理、预测预报环境质量提供数据。

⑥ 突发环境事件应急监测。快速、准确地为事故处理决策部门提供污染物质类别、浓度分布、影响范围及发展态势等现场动态资料信息。为有效控制污染范围、缩短事故持续时间、将事故的损失减至最小提供有力的技术支持。

### 1.2.3 环境监测的分类

#### 1.2.3.1 按监测目的划分

(1) 监视性监测(例行监测、常规监测)

监视性监测包括监督性监测(污染物浓度、排放总量、污染趋势)和环境质量监测(空气、水质、土壤、噪声等监测)，是监测工作的主体，监测站第一位的工作，目的是掌握环境质量状况和污染物来源、评价控制措施的效果、判断环境标准实施的情况和改善环境取得的进展。

(2) 特定目的监测(特例监测、应急监测)

① 污染事故监测：指污染事故对环境影响的应急监测，常采用流动监测(车、船等)、简易监测、低空航测、遥感等手段。

② 纠纷仲裁监测：主要对污染事故纠纷、环境执法过程中所产生的矛盾进行监测，这类监测应由国家指定的、具有质量认证资质的部门进行，以提供具有法律责任的数据，供执法部门、司法部门仲裁。

③ 考核验证监测：主要指政府目标考核验证监测，包括环境影响评价现状监测、排污许可证制度考核监测、“三同时”项目验收监测、污染治理项目竣工时的验收监测、污染物总量控制监测、城市环境综合整治考核监测等。

④ 咨询服务监测：为社会各部门、各单位提供的咨询服务性监测，如绿色人居环境监测、室内空气监测、环境评价及资源开发保护所需的监测等。

(3) 研究性监测(科研监测)

针对具有特定目的的科学研究进行的高层次监测。进行这类监测事先须根据多个学科制定周密的研究计划，并联合多个部门协作完成。研究性监测属于高层次、高水平、技术比较复杂的一种监测，包括标法研制监测、污染规律研究监测、背景调查监测、综评研究监测等。

#### 1.2.3.2 按监测对象划分

可分为水质监测、空气监测、土壤监测、固体废物监测、生物监测与生物污染监测、生态监测、噪声和振动监测、电磁辐射监测、放射性监测、热监测、光监测、卫生(病原体、病毒、寄生虫等)监测等。

① 水质监测：分为水环境质量监测和废水监测，水环境质量监测包括地表水监测和地下水监测。监测项目包括理化污染指标和有关生物指标，以及流速、流量等水文参数。

② 空气监测：分为空气环境质量监测和污染源监测。空气监测时常需测定风向、风速、气温、气压、湿度等气象参数。

③ 土壤监测：重点监测项目是影响土壤生态平衡的重金属元素、有害非金属元素和残留的有机农药等。

④ 固体废物监测：包括工业废物、卫生保健机构废物、农业废物、放射性固体废物和城市生活垃圾等。主要监测项目是固体废弃物的危险特性和生活垃圾特性，也包括有毒有害物质的组成含量测定和毒理学实验。

⑤ 生物监测与生物污染监测：生物监测是利用生物对环境污染进行的监测。生物污染监测则是利用各种检测手段对生物体内的有毒有害物质进行监测，监测项目主要为重金属元素、有害非金属元素、农药残留和其他有毒化合物。

⑥ 生态监测：观测和评价生态系统对自然及人为变化所作出的反应，是对各生态系统结构和功能时空格局的度量，着重于生物群落和种群的变化。

⑦ 物理污染监测：指对造成环境污染的物理因子，如噪声、振动、电磁辐射、放射性等进行监测。

## 1.3 环境监测技术的发展趋势

### 1.3.1 环境监测技术的发展趋势

① 监测手段向多元化方向发展，越来越多的先进技术被应用到环境监测中。例如：5G 技术、区块链技术、传感器技术等。

② 监测设备自动化、智能化程度会越来越高。

③ 监测方法向分析项目系统化方向发展。

④ 监测精度向痕量分析甚至超痕量分析方向发展。

⑤ 电子信息技术、大数据技术在环境监测中的应用会越来越广泛。

⑥ 现场快速检测技术会涵盖越来越多的检测指标，应用于越来越多的场景，如突发污染事故应急检测。

⑦ 随着在线监测技术的快速发展，在线监测会逐渐取代部分实验室检测工作。

⑧ 新型污染物的检测技术，特别是尚无检测标准和环保法规管控的新型污染物的检测，如药品及个人护理品（PPCPs）、全氟化合物（PFCs）、内分泌干扰物（EDCs）、饮用水消毒副产物（DBPs）、溴代阻燃剂（BFRs）等。

⑨ 从常规的污染物浓度检测向生物毒性检测和健康风险评估方向发展。

⑩ 向着高效便捷、用时更短、成本更低、对环境友好的样品前处理技术、样品净化技术方向发展。

### 1.3.2 新科技在环境监测中的应用

（1）电子信息技术与大数据技术

电子信息技术的应用主要体现在实验室信息管理系统和便捷高效的仪器工作站上。覆盖实验室全流程的信息化管理系统，可以将实验室的业务流程和一切资源以及行政管理等以合理方式进行整合，配合分析数据的自动采集、自动计算和分析，电子化记录和报告，提高检测效率、降低运行成本、规范工作行为、严控数据质量，保证结果溯源。借助实验室信息管理系统还可以实现仪器、试剂耗材的规范管理，成本利润和产能的实时统计，检测周期预估，质量数据实时监控等功能。而便捷高效的仪器工作站方便了检测人员操作，提高了检测的效率和准确性。

大数据是从多种来源中搜集得到的海量数据信息的总称，具有数据量大、类型复杂、需要即时处理和价值提纯的特点。从环境监测的角度来看，大数据应用优势主要有四个方面：①提升生态环境综合的预警能力；②提升环境保护的科学决策水平；③提高环境健康风险评价的能力；④提升对公众的环境服务能力。

（2）区块链技术

区块链技术是利用加密链式数据块来验证与存储数据、利用分布式节点共识算法来生成和更新数据、利用智能合约来编程并操作数据的技术，是一种全新的去中心化基础架构与分布式计算范式，是加密解密技术、点对点网络、分布式存储技术等多项技术的交叉与融合。

区块链技术有四大特点：去中心化、智能合约、公开透明、不可篡改。

在环境监测领域的危险废物动态管理、污染物排放监管、环境监测数据真实性保障等环节的应用上，区块链技术都具有很大的优势。通过环境监测数据、监测记录、原始谱图、检测报告等上链，可以有效防止数据被篡改，提高监测数据公信力，实现数据各部门间互通，更好地发挥数据的价值，推动环境管理转型，提升环境治理能力。由于区块链技术公开透明，并且极难篡改、伪造和删除，有助于消除环保欺诈、数据造假等行为。

(3) 物联网技术

物联网，即物物相连的互联网。它是通过射频识别(RFID)、红外感应器等信息传感设备，按照约定的协议，将任何物体与网络相连接，然后通过信息传播媒介进行信息交换和通信，以实现智能化识别、定位、跟踪、监控和管理功能的一种技术。

物联网技术可以应用在大气监测、水质监测、生态监测、海洋监测上。在原有监测点设备的基础上，采用网格化的监测点布置方法，对监测对象进行自动、连续、全面的实时监测，从点扩大到面进而点面结合，扩大监测的范围，并加强各方面的监测力度，尽量减少散点、断面监测带来的信息失真等误差，提高整个环境监测系统的监测水平。

物联网技术在环境监测实验室管理中的应用主要包括：①实验室仪器设备的智能化管理。即利用仪器上的传感设备，管理仪器的信息、使用情况、运行状态、能耗等。②实验室样品管理。通过在样品包装中植入 RFID 标签，可以快速实现样品清点、借还、信息录入查看、位置跟踪等样品全生命周期监控。③实验室环境条件管理。将温湿度计、噪声测量仪、气体报警器等接入物联网，可以实现对实验室温湿度、噪声、粉尘、有毒有害气体、照明情况等的监控管理。④实验室安防管理。利用烟雾传感器、易燃气体报警器、红外传感器等实现防火防盗。⑤实验室人员出入管理、实验室耗材试剂管理等。

(4) 5G 技术

第五代移动通信技术，简称 5G，是具有高速率、低时延和大容量特点的新一代宽带移动通信技术，是实现人机物互联的网络基础设施。

上文提到的实验室信息管理系统、物联网技术、区块链技术都存在大量数据、信息的传递需求。例如现场采样记录、照片甚至视频的网络传输、在线仪器检测数据的传输、无人遥控设备数据的传输等环境监测场景产生的数据，使用 5G 技术可以大幅提升监测终端的工作效率。5G 与物联网、区块链、大数据等技术联合，不仅可以快速传输监测数据、监测点位信息、污染位置图片等数据，实现实时信息交互，保障数据的实时性，还可以提供共享数据，协助联防联控。5G 技术使监测网络更加“耳聪目明”，高清视频、无人机、光谱成像等更加丰富且精密的监测手段借助 5G 技术得到推广运用，推动单一数据监测向综合监测转变，实现“一处布点、多要素采集”。

（5）自动化与人工智能技术

自动化就是用机器设备或系统代替人完成某种生产任务，实现某个过程，或代替人进行事务管理工作。人工智能是研究、开发用于模拟、延伸和扩展人智能的理论、方法、技术及应用系统的一门新技术科学。

检测实验室朝自动化、智能化方向发展的优势主要体现在以下几个方面：①提升实验效率，在一定的时间内完成更多的实验，或延长工作时间；②降低实验室成本，减少人员开支，使更多的精力投入方向选择和实验设计中；③更好的样本结果均一性和过程控制；④更容易追踪和回溯实验流程；⑤更清洁、安全的实验流程。

（6）传感器技术

传感器技术是指高精度、高效率、高可靠性地采集各种形式信息，并对之进行处理（变换）和识别的一门多学科交叉的现代科学与工程技术。

传感器可以分为物理型传感器、化学型传感器和生物型传感器。物理型传感器是基于被测量物质的某些物理效应（力、光、热、电、磁、声等）发生明显变化的特性制成的。化学型传感器是利用能把化学物质的成分、浓度等转化成电信号的敏感元件制成的，如各种气敏、酸碱 pH 值、离子化、极化、化学吸附、电化学反应等。生物型传感器的分子识别部分主要是生物活性材料（酶、蛋白质、DNA、抗体、抗原、生物膜等），它以生物活性识别被测目标，然后将生物分子所发生的物理或化学变化转化为相应的电信号，予以放大后输出，从而得到检测结果。

传感器技术应用于环境监测领域具有成本低、能耗低、选择性好、检测快等优点，被广泛应用于在线监测设备和便携式监测设备。目前多集中在较为简单项目的监测，但随着传感器技术的快速发展，相信未来可以在环境监测中发挥更加重要的作用。

（7）在线监测技术

环境在线监测技术，主要是指以在线自动分析仪器为基础开展的一种综合性的在线自动环境监测与环境预警体系，通常采用现代自动测量技术、自动控制技术与计算机应用技术等主要技术措施，来实现综合性环境在线监测目的。

该技术能够实时监测各环境要素的质量水平及污染源的污染物排放情况，实时监控环境变化和污染源动态以及由此而产生的具体环境问题。通过分析掌握的实时环境监控数据，对已确定的环境目标进行有效管理，保证了信息的实时传输和分享，使得各个工作部门之间可以无差别地获取相关数据和信息，并对大数据进行分析。

目前应用比较广泛的是水质自动监测站、空气质量自动监测站。当前在线监测技术的不足之处主要在于适用的检测因子还不是很多，检测结果的重现性和可靠性有待进一步提升。

(8) 便携式监测仪器、移动监测设备、无人监测技术

便携式监测仪器与实验室监测仪器有着较大的区别，具有体积小、便于携带、操作灵活简便、快速测定等特点，适用于现场监测。便携式监测仪器在对污染物的快速鉴别、筛查、定性等方面起到了至关重要的作用。在环境事故应急处理中，便携式监测仪器采用综合检测的方式对突发性环境污染问题进行及时、实时监测，为应对突发性重大环境事件提供了有力的保障。

移动监测设备指在走航车、船等可移动设备上安装各类环境监测仪器进行环境样品的取样、监测和数据处理。移动监测设备搭载的测量分析仪器可以在移动过程中对特定区域内各类污染物参数进行实时监测，并快速绘制区域污染地图，精确判定污染行业、企业，甚至工段信息，锁定重点污染源。相比于传统固定式的监测方式，移动监测设备可以实现边行驶、边监测、边反馈，遇突发环境污染事件时，可快速抵达污染现场进行监测。

无人监测技术，即利用先进的无人驾驶设备技术、传感器技术、遥测遥控技术、通讯技术、GPS 差分定位技术、遥感应用技术和环境监测技术等，自动化、智能化、专用化地快速获取环境相关信息，完成遥感数据处理、建模和分析的应用技术。无人监测技术具有机动、快速、经济等优势，已经成为世界各国争相研究的热点课题，现已逐步从研究开发阶段发展到实际应用阶段，是未来环境监测中重要的检测技术之一。目前国内应用最普遍的无人监测设备有无人机监测设备、无人船监测设备等，该类设备常用于环境污染监控排查、突发环境污染事件监测预警等。

(9) 现代生物技术

现代生物技术又称生物工程技术，是以现代生命科学(分子生物学、细胞生物学、免疫学、遗传学等)为基础，结合计算机技术等先进手段，利用生物有机体，预期性地改变生物特性或制造新产品的一种高新技术，具有准确度高、反应灵敏、操作灵活等特点。现代生物技术的应用领域主要涉及环境监测，农作物、食物检测等，研究内容涉及细胞工程、基因工程等，主要包括生物监测技术、聚合酶链式反应、生物芯片技术、生物发光检测技术、生物传感器、DNA 宏条形码技术等。

(10) 卫星遥感技术

卫星遥感技术是利用可见光、红外、微波等探测仪器，通过摄影或扫描、信息感应、传输和处理，来识别地面物质的性质和运动状态的现代化技术。其主要优势是获取监测地域的资料速度快、精度高、覆盖范围广，不受气候条件限制。

卫星遥感技术在水环境监测领域的应用主要包括饮用水源保护区监测、水华监测、赤潮监测、船体溢油事故监测、工业废水排放监测等；卫星遥感技术在大

气环境监测领域的应用主要包括秸秆焚烧、沙尘、扬尘和大气气溶胶厚度、温室气体及工业废气排放等监测；卫星遥感技术在生态环境监测领域的应用主要包括自然保护区、生态功能区、土壤含水量、土壤墒情等生态环境要素的关键参数监测，也可应用于地表温度、城市热岛效应监测等。

## 参 考 文 献


[1] 陈玲，赵建夫主编．环境监测[M].2 版，北京：化学工业出版社，2014：4-5.

[2] 奚旦立，孙裕生，刘秀英编．环境监测[M]. 北京：高等教育出版社，1996：3-4.

[3] 陈亢利，钱先友，许浩瀚编．物理性污染与防治[M]. 北京：化学工业出版社，2006：117，164.

[4] 吴邦灿，李国刚，邢冠华．环境监测质量管理[M]. 北京：中国环境科学出版社，2011：1-5.

[5] 胡志民．经济法[M]. 上海：上海财经大学出版社，2006.

[6] 但德忠．环境监测[M]. 北京：高等教育出版社，2006：6-7.

[7] 高鹏园．论环境监测技术的现状及发展趋势[J]. 资源节约与环保，2020(01)：69.

[8] 张代麟．环境监测技术的应用现状及发展趋势探究[J]. 环境与发展，2020，32(12)：180-181.

[9] 吉祖峰．新形势下环境监测科技发展现状与展望[J]. 冶金管理，2020(23)：111-112.

[10] 陈晓红．浅谈环境监测技术的应用现状[J]. 皮革制作与环保科技，2022，3(13)：64-66.

[11] 谢寅凯．我国土壤环境监测技术的现状及发展趋势[J]. 资源节约与环保，2014(03)：80.

[12] 兰红军．我国环境监测技术的现状及其发展趋势[J]. 资源节约与环保，2013(08)：114+116.

[13] 张芳芝，郭鹏飞．浅谈环境监测的技术发展及趋势[C]//中国环境科学学会．2013 中国环境科学学会学术年会论文集(第四卷)，2013：164-166.

[14] 唐亮．环境监测与环境监测技术的发展[J]. 环境与发展，2020，32(06)：153+155.

# 第2章　电子信息技术在环境监测中的应用

## 2.1　电子信息技术概述

### 2.1.1　电子信息技术的定义

在早期的人类社会，信息的获取、传输、处理、存储和利用方式都比较单一，通常表现出信息获取简单、传输速度缓慢、处理技术落后、存储困难、利用率低的缺点，这在相当长的一段时期内极大地制约了人类文明的进步。第二次工业革命之后，电子技术得以迅速发展，计算机、网络通信、微电子等一系列新型技术相继出现，彻底改变了信息沿用几千年的方式，也为电子信息技术的应用铺平了道路。

电子信息技术是以信息为基础，通过研究开发、设计生产、管理维护电子信息系统或产品，从而实现信息化应用的技术。目前，电子信息技术已基本覆盖人类社会生活的各个领域，并深刻影响和引领着行业发展模式的创新与变革。

### 2.1.2　电子信息技术的发展基础

电子信息技术的核心是信息的获取、信息的处理和信息的传输，它们分别对应着现代信息技术中的传感器技术、计算机技术和网络通信技术，只有通过各项技术相互配合才能实现信息化系统或产品的有效运行。

#### 2.1.2.1　传感器技术

传感器是指能感知外界信息并按照一定规律将这些信息转换成可识别信号的器件或装置。根据工作机理可以将传感器分为物理型传感器、化学型传感器和生物型传感器。早期的传感器为结构型传感器，其主要通过结构参数的变化来感知、传递和转换信号，如电容式压力传感器、电阻式应变传感器等。20 世纪 70 年代，固体传感器逐渐发展起来，它主要由半导体、电介质、磁性材料等固体元件构成，包括热电偶传感器、霍尔传感器、光敏传感器等。虽然这一时期的传感器类型已十分多样，但由于缺乏有效的技术整合，在应用上仍存在一定的局限性。20 世纪 70 年代后期，随着集成技术、分子合成技术、微电子技术以及计算机技术的发展，传感器技术正式进入电子信息化时代，并迅速向低成本、多功能和系列化方向发展。此后传感器的应用场景不断丰富，市场化进程不断推进，传感器部件和功能也不断优化升级，目前已发展出具备自我诊断、记忆感知、数据处理、多参数测量及数据通信等一系列功能的智能型传感器，在基础科学研究、工业生产、测量与检测技术、航天技术、军事工程、医疗诊断等领域都发挥着越来越重要的作用。

#### 2.1.2.2 计算机技术

计算机技术是现代社会发展和科技进步的重要基础和动力源泉，深刻影响着人类社会文明进程。计算机技术具有明显的综合性特征，它与电子工程、应用物理、机械工程、现代通信技术等紧密联系。第一台通用电子计算机 ENIAC 就是以雷达脉冲技术、核物理电子计数技术、通信技术等为基础而设计的。电子技术，特别是微电子技术的发展，对计算机技术的发展产生了重要的影响和推动作用，二者相互渗透，密切结合，共同组成现代社会的强大物质技术基础。目前计算机技术的发展呈现微型化、智能化、高速化和多元化的整体趋势，计算机正逐渐由信息处理、数据处理过渡到知识处理，人机交互技术也将达到更加智能高效的程度。

#### 2.1.2.3 网络通信技术

网络通信技术是融合了通信技术和计算机网络技术的一门科学技术，它主要通过计算机和网络通信设备对图形、文字等信息进行采集、存储、处理和传输，使信息资源达到充分共享。随着互联网的普及和发展，网络通信技术也在不断迭代升级，其主体结构包括通信介质、数据通信和通信模块三个部分。

通信介质作为传输信息的载体，可以分为无线介质和有线介质两大类。无线介质通常包括红外线、电磁波、卫星通信等，有线介质则由电缆、光缆、双绞线等组成。不同的通信介质往往会对网络传输质量和传输时效产生影响。

数据通信是信息交换的重要通道，依托数据通信可以同时连接大量的远程终端，构建起一个互联共享的计算机通信网络。

通信模块主要用于提升通信成效的实时性，它既可以融合相关的数据信息及语言信息，也能对各区域的数据用户进行有效整合。

### 2.1.3 电子信息技术的应用特点

#### 2.1.3.1 自动化与智能化

在传统人工理念的工作模式下，生产力的提升受到人力资源的极大制约，工作效率和产品质量往往难以保证。电子信息技术的应用，极大程度上解放了生产力。通过自动化的仪器设备替代传统手工操作，建立流水线的作业模式，在利用少量的人力资源实现更高产能的同时，保证了生产的连续性和安全性。此外，随着电子设备智能化的应用技术不断成熟，信息材料的获取和应用更加高效完整，有利于帮助人们更加科学、精准地进行决策。在现实生活中，智能云存储技术、自动探测技术、自动导航技术等都是电子信息技术通过传感器实现智能化信息技术传输的具体应用。

#### 2.1.3.2 集成化与微型化

随着集成传感器技术和网络一体化技术的不断成熟，开发集成化、微型化的电子信息设备与通信网络是现代电子信息技术一个显著的发展特征。新型现代化材料和电器元件使产品体积大大压缩，现代纳米技术、嵌入式技术的加持也使电子信息系统具备了更加强大的集成性能和处理能力。目前，毫米级传感器、微型计算机等新型设备已经越来越多地应用于社会管理和工业生产，同时也为人们的日常生活提供了更加便捷、高效的选择方式。

#### 2.1.3.3 数字化与网络化

如今社会发展已经进入互联网+时代，数字化水平的不断提升使得网络技术与电子信息技术的联系愈加紧密。电子信息技术利用通信网络可以实现信息的充分整合、传输，使得信息的覆盖面更大、时效性更强、获取途径更加丰富。将计算机、电子信息网络、移动终端、智能应用软件等有机结合，搭建一体化的信息存储、处理与共享平台，可以实现社会资源的有效整合、目标信息的快速筛查、异常情况的监控预警等功能。目前相关信息化管理平台已广泛应用于社会公共管理、政府执法监管、企业经营活动等不同领域，助力社会经济高速发展。

#### 2.1.3.4 快捷化与高效化

电子信息技术在集成化和信息化的基础上，应用效率更高，运行更加简单，实现了快捷化与高效化的有机结合。如常见的智能手机就是电子信息技术便捷化应用的典型案例，它可以使人与人之间不受时间地点限制快速地建立联系和沟通，目前已成为人们生产和生活中最方便、最有效的信息承载工具。

## 2.2 电子信息技术在环境监测中的应用

随着电子信息技术的不断成熟，其应用领域也在不断拓展。与此同时，环境监测作为传统产业正在经历深刻转型，原有的管理和运行模式已无法适应现代化的环境监测需求，行业发展正由手工监测向在线化、一体化方向转变。电子信息技术的发展有力地推动了这一进程。目前，以实验室信息管理系统(LIMS)、科学数据管理系统(SDMS)、虚拟实验室等为代表的电子信息技术在环境监测领域已有应用。

### 2.2.1 实验室信息管理系统(LIMS)

#### 2.2.1.1 LIMS 的基本概念

实验室信息管理系统(Laboratory Information Management System, LIMS)是指在计算机网络基础上，建立的以实验室为中心的分布式计算机管理体系。它将实验室的分析仪器通过计算机网络连接起来，采用科学的实验室管理理论、先进的计算机数据库技术、工作流技术、样品识别技术、计算机存储技术和快速数据处理等技术，实现了分析数据自动采集与传输、在线过程控制和权限管理等功能。

LIMS 集成了业务管理、样品管理、数据管理、资源管理、档案管理、流程管理、成本管理等诸多模块，为实验室的全面管理提供了完备的技术支持。它既能满足外部的日常管理要求，又能保证实验室分析数据的严格管理和控制。随着环境监测业务标准化建设和业务量的快速增长，LIMS 在环境监测领域的应用价值和潜在作用日益凸显。

#### 2.2.1.2 LIMS 的组成结构

LIMS 的组成通常采用应用层、业务层、数据层完全独立的三层结构。

① 应用层：亦称技术层，用于 LIMS 与操作系统、网络及其他软件工具之间的交互。

② 业务层：亦称商业规则层，决定 LIMS 对不同情形的响应，例如在出报告前进行数据的校核和批准等。

③ 数据层：用于信息的保存，例如对样品的测定结果等的保存。

#### 2.2.1.3 LIMS 的主要功能

(1) 业务管理

业务管理是 LIMS 系统最具有核心功能的子系统，囊括了项目登记、样品接收、数据分析、数据互审、报告预审、报告编制、报告签发和报告归档等全部业务流程。系统通过一体化视窗将检测任务集中展示，有助于实时监控任务进展情况、了解检测人员工作状态、及时发现异常情况并制定相应的纠正措施。在报告生成过程中，系统采用电子签名代替手工签名，有利于及时输出检测报告，提升工作效率，缩短整个检测周期。

(2) 样品管理

样品管理是环境监测工作的重要环节，也是实验室管理、实验室认可和计量认证的重要内容，更是检测结果公正性、有效性和准确性的重要保障。实验室样品管理主要包括样品接收、任务分配、样品交接、样品留存等工作节点。通过将样品性质、样品量、样品保存条件和保存位置等信息录入系统，使用者可快速查询样品相关信息，精准掌控样品留存状态。在此基础上开发的智能化样品物流与仓储管理系统，如智能仓储机器人、分布式智能存储工作站、智能密集型样品存储库等，可以进一步实现检测样品自动输送、自动入库、自动调出等功能，全方位满足环境监测样品自动化、无人化管理要求。

(3) 数据管理

LIMS 系统对实现实验室数据客观、独立、真实、可追溯的质量管理目标具有重要的支撑作用。一方面，LIMS 系统通过与仪器连接可以实现数据信号的自动采集，从而大大减少分析人员抄录数据的工作量，同时避免因人工抄写产生的错误、偏差。另一方面，LIMS 系统能够将上传的数据和谱图文件自动保存，有力保证了数据的可追溯性。同时 LIMS 系统还可以自动完成对原始数据的处理，如计算、修约、单位换算、曲线生成和超标判定等，有效提升了数据的准确性。此外，分析数据在实验室经过相应级别审核后，业务人员、报告编制人员即可通过数据查询浏览数据，超标数据、质控数据可以重点显示，增强了数据的传递性。最后，通过对 LIMS 中数据的整理和分析，信息部门能够快速准确地编制分析和评价报告，及时通过信息发布系统发布环境质量信息，为政府和公众提供翔实的环境现状信息，实现更大范围的信息共享。

(4) 资源管理

LIMS 系统能够对实验室不同类型的资源进行全面综合的管理，包括人员管理、仪器设备管理、标准试剂管理、文件管理、检测方法管理、检测项目管理、评价标准管理、监测对象管理和分包管理等，并能对影响质量的诸要素进行有效监控。此外，通过将人员上岗资质、仪器设备检定与校准状况、方法标准的有效性、标样试剂的有效性、达标评价等与检测工作关联，质量管理人员可以随时查询相关信息，进行质量追踪。值得注意的是，在 LIMS 资源管理功能中，流程与权限管理必须严格遵循标准化的实验室管理规范 ISO/IEC 17025 中相关规定，将权限管理设为一个重要的限制条件，比如人员的培训考核信息、仪器的检定信息、材料的时效信息等，从而保障系统运行的合规性。

(5) 档案管理

环境监测档案主要指在各种环境监测活动中直接形成的具有保存价值的数据、文字、图表、音像、照片等各种形式和载体的文件材料。环境监测档案的有效管理对于快速识别环境问题、制定相应管理措施和有效治理环境污染具有重要的现实意义。相较于传统模式，基于 LIMS 系统的档案整理是一种比较新颖的管理方式，其主要优点有：

① 在 LIMS 系统的使用过程中，随着监测任务在系统中流转，原始记录和监测报告自动在系统中生成，实验人员可根据要求对报告进行分类，包括时间、报告类型等，系统随即将报告按要求进行排序，不需要人工再进行整理。此外，其他类型的文件也可以通过扫描成电子文件的形式导入 LIMS 系统中。

② 基于 LIMS 系统的档案管理可以实现档案数据的快速精准查询，这在传统

的档案管理模式中往往是难以做到的。精准查询是指对某一个细节进行遍历式的查询，如查询近两年所有地表水报告中氨氮的分析结果，或者查询某一个企业历史以来所有的分析报告，又或者查询某一个断面一年内所有的超标数据，通过 LIMS 系统都可以快速得到并导出相关结果，这极大地提高了查询的效率，节省了大量的人力物力。

③ LIMS 系统的档案调阅主要基于对数据库的读取操作，在数据的管理维护、备份保存、档案转移等方面具有易用性和便捷性。

（6）流程管理

LIMS 在完全遵循环境监测工作流程的前提下，对常规任务和临时任务能进行灵活快速的管理。常规任务由于基础信息量大且较为固定，可以由业务部门根据例行监测计划将基础信息设置在系统中，如环境类别、取样点、分析项目、任务生成时间等。在实施过程中，系统按期自动生成计划进度，审定后自动下发，减少人工操作的失误，确保各项指令性任务的时效性。对客户委托、应急监测等各类临时性任务，业务部门也可以通过系统进入委托任务的管理流程，监控任务的顺利完成。环境监测任务流转往往经过多个部门，需要确保每一个工作步骤按照标准流程进行，LIMS 系统具有相对灵活的流程框架，方便用户进行操作维护，确保每一个分析任务符合质量规范的要求。

（7）成本管理

针对实验室的特点，LIMS 提供了实验室的成本核算和财务处理功能，使管理人员可以随时掌握质量成本，为实验室推行降本增效提供切实可行的依据和控制手段。财务核算不仅能提供整个实验室的财务收支数据，而且可以归口到人，用户可以根据权限，选择关键字查询所需要的财务统计报表。

#### 2.2.1.4　LIMS 的特点与优势

LIMS 建设是实验室信息化发展的必然结果，也是实验室管理规范化和运行现代化的标志，其主要特点与优势如下：

① 有助于规范实验室的业务流程，实现仪器校准管理、标准物质管理、人员上岗证管理及库存管理等，使整个管理体系的运行更趋规范，提升实验室管理和决策水平。

② 有助于规范和优化样品分析的工作流程，提高分析速度和分析质量，优化实验方法，缩短检验周期，确保分析检验结论的准确性和质量信息的有效性。

③ 替换原有的数据传递模式，通过仪器采集减少手动录入数据的麻烦，从而减少分析人员的工作量，提高数据传递的工作效率，增强数据的安全性。

④ 建立符合 ISO/IEC 17025 要求的优良实验室自动化管理体系，以程序化的方式将影响质量的诸要素进行管理和控制，最大限度减少人为因素的干扰，确保分析数据真实可靠，为客户提供客观、公正、及时、准确的专业分析服务。

⑤ 监督实验室各项管理制度的实施情况，避免出现信息的不一致性和信息孤岛现象，降低实验室运行成本，提升实验室综合管理的系统化、科学化、智能化水平，提高工作效率和质量。

### 2.2.2 科学数据管理系统(SDMS)

#### 2.2.2.1 SDMS 的基本概念

科学数据管理系统(Scientific Data Management System，SDMS)作为一个数据管理平台，能实时采集不同仪器上不同类型的数据，同时将多种数据、报告和外部资源导入中心数据库，自动创建索引目录并进行存储和分类，有效保证采集和存储的数据在生命周期中的安全。在系统实施方面，SDMS 既可以独立工作也可以与其他系统(如 LIMS、ERP、ELN 等)配合使用。由于不具有流程管理方面的功能，SDMS 主要用于对实验室仪器和数据进行分类管理，并对人员数据共享权限进行恰当分配。

#### 2.2.2.2 SDMS 的主要功能

(1) 数据采集

环境实验室通常具有检测项目众多、实验数据繁杂、仪器类型多样的特点，传统的数据管理方式通常只能进行单一数据源的采集，效率低下。SDMS 可以有效采集多种来源的数据，包括 UV、GC、GC/MS、HPLC、LC/MS 等不同厂家、不同型号的仪器及不同软件(包括办公软件)产生的数据。数据采集过程完全自动化，不需要分析人员的干预。设定采集程序后，系统将数据直接采集到 SDMS 中，确保数据的安全性和溯源性，防止数据丢失的情况发生。

(2) 数据分类、再利用

SDMS 在采集数据的同时会根据预先设定的要求对数据建立索引，通过丰富的索引，可以对不同来源的数据进行分类，实现便捷的数据查找和定位功能。同时 SDMS 还可以利用各项数据自动生成报告，并对一组相关数据进行统计分析，或与其他系统进行数据的整合利用，在较短时间内完成各项数据的管理工作。

(3) 数据传递

SDMS 通过特定的数据库系统来完成所有数据的整合和管理，相关实验人员可以即时浏览分析仪器产生的数据，并对这些数据进行审阅，不同部门或其他实验室也可以通过获取授权进入该数据库系统实现信息资源的共享，从而大大提升数据传递的效率。

(4) 数据交互

SDMS 作为连接各种仪器(数据源)与 LIMS、ELN 等软件系统之间的交互平台，可以独立于原程序进行数据的审阅和信息的提取。在实验分析过程中，SDMS 会定期将实验室内仪器设备产生的数据进行扫描和标记，并将标记好的新数据传输到数据源服务器上，由数据库软件进行拆分、整理和存储。实验人员可以在装有软件的终端上浏览和处理原始数据并生成结果报告，同时将结果报告输出或上传到数据源服务器。各级审核人员、授权签字人可以在线审阅报告，以电子签名的方式审核确认。

#### 2.2.2.3 SDMS 的特点与优势

传统的数据管理方式存在很多弊端，如数据处理受仪器场地的限制、人工数据传递方式效率和安全性较低、数据查询统计困难等，采用 SDMS 系统可以有效解决上述问题。表 2-1 对传统的数据管理方式与 SMDS 系统的操作特点进行了比较。

**表 2-1　传统数据管理方式与 SMDS 系统操作特点比较**

| 数据管理关键点 | 传统数据管理 | SDMS 系统 | SDMS 优势 |
|---|---|---|---|
| 数据生成和存储 | 数据源由各个仪器独立生成并保存在仪器内 | 服务器提取所有仪器的数据并进行拆分、整合 | 数据更安全、可靠，且为后续的查询奠定了基础 |
| 数据处理 | 同一时间内只允许一名实验员进行数据处理 | 同一时间内所有实验员在各自终端上处理数据，互不影响 | 大大提高了数据处理的效率 |
| 结果审核 | 调用纸质原始谱图进行结果审核，无法方便地浏览原始数据 | 在终端上直接调用原始谱图，进行多谱图对照，可以调用原始数据 | 可清晰地对谱图进行对照，并且可以调用原始数据重新进行计算，确保了结果的准确性 |
| 查询 | 档案室调阅纸质原始记录 | 利用搜索引擎，输入关键词进行检索，可直接将带有关键词的报告和数据调出 | 检索效率提高数倍，特别是对于间隔时间较长的报告和数据，查询方便 |
| 与其他系统的对接 | 人工传递方式 | 实现了与 LIMS、财务管理、试剂耗材管理等多个系统的对接 | 与 LIMS 系统派发的任务建立连接，以样品编号为整个流程的唯一关键词，减少了人为错误的发生，在一定程度上节省了传递时间；与试剂耗材管理系统的对接，可将每个数据与其所需要的实验室资源建立连接，为更科学更系统地控制实验成本提供了直接的数据基础；与财务管理系统的连接为整个技术中心的预算和支出提供了数据依据 |
| 数据安全性 | 人工存档、调用和审批签字 | 权限管理和电子签名审批 | 通过设置不同权限来控制对数据的调用，增强了数据的安全性和调用数据的可追溯性；此外电子签名功能实现了电子化批准流程 |

### 2.2.3 虚拟实验室

在环境监测工作中，往往涉及大型仪器分析设备的使用，相关从业人员在正式开展环境监测业务之前必须经过相关理论和技能培训，并经考核合格后方可授权上岗，然而该项工作的开展势必会占用一定的实验室资源，受到实验室成本和空间的极大限制，虚拟实验室的出现有效地解决了这一难题。

#### 2.2.3.1 虚拟实验室的基本概念

虚拟实验室(Virtual Laboratory)，最初称合作实验室(Collaboratory)，于1989年由美国弗吉尼亚大学的William Wulf教授提出，用来描述一个计算机网络化的虚拟实验室环境。1995年5月，联合国教科文组织将虚拟实验室定义为利用分散的信息和通信技术以创造及获取成果为目的，在科研与其他创造性活动中进行远距离合作和实验的一种电子协作组。简单来说，虚拟实验室就是在计算机上利用虚拟现实技术、多媒体技术、人机交互技术等手段构建高度仿真的虚拟现实环境和实验对象，使用者可以在系统中模拟真实的环境并开展实验，实现数据采集、分析的远程操作等功能。虚拟实验室主要包括相应的实验室环境、相关的实验仪器设备、实验对象以及实验信息资源等，它可以呈现实验过程中的信息流动，甚至可以将不可见的微观结构以视觉方式展示。相较于传统实验室，虚拟实验室不受时空限制，并且可以完成真实实验设备不具备或难以实现的内容。

#### 2.2.3.2 虚拟实验室的组成结构

通常，虚拟实验室包括虚拟仪器系统、数据分析系统、计算机网络系统和虚拟实验室管理系统，其中，虚拟仪器系统是虚拟实验室的内核部分。虚拟仪器系统实际上就是一种基于计算机的自动化测试系统，它主要利用接口设备完成信号的采集、测量与调制，利用计算机软件实现信号数据的运算、分析和处理，利用显示器模拟传统仪器控制面板输出检测结果，最终完成各项测试功能。计算机软件在虚拟仪器系统中处于核心地位，各种功能和面板控件均由计算机软件完成，任何一个用户均可以在现有硬件的条件下通过修改软件来改变仪器的功能。

#### 2.2.3.3 虚拟实验室的主要功能

(1) 虚拟仪器实验室

① 分立虚拟仪器实验室。

分立虚拟仪器实验室又称单机虚拟仪器实验室，根据实验目的不同可以将其分为设计型虚拟仪器实验室和测试型虚拟仪器实验室。

(a) 设计型虚拟仪器实验室：为实验者提供一个自由的设计平台，实验者可以根据自己的思路完成实验的搭建或其他功能的设计，最后得到实验结果。

(b) 测试型虚拟仪器实验室：相对设计型虚拟仪器实验室有一定的局限性，实验者只可以通过已搭建好的实验功能验证一些结果和结论的正确性。

② 基于网络的虚拟仪器实验室。

根据不同的网络技术，可以分为基于局域网的虚拟仪器实验室和基于互联网的虚拟仪器实验室。

(a) 基于局域网的虚拟仪器实验室：定制的虚拟仪器和完成数据采集及仪器控制的各虚拟仪器是在不同计算机上实现的，计算机通过局域网连接，在网络上传输数据。该方式优点是结构简单，但由于虚拟仪器是生产厂家已经设计好的，所以对用户来说其运用的灵活性不高。

(b) 基于互联网的虚拟仪器实验室：利用数据采集和仪器控制技术组建虚拟实验室，同时利用专用软件设计所需要的虚拟仪器，并通过现有的网络技术，使虚拟实验室加入互联网。

(2) 虚拟现实实验室

虚拟现实技术是利用计算机以及专用硬件和软件去仿真各种现实条件，并通过计算机和信息技术构造虚拟环境，从而将用户和计算机结合成一个整体的高级人机交互技术。虚拟现实实验室就是以虚拟现实技术为基础构建的一种新型实验模式。在传统的人机界面系统中，用户只是一个观察者，而虚拟现实技术能够生成实时的、具有三维信息的人工虚拟环境。用户可以置身于模仿真实世界而创建的三维电子环境中，通过各种技术模拟直接进入虚拟环境，与虚拟环境的人及事物进行思想和行为的交流。用户不再是被动地观看，而是融合在其中，交互性地体验和感受虚拟现实世界中广泛的三维多媒体内容。虚拟现实实验室可以是某一现实实验室的真实再现，也可以是虚拟构想的实验室。

#### 2.2.3.4 虚拟实验室的特点与优势

相较于传统实验室，虚拟实验室的主要特点与优势如表 2-2 所示。

**表 2-2 虚拟实验室与传统实验室比较表**

| 传统实验室 | 虚拟实验室 |
| --- | --- |
| 具有封闭性，仪器间相互配合较差 | 具有开放性，灵活，可与计算机技术保持同步发展 |
| 硬件为主，升级成本较高，且必须上门服务 | 软件为主，系统性能升级方便，通过网络下载升级程序即可 |
| 成本高昂，仪器间一般无法相互利用 | 成本低廉，仪器间资源可重复利用 |
| 只有厂家能定义仪器功能 | 用户可根据需要定义仪器功能 |
| 功能单一，只能连接有限的独立设备，数据共享困难，协作性差 | 可与网络及周边设备方便连接，易于实现实验数据共享、远程实验及协同研究 |
| 开发与维护费用高 | 开发与维护费用低 |
| 技术更新周期长 | 技术更新周期短 |

## 2.3 电子信息技术在环境监测应用中的优势与局限

### 2.3.1 电子信息技术在环境监测应用中的优势

(1) 有助于提升环境监测自动化、智能化水平

随着环境监测市场规模的不断扩大，电子信息技术在环境监测领域的应用研究也在逐渐深入，无论是环境监测机构还是仪器设备厂商，都在努力探索更加高效便捷的环境监测新方法、新设备。传统的人工监测模式不断被替代，越来越多的环境监测仪器实现了自动化、智能化升级，持续性、实时性监测成为常态，具有综合信息化处理能力的实验室系统平台不断更新，越来越好地满足了环境监测各流程环节中不同的任务要求，极大地解放了实验室的生产力，进而带动环保产业整体效能的提升。

(2) 有助于提高环境监测数据质量

环境监测是环保工作的基础，环境监测数据的准确、及时获取对环保政策制定、环境污染防治、安全风险评价等都发挥着积极的作用。鉴于当前环境监测正从"单一数据"向"环境全要素数据"方向转变，数据采集范围也从单点位监测向多点位同时监测发展，这不仅对环境监测能力提出了更高的要求，也使环境数据质量面临着巨大的挑战。基于电子信息技术发展而来的新型数据管理系统，可以有效实现环境监测数据从采集到处理全流程的监控和管理，避免了数据在录入、转移、存储等过程中的丢失和篡改，提高了环境监测数据的质量。

(3) 有助于搭建"天体一体化"生态环境监测体系

按照我国生态环境监测网络的建设要求，未来将逐步在全国范围内搭建"天体一体化"的生态环境质量监测预警预报网，这一项目的实施同样离不开电子信息技术的支持。该体系主要利用卫星遥感监测、无人机监测和地面站点监测等环境监测手段，基于数据挖掘、数据融合、数据协同和数据同化等关键技术，获得更加准确数据支持的立体生态环境监测感知网络。"天体一体化"生态环境监测体系能更为全面地反映全国范围内的环境质量现状及发展趋势，为环境管理、污染源控制、环境规划等提供科学依据。

### 2.3.2 电子信息技术在环境监测应用中的局限

(1) 整体应用水平不高

电子信息技术涵盖的范围很广，应用的专业性、技术性很强，大规模应用研究需投入大量人力物力，目前大部分环境实验室仍采用传统的线下运行方式，自动化、信息化程度亟待提高。此外，电子信息技术管理人员需要根据业务流程的

实际情况随时进行必要的管理、维护和信息更新，及时解决运行过程中的多种突发状况，目前大部分环境监测实验室缺乏专门的信息技术人才，更多依托技术服务公司进行信息完善及维护，环境监测业务人员缺少统一有效的技术支持和指导，致使行业应用仍停留在较低的水平。

（2）网络安全易被忽视

电子信息技术的应用往往依托计算机网络，数据安全常常面临挑战。在不采取有效防范措施的情况下，系统极易感染病毒或遭黑客侵入，造成数据丢失、破坏，甚至导致涉密数据泄露，引发严重后果。因此，电子信息技术应用过程中必须建立严格的网络安全保密机制，定期检查局域网内共享文件夹的设置权限，发现违规设置时及时予以纠正，必要时对信息数据进行加密处理，同时建立有效的身份认证，保障个人的信息安全。每台计算机还应安装防病毒软件，并定期升级病毒库，接入 Internet 时应建立防火墙，存放涉密数据的计算机必须与Internet网络物理隔离。

（3）智能化处理能力较弱

人工智能技术在环境监测领域的应用还处在探索阶段，目前缺乏完备的数据库支撑，尚未建立成熟的分析模型，导致现有的实验室数据管理系统往往扮演着分类汇总的角色，复杂的数据处理仍主要依赖环境监测工程师进行判断，在对相关历史数据、其他领域数据等进行综合分析时，很难快速得出全面而精准的结论，面临海量数据时处理效率较低，难以充分发掘数据的潜在价值，信息利用存在一定的误差性和滞后性。

## 2.4 电子信息技术在环境监测中的应用展望

（1）建设智慧实验室

随着实验室日常检测和管理向自动化、智能化方向发展，为进一步减少人为因素干扰，实现对实验室的多维度管理，智慧实验室的概念应运而生。它集智能实验管理、远程操控、传感与视频联动以及节约能源等功能优势于一体，主体内容包括：①建设实验室自适应智能通风和供电系统；②建立实验室准入系统；③建立检测流程自动化控制与实时监控系统；④建立智能化数据和报告分析系统等。智慧实验室的出现，将为实验室的管理提供资源高度可控、统一协调的智慧服务，进一步助力实验室的智慧化、精细化和规范化管理。

（2）依托云技术构建移动实验室

在环境监测工作中，污染源、监测源多点分散，数据交互较困难，依托不断成熟的云技术搭建移动实验室为有效解决这一问题提供了新的思路。该模式摆脱传统现场监测单纯倚重快速监测车的固有形式，通过完善流动场所和移动设备量值溯源体系，采用嵌入式远程数据采集系统采集环境监测信息和数据，然后经由高速网络将远程数据上传到实验室系统平台，从而实现监测现场与实验室间通信的无线接入。在此基础上，不断建设完善云数据库和数据云传输技术，使实验人员能够在任何时间、任意地点通过移动设备登录系统，远程读取任务、访问监测数据并进行相应操作，最大限度地提高工作效率。

(3) 建立环境监测数据智能化处理系统

环境监测数据智能化处理系统是指利用人工智能等先进技术开发的，将人工上报或自动监测站采集到的环境监测数据进行自动筛选、分类、分析和处理的系统，本质上是模仿环境监测工程师综合判断的过程。该系统主要通过云计算和人工智能等技术实现大数据分析，建立多元模型，从杂乱无章的数据中筛选抽取污染源调查、违规排放监管、环境影响评价等有价值的数据，实现海量数据的甄别、传输、处理，有效挖掘环境监测数据的潜在价值，为环境部门的决策提供数据支持。同时，通过深度学习算法，环境监测数据智能化处理系统还可以具备一定的建议能力，更有效地辅助环境部门进行决策。

(4) 打通行业壁垒，打造一体化环境监测平台

针对环境监测工作的复杂性、动态性和部门多、地域广等特点，通过引入云计算、物联网等新型信息化技术，可以为环境管理提供交互式和可视化的环境信息表征，打造集水、气、土、固废、噪声等诸多环境要素于一体的环境监测平台。该平台可以实现统一的污染物监测与管理，能及时有效地分析与评价大气环境污染、水域流域污染、重大环境事故、生物多样性状况、全球环境变化等多方面信息，使环境监测工作管理朝着集成化、一体化方向发展。

## 参 考 文 献

[1] 佘昱，吴中杰，侯亚琴．前沿信息技术在环境监测中的应用前景展望[J]．环境污染与防治，2020，42(11)：1415-1419.

[2] 徐得智．浅析信息技术在环境监测中的应用[J]．科技信息(科学教研)，2008(04)：83-84.

[3] 谷有臣，孔英，陈若辉．传感器技术的发展和趋势综述[J]．物理实验，2002(12)：40-42.

[4] 沈艺．环境监测实验室信息管理系统的构建与实施[J]．环境监测管理与技术，2006(04)：4-6.

[5] 汤立，郦伟．实验室信息管理系统(LIMS)在环境监测系统的应用探讨[J]．江苏环境科技，2007(04)：69-71.

[6] 王向明，伏晴艳，刘红，等．环境监测实验室信息管理系统建设——以上海市环境监测中心为例[J]．环境监测管理与技术，2007(04)：4-8.

[7] 李云，黄家瑜．实验室信息管理系统的设计与实现[J]．实验室研究与探索，2005(10)：56-59.

[8] 管琤，郑中华，闻向东 . LIMS 技术的研究进展[J]. 分析试验室，2007(S1)：252-254.
[9] 张丽敏 . 实验室信息管理系统(LIMS)在第三方检测实验室的实施及应用[D]. 青岛：中国海洋大学，2008.
[10] 郭丽平 . LIMS 实验室信息管理系统在水质检测实验室中的应用[J]. 城市地质，2021，16(02)：231-236.
[11] 张宏鹤，陶美娟，徐胜祥，等 . LIMS 系统在实验室规范运作中的应用[J]. 理化检验(化学分册)，2006(06)：493-496+498.
[12] 王经顺，陈焕然，赵永刚 . 环境监测实验室样品智能物流管理系统的设计研究[J]. 环境监控与预警，2019，11(02)：54-58.
[13] 黄桢 . 环境保护科技档案文档一体化信息系统建设[J]. 环境监测管理与技术，2007(01)：4-7.
[14] 朱康奥 . 基于 LIMS 系统的环境监测档案管理探索与思考[J]. 科技创新导报，2020，17(17)：124-125.
[15] 畅晓晖，唐茜茜 . LIMS、SDMS 系统在食品安全检测中的应用比较[J]. 质量安全与检验检测，2021，31(S1)：53-57.
[16] 韩深，刘岩，冯骞，等 . 科学数据管理系统在进出境检验检疫中的应用[J]. 检验检疫学刊，2012，22(02)：51-53+57.
[17] 巫志峰，曾星，邓远辉，等 . 科学数据管理系统在实验数据管理中的应用[J]. 现代医院，2010，10(06)：147-148.
[18] 周雪松，丰美丽，马幼捷，等 . 虚拟实验技术的研究现状及发展趋势[J]. 自动化仪表，2008(04)：1-4.
[19] 黄成华 . 网络环境下虚拟电子实验室系统开发[D]. 南昌：南昌大学，2009.

# 第3章　大数据技术在环境监测中的应用

## 3.1　大数据技术概述

大数据是指数量庞大、结构复杂、在一定条件下无法采用常规工具软件进行捕捉、管理和处理的数据集合。而大数据技术是大数据的应用技术，涵盖数据的采集、预处理、储存、管理、分析、挖掘以及呈现等一系列相关技术。

### 3.1.1　大数据技术基本介绍

大数据技术是可以对海量数据进行获取、存储及管理的数据集合技术，无论是数据采集还是最终分析均超出传统数据处理软件和工具。现阶段主要的大数据处理技术包括大数据采集、大数据预处理、大数据存储及大数据可视化等，相应的大数据处理平台与工具较多，比如目前分析工具就拥有各类的分析平台与非结构化的数据处理。大数据最显著的特点是数据量大，即“海量数据”，数据形式众多，比如图片、声音、影像及文字等非结构性的数据，通常情况下这些数据都属于原始数据，为了进行高质量的数据分析必须转化为可结构化和可量化的数据。

从大数据的优势来说，海量与高效率可以让数据处理变得更加简单，大数据与传统的抽样调查有很大的区别，优势更加显著，可以有效减少财力的耗损。大数据在数据信息处理过程中，可以对预期研究的信息进行约束限定，实现数量化管理。所以，在对数据信息处理时，大数据技术放弃了传统的因果关联方式，从数据关联的内在规律直接对数据信息进行分析处理，使大数据技术在实际应用过程中的优势更加显著。

### 3.1.2　大数据技术主要构成

#### 3.1.2.1　大数据技术的基础设施

大数据技术的基础设施是云基础设施和应用之间的桥梁，基于领域认知智能技术和统一的数据架构，建立数据层，对数据进行整合、治理、洞察与保护，实现数据的资产化、知识化、服务化。

环境大数据技术的基础设施是指为环境污染数字化治理提供服务的物质工程设施，包括传感器、智能芯片、云平台、采集设备、通信光缆、边缘计算平台、

5G 通信等，是基于大数据技术的污染防治技术体系的基础。上述基础设施主要为数据采集、传输、存储提供硬件设施支撑。污染数字化治理作为生态环境信息化建设的一部分，其基础设施是生态环境信息基础设施的重要内容，与其他信息化应用项目的基础设施共建共享，在数据传输、存储等方面可以使用公共信息基础设施，无须重复建设。

#### 3.1.2.2 大数据采集技术

大数据技术在环境监测中的基础应用是数据采集，其中环境数据不仅包括结构化的数据，还包含非结构化的数据。结构化的数据主要来源于环境中的各项指标和监管活动产生的各类指标。而非结构化的数据包括监控图片、录像以及录音等。大数据平台既能够采集结构化的数据，也能够采集非结构化的数据，形成有效的统一。

在各类环境监测数据采集方式中，遥感技术是最具代表性的技术之一，分为全球卫星遥感和地面监测遥感，这两种气象监测网络由 35000 个以上的气象站点组成，总共涵盖了百余种数据来源，常见的数据有湿度、地表、地形、土壤、水质、空气、降水等。目前，我国生态环境部已经开始重点建设生态遥感大数据，加强 RFID、卫星、物联网芯片等遥感技术的创新和应用，开展全天候的大数据监测，生态环境大数据采集技术如表 3-1 所示。

**表 3-1 生态环境大数据采集技术**

| 分类 | 来源 | 内容 |
| --- | --- | --- |
| 地面监测数据 | 生态环境在线监测系统 | 气象、空气质量、水文、水质、噪声、土壤、植物、动物、微生物等 |
| 遥感监测数据 | 遥感数据、航空遥感数据等 | 地形指数、植被指数、裸土指数、湿度指数、地表温度等 |
| 地理信息数据 | 遥感采集、地图数字化、现场踏勘和摄影测量等 | 地形地貌、土地类型、土地覆被、水文土壤、交通运输、行政境界、社会经济数据等 |
| 社会统计数据 | 各统计部门 | 人口数据、经济数据、污染源普查数据、土壤详查数据、农业数据、林业数据、工业数据、能源数据等 |
| 网络抓取数据 | 互联网、物联网等 | 网站、论坛、各类 App、物流平台等 |

#### 3.1.2.3 大数据处理技术

大数据的集成处理步骤如下：首先，对不同数据进行抽取；其次，采用统一的数据标准进行清洗与转换；最后，按照一定的标准将其存储于大数据平台中。在抽取时，首先整合不同的采集平台；其次按照标准格式对数据进行转化，如统一数据的编码格式等；最后要检验数据的完整性，对其中可能存在的噪声数据进行降噪或者剔除。同时，还要利用大数据实时采集的功能，实时跟踪环境数据的变化，保证数据实时入库。

目前，生态大数据处理主要分成四大系统，分别是存储管理、预处理、深入处理和整合挖掘系统，不同系统有不同的大数据处理的职能特性。大数据技术可以优化生态大数据的处理速度，并在云端集成生态统计分析软件功能，可以实时为研究人员提供监测数据，将原本标准化的技术处理和计算流程交由平台运算，研究人员只需要作出关键的判断和决策。

#### 3.1.2.4　大数据分析和计算技术

大数据的分析与计算就是对已经汇总的数据进行分析并且分类，主要根据数据的特点使用大数据分析工具进行筛选。例如，利用可视化工具、Infobright 列式存储工具、结构算法模型等，对数据进行分类汇总。在对大数据进行统计分析的过程中，由于所涉及的数据量大，对于分析计算工具的使用以及需要分类的关键要求等都比较高，能否让数据都精确地归类到相应的批次，是之后判断数据挖掘价值准确与否的基础。

大数据分析计算的核心任务是数据挖掘，即对此前已经做好统计的大数据，基于不同的需求，利用数据挖掘算法进行挖掘。数据挖掘与传统的统计、分析过程有所不同，它一般没有预先设定好的主题，主要是在现有数据基础上利用各种算法进行计算，并进行预测，从而满足一些高级别数据分析的需求。数据挖掘算法一般都比较复杂，这也是考验人工智能发展的一个环节，只有精确、合适的算法才能得出有价值的数据分析结果。在大数据挖掘过程中，不但所涉及的数据量和计算量庞大、复杂，而且数据挖掘算法也较多。例如，用于数据关联分析的 Apriori 算法、用于数据聚类分析的 K-means 算法、用于数据分类分析的贝叶斯分类算法等。

#### 3.1.2.5　大数据可视化技术

大数据可视化技术是关于数据视觉表现形式的科学技术研究。数据的视觉表现形式被定义为以某种概要形式抽提出来的信息，包括相应信息单位的各种属性和变量。数据可视化旨在借助于图形化手段，清晰有效地传达与沟通信息。

从技术上讲，大数据可视化的实现主要有四个步骤：明确定义需求，建立数据仓库模型，数据抽取、清洗、转换、加载以及可视化分析场景的建立。大数据可视化已经提出了许多方法，这些方法根据可视化的原理可以划分为基于几何的技术、面向像素的技术、基于图标的技术、基于层次的技术、基于图像的技术和分布式技术等。

### 3.1.3　大数据技术基本特点

大数据技术具有如下四个基本特点：

① 数据体量大。通常大数据的体量可以达到 PB 级，这是传统技术手段和处理能力难以应对的。

② 数据产生速度快。主要体现在数据采集点多、产生密度大，对系统的数据采集与处理性能要求高。

③ 数据多样化。大数据时代数据的来源、格式不再单一，具有多源异构的特点。

④ 数据价值高。通过分析挖掘大数据背后隐藏的信息，可以发现事物的潜在特征和发展规律，为商业决策、政府治理等应用提供支撑，产生直接或间接的经济、社会价值。

### 3.1.4 大数据技术在环境监测方面应用现状

大数据技术的成熟为大数据在环境监测中的应用奠定了基础，而大数据技术的变化较快，人们通过大数据挖掘能够分析传统数据信息。当前研究较为关注如何利用大数据平台和技术创造新的应用价值，为政府治理环境提供新型技术手段。

综合目前的大数据技术与环境监测研究来看，大数据环境监测理论还不成熟。大部分研究侧重于对大数据概念和技术的分析，较为单一。当前大数据在环境监测中的具体应用和技术研究较少。大数据应用研究侧重于将大数据应用在商业领域，从而创造更多的收益。大数据技术研究侧重于技术架构、电子商务等领域，这些领域具有丰富的数据基础。现阶段，虽然大数据在政府环境治理领域的应用研究相对占比较少，但是大数据在环境监测中的应用研究已经逐渐受到更多学者的重视。

### 3.1.5 大数据技术应用于环境监测中的必要性与意义

#### 3.1.5.1 大数据技术应用于环境监测中的必要性

2015 年，国务院发布了《关于印发促进大数据发展行动纲要的通知》，对我国大数据的发展进行了规划。该纲要认为，在未来十年内，政府需要引导大数据产业的发展，充分利用大数据技术提高治理能力，提升民生服务水平。大数据技术改变了传统的数据库模式，推动了各个行业和公共机构数据共享的发展，有利于整合全国的数据资源，提升政府治理能力和应对复杂环境问题的能力。大数据技术的应用有利于政府根据不同的治理方向，采集各类数据，并充分挖掘数据信息，提高自身决策能力。环境保护是我国政府治理的重要内容，而环境监测是确保环境保护工作开展的重要基础。为了提高环境监测效果，人们要充分利用大数据技术进行监测。2016 年，原环境保护部发布了《生态环境大数据建设总体方案》，要求充分利用大数据技术对环境数据进行管理，最终实现环境数据的精细化管理。当前，各地要基于大数据技术，结合环境监测数据，形成有效的决策体系，进行科学决策；同时，要利用大数据技术提供公共服务，并充分落实《中华人民共和国环境保护法》的相关要求，促进公众参与环境保护。

在大数据的协助下，人类能够顺利地进行生态环境质量采集工作，同时为生态环境保护制作出合理可靠的数据，以此来保证生态环境和谐稳定发展。生态环境保护中有广阔的信息需要去了解掌握，采用大数据手段来进行生态环境保护，可以更加有效地对生态环境的状况进行科学的分类、有效的处理与分析，协助相关人员在短时间内了解到某一地区的生态环境变化，比如森林覆盖率、物种多样性、土地盐碱化程度等信息。大数据所提供的技术支持和有效的数据资源与人脑测算相比更具精准性、有效性。可以很好地实现人力资源的优化配置，改善环境质量。最关键的是，大数据不仅能够存储以往生态环境的数据信息，还可以在这类信息的基础上分析出未来生态环境可能发生的问题。人们可以借助大数据所提供的预测来提前预防生态问题，促进生态环境的健康和谐发展。

#### 3.1.5.2 大数据技术在环境监测中的作用

环境监测是指环境监测机构通过对环境状态进行监测，来判断环境污染状况的活动。因此，环境数据的收集与处理是实施环境监测的基础，而这正是大数据技术发挥作用的重要领域。人们可以应用大数据技术，采集海量的环境数据，通过储存环境数据构建环境的指标数据库，通过大数据挖掘来分析环境状态变化，为环境治理提供决策依据。其中大数据技术在环境监测中的作用主要体现在：

（1）提升数据采集质量

大数据技术在环境监测中的应用有利于提升环境数据的采集质量。目前，在环境监测中，各类分析仪器、GPS 和 GIS 等技术应用会产生海量数据，这些数据很难保存在传统的数据库中，而大数据技术能够方便地将采集的数据存储在大数据平台，同时支持实时采集与存储，形成环境历史数据库。大数据挖掘技术能够有效处理海量数据，充分获取数据中的有效信息。

（2）提升数据分析效率

大数据技术具有强大的数据分析能力，不仅对离线数据提供支持，也对实时数据提供支持，从而有效提升环境监测数据的分析效率。环境监测领域需要对突发环境问题进行应急处理，通过传感器动态采集环境数据并将其传输到大数据平台，借助大数据平台的计算能力，迅速分析数据，定位环境问题。

传统的数据采集与分析主要基于人工方式，效率低下；而大数据平台利用集群计算的优势，为环境分析提供强大的算力支持，能够高效、准确地完成计算。例如，对于大气监测，大数据平台可以通过实时监测空气中的 $PM_{2.5}$、$PM_{10}$ 等污染物指标，计算未来空气质量数据。

（3）提高环境综合预警能力

大数据技术能够处理环境监测中收集的海量数据，然后利用自身的建模与预测能力，对环境状态的变化进行预测，通过建立机器学习模型，对环境问题进行预警。

例如，人们可以通过大数据平台建立大气监测系统，通过采集环境监测数据，计算大气中的污染物含量，然后基于污染物数据的时间序列进行预测，一旦发现大气污染超过阈值，就可以进行预警，提醒相关部门和人员及时采取措施，防止污染扩散。人们还可以构建森林环境监测系统，当突发火灾时，其能够迅速预警，定位火源。

（4）有效提升环境保护的决策水平

过去，环境监测领域并没有太多数据来辅助决策，因此环境保护决策较为主观。大数据技术能够为相关决策提供充分的数据支持，为环境监管和环境保护决策提供强大的数据基础。

（5）提高环境的公共服务能力

一般而言，生态环境部门获得的环境监测数据难以通过多种渠道提供给公众。但是，大数据技术能够提供公共数据的共享与服务机制，提高对公众的服务能力。同时也能起到公众对生态环境质量的监督作用。

（6）提升多部门协同合作

建立大数据系统，能够将各个环境监测与治理部门的资源进行集中共享，提高信息传递和处理速度。针对海量的环境大数据，多个监管部门可以依托大数据技术进行协同办公，实现对信息资源的高效利用。因此，基于大数据的环境监测与治理还需要建立多部门协同机制，改变过去的“一对一”模式，在资源共享的基础上，推进信息资源多元交互式处理。建立多部门协同机制还有助于环境大数据信息的采集，并且通过对所有环境大数据信息的分析整合，有助于环境保护部门尽早地发现问题，形成正确的决策。

## 3.2 大数据技术在环境监测中的应用

### 3.2.1 大数据技术在监测评价领域的应用

在生态监测评价领域中，在线监测和数据处理是常见的应用形式，通过大数据来延长生态环境的监测时期，并将多个数据源平台进行整合与交换。学者韩慧（2020）认为，生态大数据可以集成我国多个地区的环境污染数据库，进行数据分析的集中化处理，并根据网格化监控和云端计算来整合环境质量评价，构成环境监测评价的全景化格局。在大数据云计算平台的支持下，由IDC机柜来集中处理数据计算，节省了网络传输的带宽，提高了监测评价的速度和效率。比如，在我国气象信息综合分析系统中，大数据和云计算技术支持研究人员在生态大数据库中抽取远程数据，并利用网络传输技术来支持可视化，为环保决策提供快速可视化的解决方案。

### 3.2.2 大数据技术在模拟预测领域的应用

在大数据技术赋能生态环境建模后，可以建立科学的生态污染预警体系，借助区域特征、空间属性和时间序列数据，还能精准模拟出生态环境的演化。在大气模拟预测上，学者袁大勇(2018)提出，我国生态环境部门已经推出了大气污染物时空分布的模拟预测模型，可以利用空气质量、交通流、气象条件等数据，通过神经网络模型来完成机器学习，完成高精度空气质量预测，精准预报未来72h内空气污染物浓度、空气质量、细颗粒度等指标，而且精度都达到了1cm×1cm。在水环境模拟预测方面，大数据可以构建区域水环境的风险评估和预警体系，预测区域水质指标和水污染事故，这也在三峡水库、长江水利、渤海海域等区域获得了应用。

### 3.2.3 大数据技术在优化管理领域的应用

生态大数据发展的最终目的是对生态环境污染的控制，现有技术已经成熟应用于水污染和大气污染管理领域，并可以及时进行污染溯源。一直以来，我国污染治理都缺乏科学性和精准性，缺乏可靠途径进行污染源头的查找，导致生态数据的实用价值低。学者龙文麟(2019)认为，依托于大数据平台，水污染和大气污染管理都能从所有流通链条中获得监测信息，通过数据源的完整性来建立追溯体系。比如在水污染上，可以从河道来监测污染物的线性趋势、堆积异常、迁移扩散等信息，可以从数据关联中查找到污染源头，构建城市水质量的可视化技术，让城市水环境变得可控化。

### 3.2.4 大数据技术在大数据环境监管平台的应用

大数据环境监测平台能够有效地集成各类数据，完成对数据的标准化整合。数据的转化可以划分为不同的层次，形成对环境评价的多维度数据结构。大数据环境监测平台不仅要具备数据采集、存储、转化、分析和挖掘功能，还要具有对外服务接口等功能。因此，大数据环境监测平台形成了从环境数据采集、加工到应用的完整闭环，同时通过服务接口将环境监测数据提供给公众。基于这些数据，人们可以开发新的应用更好地服务于生态环境保护。

邹军等人对生态环境大数据监管平台的总体架构进行了设计(如图3-1)，生态环境大数据监管平台分为环境资源平台、污染源在线监控系统、环境质量在线监测系统、实验室综合信息管理系统、网格化环境监管系统、综合业务门户、移动办公平台、应急信息管理系统、应急指挥调度系统、智能感知分析系统、环境影响评价技术评估系统。

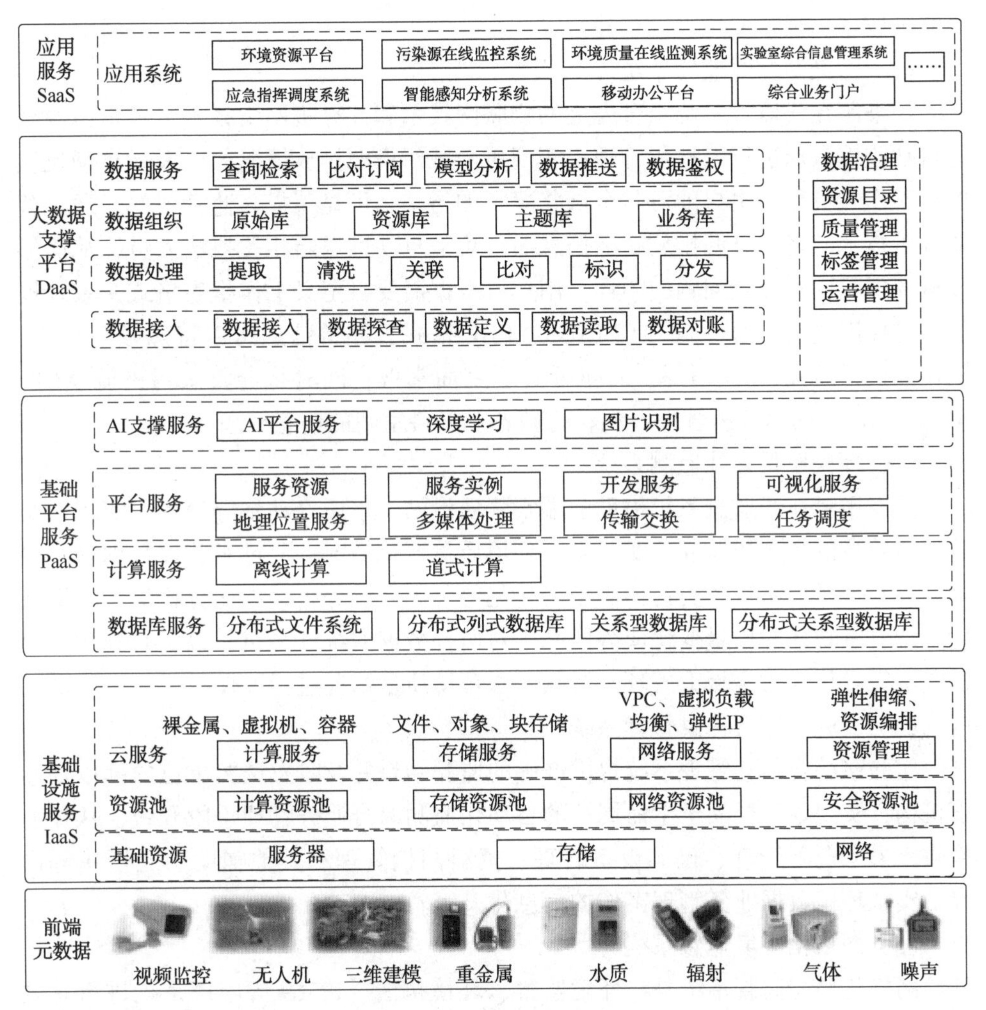


图 3-1 生态环境大数据监管平台总体架构示意图

（1）环境资源平台

环境资源平台，主要是应用地理信息技术和大数据分析技术，以电子地图的方式建立时空维度的数据分析和问题发现机制，整合环保各个专题，叠加若干专题图层；可完成对污染源、环境监测、监察执法等数据的汇聚，在图层上集中展示，统一坐标体系，实现数据建库，从而以数据和地图信息相结合的方式展现环境管理状况，直观地为政府决策提供科学依据。环境资源平台的特点主要有两点：一是信息资源可视化，即以电子地图为背景，通过坐标信息将环境管理要素信息集成在地图上，通过图、表、视频等多维的展现形式，实现环境管理要素可视化；二是全面信息集成，集成多维管理要素并串联同类业务，实现“一点观全局”。例如选择一个污染源，可查看全部污染源的管理信息，包括一源一档、在线监控数据、视频监控、三维建模等。

（2）污染源在线监控系统

污染源在线监控系统结合先进的物联网技术和计算机网络技术，对污染源企业自动监控数据进行信息化管理；实现对全域污染源排放情况的全天候自动化监控。工作人员足不出户即可对全域状况了如指掌，可显著提高监管效率。通过智能分析技术，将污染源排放超标信息通过短信自动推送给相关执法人员，从而形成从发现问题到处置问题的闭环。用户可根据需要自定义工作报表格式，系统提供一键导出功能，可一键导出 Excel、PDF 格式，异常信息将以特殊颜色标识，工作人员只需关注“一张表”，即可实现全面掌握，同时将会收录污染源从“产生”到“消失”的全过程管理资料，打破各业务科室间的信息壁垒。

（3）环境质量在线监测系统

环境质量在线监测系统借助前端空气质量站、水质自动站等设备，实现对全域环境质量的全天候监控，实时掌握环境质量变化情况；通过对监控数据进行多维挖掘与分析，掌握各类污染因子变化趋势、同环比分析、占比分析等，辅助环境管理者查找环境质量变化成因。基于对监控数据的统计分析，以宏观视角，通过图、表等形式对全域大气环境质量、水环境质量情况进行展现。

（4）实验室综合信息管理系统

实验室综合信息管理系统提供准确的监测结果并及时发送给单位内部以及监管机构；实现基于样品全生命周期的自动化监测综合业务管理手段升级，从任务接收、人力资源管理、仪器设备管理、资料归档管理和其他辅助功能模块等内容，实现环境数据业务管理工作的信息化升级。

（5）网格化环境监管系统

网格化环境监管系统是将环境监察、环境执法、12369 等应用系统进行有效融合，与“数字”网格化平台对接，为执法人员现场执法提供企业信息查询，现场取证上报，现场办公，案件、文书查询等工作便利，执法移动终端数据经无线传输到监控指挥中心，实现远程在线监控执法，提高环保执法能力和透明度，通过大数据技术，对各类监测数据进行整合、挖掘、统计、分析，形成一个智慧的环保网格信息监管平台。

（6）综合业务门户

综合业务门户针对提高公众环保意识的需要，在信息公开方面支持发布新闻资讯、工作动态、政务公示信息以及空气质量实时监测信息；在内部办公方面实现对用户、权限、资源的统一管理，使全体环保工作人员及有关领导都能使用门户系统直接参与环保业务的管理，并可根据相应的使用权限各负其责，保证各处室之间的业务流畅交接。

（7）移动办公平台

移动办公平台通过接入各业务系统数据，运用嵌入式 GIS、工作流引擎、动态表单等技术打通各部门的信息孤岛，让管理者随时随地掌握业务数据，调动各部门信息融合的主动性；同时为监察执法打造从任务发布到办结全过程跟踪的移动监察执法体系，实现任务提醒和资料递交的信息化，从而提高监察效率，开辟无纸化办公模式。

（8）应急信息管理系统

应急信息管理系统通过建立风险源信息资源目录体系实现风险源“一源一档一清单”综合性数据档案，并结合二维、三维 GIS 技术，提供全面的应急信息检索、多维度空间分析、应急事态模拟、3D 展示等功能，将抽象的空间信息可视化、直观化；同时构建了统一的预案集中采集管理体系和风险排查任务派发与核查功能；充分提高对环境突发事件的信息共享、资源管理和应急处置能力。

（9）应急指挥调度系统

通过将各类通信终端设备融合到应急指挥调度平台上，实现前后方指挥部之间的语音和数据通信；结合 GIS 展示建立起一套协调有序、运转高效的预警和应急机制。并包含应急处置台账、应急人员、应急物资、应急预案案例的管理平台，是政府应急机关信息处理与调度的总指挥中心。

（10）智能感知分析系统

通过全面整合数据资源，构建完整的突发环境事件数据画像，依托人工智能强大的“自学能力”，在环境应急事前—事中—事后全流程业务应用中提供不断优化的智能决策方案，同时结合处置技术库和国内外先进的环境模型，实现快速定位、智能甄别、指挥调度、态势模拟、趋势预测和准确处置等功能，最终提供智能化的决策支持功能。全面提高政府的应急管理能力，预防和妥善应对突发环境事件。

（11）环境影响评价技术评估系统

以环境影响评估工作信息化管理为核心，进一步为环评、评估、审批管理等提供数据和技术支持，提高环境管理部门的技术支持和科学辅助决策能力，从而保障环境影响评价、环境影响技术评估和环评审批工作的客观性、公正性和有效性，大大提高工作质量及效率。最终实现技术评估管理规范化、环评数据资源集约化、评估分析决策科学化，达到快速精确评估的目的。

通过建设生态环境大数据监管平台，可将毫无关联的信息整合起来，经过数据采集、开放、共享、分析挖掘，能够促进各个业务部门之间的通力协作，有利于把原来各自为政的环境监管手段整合起来，提高环境治理的工作效率；另外，在环境治理方面，原来的环境保护工作是以狭隘的污染防治为主，而建成了基于大数据的生态环境监管平台后，环保部门职能可以扩大到生态建设和生态保育的领域；直接的效果是领导层面的决策者们可以通过建成的平台更客观、更全面地进行相关决策。

### 3.2.5 大数据技术在水环境质量预报预警中的应用

目前，大量研究主要集中于对新型水质、水文模型的开发，或对已有模型的参数进行不确定性分析、敏感性分析、参数率定或场景分析，而基于数学模型研发水环境质量预报预警系统的研究相对较少。

马金锋等人为了解决水环境质量预报预警业务的自动化和自定义化问题，结合业务流程和信息化建设流程，研究提出了水环境质量预报预警大数据平台框架(图 3-2)。该框架以模型体系为基础，以计算体系为核心，以服务体系为目标。

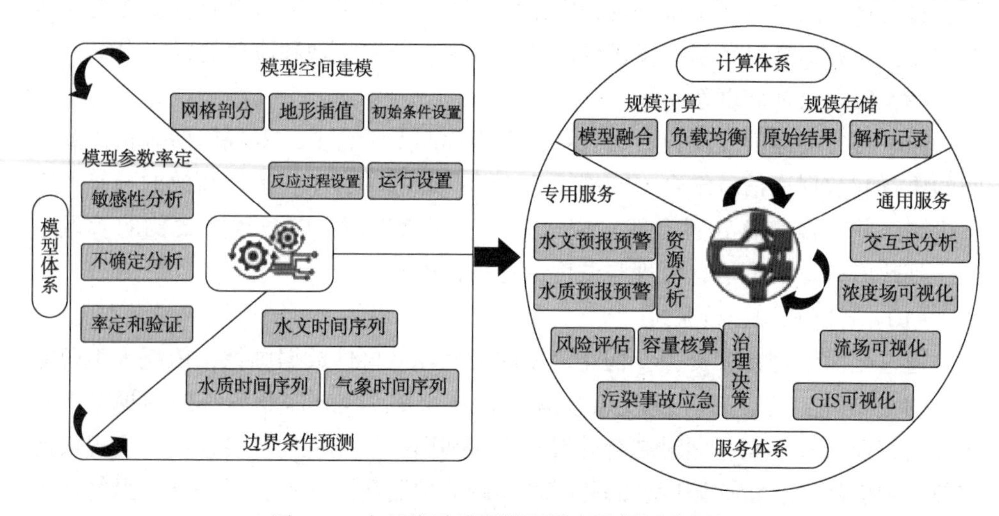


图 3-2　水环境质量预报预警大数据平台框架

模型体系包括空间建模、参数率定和边界条件预测三部分，实现了静态建模和动态更新的有机结合。静态建模是指空间建模后的模型主体保持不变；动态更新是指在参数率定过程可以动态调整模型的局部参数，在边界条件预测过程则可以更新模型局部边界条件。以 Delft3D 和 EFDC 模型为例，典型的水体水质模拟的空间建模过程包括网格剖分、地形插值、初始条件设置、反应过程设置和运行设置等。空间建模旨在生成一系列模型计算引擎所需的配置文件；参数率定旨在通过调整模型参数，拟合模拟结果与实测监测值，确保模型具备模拟历史过程的能力。

计算体系是水环境质量预报预警大数据平台框架的核心，包括规模计算和规模存储两部分，可实现计算过程与存储过程的绑定。传统的并行计算体系侧重单个模型算例的高性能计算，不适用于模型率定、情景分析情况下的规模计算模式。此外，传统并行计算体系不能满足计算结果的存储需要，而自动化率定和情景分析进一步加大了规模计算和规模存储的负荷。大数据技术为复杂模型的规模计算、规模存储和规模分析提供了成熟的解决方案，依托大数据技术实现规模计算与规模存储绑定已成为必然趋势。

服务体系包括通用服务和专用服务两部分，以满足水环境质量预报预警业务的自动化和自定义化需求。通用服务包括交互式分析、浓度场可视化、流场可视化和 GIS 可视化。交互和可视化技术手段可探索隐藏在数据中的规律。专用服务提供面向用户的预报预警产品和决策支持服务，其中，前者包括流域水文预报预警和水体水质预报预警，后者包括污染源风险评估、水环境容量核算、环境治理决策分析、污染溯源分析和污染事故应急。

大数据技术提供了融合高性能计算、分布式存储和全过程快速分析的解决方案，克服了水环境模型常规并行计算模式未考虑其引发的模拟结果的持久化存储和快速分析需求的不足。马金锋等人提出的水环境质量预报预警大数据平台框架，以水环境模型体系为基础，以大数据计算体系为核心，以实现水环境质量预报预警应用服务为目标，通过水环境模型融合大数据技术，解决了预报预警业务的自动化和自定义化问题。研究结果可为重新审视复杂水环境模型与大数据技术的关系提供新的见解，也可为基于大数据技术的水环境质量预报预警平台的构建提供思路和参考。当前，国家不断加强水环境综合治理，推进水生态环境保护，这就对水生态环境预报预警提出了更高的要求。构建水环境质量预报预警大数据平台，可为管理部门掌握水文水质总体变化态势提供科学的分析工具，更好地指导环境管理过程的精准施策和科学管控。

## 3.3 大数据技术在环境监测应用中的优势与局限

### 3.3.1 大数据技术在环境监测应用中的优势

（1）提高生态环境预警水平

将大数据技术与环境监测工作相结合，可以确保大量的环境数据信息得到及时分析，并挖掘出更有价值的内容。由于环境会不断发生变化，其所产生的数据也具有很强的时效性。如果采用大数据技术对数据进行监控和分析，可以确保各项信息得到准确预报，使技术人员和相关部门充分了解大气污染的现状。大数据技术可以实现对各项信息的高效处理，保证预警工作更加准确迅速。相关部门可通过大数据技术对各种污染事件进行分析，并做出合理的预测，制定相应的预防措施，避免环境遭到进一步污染。

（2）实现科学合理的决策

在环境监测工作中融入大数据技术，可确保数据的附加值得到进一步提升。由于环境监测涉及的数据类型众多，大数据技术可展示全面而准确的分析结果，使相关部门在开展决策时具有充足的依据。为了验证方案的合理性，可采用大数据构建数字化模型对方案的内容进行判断，一旦发现问题可及时进行处理，以完善方案的内容，提高决策水平。

（3）提高服务水平

将云分析平台与大数据技术相结合，可通过平台反馈相应问题，再将分析结果公之于众，使公众随时了解相关信息，并参与到环境监测工作中。公众可随时对环境监测工作进行监督，大大提高了环境监测的服务质量。

### 3.3.2 大数据技术在环境监测应用中的局限

（1）信息缺乏保密性

采用大数据技术进行数据采集时，要确保信息得到有效的存储。由于环境数据量庞大，在完成数据采集工作后，会将数据统一存储在相同的位置，若不能提高数据的安全性，就会导致数据泄露。互联网具有一定的开放性，因此存在较大的安全隐患。现有的信息保密技术还存在许多不足，不能确保所有信息得到安全存储。部分工作人员缺乏信息保密意识，不能熟练应用各项保密措施，容易出现信息泄露或者信息丢失的情况。

（2）数据清理工作不完善

虽然环境监测数据的收集工作至关重要，但在采集过程中缺乏统一的规范和标准，这就会导致采集工作比较随意，许多数据与现有的工作无关。为了提高数据的准确性，要对无关信息进行有效清理。在清理数据的过程中，若未对数据进行有效分类，就会导致无效数据不能被及时清理，而有价值的数据被清理掉等相关问题，从而影响工作进度。

（3）数据的应用效率较低

从目前实际情况来看，我国的数据应用效率与其他国家相比还比较薄弱。因此，采集到的数据只能反映出环境的状况，不可以作为有价值的数据进行参考，这直接导致监测的数据应用效率低，无法发挥其实际的价值。

（4）系统建设的成本增高

我国将大数据应用到环境执法与监测中去，首先，应该建设由环境监测网络、数据库和云端平台组成的基础系统，这需要投入大量的资金；其次，在保证系统的运行期间，可能会产生一系列的系统费用，比如维护费、升级费和系统的更新费用等，这些费用都会导致我们运营成本的增加。所以资金投入远远比以前的环境监测和环境执法的成本要高，在基层中推广困难。

（5）大数据生态环境危机治理理念有待完善

尽管近些年我国越来越多的人重视生态环境危机的治理和发展，但大数据与生态环境危机治理的融合却存在明显不足。我国国土面积广阔，人口众多，以地方来说，生态环境危机治理需要地方政府积极治理，以避免产生更大的生态环境危机治理问题。受认知等现实因素影响，我国目前部分地区的政府和有关部门在大数据应用生态环境危机治理中的认识不足，难以正确使用大数据，因此，影响了大数据下生态环境危机治理的发展。

（6）缺乏专业性人才

大数据是近些年高新技术产业和互联网经济发展下的产物，我国目前在大数据生态环境治理方面的人员的数量和质量不足，极大影响了大数据生态环境危机治理，没有办法真正将大数据与生态环境危机治理相融合。此外，对于部分已经从事大数据生态环境危机治理的人员来说，由于日常工作事务繁多，系统性地提升个人专业性的时间较少，也会影响大数据生态环境技术人员的专业性。

## 3.4 大数据技术在环境监测中的应用展望

（1）加快生态环境危机治理理念提升

由于大数据生态环境危机治理理念不够完善，影响社会和生态环境危机治理发展。对此，应针对生态环境危机治理工作人员建立绩效考核和培训体系，通过正确思想引导，明确其在生态环境危机治理工作中的责任，坚定为广大人民群众服务的意志。只有这样才能塑造生态环境危机治理工作人员的正面形象，改变固有的不正之风，切实提升内部人员的治理理念。

（2）加强对相关专业人才的培养

完善大数据技术人员的自身素质，在设计者应聘时，对设计者的专业素质和职业道德素质进行考察，二者缺一不可，要坚持高质量的用人标准。大数据技术部门应当建立自身的培训体系，定期对大数据技术人员进行专业培训，以保证大数据技术人员对生态环境危机分析的质量，并促使其专业知识不断更新。

（3）优化大数据生态环境的数据搜集和统计

优化大数据生态环境的数据搜集和统计，要求大数据分析部门对其软件和硬件进行实时更新，保障有较好的工作环境，进而提高大数据生态环境危机治理的工作效率。在数据搜集和统计方面，需要找到更实时和科学的数据库，在更广阔的平台进行数据搜集和统计，为生态环境危机治理提供更多的数据支持。

（4）完善环境监测信息保密体系

在进行环境监测时，要加强对各项信息的存储。为了保证数据安全，要不断提高数据存储的水平，积极发挥网络监控系统的作用，避免数据丢失。相关部门要转变思想观念，充分融入大数据思维，一方面要加强对数据信息的保管，另一方面要积极应用信息保密技术。工作人员要设置复杂的密码，保证数据更加安全可靠，并建立专门的防火墙，避免外界因素对数据信息安全造成不利影响。环境监测人员会根据数据的实际情况进行分析，因此当环境监测工作完成后，需及时将信息传输到相关机构。在进行信息传递和传输的过程中，需要高度重视信息泄露问题。要加强对信息的加密处理，提高信息的安全等级。还要建立专门的数据传输渠道，保证信息传递具有一定的时效性，使信息能够顺利传送到相关部门，为领导人员的决策提供参考依据。

（5）建立国家级监测网络

为了确保环境污染得到有效治理，要充分发挥大数据和互联网技术的作用，建立完善的国家环境监测网络，使环境监测工作更加全面。通过国家监测网络，可及时对自然环境的各类元素进行分析。该监测网络可通过全方位的监测方式保证各类元素得到有效监测。要根据实际情况对环境监测网络进行分层管理，结合网格化环境监管工作模式，设立不同层次的环境监管机构。要通过在线传输和排序的方式，使监控数据得到完善的分析和处理。

## 参 考 文 献

[1] 何振超．生态环境大数据的概念、框架和应用[J]．资源节约与环保，2021(02)：135-136.

[2] 李屹，廖方圆，张宇光．面向水污染防治的大数据技术框架[J]．通信技术，2020，53(01)：120-126.

[3] 苗银家，金朔．大数据在生态环境危机治理中的应用研究[J]．河北地质大学学报，2017，40(06)：54-58.

[4] 闻悦涵．基于大数据的环境监测与治理研究[J]．资源节约与环保，2021(05)：50-51.

[5] 甘玫玉．基于大数据的环境监测与治理研究[D]．南宁：广西大学，2017.

[6] 郑兆庆．大数据技术在环境监测中的应用探讨[J]．皮革制作与环保科技，2021，2(02)：15-17.

[7] 刘英，邹渝．基于大数据的环境监测研究[J]．河南科技，2021，40(04)：144-146.

[8] 龙文麟．基于大数据的环境监测与治理对策探究[J]．中国资源综合利用，2019，37(10)：156-158.

[9] 韩慧．"大数据"在环境监测中的资源融合与共享[J]．科技创新导报，2020，17(06)：100+102.

[10] 袁大勇．大数据解析技术在大气环境监测中的应用[J]．中国高新科技，2018(10)：78-80.

[11] 马金锋，郑华，彭福利，等．水环境质量预报预警大数据平台研究[J]．中国环境监测，2022，38(01)：230-240.

[12] 黄娈．大数据技术在生态环境保护中的应用探讨[J]．产业与科技论坛，2021，20(22)：35-36.

[13] 邹军，毕丹宏，孟斌，等．生态环境大数据监管平台的研究[J]．信息技术与信息化，2021(01)：28-31.

[14] 李璐．大数据技术在环境监测中的应用研究[J]．环境与发展，2018，30(06)：169+171.

[15] 冉海林．大数据在环境执法与监测中的运用[J]．化工管理，2021(02)：69-70.

# 第4章　区块链技术在环境监测中的应用

## 4.1　区块链技术概述

### 4.1.1　区块链基础知识

#### 4.1.1.1　定义

区块链技术(Blockchain Technology，BT)贯通了计算机科学、经济学、社会学等多学科知识，属于交叉学科技术综合体，因此区块链的定义从不同学科层面来说各不相同。

狭义上讲，区块链是一种按照时间顺序将数据区块以链条的方式组合成特定的数据结构，并以密码学方式保证的不可篡改和不可伪造的去中心化共享总账(Decentralized Shared Ledger)，能够安全存储简单的、有先后关系的、能在系统内验证的数据。

广义的区块链技术则是利用加密链式区块结构来验证与存储数据、利用分布式节点共识算法来生成和更新数据、利用自动化脚本代码(智能合约)来编程和操作数据的一种全新的去中心化基础架构与分布式计算范式。

#### 4.1.1.2　特点

区块链技术的特点可以概括为以下5点。

① 去中心化：去中心化是区块链最突出、最本质的特征。

区块链技术不依赖额外的第三方管理机构或硬件设施，没有中心管制，除了自成一体的区块链本身，还通过分布式核算和存储，使得各个节点实现了信息的自我验证、传递和管理。不同于传统分布式系统将数据分散存储在不同节点上，区块链技术在系统中的每个节点都具有高度自治性，彼此之间可以自由链接，形成新的块——链数据，节点可以自由选择中心，中心也可以自由决定节点。

因此，区块链技术能够在没有中心节点的情况下实现数据在整个网络的共享。

② 开放性：区块链技术的基础是开源的，除了交易各方的私有信息被加密外，区块链的数据能够对所有人开放，任何人都可以通过公开的接口查询区块链数据和开发相关应用，因此整个系统信息高度透明。

③ 独立性：基于协商一致的规范和协议(类似比特币采用的哈希算法等各种数学算法)，整个区块链系统不依赖其他第三方，所有节点能够在系统内自动安全验证并交换数据，不需人为干预。

④ 安全性：只要不能掌控全部数据节点的 51%(实际上无法做到)，就无法肆意操控修改网络数据，这使区块链本身变得相对安全，避免了主观人为的数据篡改。

⑤ 匿名性：除非有法律规范的要求，单从技术上来讲，各区块节点的身份信息不需要公开或验证，信息传递可以匿名进行。

#### 4.1.1.3 分类

按照应用范围进行分类是目前区块链技术最广泛的分类方式，其中包括：公有链、联盟链、私有链三大类。

(1) 公有链(Public Blockchains)

公有链上任何个体或者团体都可以发送交易。若交易能够获得该区块链的有效确认，任何人都可以参与其共识过程。

公有区块链是最早的区块链，也是应用最广泛的区块链，各大 Bitcoins 系列的虚拟数字货币均基于公有区块链，且相应币种对应的区块链有且仅有一条。公有链的代表主要有比特币(Bitcoin)和以太坊(Ethereum)等。

(2) 联盟链(Consortium Blockchains)

联盟链由某个群体内部指定多个预选的节点为记账人，每个块的生成由所有的预选节点共同决定(预选节点参与共识过程)，其他接入节点可以参与交易，但不过问记账过程(本质上为托管记账，表现形式为分布式记账，预选节点的多少，如何决定每个块的记账者成为该区块链的主要风险点)，其他公众可通过该区块链开放的 API 进行限定查询。

目前，全球主要的联盟链平台有超级账本(Hyperledger Fabric)、企业以太坊联盟(EEA)、R3 区块链联盟(Corda)、蚂蚁开放联盟链，其中影响力较大的是 Hyperledger Fabric。

(3) 私有链(Private Blockchains)

私有链是指仅仅使用区块链的总账技术进行记账，公司或个人均可独享该区块链的写入权限，且储存方案与其他分布式区块链没有太大区别。

### 4.1.2 区块链技术发展历程

区块链的发展始于比特币。2008 年 11 月 1 日，中本聪发表了《比特币：一种点对点的电子现金系统》一文，阐释了基于 P2P 网络技术、加密技术、时间戳技术、区块链技术等的电子现金系统的构架理念，比特币由此诞生；2009 年 1 月

3日，理论进入实践，第一个序号为0的比特币创世区块诞生；2009年1月9日出现序号为1的区块，并与序号为0的创世区块相连接形成了链，标志着区块链的诞生。

目前，人们习惯将区块链技术的发展历程分为三个阶段：区块链1.0、区块链2.0、区块链3.0。

#### 4.1.2.1 区块链1.0阶段

区块链1.0阶段也被称为“可编程货币阶段”，是区块链技术在数字加密货币中的应用，解决了货币和支付手段的去中心化问题，实现了货币的区块链支付、流通等功能，其代表主要为比特币以及随后出现的莱特币、狗狗币、以太币等电子货币。

#### 4.1.2.2 区块链2.0阶段

区块链2.0阶段也被称为“可编程金融阶段”，引入了智能合约技术，是对金融领域的使用场景（如股票、清算、私募股权等）和流程进行梳理、优化的应用。例如2013年12月，Buterin正式启动以太坊区块链项目，首次将智能合约应用于区块链；2015年10月，纳斯达克在Money20/20大会上宣布上线用于私有股权交易的区块链平台——Linq，避免了人工清算可能带来的错误，同时大大减少了人力成本；2015年10月，Ripple公司提出跨链协议——Interledger，该协议旨在打造全球统一的支付标准，简化跨境支付流程；2016年4月，花旗银行、德意志银行、汇丰银行等80多家金融机构和监管成员依托R3公司发布的区块链平台Corda组成了R3联盟。

#### 4.1.2.3 区块链3.0阶段

区块链3.0阶段也被称为“可编程社会阶段”，它将区块链技术扩展到金融领域之外（如供应链），为各行业提供去中心化解决方案的应用。区块链3.0结合了1.0与2.0的做法并试图建造区块链生态系统，探索形成集共识机制、超级节点、系统软件、智能合约于一体的区块链应用综合体，例如应用区块链匿名性特点的匿名投票领域，应用区块链溯源特点的供应链、物流等领域，以及物联网、智慧医疗、智慧城市、5G、AI等领域。

### 4.1.3 区块链技术体系结构

#### 4.1.3.1 区块链技术基础结构

各类区块链在具体实现上各不相同，但体系结构均存在共性。

一般来说，区块链系统由数据层、网络层、共识层、激励层、合约层和应用层6部分组成，如图4-1所示，数据层封装了底层数据区块以及相关的数据加密和时间戳等技术；网络层则包括P2P网络、数据传播机制和数据验证机制等；

共识层主要封装网络节点的各类共识算法；激励层将经济因素集成到区块链技术体系中来，主要包括经济激励的发行机制和分配机制等；合约层主要封装各类脚本代码、算法机制和智能合约，是区块链可编程特性的基础；应用层则封装了区块链的各种应用场景和案例。该模型中，基于时间戳的链式区块结构、分布式节点的共识机制、基于共识算力的经济激励和灵活可编程的智能合约是区块链技术最具代表性的创新点。

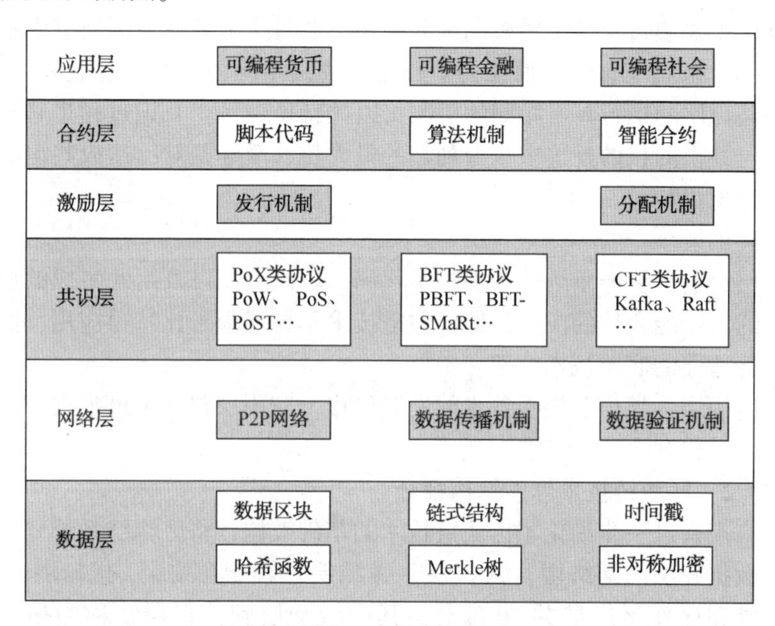


图 4-1 区块链技术基础结构

（1）数据层

数据层位于整个体系结构的最底层，负责将一段时间内接收到的交易数据存入正在创建的数据区块中，再通过特定的哈希函数和 Merkle 树数据结构将区块中存入的交易数据进行封装，并在上层协议的协助下，生成一个符合算法约定的带有时间戳的新区块，再通过相应的共识机制链接到主链上。

该过程涉及数据区块、链式结构、哈希函数、Merkle 树和时间戳等技术要素。

（2）网络层

网络层封装了区块链系统的组网方式、数据传播机制和数据验证机制等要素。采用不受任何权威节点控制或层次模型约束的完全去中心化的 P2P（对等网）组网方式，实现区块链系统中各个节点之间的互联，为交易数据和新区块创建信息在节点之间的快速传输及正确性验证提供通信保障，并为每个节点参与新区块记账权的竞争提供公平的网络环境。

（3）共识层

共识层借助于相关的共识机制，在一个由高度分散的节点参与的去中心化系统中就交易和数据的有效性快速达成共识，确保整个系统所有节点记账的一致性和有效性。区块链技术的核心优势之一就是能够在决策权高度分散的去中心化系统中使各节点高效地针对区块数据的有效性达成共识。主要共识机制目前可以分为三类：PoX(Poof of X)类协议、BFT(Byzantine-Fault Tolerant)类协议和CFT(Crash-Fault Tolerant)类协议。

(4) 激励层

激励层主要通过提供激励机制刺激网络中的每个节点参与区块链中新区块的生成(挖矿)和验证工作，以保证去中心化区块链系统的安全、有效和稳定运行。激励层和共识层的运行具有相同的机制，以比特币为例，共识过程是趋利的，每个节点参与共识的目的是追求自身利益的最大化，激励是对已达成共识的一种货币发行和分配机制。

(5) 合约层

合约层封装区块链系统的各类脚本代码、算法机制以及由此生成的更为复杂的智能合约。智能合约的应用，使区块链技术不再局限于比特币应用，而是成为一项具有普适性的底层技术框架。

(6) 应用层：根据区块链技术的发展历程，应用层包含了可编程货币、可编程金融和可编程社会三大模块。

**4.1.3.2　区块链技术体系结构细分**

学者辜卢密进一步细化了区块链技术的基础架构，将区块链系统划分为基础物理层、数据链层、网络层、共识层、激励层、智能合约层、接口层、应用层、系统管理层和操作运维层共10部分，其中激励层到接口层统称为拓展层，如图4-2所示。

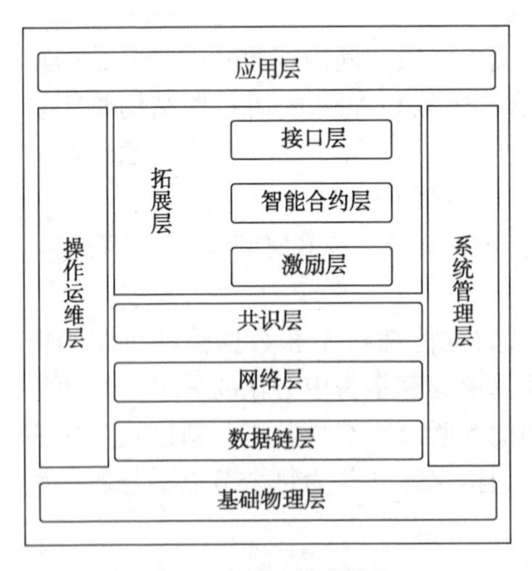


图4-2　区块链体系结构细分

相比区块链技术基础架构，该划分新增了基础物理层、接口层、系统管理层和操作运维层4部分。

(1) 基础物理层

基础物理层是区块链系统的基础支持，提供区块链系统正常运行所需的操作环境和硬件设施，具体包括网卡、交换机、路由器等网络资源，硬盘、云盘等存储资源，CPU/GPU/ASIC等计算机资源。

(2) 接口层

接口层服务于应用层，为应用层提供简捷的调用方式。应用层通过调用RPC接口与其他节点进行通信，通过调用SDK

工具包对本地账本数据进行访问、写入等操作。同时，RPC 和 SDK 还具有功能齐全、可移植性好、可扩展和兼容、易于使用的优点。

（3）系统管理层

系统管理层负责整个区块链体系结构的管理，主要包含权限管理和节点管理两类功能。权限管理是关键部分，尤其是对数据访问有更多要求的许可链。权限管理可以通过以下几种方式实现：①将权限列表提交给网络层，并实现分散权限控制；②使用访问控制列表实现访问控制；③使用权限控制，如评分/子区域。通过权限管理，可以确保数据和函数调用只能由相应的操作员操作。

（4）操作运维层

操作运维层负责区块链系统的日常运维工作，包含日志库、监视库、管理库和扩展库等。在统一的架构之下，各主流平台因自身需求及定位不同，其区块链体系中存储模块、数据模型、数据结构、编辑语言、沙盒环境的选择亦存在差异，这给区块链平台的操作运维带来较大的挑战。

### 4.1.4 我国区块链技术应用现状

根据 2021 年 12 月 22 日由中国信息通信研究院编写发布的《区块链白皮书（2021 年）》的描述表明：①我国区块链技术应用场景正在向实体经济、公共服务等行业的传统细分领域不断拓展，呈现新型水平化布局；②随着应用场景的深入化和多元化不断加深，区块链将进一步赋能数字人民币（DCEP）、碳交易等相关增量业务发展，市场潜能被持续激发。

#### 4.1.4.1 实体经济、公共服务等行业应用不断拓展

目前，我国区块链技术应用集中在金融、政务及公共服务、互联网及溯源等行业和领域，逐步形成链上存证类、链上协作类和链上价值转移类三种典型应用模式并实现了成功应用（详见表 4-1）。

**表 4-1 区块链应用场景分类**

| 类型 | 实体经济 | | | | 公共服务 | | |
|---|---|---|---|---|---|---|---|
| | 金融 | 农业 | 工业 | 医疗 | 政府 | 司法 | 公共资源交易 |
| 链上价值转移 | 数字票据、跨境支付 | 农业信贷、农业保险 | 能源交易、碳交易 | 医疗保险 | — | — | — |
| 链上协作 | 证券开户信息管理 | 农业供应链管理 | 能源分布式生产、智能制造 | 医疗数据共享 | 政务数据共享 | 电子证据流转 | 工程建设管理 |
| 链上存证 | 供应链金融 | 农产品溯源、土地登记 | 工业品防伪溯源、碳核查、绿电溯源 | 电子病例、药品追溯 | 电子发票、电子证照、精准扶贫 | 公证、电子存证、版权确认 | 招投标 |

#### 4.1.4.2 助力新兴发展方向

区块链技术不仅在多个行业领域成功应用落地，也为国家重点关注的新兴发展方向提供了战略支撑。

(1) 助力智慧“三农”

2020年2月5日，中央一号文件《中共中央 国务院关于抓好“三农”领域重点工作确保如期实现全面小康的意见》发布，区块链作为数字时代的前沿技术首次被写入中央一号文件。借助区块链等数字技术，转变农业生产方式，改造传统农业生产和治理模式，实现精准扶贫，有效保障农民工工资发放，对建设现代农业体系具有重要意义。

目前区块链已逐步渗透到农业等相关领域，并在农产品溯源、农业金融、农民精准扶贫等细分环节应用落地，如图4-3所示。

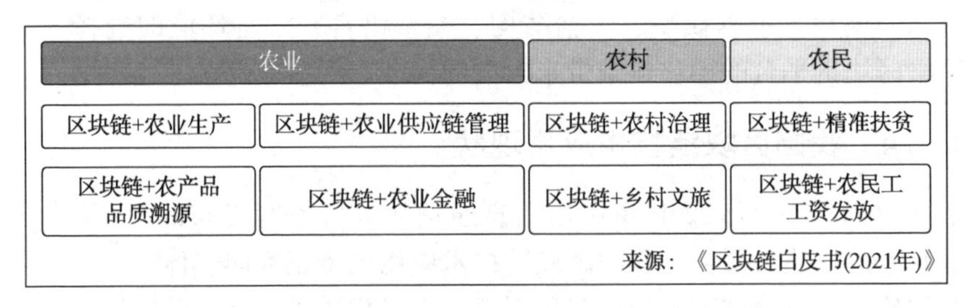


图4-3 区块链在“三农”领域场景覆盖情况

(2) 助力法制中国建设

一方面，司法上链发展路径逐渐明晰，最高法强化顶层设计。最高人民法院于2018年9月3日印发的《关于互联网法院审理案件若干问题的规定》中首次认定链上数据可以作为司法采信的依据；于2021年5月18日发布的《人民法院在线诉讼规则》中进一步明确了基于区块链平台存储的电子证据的有效性判定规则；牵头搭建了“人民法院司法区块链统一平台”，以期实现电子数据全节点共识可见证、全链路安全可信、全流程留痕记录、数据难以篡改，解决诉讼实践中存证难、取证难、认证难、鉴证难等痛点问题。

另一方面，司法存证应用逐步成熟，多地探索并进行应用实践。杭州互联网法院于2018年6月28日支持了原告采用区块链作为存证方式并认定了对应的侵权事实，成为全国首例区块链存证在司法领域的落地实践。随后，杭州互联网法院于年9月18日上线了区块链司法系统，成为国内首家将区块链技术应用于司法案件定分止争的互联网法院。

截至2021年，已采集20.19亿条数据，为网上购物、网络服务、金融借款等引发的诉讼案件提供重要支撑。随后，北京互联网法院和广州互联网法院的区块链系统先后上线。区块链与司法的结合，强化了司法体系对电子证据存证、固证的能力，简化了取证、认证与质证过程，优化了线上诉讼处理流程，助力司法公开与智慧法院建设。

(3) 助力联防联控

尽管我国在新冠疫情防控方面取得了阶段性胜利，但同时也暴露出信息流通不畅、信息不对称、信任缺失等问题，区块链结合自身特性，能够满足信任机构、信息共享、多主体协作以及信息溯源等需求，可有效降低防疫成本、提升社会运转效率，助力打开科技防御新局面。目前，区块链技术在公共预警如全国各地疫情监控平台的建立、物品溯源如蚂蚁集团发起的防疫物资信息服务平台、身份互认如全国各地健康码的使用等领域的应用都取得了进展。

(4) 助力环境保护

区块链技术在环境保护领域的应用主要体现在链上排污权交易、降低环境资源交易成本、打造危险废物管理平台、推动环保监管的升级、打造基于区块链的生态环境监测平台等。

目前应用的典型案例，如区块链赋能"双碳"战略：一方面，碳数据上链管理，实现碳足迹可信追溯、可靠监管。区块链能够实现碳足迹全生命周期的可信记录、碳排放全要素的可信流转，可为碳交易场景提供更安全、更高效、更经济的市场环境，以及可视、可信、可靠的监管环境。另一方面，碳排放权链上交易，构建高效的碳交易市场。区块链技术可以助力构建可信、高效的碳交易市场和平台，通过对碳资产和碳排放权进行实时、透明、不可篡改的区块链碳资产管理，增强碳交易市场活力，打造碳交易主体、交易机构、政府等多方共建、灵活互动的碳资产交易模式，实现碳交易从排放权获取、交易、流通到交易核销、统计的全流程数据上链存储与可信共享应用，让碳排放配额在"有目共睹"的情况下进行交易。

## 4.2 区块链技术在环境监测中的应用

区块链经历了从1.0数字货币到2.0智能合约时代，正步入3.0时代。区块链3.0时代，意味着区块链技术将应用到各行业中，能满足更加复杂的商业逻辑，并对该行业产生革命性影响。环保与区块链联合，尤其是"环境监测区块链"，是我国生态环境保护的必然趋势，而随着区块链技术的不断普及和应用，将有效助力我国解决污染问题，打赢污染防治攻坚战。

### 4.2.1 区块链技术在环境监测中的应用背景

环境监测作为保护环境的基础工作，是推进生态文明建设的重要支撑，监测数据是客观评价环境质量状况、反映污染治理成效、实施环境管理与决策的基本依据，其真实性、可靠性、准确性是环境监测最基本的要求。

近些年，我国环境监测数据造假的新闻时有发生，数据真实性存疑已经成为群众关注的问题，也是推进生态环境保护工作纵深发展的难点之一。

环境监测的采、测、传、存、管、用等每个环节都可能存在干扰数据质量的风险，例如：采样环节通过干扰采样环境，改变样品原始特征，使传感器接触不到真实样品；测定环节通过干扰监测设备，与设备厂家或运维公司合谋，使用特殊代码或后门程序修改监测设备中的数据等；数据存储环节对数据进行篡改，方式一是在后台程序挂木马注入脚本代码，直接更改数据，执行操作者想执行的代码，方式二是掌握数据库权限的人直接登录数据库，对数据进行增加、删除或更改等操作，篡改真实数据。出现以上情况的原因在于目前我国环境数据存储的方式仍以传统互联网或移动互联网为主，采用关系模型来组织数据的数据库，创建一条记录，把某个地方某段时间的环境监测数据储存在里面，常见的有 Oracle、DB2、PostgreSQL、Microsoft Access、Microsoft SQL Server、MySQL、浪潮 K-DB 等数据库。传统储存方式虽然操作方便、易于维护，且能大大减低数据冗余和数据不一致的概率，但是数据库的单一性导致数据很容易被人为干扰。

区块链技术的应用能够弥补传统数据存储方式的不足，避免人为干扰，助力环境监测数据“真”“准”“全”。

由于区块链技术具有“安全性”和“不可篡改性”的特点，因此具有以下三个优点：①为海量环境监测数据的“存证”难题提供了解决方案，助力环境监测数据的“真”；②区块链技术体系结构中的“共识机制”，可以保持信息数据的一致性，真正实现从“网络互联”时代走向“信任互联网”的转变，辅以人工智能、大数据和物联网技术，助力环境监测数据的“准”；③区块链技术“去中心化”的特点，采用分布式存储，能够打破部门、层级间的“数据孤岛”，实现信息的互通互联和数据共享，并通过智能合约，实现多个主体之间的合作信任，优化和解决生态环境治理体系中跨行业、跨部门、跨区域合作的广度、深度和难度问题，助力环境监测数据的“全”。

### 4.2.2 区块链技术在环境监测中的应用方案

区块链技术在环境保护领域的应用受到了广大环保工作者及科研人员的热切关注和深入研究，但该技术在具体场景中的应用还不够成熟，处于不断拓展的阶段。不同角度的区块链技术在环境监测中应用的技术方案相继被提出，为后续区块链技术在环境监测中的具体实施及推广提供了参考与借鉴。

#### 4.2.2.1 “三阶段”分步实现方案

在分析了区块链技术特征及可能面临的技术挑战、评估了区块链在生态环境领域的应用价值之后，张亚青等人系统性地规划了区块链技术赋能环境监测的具体解决方案，该方案分三阶段实现。

（1）第一阶段——建设环境监测区块链可信平台

作为一个多中心化的分布式系统，区块链“可信基础设施”的定位，可以确保监测数据的真实性。在此网络模型的架构之下，能够实现多层级、多数据的互联互通。因此，更加适合监测数据对基础设施的需求。另外，针对每个平台节点，能够做到按节点类别进行分布，完成多维度的区块链节点分层组网模型。在这种拓展方式中，我们就可以灵活实现“新伙伴”的接入与管理。这样能够根据管理部门的现实需求提供相应的准入模型，实现更细的权限管理与控制，有利于对监测数据的管理。

（2）第二阶段——建立环境监测行业信用评价体系

信用机制是平台交易的基础，监测行业信用评价体系也可以作为平台信任机制的重要组成部分。监测机构应该自觉自律做到不在数据上弄虚作假，如果能依法实施信用监管规范监测市场秩序、建立行业信用评价体系，将进一步推动监测行业高质量发展。

（3）第三阶段——形成环境监测区块链认证网络联盟

环境监测区块链认证网络联盟的发起旨在进一步整合、规范行业资源，加强行业信息基础设施建设。建立联盟的目的不是建立单一的区块链平台，而是建立一个完整的区块链的生态系统，由许多会员单位组成，共同探索共建、共享、共治、开放的理念并携手该领域的创新发展和应用。通过这种独特的平台设计框架来解决行业间的相关问题，加强对数据资产的管控能力，帮助行业实现高度可信的数据资产全生命周期管理，打造利于管理部门决策的科技支撑点，突破数据堡垒，深化跨界跨部门协作，形成环境治理强大合力。

#### 4.2.2.2 区块链保障环境监测数据质量的技术方案

考虑环境监测业务各个环节可能存在的影响环境监测数据质量的人为干扰情况，胡清等人对区块链保障环境监测数据质量的技术方案进行了深入研究，归纳总结为监测数据产生、监测数据传输和监测数据应用三方面内容。

（1）监测数据产生

监测数据产生端的质量保障途径主要有监测设备全生命周期可信管理、监测监控设备可信、采样环境保真、监测数据可信。

① 监测设备全生命周期可信管理：针对设备运维偷工减料、篡改运维数据、人为变更运维流程现象的存在以及监测设备巡检数据过程中管控技术的不完备，区块链的智能合约技术对于解决监测设备运维工作中面临的不足具有突出的优势。

② 监测监控设备可信：监测监控设备的可信问题是提高环境监测数据质量首先要解决的问题，区块链与可信计算技术相结合是一种有效途径。可信计算是一种主动免疫的新型计算模式，具有身份识别、状态度量、保密存储等功能，是保障关键信息技术基础设施自主可控、安全可信的核心关键技术。

③ 采样环境保真：设备被干扰、屏蔽时产生异常报警与状态存证，为设备的异常归因和责任追溯保留证据；区块链与 AI、大数据技术联合使用进行采样现场异常识别。

④ 监测数据可信：可信监测设备从区块链系统获取可信数据进行边缘智能分析，监测设备通过链上链下数据比对、时序数据异常分析、多参数关联分析、同行业排放置信区间分析等方法识别监测数据异常，防范监测数据造假。

（2）监测数据传输

实现数据的可靠传输需解决两个问题：①监测设备以何种方式接入区块链系统。监测设备本身不能满足作为区块链节点的性能需求，但可以采用代理上链的方式接入区块链系统，上链过程如图 4-4 所示。②数据传输过程的可靠性保障。区块链技术的非对称加密技术与数字签名技术保障了数据传输过程的安全可靠，环境监测数据可靠传输示意如图 4-5 所示。

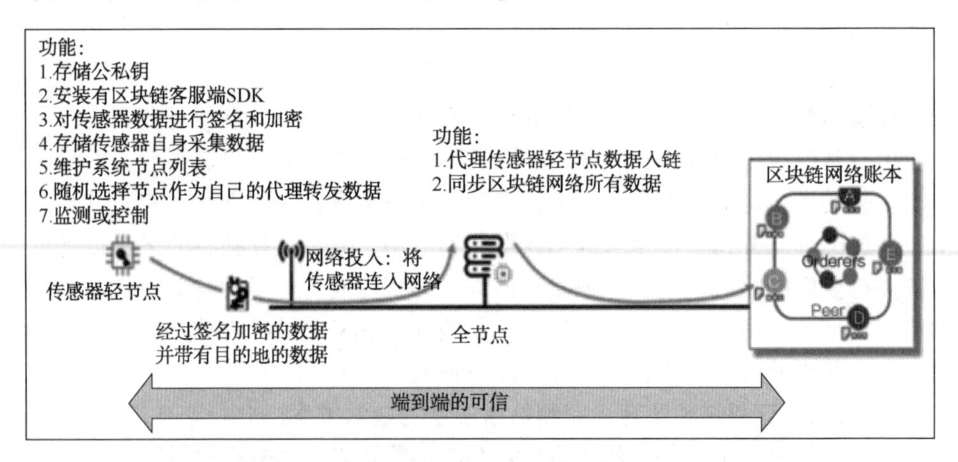


图 4-4　可信监测监控接入区块链及数据上链过程

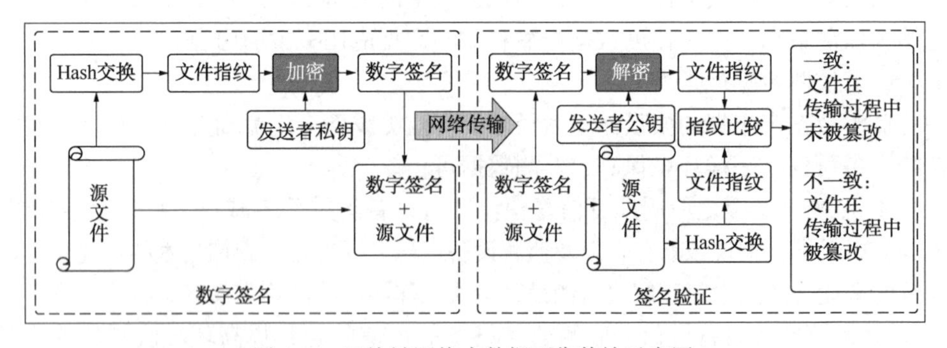


图 4-5　区块链网络中数据可靠传输示意图

（3）监测数据应用

区块链应用系统中常采用双通道存储机制，即数据既存储到区块链上，也保存到传统的数据库中。篡改和伪造数据的行为只能发生在传统数据库中，因此只要在数据应用中用区块链数据进行校验就能遏制篡改和伪造数据行为。

上述技术方案以可信监测设备为基础，需开发可信的监测监控设备来保证环境保真、监测可信与传输可靠，可全面提高环境监测的数据质量，但更换现有的监测监控设备，需要较大的成本和较长的过程。

#### 4.2.2.3 基于区块链技术的生态环境监测系统

在分析传统生态环境监测系统的基础上，结合区块链技术的特点，李毓琛等人设计了一种基于区块链技术构建的生态环境监测系统，通过采用基准测试工具模拟基于区块链的生态环境监测系统网络中的监测数据区块产生的过程，分析验证了基于区块链技术生态环境监测系统监测数据的正确性、安全性和完整性。

(1) 系统介绍

该系统包含物理层、数据层、网络层、服务层和应用层 5 个部分，如图 4-6 所示。该系统利用区块链分布式存储记录与验证的特性，保证生态环境监测数据的真实性、完整性和客观性；建立更便捷的生态环境监测系统数据管理模式，便于真实、客观、合理地使用生态环境监测系统数据，促进生态环境监测系统进一步发展。

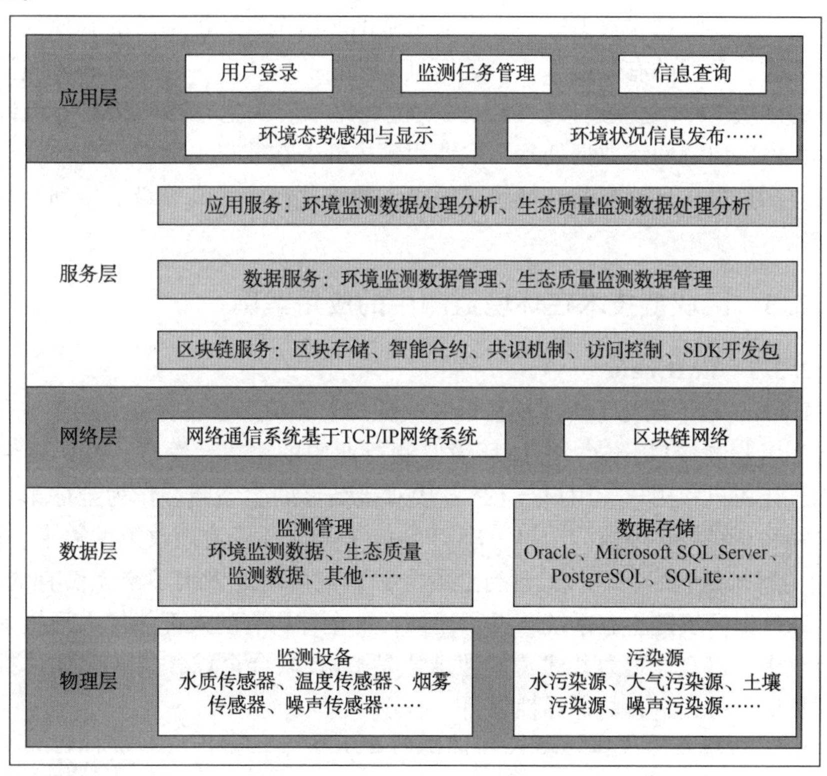


图 4-6 基于区块链技术的生态环境监测系统结构

（2）与传统生态环境监测系统的区别

基于区块链技术的生态环境监测系统与传统生态环境监测系统相比，增加了所需的区块链技术，包括区块链网络和区块链服务。区块链网络是网络层与服务层的接口，由若干高性能的数据处理节点组成，负责处理、分析、传输数据层获取的环境监测数据信息。区块链服务提供了区块存储、智能合约、共识机制、访问控制、软件开发工具包（SDK）等功能，区块链网络和区块链服务部署于服务层。

（3）关键技术

基于区块链技术的生态环境监测系统的关键技术有：①监测数据上传技术，该技术建立在区块链网络基础上，通过使用无线传感网络 WSN 控制各类不同传感器等环境监测设备，完成监测数据采集的同时进行实时监控，再进行监测数据的分选、签名、打包和上传，整合监测数据为格式统一、相互关联的监测数据包。②监测数据正确性验证，区块链网络的数据处理节点在接收到环境监测设备上传的监测数据包后，对监测数据包格式的合法性、Hash 散列的完整性以及数字签名的有效性进行验证，确保数据包在传输过程中未受恶意篡改。③监测共识数据上链技术，接收环境监测数据的区块链网络数据处理节点在成功验证数据的正确性后，需要将这些数据进一步广播至全网，由全区块链网络的其他数据处理节点继续验证数据的有效性，并将数据打包至新的区块中，与生态环境监测区块链尾端的区块 Hash 建立连接，链入区块链的尾端。④生态环境状况等级判定上传技术，由区块链网络数据处理节点调用预先部署在节点上的智能合约，分析已接收的监测数据，计算当前环境状况等级，并将此环境状况等级上传到环境态势感知与显示系统中。

## 4.2.3 区块链技术在环境监测中的应用案例

### 4.2.3.1 EMChain

EMChain（以下简称 EMC）是基于区块链技术的新生态环境监测服务平台，面向所有环境监测接口开放，去掉环境监测行业中的渠道、发行、推广运营等环节，创造让用户和用户、用户与 CP 直接对接结算的生态圈。作为全球第一、世界领先的高新科技环境监测项目，EMC 顺应了全球环境治理政策的需求，同时，EMC 也为区块链技术在环境处理行业的开源和应用落地做出了绝无仅有的贡献。构建全球环保区块链生态系统，发行通证，让全球所有的人都能加入环境保护的伟大事业中，以全球之力共建美好地球，是 EMC 联合全球各国政府加速推进并且计划长期可持续进行的世界性项目。

EMC 不仅融合了区块链技术与环境监测大数据技术，以及云计算技术，还充分结合 LBS、物联网等核心技术，形成自身独特的环境监测一体化解决方案。

其最大特点在于高安全性、高完整性和高智能性。EMC 的安全性体现在，利用区块链加密算法打造的安全交易，可以发送和接收数字资产，实现直接、快速转账，确保交易安全。其完整性体现在，EMC 平台能够永久记录交易的技术，不能被随意抹去。因此，EMC 能够完整记录物品的信息，便于追根溯源。EMC 的智能性在于，可开发手机 App、INS 平台、微信平台、微博平台等信息系统，创建出独有的环境监测云计算平台，集合物联网、ERP、二维码、图像识别等先进技术，通过多种核心算法，精确计算出从地区到个人的监测产值、构成及利用率。

未来，随着 EMC 的逐步完善，全球环境监测产业链检测数据将打通，形成诚信、透明、高效的环境监测数据。EMC 的愿景是建立环境监测产业链行业底层区块链设施，让全球智能环境监测系统产业能更快捷地开发自己的区块链应用，并根据智能合约自由交换数据，利用区块链的防伪、防篡改属性来记录每一笔交易和用户点击。由此一来，所有环境监测行业的上下游链条，都将实现透明、高效运转，有利于环境监测市场降本增效。

#### 4.2.3.2 BitCherry 环保问题区块链解决方案

BitCherry 作为全球首个基于 IPv8 技术服务于分布式商业的可扩容区块链基础设施，具备性能高效、数据安全、共识治理三大特征，通过以革新物理层的全新思维搭建 P2Plus 点对点加密网络协议，为链上分布式商业应用提供高性能、高安全、高可用的底层公链支持。目前已为供应链金融、资产数字化、商业消费、电商、分布式云计算等众多领域提供解决方案。针对环保问题，BitCherry 提出了一系列高度可行的区块链解决方案。

针对企业污染物的排放问题，BitCherry 计划利用其公链 IPv8 革新物理层硬件的优势，打造可 24h 检测污染物排放的硬件设备，同时配合智能合约的方式进行链上治理，实现无人监控，将排放数据实时记录在 BitCherry 的数据链上，这些排放数据不可篡改，并将直接影响企业征信，解决了传统政府对于污染企业监控难、记录成本高等问题，并且方便政府进行实时管控。通过 BitCherry 独有的 PoUc 价值度证明的共识机制，可建立一个垃圾分类的积分奖励机制，使每一个参与到垃圾分类中的人都能创造实际价值，获得 BCHC 的数字货币奖励，从而带动全民积极性，最终可以确保垃圾做到正确分类并可全程追溯。同时由于区块链点对点的独特属性，还能避免以前曾出现的环保公益机构的资金流向不清晰等问题，实现了即使在没有可靠第三方监管的情况下，资金流向也能保证清晰可溯源。

BitCherry 通过区块链技术，打造环境保护生态系统，这有利于将环保的一切链接起来。整个系统涵盖资金流转、制造生产、运输配送、污染排放、使用回收等全部流程，可监控每一个环节，防止可能对环境造成不利影响的因素产生，并针对问题形成高效的区块链解决方案。

#### 4.2.3.3 “区块链+碳排放监测”

在“双碳”的背景下，新技术的突破和领先无疑是提升国内国际竞争优势的首要途径。区块链技术作为我国“十四五”规划提出的七大数字经济重点产业之一，能够保障碳数据可信度、实现企业碳资产管理高效化、增加碳交易规范化，因而区块链+碳排放监测领域的研究与探索受到了企业、科研人员等众多学者的关注。

案例一：远光软件自主研发的“远光碳资产管理平台”是以“碳达峰、碳中和”为长远目标导向，以国内碳市场建设为指引，充分利用区块链、大数据、人工智能等新技术手段，实现碳资产管理、碳交易服务、碳市场服务、碳足迹监测等全业务流程统一管理的信息化平台，为重点排放单位、碳资产公司、新能源企业提供碳排放管理全过程的技术支撑，以满足企业碳资产管理信息化、数字化以及交易智能化的需求，2021 年 6 月该平台为华能集团设计和构建的碳资产管理信息平台已成功上线运行。

案例二：蚂蚁集团于 2021 年上线了蚂蚁链企业碳中和管理 SaaS 产品——“碳矩阵”，并已用于自身的碳中和流程管理。“碳矩阵”利用区块链技术不可篡改和可溯源的特点，使得蚂蚁自身碳排放、碳减排、清结算、监管、审计等过程公开透明，相关记录可随时追溯查证。同时，“碳矩阵”可以实现企业碳中和数据统一平台管理及数据可视化，以及链上第三方专业机构认证和颁发证书。通过区块链安全计算的能力，帮助企业在确保数据安全的前提下披露环境相关数据。

案例三：金融壹账通联合中国质量认证中心、中国移动于 2021 年 11 月联合打造了面向多种行业的碳排放数据监测管理系统。此外，其与中化创新研究院、中国移动、中国质量认证中心等联合发起的“碳达峰碳中和数智化暨区块链+能源创新实验室(合肥)”已于 2022 年 9 月正式揭牌。实验室落地合肥，将依托区块链、5G、大数据等数字信息化技术，推进在碳监管、碳减排、碳交易、园区和集团企业双碳治理、双碳领域国家高端专业智库等诸多“双碳”场景的开发、创新及示范性应用，促进安徽省建设全国“双碳智能化”示范样本和示范基地，助力安徽“双碳”目标的达成。

案例四：2022 年 2 月 22 日，万向区块链推出了智能楼宇碳足迹监测系统“万碳居”，为企业全链路的碳排放、碳减排和低碳生态服务，推动更多企业实现“碳中和”的科学管理。针对国内“双碳”目标与 ESG 企业评价体系，“万碳居”以企业、商业地产、产业园区、住宅物业等碳排放集中性场所为应用场景，实现了数字化、可视化、智能化的企业碳中和数据统一平台管理以及数据可视化。

#### 4.2.3.4 区块链智能数据质量控制器

“区块链智能数据质量控制器”是胡清等人基于区块链保障环境监测数据质量的技术方案而设计的边缘计算设备，采用国内自主研发的“长安链”作为底层平台，具有较强的计算能力和较大的存储空间，能够在系统中完成实时数据上链、边缘计算、链上权限管理、分布式存储等功能。该设备在北京空气质量监测系统上进行了试点示范，试点示范共部署了5个点，持续了6个月，在试点示范期间，通过双盲测试和实际运行案例，共发现设备异常、修改参数、堵塞采样口、篡改数据等状况16起，验证了区块链能助力空气质量监测系统识别数据异常和数据篡改行为，可有效防止监测造假、篡改数据、违规运维等行为，能显著提高空气质量监测的数据质量。

#### 4.2.3.5 生态环境大脑

“生态环境大脑”是中国联通与阿里巴巴投资成立的合资企业“云粒智慧”推出的政务领域两项新产品之一。“生态环境大脑”针对环境治理的能力短板，将环境监测、分析、决策、治理四个环节形成数据闭环，支撑环保部门实现生态改善的循环体系。

此外，2018年中国国际信息通信展览会上的“智慧城市”展区，中国联通在现有生态环境产品体系的基础上研发了“生态环境大脑”2.0，以人工智能和大数据技术为主要突破点，重点打造环保无人机应用、基于区块链的生态环境监测可信数据平台等产品。

#### 4.2.3.6 生态环保联盟链

2020年12月，安存科技联合滨州市生态环境局邹平分局打造了全国首个生态环保联盟链，并基于该联盟链上线了环境监管平台和协同执法电子证据共享平台，这代表着区块链生态环境执法监管建设踏出了坚实的一步。

该案例整体围绕区块链生态环境监管“一链双台”开展建设，“一链”即生态环境保护联盟链；“双台”即协同执法电子证据共享平台与生态环境监测监控平台。在邹平环保局已有的生态环境监测监控平台基础上，借助区块链等先进技术手段，将司法证据规则、数据采集规则前置，通过对终端设备、系统等各来源监测监控数据源头实时采集，以及生态环境局节点实时上链固证，使监管数据从终端接入，到产生、收集等全流程实时留痕可追溯，同时计算哈希值直通司法部门，保障监管数据全生命周期安全可信，实现信息全链路可信可查验、全节点共享安全可流转。

#### 4.2.3.7 其他

在国内，中国移动、中国电信、中国联通除了联合牵头成立可信区块链电信应用组，布局区块链产业，电信运营商及其他研究中心也各自进行了一些环境监测领域的探索，例如：浙江移动联合杭州市上城区教育局，于2018年6月开始在校园内开展直饮水监测精准管理模式的试点，采用浙江移动物联网+区块链技术精准监测饮水水质；2018年，中国联通在中国国际信息通信展期间，展出了重点打造环保无人机应用、基于区块链的生态环境监测可信数据平台等产品；国家环境保护污染源监控工程技术中心使用“云链”技术开发的“大气110平台”，融合应用区块链、物联网和大数据技术，专注于大气监测、生态大数据分析等公共服务。

## 4.3 区块链技术在环境监测应用中的优势与局限

### 4.3.1 区块链技术在环境监测应用中的优势

#### 4.3.1.1 战略优势

区块链技术作为国家核心技术自主创新的重要突破口，受到了广泛关注，各部门及省级政府都出台了区块链专项行动计划或发展规划，例如：2021年11月工信部发布的《“十四五”信息通信行业发展规划》指出，要建设区块链基础设施，通过加强区块链基础设施建设增强区块链的服务和赋能能力，更好地发挥区块链作为基础设施的作用和功能，为技术和产业变革提供创新动力；2022年4月中共中央、国务院发布的《关于加快建设全国统一大市场的意见》指出，要强化标准验证、实施、监督，健全现代流通、大数据、人工智能、区块链、第五代移动通信(5G)、物联网、储能等领域标准体系；2022年5月国务院发布的《关于扎实稳住经济一揽子政策措施的通知》鼓励平台企业加快人工智能、云计算、区块链、操作系统、处理器等领域技术研发突破。

因此，区块链技术应用于环境监测也是未来发展的必然趋势。

#### 4.3.1.2 技术优势

基于区块链技术去中心化、分布式存储、共识机制、不可篡改、数据加密和激励机制等基本特性，其应用于环境监测具备一定技术优势。

① 有助于消除环境监测数据造假。环境监测数据上链，为监测数据溯源分析的实现提供了可能，同时能够有效防止数据篡改，很大程度上保障了环境监测数据的安全性、真实性和完整性，避免出现监测数据造假现象。

② 有助于推动环境监测数据共享。区块链技术的本质是分布式公共账本，可以实现电子数据的充分共享。各方参与者都能了解环境监测整个流程的运作情况，共享链上环境监测数据，实现监测数据的综合分析，发挥数据的价值。

③ 有助于提高环境监测管理效率。区块链技术能够促进环境监测各环节、各部门间协调与协作，推动环境管理转型，有效提升环境治理能力。

### 4.3.2 区块链技术在环境监测应用中的局限

目前，区块链技术在环境监测中的应用尚处于初步阶段，面临诸多困难与挑战，深入发展受到限制。

#### 4.3.2.1 环保项目政策支持不够

尽管在国家政策支持的背景之下，“区块链+环境监测”的发展成为必然趋势，但因环境保护与企业的生产经营不同，不会产生直接经济效益甚至需花费不少的成本，因此必须由政府主导，而政府对环境科技监管的政策支持不足，导致环境监测区块链项目无法落地，也导致了开发者不足，环保类区块链项目驻足不前。

#### 4.3.2.2 运维管理体系不完善

现在的管理模式以政府对信息的发布、资源配置等为主，区块链技术与之矛盾、冲突，因此真正把区块链技术融入政府部门的管理决策中，需要一定的时间。此外，区块链系统的开发、使用门槛较高，相关的开发、集成、人才、运维体系仍未建立，影响到区块链应用于环境监测项目的落地以及系统后续的运营管理。

#### 4.3.2.3 面临诸多安全风险

区块链技术的安全风险主要来自标准规范准则的缺乏或不完备，在一定程度上意味着新的安全风险。由于缺乏顶层规划，各行业主体、各地方正在分别建设区块链应用，导致平台重复建设、过度投资，引发新的业务碎片化趋势，易形成新的“数据孤岛”和“价值孤岛”。以环境监测领域为例，“数据孤岛”问题可能成为区块链技术应用最大的障碍，省市县三级部门都是独立的管理，市与市之间、县与县之间也没有直接的管辖权，迫于现实的困境，很难从整体层面大力推进信息的整合。利用区块链技术从根源上解决“数据孤岛”问题，还存在于理论的层面，将理论变为实践并广泛地应用于政府的管理之中，也是面临的挑战之一。

区块链技术在数据安全方面超过了传统数据库，但也存在一些中心化数据库所没有的安全问题，并不能保证百分之百安全，因此仍不能保证免受攻击。据统计，近两年全国区块链领域的安全事件时有发生，区块链数字加密货币系统的底层技术“区块链”面临着来自数据层、网络层、共识层、激励层、合约层、应用层的安全风险，安全攻击防不胜防。

#### 4.3.2.4 法律风险不容忽视

技术的成熟发展仅仅只是一方面，更重要的是要建立与之匹配的法律法规，使技术具有可操作性。然而，目前区块链技术属于起步阶段，法律法规可能存在滞后性。加上区块链本身的特点，也为法律带来一系列问题。例如，去中心化作为区块链的重要优势之一，它的每个交易没有具体的物理地址或者明确的标识位置，同时区块链的每个节点都是平等的，甚至位于不同的地理位置，无法明确界定区块链的管辖区域，没有独立的机构为此承担分布式账本在运作时的法律责任，因此，在法律的适用上和司法管辖中存在漏洞。所以，在产生法律纠纷的情况下，法院也很难作出裁决。

## 4.4 区块链技术在环境监测中的应用展望

新时代的环境保护已经在向数字化、智能化、网络化前行，区块链技术在环境保护行业呈现了良好的态势和前景，当然也不能忽视技术发展过程中存在的问题与面临的挑战。目前我国的环境保护问题已经得到空前的重视，环境质量也有所改善。在不久的将来，经过政府、行业部门、企业等各方面力量协同作用，将区块链技术与AI技术、5G技术、物联网等其他新技术融合将成为克服新技术问题和不足的必由之路，并在环境监测领域发挥更大、更成熟的应用价值。

### 参考文献

[1] 袁勇，王飞跃．区块链技术发展现状与展望[J]. 自动化学报，2016，42(04)：481-494.
[2] 辜卢密．区块链技术与应用[M]. 北京：高等教育出版社，2022.
[3] 张健．区块链：定义未来金融与经济新格局[M]. 北京：机械工业出版社，2016.
[4] 姚忠将，葛敬国．关于区块链原理及应用的综述[J]. 科研信息化技术与应用，2017，8(02)：3-17.
[5] 郭上铜，王瑞锦，张凤荔．区块链技术原理与应用综述[J]. 计算机科学，2021，48(02)：271-281.
[6] 付保川，徐小舒，赵升，等．区块链技术及其应用综述[J]. 苏州科技大学学报(自然科学版)，2020，37(03)：1-7+14.
[7] Lone A H，Naaz R. Demystifying cryptography behind blockchains and a vision for post-quantum blockchains[C]. 2020 IEEE International Conference for Innovation in Technology (INOCON). IEEE，2020.
[8] He P，Yu G，Zhang Y F，et al. Survey on blockchain technology and its application prospect [J]. Computer Science，2017，44(4)：1-7.
[9] 曾诗钦，霍如，黄韬，等．区块链技术研究综述：原理、进展与应用[J]. 通信学报，2020，41(01)：134-151.
[10] 沈鼎壹，阮明明，王新华．区块链技术在环境保护中的应用[J]. 科学技术创新，2019(22)：57-58.
[11] 王群，李馥娟，王振力，等．区块链原理及关键技术[J]. 计算机科学与探索，2020，14(10)：1621-1643.
[12] 张亚青，张潇天，彭瑜，等．区块链赋能生态环境[J]. 环境经济，2022(08)：56-59.
[13] 胡清，吕广丰，高菁阳，等．区块链技术在环境监测中的应用研究[J]. 中国环境管理，2022，14(03)：21-29.
[14] 邹德清，羌卫中，金海．可信计算技术原理与应用[M]. 北京：科学出版社，2018.
[15] 李毓琛，白雪，李娟花，等．基于链式区块技术的环境监测系统研究[J]. 安徽大学学报(自然科学版)，2022，46(05)：27-36.

# 第5章　物联网技术在环境监测中的应用

## 5.1　物联网技术概述

### 5.1.1　物联网概念

物联网(Internet of Things，简称IoT)被认为是继计算机、互联网之后世界信息产业发展的第三次浪潮，是比互联网应用更加广泛的一次浪潮。物联网理念最早可以追溯到比尔·盖茨1995年《未来之路》一书，在书中其已经提及物物互联，只是受限于无线网络、硬件及传感设备的发展，并未引起重视。1998年，美国麻省理工学院创造性地提出了当时被称作EPC系统的物联网构想，至1999年，建立在物品编码、RFID技术和互联网的基础上，美国Auto-ID中心首先提出物联网概念。早期的物联网概念局限于使用射频识别(RFID)技术和设备相结合，使物品信息实现智能化识别和管理，实现物品的信息互联而形成的网络。随着相关技术和应用的不断发展，物联网内涵也在不断扩展。现代意义的物联网可通过各种信息传感器、射频识别技术、全球定位系统、红外感应器、激光扫描器等各种装置与技术，实时采集任何需要监控、连接、互动的物体或过程，采集其声、光、热、电、力学、化学、生物、位置等各种需要的信息，并通过各类可能的网络接入，实现物与物、物与人的泛在连接，实现对物品和过程的智能化感知、识别和管理。

### 5.1.2　物联网基础结构

物联网是一个基于互联网、传统电信网等的信息承载体，可让所有能够被独立寻址的普通物理对象形成互联互通的网络。通过对物联网多种应用需求的分析，综合现有物联网相关的研究成果，物联网通常被划分为3个层次，如图5-1所示，即感知层、网络层和应用层。

#### 5.1.2.1　感知层

感知层是物联网的基础，是物理世界和信息世界的衔接层。主要通过各类信息采集设备、执行设备和识别设备，采用多种网络通信技术、信息处理技术、物化安全可信技术、中间件及网关技术等，实现物理空间和信息空间的感知互动。

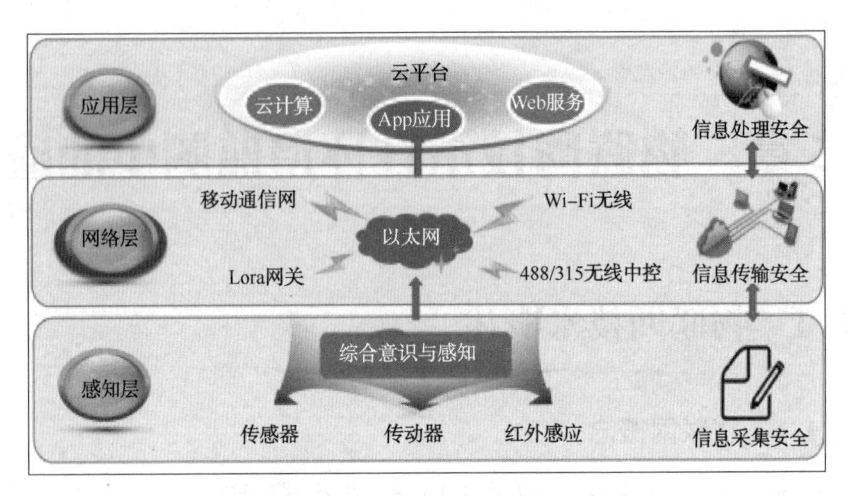


图 5-1　物联网基础结构

根据具体用户需求，确定需要感知的对象和采用的信息处理技术，同时实现与承载网络层的接入、交互，以此为基础连接应用层。

感知层的关键技术包括二维码和识读器、射频识别标签和读写器、全球定位系统(GPS)、自组织网络、传感器网络等，随着当前各项技术的日益成熟，物联网技术得到广泛应用。比如，在交通流量实时监测与动态诱导应用中，在城区干、支线道路的车道上设置高灵敏度车辆检测单元收集车辆信息，然后利用实时车速检测与流量统计功能，对车速、流量数据进行实时采集、分析、比对与传递，以时、分、秒的时间片段来分析机动车在各路段的流量、流向、是否畅通、拥堵的程度等。利用感知层获得的数据基础，可以实现交通管理部门对车流量等情况进行精确管理。

### 5.1.2.2　网络层

网络层是物联网的中枢神经，主要实现信息的传输和通信，提供广域范围内的应用和服务所需的基础承载传输网络，包括移动通信网、互联网、各行业专网及融合网络等。物联网通过各种接入设备与基础网络连接，将分散的、利用多种感知手段所采集的信息通过归一化网关汇聚到传输网络中，最后将感知信息再汇聚到应用层。

目前，随着网络技术的发展，物联网网络层已经相对成熟，例如，计讯的物联网网络层设备：数据传输单元(DTU)、工业路由器、工业物联网网关等设备可以有效地解决物联网领域数据传输过程中的问题，帮助企业远程管理、获取数据、调试前端设备。物联网的网络层基本上综合了已有的全部网络，来构建更加广泛的“互联”。每种网络都有自己的特点和应用场景，互相组合才能发挥出最大作用，因此在实际应用中，往往将多种组网技术进行融合，使物联网具备无处不在的协同感知能力，更好地实现了物与物、物与人、人与人之间的通信。

#### 5.1.2.3 应用层

应用层是物联网运行的驱动力，提供服务是物联网建设的价值所在。应用层的核心功能在于站在更高的层次上管理、运用资源。感知层和网络层将收集到的物品参数信息，汇总在应用层进行统一分析、挖掘、决策，用于支撑跨行业、跨应用、跨系统之间的信息协同、控制、共享、互通，提升信息的综合利用度，其过程涉及海量信息的智能分析处理、分布式计算、中间件、信息发现等多种技术。

应用层是物联网发展的目的。物联网应用层在结构上可分为三部分：一是物联网中间件，其可以是一个系统软件，也可以是一个服务程序，能够为物联网应用系统提供统一封装的公用能力；二是物联网应用系统，物联网应用系统涵盖了许多实际应用，例如电力抄表、安全检测、远程医疗、智能农业等；三是云计算，海量的物联网数据要借助云计算的力量进行存储和分析，根据服务类型，云计算可划分为基础架构即服务（IaaS）、平台即服务（PaaS）、软件即服务（SaaS）。

### 5.1.3 物联网关键技术

物联网是新一代信息技术的重要组成部分，是“物物相连的互联网”，涉及的技术较多，其核心关键技术主要有射频识别技术、传感技术、网络通信技术、嵌入式系统技术和云计算。

（1）射频识别技术

射频识别技术是一种无接触的自动识别技术，利用射频信号及其空间耦合传输特性，实现对静态或移动待识别物体的自动识别，用于对采集点的信息进行“标准化”标识。鉴于 RFID 技术可实现无接触的自动识别，全天候、识别穿透能力强、无接触磨损，可同时实现对多个物品的自动识别等诸多特点，将这一技术应用到物联网领域，使其与互联网、通信技术相结合，可实现全球范围内物品的跟踪与信息的共享，在物联网“识别”信息和近程通信的层面中，起着至关重要的作用。另外，产品电子代码（EPC）采用 RFID 电子标签技术作为载体，大大推动了物联网发展和应用。

（2）传感技术

传感技术同计算机技术与通信技术一起被称为信息技术的三大支柱。传感技术在物联网中的体现，依赖于技术与网络，采集物联网应用对象的信息，经由传感技术传输到指定设备，再由设备统一转换，连接物联网的各个层面。目前，物联网趋向于以传感技术为主的传感器，嵌入传感设备后可处理不同领域的信息，满足多个行业的需求。例如：物联网确定系统传感模式后，设置微型处理器，综合集成物联网的信息，通过传感器时刻监督内部信息的运行情况，避免出现高危行为，不论是物联网的采集环节，还是处理环节，都可处于高效传感的过程中。传感技术随机组成通信网络，促使物联网在中继方式的作用下传输信息，可迅速抵达用户终端，提升传感技术效率，有利于提高物联网的传感速度。

（3）网络通信技术

通信是物联网不可缺少的环节，物联网利用网络通信技术提供信息传输的通道，体现专业通信，满足互联需求。网络通信技术是指通过计算机和网络通信设备对图形和文字等形式的资料进行采集、存储和传输等，使信息资源达到充分共享。网络通信技术包含很多重要技术，比如：①M2M 技术，即数据从一台终端传送到另一台终端，通信以互联网为核心网络，以固定和移动 IP 为接入网络，实现 IP 终端互联的全 IP 网络结构，是物联网现有各种组网方式中最直接、高效的方式，该技术应用广泛，可实现与远距离和近距离技术的衔接；②ZigBee 技术，介于射频识别和蓝牙之间，是一种近距离、低复杂度、低功耗、低数据速率、低成本的双向无线通信技术，主要适用于自动控制和远程控制领域，可以嵌入各种设备中，同时支持地理定位功能，其含有的 ZigBee 数传模块类似于移动网络基站，通信距离从标准的 75m 到几百米、几千米，并且支持无限扩展，通信效率非常高；③LoRa 技术，属于低功耗广域网通信（LPWAN）技术中的一种，其最大特点就是在同样的功耗条件下比其他无线方式传播的距离更远，实现了低功耗和远距离的统一，它在同样的功耗下比传统的无线射频通信距离扩大 3~5 倍。

（4）嵌入式系统技术

嵌入式系统由硬件和软件组成，是能够独立进行运作的器件。硬件内容包括信号处理器、存储器、通信模块等多方面的内容，软件部分以 API 编程接口作为开发平台的核心。经过几十年的演变，嵌入式系统市场取得了长足的进步。随着物联网和工业物联网的出现，嵌入式控制系统信息技术已成为智能和物联网生态环境系统快速发展的推动者。嵌入式系统是计算机技术、自动控制技术以及现代网络与通信技术等高度融合的产物。近年来，各式各样的嵌入式系统已大量渗透到人类社会生活的各个领域，从国防武器设备、网络通信设备到智能仪器、日常消费电子设备，再到生物微电子技术等。

（5）云计算

云计算是分布式计算的一种，指的是通过网络“云”将巨大的数据计算处理程序分解成无数个小程序，然后，通过多部服务器组成的系统进行处理和分析，这些小程序得到结果并反馈给用户。云计算的可贵之处在于高灵活性、高可靠性、高安全性和低成本等。云计算是继互联网、计算机后信息时代的又一革新，是信息时代的一个大飞跃。

## 5.2 物联网技术在环境监测中的应用

随着国家对生态环境保护和治理的高度重视，传统的环境监测技术可能无法反映现代的环境状况。传统监测技术可针对山、湖泊重要的“点”进行相关的调查研究，但出现突发事件时无法及时反馈信息，导致生态环境质量下降。在科技创新的当下，为保持环境监测作业与时俱进，符合新时期发展要求，国家积极倡导将物联网技术应用到环境监测中，加快环境监测技术和物联网技术的融合速度，对生态环境情况进行系统的监测，提高环境污染数据的实时采集和信息处理能力，以便政府部门作出正确决策。

### 5.2.1 基于物联网技术的生态环境监测原理

生态环境监测过程中，为了充分发挥物联网技术的价值，必须了解其监测原理，具体分析如下：

① 数据类型模块的启动。物联网技术在生态环境监测中应用时，可启动监测环节需要的模块，从而为自动控制中心提供丰富的信息资源，满足当地生态发展要求。在此期间，启动数据类型的模块，可及时进行空气质量、光照、水文数据的整合，实现生态环境质量的有效分析，确保监测工作的顺利进行。

② Agent 模块的周期性启动。生态环境监测中，相关作业人员为了第一时间发现状态变化，必须从多个角度出发，为监测工作提供参考信息，此时便可以充分发挥物联网技术的优势，即周期性地启动 Agent 模块。结合所获取的信息进行分析，合理应用信息传递、信息处理方法，力求逐步提高环境监测效果，快速完成监测工作。

③ 无线发射模块的启动。物联网技术融合到环境监测工作中后，为了进行 Agent 模块传输数据的快速处理，必须及时进行无线发射模块的启动处理，确保监测数据可到达指定位置。这一操作可确保环境监测信息符合时效性要求，提高了监测成果、监测信息的应用价值。

④ 污染源实时监控模块的启动。生态环境监测中，适当引入物联网技术，并启动实时监控污染源模块，可快速完成生态环境污染信息的管理，包括信息收集等。可确保治理工作更具有针对性，提高了治理生态环境的综合水平，有利于维持良好稳定的监测状况。

### 5.2.2 物联网技术在环境监测中的结构

物联网技术在环境监测中仍分为感知层、网络层和应用层 3 层结构，如图 5-2 所示。

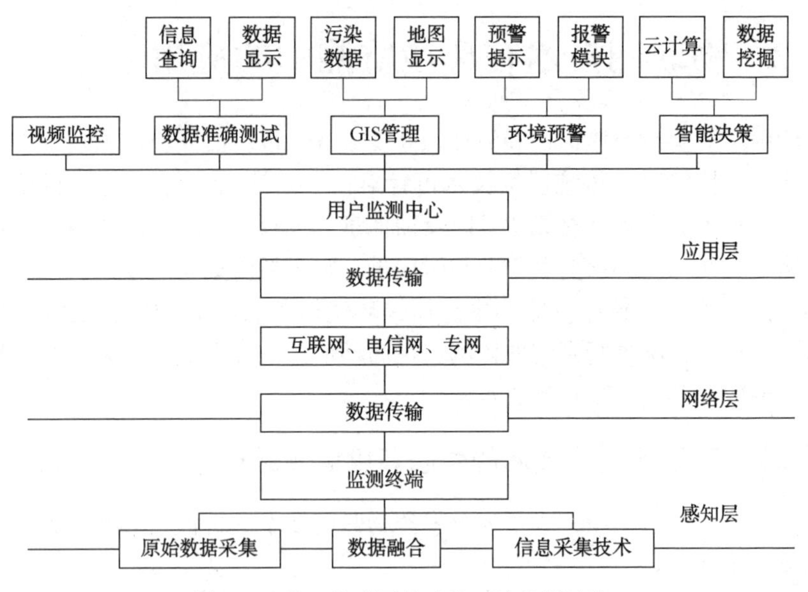


图 5-2　基于物联网技术的环境监测结构

感知层完成数据的采集，可定时、定点对某一环境的各个参数及其具体分布情况进行监测和研究，对样本进行相应的分析，以发现环境中存在的不利因素。组成感知层的是多个信息采集节点，即各种硬件传感器智能卡、电子标签、识别码、摄像头等感知设备。将无线传感器网络应用于环境智慧监测领域，具有易于布置、灵活通信、低功耗、低成本等特点，同时感知层信息采集技术可以克服传统化学电池供电存在的易爆、污染环境、更换麻烦等缺点，还可根据工作环境中可能的能源种类，将两种或两种以上的能量转换方式集成到同一器件上，实现更有效的无线传感器供电。当前感知层实现自动在线监测的指标主要集中在大气 6 种污染物($PM_{2.5}$、$PM_{10}$、$SO_2$、$NO_2$、CO、$O_3$)、水质五参数、化学需氧量和氨氮(湖库包括总磷和总氮)等，其他指标更多是根据本地环境问题，使用手持式便携设备、无人机监测设备等实现监测需求。

网络层负责监测系统中的数据转发，使用通信技术将采集的数据传输到数据库中，并实现感知层所采集信息的传输、处理与多方的交互。当前环境监测中采用的常见技术有短距离无线通信系统(如蓝牙、ZigBee、Wi-Fi、LoRa、NB-loT 等)以及移动通信网络技术(2G、3G、4G 等)。技术的选取由传输距离、传输速率与带宽、传输安全级别、延时接受度、设备能耗等决定。通常，短距离无线通信系统可以满足数十米范围的数据传输需求(如工业园区内监测数据的传输)，而更大范围(如数千米)的数据传输则由移动通信网络补充(如野外环境监测数据的传输)。

应用层主要包括环境监测的特定应用服务，是将环境数据进行处理、整合分析以实现环境管理应用需求，目前主要基于传统的统计分析与数值模型应用，部分应用场景使用了机理模型与一些机器学习算法，对于时空数据与多源数据的分析应用存在不足，需要结合大数据技术的一些新进展来增强环境物联网数据的应用能力，以满足环境物联网的应用新需求。

### 5.2.3 物联网技术在环境监测领域的应用

物联网技术将环境监测设备和网络系统相互连接，实现信息的互通有无，目前应用范围已得到拓宽，可应用于大气监测、水质监测、海洋监测等领域。

#### 5.2.3.1 物联网技术在大气监测中的应用

改革开放以来，我国工业化进程不断加快，人们生活水平迅速提高。与此同时，随着工业化的发展，生态环境遭到严重破坏，空气污染愈加严重，如部分地区灰霾天气常常出现、有机污染物不断增多，对人们的身体健康带来巨大威胁，大气监测越来越受到广大业内人士及人民群众的关注。传统的大气监测方式是设定一定的时间与周期对大气中存在的主要污染物进行观测，判断某段时间内大气的污染情况，这种方式不仅复杂且不能及时对大气质量进行监控。随着传感技术的不断发展，可利用专门测量大气的传感器来对大气污染状况进行监测。由于大气环境存在不同的区域中，传感器的安装需具备针对性以保证监测的有效性。传感器具有感知作用，能够感知大气中是否存在污染，污染成分如何，但是传感器无法进行单独的数据传入，在感知后利用物联网技术才能实现数据的传输，当数据传输到应用层之后才可对传感器感知的空气物质进行分析。物联网技术在整个过程中充当了设备和互联网连接的中介，使得信息快速、有效转换，保证环境监测者准确迅速找到大气环境中存在的问题，采取合理的治理对策以减少大气污染带来的危害。

“十二五”以来，基于物联网技术的 $PM_{10}$、$PM_{2.5}$、$O_3$ 和 VOCs 等在线监测技术得到进一步发展，大气环境常规监测相关技术体系逐渐完善。截至 2022 年底全国设置了国家、省、市、县四个层级的 5000 余个监测站点，将各站点自动监测数据接入国家、地方空气质量联网监测管理平台，实现国家、省、市、县大气环境自动监测站监测数据互联互通，及时发现问题并采取措施解决。我国各省市也在不断加快推进物联网技术在大气监测领域的应用，如葫芦岛市着力推进生态环境物联网 AI 精细化监测监管项目建设，计划在 3~5 年内建成覆盖全域的大气污染防治综合指挥平台，实现科学高效运行，为大气污染的科学治污、依法治污、精准治污提供强有力的支撑；江苏省苏州市生态环境监测监控物联网大数据平台，基于最新的物联网和大数据技术建立了统一的环保物联网通信传输标准，用以规范全市环保监测监控相关数据的接入、汇聚、归集、应用及共享，该系统提供管控措施实施效果后评估功能，对比分析管控措施执行后污染物排放量及环境空气质量的改善情况，及时反馈减排效果，为污染物控制措施修订提供依据，同时通过对各类管控措施的实施效果进行评估总结，可筛选出效果较好的管控措施，在未来的应急调控中优先选择。

#### 5.2.3.2 物联网技术在水质监测中的应用

水质监测是管理供水安全与排水情况的基础。我国水质监测技术起步较晚，与发达国家存在一定的差距，如美国在20世纪中叶便已建立自动水质监测系统，用以代替人工监测网络；到了20世纪70年代，英国、日本、荷兰、德国等国先后建立了水质污染连续监测系统。20世纪80年代后期，我国开始从国外引进水质自动监测系统，对水环境开展实时动态监测，并基于物联网技术构建了污染源自动监控系统。环保领域由此成为我国物联网技术应用最早的领域之一。2013年，国内成功研制了基于物联网技术的智能水质自动监测系统，实现了对温度、色度、浊度、pH、悬浮物、溶解氧、化学需氧量，以及酚、氰、砷、铅、铬、镉、汞等86项参数的在线自动监测，代表着我国水质监测向物联网时代迈出了一大步。

物联网技术的引入将人工监测和自动监测相结合，充分利用传感技术、射频技术、无线通信技术等，快速有效地获取大范围水质信息并对这些信息进行综合挖掘利用，作出整体有效评价。截至2022年，我国多个院校、科研/政府机构、企业在水质监测物联网方面研究成效突出，多个地区已实施应用。通过水质监测物联网，监管部门可以从客户端清楚地看到各个监测点的水质情况，并根据情况及时做出控制管理。例如：在长江流域，通过构建多个异构传感器有机互联的复杂监测网络，从不同维度进行信息采集，利用协同观测、多传感网数据同化与信息融合、数据采集与服务等关键技术，实现了对资源、环境灾害的动态监测，极大地拓展了水环境监测的时空连续性。在太湖流域，构建了包括水质固定自动站监测、水质浮标自动站监测、蓝藻视频监测和卫星遥感监测等多种监测手段的水环境自动监测体系，通过物联网技术实现了对太湖水生态环境的立体、实时监测和预警；我国内蒙古环保厅利用当前物联网、云计算及3S等技术建立了三位一体的环境监控平台，已基本实现了对全区范围内的污染源三位一体监测，完成了全区统一环境数据中心和环境空间数据共享服务平台建设，同时，还将环境监测、污染源监测、应急管理等进行了整合，实现了环境数据服务与共享，基本满足了环境信息化应用需求。截至"十三五"末，我国已在重要河流的干支流、重要支流汇入口及河流入海口、重要湖库湖体及环湖河流、国界河流及出入境河流等处建设了1794个水质自动监测站，以物联网为平台构建了覆盖31个省级行政区、七大流域的国家地表水环境质量自动监测网络。

#### 5.2.3.3 物联网技术在海洋监测中的应用

随着对海洋资源的开发，海洋环境逐渐恶劣，对海洋环境的监测成为各国关注的重点方向。早在20世纪中期，世界各国就已经对海洋环境监测技术进行探索和研发，并且陆续制订了海洋开发计划，尤其是临海国家更是在海洋监测领域进行积极探索。在各国政府的努力下，研发了以全球海洋观测系统(GOOS)为代表的大型海洋观测系统，但是，这种大型海洋观测系统，体积庞大，维修成本高，随着物联网的兴起，海洋监测系统有了进一步的发展。

目前海洋环境监测系统主要有水上监控与水下监控两个部分，同时应用三维结构的传感网络，该传感网络的组成主要包括三个部分：①不同类型的海上传感器；②水下自动探测器；③固定采集设备。在区域、类型不同的情况下，传感器也会按照类型组成单独的节点，每个区域的传感器会对海洋浑浊度、盐度、重金属含量、有机污染物等相关指标参数进行采集，采集到的参数会经过统一的通信协议向汇聚节点进行传输，再由汇聚节点完成各项参数的统计工作，最后通过通信、卫星技术传递给监控中心进行分类、存储，供相关人员使用。数据库与互联网相互联通，外界用户必须通过身份验证才能获取到想要了解的监控数据。在整个海洋监测系统中，各个监控阶段是非常重要的组成部分，每个节点都包括数据采集、处理、传输、供给模块。由于海洋环境的特点，海洋监测需通过无线监测系统来完工，其构建条件对于其他环境监测而言比较复杂，物联网技术在海洋监测中的应用研究还需加大投入力度。

#### 5.2.3.4 物联网技术在重金属监测中的应用

化工企业在生产过程中产生的“三废”含有大量的重金属物质，如果大量排放到自然环境中不仅会对生态环境造成破坏，还会对周边居民的健康构成威胁。现阶段我国各地的环境监督机构对生活用水、地表水以及工业废水的监测要求不断提高。以往，不少监测设备在面临监测情况时只能以零值或者超量程值进行显示，无法满足重金属综合监测要求。物联网技术在环境重金属监测中的应用能够有效地满足环境监督机构对重金属种类和浓度等属性的监测需求。

#### 5.2.3.5 物联网技术在噪声监测中的应用

随着《中华人民共和国噪声污染防治法》的出台，政府组织开展全国声环境质量监测，推进噪声监测自动化，此举极大推动了物联网技术在噪声监测中的应用，噪声在线监测系统得到更深入的应用。截至2021年，全国已有324个地级及以上城市开展噪声监测，共设置监测点位76273个。其中，用于反映城市各类功能区声环境质量的监测点位3521个、用于评价整个城市环境噪声总体水平的区域声环境监测点位51046个、用于反映道路交通噪声水平的监测点位21706个。2021年，全国已有21个城市的312个功能区声环境监测点位实现了自动监测并与国家联网。基于物联网技术的噪声在线监测系统可实现实时、远程、自动监测噪声、气象参数、视频等感知层获取的原始数据及视频记录，并通过传输网络利用大数据技术对海量专业数据及图像视频记录进行存储、处理、分析、整理，将数据转化成详细信息实时在监测终端或大屏幕进行显示，对超标准值的噪声实时报警，而相关工作人员可在系统平台进行查询、确认时间地点并做出相应举措。物联网技术在噪声监测中的应用提升了针对噪声污染科学管理的效率和能力。

#### 5.2.3.6 物联网技术在生态监测中的应用

将物联网技术应用于生态监测过程中，可提高监测的整体质量。在环境的生态监测中，物联网技术首先会对监测区域进行明确的划分，每个区域再分为若干个不同的分簇；然后利用物联网系统对每个分簇根据监测需要设定如噪声、温度、湿度等不同类型的传感器来收集各种类型的监测数据，收集到的数据再传送到监测中心；最后，监测中心的相关工作人员对所有数据以及监测信息进行分析，为生态环境的稳定发展奠定基础。由此可见，将物联网技术引入生态监测过程中，可以对地区的生态情况进行远程监控，监测数据的可靠性可以得到保证，而且通过网络系统传送也有效提升了数据传送的速度。在此过程中，监测中心相关技术人员还可以在监测区域设置二维定位表，对数据的传送进行优化，尽可能降低网络资源的消耗。例如 2012 年，我国黄山风景区利用物联网技术，实现了景区保护管理和迎客松生态环境监测，通过布设在景区周边的物联网设备实时采集迎客松周边环境的温度、湿度、土壤的水分、土壤的温度、光照等数据，并通过网络传送到景区指挥中心，在大屏幕上以曲线和图标等形式展现，指挥中心工作人员可根据这些数据对迎客松实现微细化保护管理。

## 5.3 物联网技术在环境监测应用中的优势与局限

### 5.3.1 物联网技术在环境监测应用中的优势

物联网技术是结合了计算机技术、传感器、定位系统、信息传送等产生的技术，环境监测作为物联网技术应用的典型领域，无须实地取样只用固定的安装检测仪器，就可将检测数据直接传送给总指挥机器进行处理，给出结果并及时发出警报，不仅不受时间、空间的限制，且大大节省人力物力，监测效率和监测质量均得到有效提升，监测工作得到了质的飞跃。总体而言，其突出优势更多体现在环境管理业务上，包括以下 4 个方面：①环境质量管控，利用地面自动监测设备、手持便携设备等全面感知和监测水、大气、土壤、生态等环境要素，以全面评估生态环境质量；②环境质量预警预测，通过分析地面自动监测、无人机监测、卫星遥感监测等获取的数据，研究并准确预测生态环境质量变化趋势，识别敏感点位，预警并应对突发环境污染事故；③污染源管控与溯源，利用自动监测设备、视频监控设备、无人机监测等，实现对各类污染源与污染物从生产过程到末端排放的全程监控，由事后应对为主的环境管理模式转为事前预防，实现精细化监管；④形势研判与治理决策，利用地面自动监测设备、垂直观测塔、卫星遥感监测等技术，对背景点位跨区域传输、长时间跨度变化提供数据支撑，辅助制定系统性规划与管理方案，科学治理区域性环境问题。

### 5.3.2 物联网技术在环境监测应用中的局限

近年来，物联网技术在环境监测中的应用取得了长足发展，但在实践过程中也暴露出一些不足，主要体现在下面几个方面。

（1）监测要素不全

在环境监测过程中，借助于物联网技术，目前只能对简单元素进行检测，监测较为局限，离实际需要还有很大距离。比如针对水质监测多在水质的流失端和末端，没有实现全段、全程监测；对于空气监测没有对辐射性、有害气体的监测；对于光污染等还没有相对的监测机制；在海洋监测方面只能对几种特定的污染物进行监测，这与全球整个生态环境的监测需求极不匹配。造成这种现象的主要原因与环境传感器相关，目前各类环境传感器功能相对单一，可监测的污染物种类有限，加之设备多依赖进口，价格和维护成本较高，制约了监测指标的拓展。

（2）监测技术不完善

科技进步促进了物联网技术的发展，但目前物联网环境监测系统建设并不完善，尤其是我国环境监测中的物联网系统建设还处于较初级的阶段，硬件、软件上存在很多欠缺的地方，需要完善和加强，许多未知的领域需要认知和开拓。

（3）监测缺乏统一技术标准

物联网标准体系相对较复杂，且涉及很多标准，如 RFID 标准、传感器网络技术标准、云计算标准、信息安全标准以及一些应用标准。标准化是发展物联网首要解决的问题，是大规模部署和扩展的重要技术。2010 年 6 月 8 日，为推进我国物联网技术的研究和标准的制定，中国物联网标准工作组在北京成立，经多年努力，标准化工作已经取得积极进展，如由无锡物联网产业研究院、中国电子技术标准化研究院、西安航天自动化股份有限公司等单位提出的物联网参考体系结构“六域模型”，包括目标对象域、感知控制域、资源交换域、服务提供域、运维管控域和用户域，并在此基础上提出的物联网“六域模型”参考体系结构的国际标准已顺利通过 ISO/IEC（国际标准化组织/国际电工委员会）的国际标准立项，2017 年，我国首个物联网体系国家标准《物联网参考体系结构》正式发布，国标号为 GB/T 3347—2016，但距离形成成熟的标准化体系还任重而道远。

(4) 监管部门间融合不够

物联网技术被普遍应用到环境监测系统中，虽然对于本区域的环境监测比较有用，实现了区域性的有效治理，但是目前还没有实现不同区域之间的融合与协作，使得环境治理的整合治理优势没能发挥出来，比如在相邻地区、环境区域的协作和数据共享上，监管部门之间还是各自为政，这就使得总体上环境的系统防护率较低。各部门之间的数据流通性不到位，同样会导致环境治理的滞后性。

(5) 高素质技术人员缺乏

环境监测从业人员和具有物联网技术综合素质的人员太少，技术人员能力有限。监测工作需要专业人员来实现，但从业人员对物联网技术的掌握程度有限，缺乏专业知识和操作能力，无法有效解决物联网技术应用过程中的问题。不能充分体现计算机应有的价值和性能，不能利用大数据挖掘出预警信息，不能更好地做智能决策，故需要重组优化人员结构，令其既懂监测又懂计算机物联网知识。

## 5.4 物联网技术在环境监测中的应用展望

生态环境保护和环境问题的治理向来是我党在国家治理工作中的重心，尤其是在可持续发展以及“双碳”理念提出后，更是将环境监测工作提到了新的高度。物联网技术在环境监测中的应用在一定程度上提升了监测效率与监测质量，但受限于技术及体系的不成熟，还处于较初级阶段。随着科技的不断创新，未来物联网技术在环境监测中的应用将主要向着广度与深度方面持续拓展。现在借助于物联网技术环境监测的指标与范围相对较窄，但随着国家战略性新兴产业的迅速崛起，以及国家经济领域的逐步扩展，在绿色经济、海洋经济等市场的带动下，近岸海域、土壤、空间环境、生物、电磁和核辐射等领域将成为环境监测中新的拓展点，物联网技术在环境监测中应用的广度也将得到进一步的延伸。此外，物联网技术在环境监测中应用的深度也将成为市场探索的焦点，目前其应用还主要在于实现物联网感知层和网络层的功能，而对于关键的应用层开发相对较少。物联网技术在环境监测中的应用很大程度上局限于对于数据的收集、传输、汇总、梳理及发布，对于采集数据的分析、挖掘、预测以及相应的预防及防治措施反馈等深层次工作则较少涉及。随着物联网数据融合及智能应用技术与环境监测领域的持续融合，基于环境监测网络数据信息的决策支撑、应急处理、灾害预警及处理等业务类型将有望取代单纯的信息发布而成为物联网环境监测应用的核心。智能化的环境监测将是物联网技术在环境监测领域应用中发展的主流趋势，而实现智能化物联网环境监测还需在多个方面不断优化、改进与深入研究。

（1）提高环境监测物联网技术水平

在现阶段环境监测中，物联网技术还是一个相对新颖的技术和理念，基于设备经费和人员专业性方面的限制，物联网技术在环境监测中全面普及还尚需时日。对此应当加大新技术的研发力度，如针对传感器降低其成本和体积、提高传感器设备稳定性、增加应用场景、提高性能指标，推动与环境监测领域的合作。同时加强专业人才培养，培养跨信息技术和环境监测的复合型人才，提高知识和技能水平。在高校环境监测专业增加大数据、物联网课程，培养环境监测人员的信息素养，确保环境监测人员掌握运用物联网技术的能力，不断促进环境监测工作有效提升。

（2）优化核心算法提升应用效果

智能化的重要因素就是在于算法，通过更加优化的算法就能对当前情况进行更加准确的判断，从而变得更加智能化。物联网在环境监测过程中获得的信息量非常庞大，而且环境的参数不是单一的，随时间实时变化，不能用简单的数学公式写成算法来对监测的参数进行分析。建立适用的数学模型，不断对算法进行优化，不仅能更好地对环境进行监测，还能够不断升级，使环境监测工程不断发展。

（3）构建物联网环境监测体系的统一共享平台

为有效提高物联网环境监测效果，提升环境监测工作有效性，在基于物联网技术开展对环境质量进行监测的工作中，国家环境保护部门以及工信部等应当尽快制定规范方案，引导环境保护部门和物联网行业成立跨领域的行业联盟，推动物联网技术的快速发展以及在环境监测中的应用和普及。各地环境监测机构需要在上级部门的统一领导下有序推进物联网技术，强化人才储备，建立跨地区的物联网环境监测体系，共享环境监测和治理经验，通过建立一个统一的信息共享平台，促使环境监测数据和信息得到共享，从而有效加强民众环保意识，提升环境监测质量，同时实现数据和信息的自动审核、分析和存储，深入分析数据信息，确保环境监测的可靠性和准确性。

## 参考文献

[1] 刘驰主编．物联网技术概论[M]. 3 版．北京：机械工业出版社，2011：19-36.

[2] 周娅琴，叶波，徐家栋．环境监测中物联网技术的应用[J]. 资源节约与环保，2021(09)：50-51.

[3] 胡琪悦．物联网在水质监测中的应用[J]. 求知导刊，2017(6)：87-88.

[4] 李泽浩，常杪，王东生，等．基于精细化管理的环境物联网发展趋势[J]. 中国环境监测，2022，38(03)：1-10.

[5] 孟庆庆．基于物联网技术的生态环境监测应用分析[J]. 当代化工研究，2021(10)：

117-118.
[6] 吴琳琳，侯嵩，孙善伟，等．水生态环境物联网智慧监测技术发展及应用[J]．中国环境监测，2022，38(01)：211-221.
[7] 王慧娟．探讨物联网技术在海洋环境监测中的应用[J]．科学与财富，2019(6)：1671-2226.
[8] 韩立，王栓宝，宋胜女，等．物联网技术在智慧环境监测中的应用研究[J]．无线互联科技，2021，18(19)：86-87.

# 第 6 章　5G 技术在环境监测中的应用

## 6.1　5G 技术概述

### 6.1.1　5G 技术的定义

第五代移动通信技术(5th Generation Mobile Communication Technology，简称 5G)是具有高速率、低时延和大容量特点的新一代宽带移动通信技术。5G 通信设施是实现人、机、物互联的网络基础设施。

国际电信联盟(ITU)定义了 5G 技术的三大类应用场景，即增强移动宽带(eMBB)、超高可靠低时延通信(uRLLC)和海量机器类通信(mMTC)。增强移动宽带主要面向移动互联网流量爆炸式增长，为移动互联网用户提供更加极致的应用体验；超高可靠低时延通信主要面向工业控制、远程医疗、自动驾驶等对时延和可靠性具有极高要求的垂直行业应用需求；海量机器类通信主要面向智慧城市、智能家居、环境监测等以传感和数据采集为目标的应用需求。

### 6.1.2　5G 技术的发展简史

移动通信技术延续着每十年一代技术的发展规律，已历经 1G、2G、3G、4G、5G 五代技术。进入 21 世纪以来，随着移动互联网飞速发展，各种新服务、新业务不断涌现，移动数据业务流量呈现爆炸式增长，4G 移动通信系统越来越难以满足需求，5G 技术的研发开始提上日程。

早在 2008 年的时候，NASA 就已经同 M2Mi 公司合作，开始联手研发 5G 技术。2009 年，华为公司开始着手 5G 相关技术的研究。2012 年 8 月，纽约大学成立了一个名为"NYU WIRELESS"的研究中心，专注于 5G 无线网络的各项细节研究。2013 年 2 月，欧盟宣布将拨款 5000 万欧元，加快 5G 移动技术的发展。2013 年 4 月，我国工信部、发展改革委、科技部共同支持成立 IMT-2020(5G)推进组。2013 年 5 月，韩国三星公司宣布已经研发出了 5G 网络。2014 年 5 月，日本电信营运商 NTT DOCOMO 宣布将与 Ericsson 等六家厂商合作，开始测试 5G 网络。2015 年 9 月，美国移动运营商 Verizon 无线公司宣布将从 2016 年开始试用 5G 网络，2017 年在美国部分城市商用。2016 年 1 月，《卫报》报道谷歌公司正在开发一个名为“SkyBender”的5G网络。2016年8月，英国电信与诺基亚宣布将开展合作，创建“5G概念证明”。2016年9月，SK电讯和三星宣布已成功完成了28GHz室外5G基站之间的切换测试。2016年10月，高通宣布已制造出第一个5G调制解调器——Snapdragon X50，并声称Snapdragon X50可以支持高达5Gbps的下载速度。2016年12月，英国电信和华为宣布将携手“引领全球5G移动技术的发展”，同月华为还和DOCOMO公司联手进行了世界上第一次大规模的5G现场试验。2017年2月9日，国际通信标准组织3GPP宣布了“5G”的官方Logo。2017年2月19日，三星宣布已开发出5G射频集成电路（RFIC）和全新的支持5G无线信号的家用无线路由器。2017年10月，在中国香港举行的4G/5G峰会上，高通宣布已开发出一款可以工作的5G调制解调器芯片。2017年11月15日，工信部发布《关于第五代移动通信系统使用3300~3600MHz和4800~5000MHz频段相关事宜的通知》，确定了5G中频频谱，能够兼顾系统覆盖和大容量的基本需求，同月下旬工信部下达通知，正式启动5G技术研发试验第三阶段工作，并力争于2018年底前实现第三阶段试验基本目标。2017年12月，国家发改委发布《关于组织实施2018年新一代信息基础设施建设工程的通知》，要求2018年将在不少于5个城市开展5G规模组网试点，每个城市5G基站数量不少于50个、全网5G终端不少于500个。2018年2月23日，沃达丰和华为宣布，两公司在西班牙合作采用非独立的3GPP 5G新无线标准和Sub6GHz频段完成了全球首个5G通话测试。2018年2月27日，华为在MWC2018大展上发布了首款3GPP标准5G商用芯片巴龙5G01和5G商用终端，支持全球主流5G频段。

2018年6月13日，3GPP 5GNR标准SA（Standalone，独立组网）方案在3GPP第80次TSGRAN全会正式完成并发布，这标志着首个完整意义的国际5G标准正式出炉。2018年6月14日，3GPP全会规范了5G标准独立组网功能，这意味着第一阶段的5G标准化工作已全部完成，5G发展的竞争从标准之争转向了产业之争。2018年12月1日，韩国三大运营商SK、KT与LGU+同步在韩国部分地区推出5G服务，这也是新一代移动通信服务在全球首次实现商用。12月10日，中国工信部正式对外公布，已向中国电信、中国移动、中国联通发放了5G系统中低频段试验频率使用许可。这意味着各基础电信运营企业开展5G系统试验所必须使用的频率资源得到了保障，向产业界发出了明确信号，进一步推动我国5G产业链的成熟与发展。2019年6月6日，工信部正式向中国电信、中国移动、中国联通、中国广电发放了5G商用牌照，中国正式进入5G商用元年。2019年11月1日，中国三大运营商将正式上线5G商用套餐，5G技术由此正式进入商用阶段。2020年12月22日，在此前试验频率基础上，工信部向中国电信、中国移动、中国联通三家基础电信运营企业颁发5G中低频段频率使用许可证。2021年7月24—25日，全国5G行业应用规模化发展现场会在广东深圳、东莞召开，会议旨在落实习近平总书记关于“加快5G等新型基础设施建设，积极丰富5G技术应用场景”的重要指示精神，通过参观工厂、港口、电站，现场感受5G应用场景，观看成果展示，以多种形式展示5G+智能工厂、5G+智能电网、5G+智慧港口等一系列融合创新应用，凸显了5G加速助力千行百业数字化转型的重要作用。

### 6.1.3 5G技术的特点

① 高速率：5G的基站大幅提高了带宽，使得5G能够实现更快的传输速率。同时5G使用的频率远高于以往的通信技术，能够在相同时间内传送更多的信息，5G的传输速率是4G的10倍，用户体验速率达1Gbps，峰值速率可达10-20Gbps。5G的高速率允许用户在几秒钟内下载电影、视频和音乐，还可满足高清视频、VR(虚拟现实)、AR(增强现实)等大流量的传输需求。

② 低延迟：相对于4G，5G技术可以将通信延时降低到1~2ms，因此许多需要低延迟的行业及相关技术将会从5G技术中获益，例如新兴的AI、IoT、自动驾驶等。

③ 大容量：5G技术的容量是4G的数十倍，它允许公司在蜂窝和Wi-Fi无线策略之间切换，还提供了高效访问互联网的方法。

④ 广覆盖：5G技术能够实现泛在网的概念，实现无死角的网络覆盖，在任何时间、任何地点都能畅通无阻地通信，有效改善了4G网络下的盲点。

⑤ 泛连接：5G技术可接入的设备数量呈指数级增长，每平方千米连接数可达百万个，支持百亿甚至千亿数据级的海量传感器接入，将人、流程、数据和事物紧密结合在一起，真正实现万物互联。

### 6.1.4 5G技术的关键

① 非正交多址接入技术(NOMA)：NOMA在4G技术采用正交频分多址(OFDM)基础上增加了一个维度——功率域。NOMA可以利用不同的路径损耗差异来对多路发射信号进行叠加，从而提高信号增益。它能够让同一小区覆盖范围的所有移动设备都能获得最大的可接入带宽，可以解决由于大规模连接带来的网络挑战。NOMA的另一优点是，无须知道每个信道的CSI(信道状态信息)，从而有望在高速移动场景下获得更好的性能，并能组建更好的移动节点回程链路。

② 滤波组多载波技术(FBMC)：FBMC利用一组不交叠的带限子载波实现多载波传输，从而较大地提高了频率效率。

③ 大规模MIMO技术：大规模MIMO可以由一些并不昂贵的低功耗的天线组件来实现，为在高频段上进行移动通信提供了广阔的前景，它可以成倍提升无线频谱效率，增强网络覆盖和系统容量，帮助运营商最大限度利用已有站址和频谱资源，提高信道容量扩大覆盖面。

④ 毫米波技术：毫米波是指频率为 30GHz 到 300GHz，波长范围 1～10mm 的电磁波。由于足够量的可用带宽，较高的天线增益，毫米波技术可以支持超高速的传输率，且波束窄，灵活可控，可以连接大量设备。

⑤ 超宽带频谱与频谱共享技术：信道容量与带宽和信噪比成正比，为了满足 5G 网络 Gpbs 级的数据传输速率，需要更大的带宽。频率越高，带宽就越大，信道容量也越大。因此，高频段连续带宽成为 5G 的必然选择。此外，通过共享频谱和非授权频谱，可使 5G 使用更多频谱，实现更大容量。

⑥ 网络切片技术：网络切片就是把运营商的物理网络切分成多个虚拟网络，每个网络适应不同的服务需求，这可以通过时延、带宽、安全性、可靠性来划分不同的网络，以适应不同的场景。通过网络切片技术在一个独立的物理网络上切分出多个逻辑网络，避免了为每一个服务建设一个专用的物理网络，这样可以大大节省部署的成本。在同一个 5G 网络上，通过技术电信运营商会把网络切片为智能交通、无人机、智慧医疗、智能家居以及工业控制等，将其开放给不同的运营者，这样一个切片的网络在带宽、可靠性上也有不同的保证，计费体系、管理体系也不同。

⑦ 边缘计算技术：如果数据都是要到云端和服务器中进行计算和存储，再把指令发给终端，就无法实现低时延。5G 技术中采用的边缘计算就是要在基站上建立计算和存储能力，在最短时间完成计算，发出指令，降低时延。

⑧ 设备到设备通信技术（D2D）：D2D 是指设备与设备之间的直接通信。该技术具有减轻基站压力、提升系统网络性能、降低端到端的传输时延、提高频效率的潜力。

⑨ 超密集网络技术（UDN）：UDN 对 5G 要求的高速率、低时延、大容量以及高密度终端数起到了至关重要的作用。它通过部署大量的设备来满足高密度、高流量的无线终端接入要求，同时提高系统的频谱利用率，从而使系统容量得以提升。

⑩ 全双工技术：全双工是 5G 的关键空中接口技术之一，它令终端设备可以在同一时间同一频段发送和接收信号，达到比传统的 TDD 或 FDD 高一倍的频谱效率，同时减小端到端的传输时延和信令开销。

### 6.1.5　5G 技术的应用示例

5G 作为一种新型移动通信网络，不仅要解决人与人通信，为用户提供增强现实、虚拟现实、超高清视频等更加身临其境的极致业务体验，更要解决人与物、物与物通信问题，满足远程医疗、智能家居、智慧城市、工业控制、环境监测等应用需求。最终，5G 将渗透到各个行业和领域，成为支撑各行各业数字化、信息化、无人化、智能化转型的关键技术。

① 工业矿业领域：在智能化生产方面，5G 网络低时延特性可实现远程实时控制机械设备，促进厂区无人化转型；在智慧化运营及安全生产方面，5G 可通过超高清视频监控、环境信息采集、设备数据传输、移动巡检、作业设备远程控制等方式实现企业生产流程及人员生产行为的智能监管，及时判断生产环境及人员操作是否存在异常，提高生产安全性；在绿色发展方面，5G 大连接特性可采集各生产环节的能源消耗和污染物排放数据，协助企业找出问题严重的环节并进行工艺优化和设备升级，降低能耗成本和环保成本，实现清洁低碳的绿色化生产。5G 技术还提供安全生产保障。

② 能源电力领域：在电力领域，目前 5G 的应用主要面向输电、变电、配电、用电四个环节开展，应用场景主要涵盖了采集监控类业务及实时控制类业务；在煤矿领域，5G 应用涉及井下生产与安全保障两大部分，应用场景主要包括作业场所视频监控、环境信息采集、设备数据传输、移动巡检、作业设备远程控制等；此外风电、光伏等清洁能源将成为 5G 在能源行业的重点应用场景。总之，5G 技术将支持能源领域基础设施的智能化，并支持双向能源分配和新的商业模式，以提高生产、交付、使用和协调有限的能源资源的效率。

③ 教育培训领域：5G 在教育领域的应用主要围绕智慧课堂及智慧校园两方面开展。5G 智能终端可通过 5G 网络收集教学过程中的全场景数据，结合大数据及人工智能技术，构建学生的学情画像，为教学等提供全面、客观的数据分析，提升教育教学精准度；基于超高清视频的安防监控可为校园提供远程巡考、校园人员管理、学生作息管理、门禁管理等应用，解决校园陌生人进校、危险探测不及时等安全问题，提高校园管理水平和效率。

④ 交通运输领域：5G 技术可助力汽车、交通应用服务的智能化升级。5G 网络的大带宽、低时延等特性，支持实现车载 VR 视频通话、实景导航、无人驾驶等实时业务。借助于车联网 C-V2X(包含直连通信和 5G 网络通信)的低时延、高可靠和广播传输特性，车辆可实时对外广播自身定位、运行状态等基本安全消息，交通灯或电子标志标识等可广播交通管理与指示信息，支持实现路口碰撞预警、红绿灯诱导通行等应用，显著提升车辆行驶安全和出行效率。未来 5G 技术还将支持实现更高等级、更复杂场景的自动驾驶服务。

⑤ 医疗健康领域：5G 技术通过赋能现有智慧医疗服务体系，提升远程医疗、应急救护等服务能力和管理效率，并催生 5G+远程超声检查、重症监护等新型应用场景。在抗击新冠疫情期间，解放军总医院联合相关单位快速搭建 5G 远程医疗系统，提供远程超高清视频多学科会诊、远程阅片、床旁远程会诊、远程查房等应用，支援湖北新冠肺炎危重症患者救治，有效缓解抗疫一线医疗资源紧缺问题。

⑥ 文化旅游领域：5G 在智慧文旅中的应用场景主要包括景区管理、游客服务、文博展览、线上演播等环节。5G 智慧景区可实现景区实时监控、安防巡检和应急救援，同时可提供 VR 直播观景、沉浸式导览及 AI 智慧游记等创新体验，大幅提升了景区管理和服务水平，解决了景区同质化发展等痛点问题；5G 智慧文博可支持文物全息展示、5G+VR 文物修复、沉浸式教学等应用，赋能文物数字化发展，深刻阐释文物的多元价值；5G 云演播融合 4K/8K、VR/AR 等技术，实现传统曲目线上线下高清直播，让传统演艺产业焕发了新生。

⑦ 社会管理领域：5G 技术有助于全面提升社区服务、城镇安防、应急救援等方面的水平，构建智慧城市、智慧社区。在社区服务治理方面，5G 技术可使社区服务向精细化、扁平化、便民化、高效化方向发展，推动社区治理向末端延伸、向需求服务；在城市安防监控方面，结合大数据及人工智能技术，5G+超高清视频监控可实现对人脸、行为、特殊物品、车等精确识别，形成对潜在危险的预判能力和紧急事件的快速响应能力；在城市应急救援方面，5G 通信保障车与卫星回传技术可实现救援区域海陆空一体化的 5G 网络覆盖。

## 6.2 5G 技术在环境监测中的应用

### 6.2.1 水质实时在线监测

5G 技术在水环境的 VR 视频实时在线监测试点中已初露锋芒。近年来，雄安新区根据白洋淀圩田纵横、沟壑繁杂的地理特征，充分利用 5G、物联网、大数据等新一代信息技术，建成了 3500 平方米标准化环境监测实验室，并建成了 6 个水质自动监测站、6 个浮船站等水质自动监测站点，形成以“无人机+无人船+水质监测车+水质监测船+大气走航车+遥感+VR”的灵活机动监测模式，构建了生态环境大数据环境监管平台。雄安新区生态环境局采用“5G+VR”技术建设了覆盖空、地、淀的“5G+VR”视频监测网络，场景覆盖固定站、浮船站定点监测，水质监测车(无人机，多功能无人船、应急监测船移动监测)，在全国率先实现了“5G+VR”全景视频移动监测监控。另外，在实时全景的基础上，基于 5G 边缘云技术，叠加 AR 动态实时环境信息，能够做到沉浸式实景监测当前环境质量并查看当前监测数据，通过 5G 网络将监测区域的全景视频和当前监测数据传输至指挥中心，监测人员通过 VR 眼镜即可以“第一视角”实时监测当前区域水质和大气状态，达到近似于监测人员到达现场的实时全景监测效果，极大地丰富了监测手段。该项目是雄安新区“空地淀一体化智慧监测网络”的重要组成部分，也是国内首次将 5G 技术全方位应用于生态环境监测领域的成功案例(见图 6-1)。

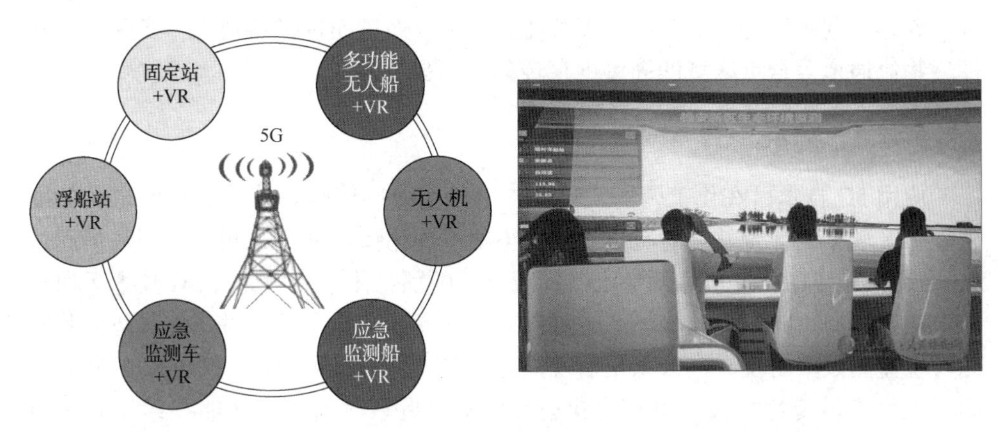


图 6-1　雄安新区生态环境中心“5G+VR”水质监测模式示意图

### 6.2.2　污染源监控

5G 技术可促进“非现场、不接触”的污染源监控新模式的发展，还可为多个城市提供共享数据，协助联防联控。对于固定污染源，可以通过对固定源的排放、工况数据进行全过程、高密度采集，用人工智能对数据进行深度学习，构建出更加科学、智能的预测模型，将实时预测数据反馈给终端，有利于第一时间组织反控；对于机动车、非道路移动机械、高风险移动放射源等移动污染源，可通过车载终端实时监控其位置、排放和载物信息等，实现“能定位、能预警、能追溯”；对工地扬尘、秸秆焚烧等面污染源，可在周边安装全景视频监控，或用无人机按预设路线进行巡视，5G 与边缘计算相结合，自动识别和锁定污染现场，比人工监控更精准高效。菏泽移动公司应用 5G 技术与曹县化工园区合作，共同打造了 5G 网络监测有毒有害气体的环境风险预警体系。该工业园区环境监测系统由环境监测终端、数据传输网络、管理平台三部分组成，能够对工业园区实施全方位 24 小时不间断监测。该系统通过基础信息收集获得风险评估结果，结合优控因子筛选监测技术，布设“风险单元—企业厂界—扩散途径—环境敏感”四级预警网络，利用有毒有害气体预警平台实现数据采集、数据分析、分级预警等功能，为环境风险管控提供监测数据。

### 6.2.3　环境监管

在环境监管方面，基于 5G 网络的废水排污监管、污染地块监管、汽车尾气监管、危险废物监管等将逐步实现水陆空一体化，突破时空限制的监管。例如，安徽合肥的 5G 智能尾气排放检测管理系统可以对尾气超标车辆车牌进行实时记录上传，后期可以与相关执法部门合作，有效监控“黑油车”尾气超标等问题。而中国联通则利用内置 5G 通信芯片的危险废物标准化包装，实现危废产生、贮存、转移、利用处置等环节的数据智能化采集；通过5G+机器视觉，实现贮存仓库、物流通道等重点区域的固废堆存转移状态智能识别。

### 6.2.4 环境预警

应用5G技术可在化工园区、尾矿、冶炼企业、核电站等重点厂矿企业的内外敏感区域布设预警站，对有毒有害污染物或理化指标进行巡测，监测数据通过5G网络快速传输，形成感知精准、反应迅速的预警体系。例如将5G技术运用于核电站及其周边的环境监测体系中可以充分发挥其高速率、低时延的优势，若电站环境监测数据出现异常或系统出现故障，5G智慧监测系统不仅可以在第一时间为工作人员传达警报信息，为快速反应争取更多时间；还能够在第一时间内提供有效的实时监测数据，为故障原因判断及应急处置提供参考。此外，5G及其他无人监测技术的应用将使工作人员日常巡查工作量和辐射暴露风险大大减小。

### 6.2.5 环境应急监测

#### 6.2.5.1 水环境应急监测

发生突发水环境事件时，利用废水在荧光光谱中表现出的“水质指纹”，通过5G技术传回大数据中心同污染源水指纹数据库进行比对，可以精确快速地溯源排污行业或企业。同时，利用卫星遥感和在异地快速构建事故发生地的三维仿真模型，结合污染扩散模型和应急监测数据、现场视频等，通过5G技术可视化展现水环境事故现场及周边情况，环境应急专家线上同步进行分析，为应急处置提供全面、直观、科学的决策支持。2021年4月，镇江某水质自动站连续三日总磷超标，最高超标7.59倍，触发水环境监测一级预警，江苏省环境监测中心高度重视，立即派员驰援镇江监测中心，开展联合水质溯源。经多方实地勘察，发现该河流支流周边分布大量机加工企业和城镇住宅小区，由于污水管网布设不到位，大部分企业和生活小区污水直排支流；同时，两侧闸坝长期关闭，导致河道内水流几乎停滞，扩散条件极差。其后，镇江监测中心在省中心、镇江专员办的协助下，对支流沿岸7个点位及两家机加工企业开展了采样监测。在江苏省环境监测中心提供的水质指纹识别技术助力下，初步确定了可能的涉污企业，并对沿岸多家企业环境进行调查，提出整改意见。其间，江苏省环境监测中心技术专家还透露，国内已初步建立“废水指纹库”，目前还在不断升级、扩大中，该废水指纹库类似于疑犯指纹库，经过比对即可锁定“元凶”。

#### 6.2.5.2 大气环境应急监测

在便携式气体检测仪内嵌5G模块后，可通过5G网络无线访问便携式气体检测仪的数据，再向手机上相应App发送监测的气体污染物实时数据或警报，并接受来自监测人员的远程操作指令，使用电子邮件将现场监测数据发送至 FTP 服务器或云服务，也可直接将所有数据发送至指定的设备。所发送的数据应包括具体检测污染物的成分、浓度、检测仪位置以及危害源的位置等。云平台数据存储器持续存储测量值，方便实时调取以及存储数据。多个位置的气体监测只需要一个技术人员和几台集合了 5G 模块的便携式气体检测仪即可实现，为突发环境事件现场数据传输提供多通道超远程监测保障，无须大量工作人员投入大量时间，便可以高效率、高质量地获得突发环境事件事故点的实时大气环境监测数据，并对便携式检测仪进行远程操作。

### 6.2.6 环境执法

在环境执法方面，5G 技术为提高执法的精准度提供了新路径。“非现场、不接触”的监控新模式将部分执法环节从线下转到线上，不仅减少了对企业正常生产的干扰，还能有效提高基层执法能力。5G 技术的推广应用可为执法人员配置便携式的智能化移动执法终端，后台则通过对监测、监控、督察、信访等数据进行关联分析，为执法人员提供实时支持，提高单兵现场精准执法能力。当进入危险、有害区域取证，或遇设有水下暗管等人眼难以识别的情形时，还可用无人机、无人船搭载执法智能机器人，由 VR 全景摄像机进行巡查，采样数据和图像、视频，通过 5G 网络实时回传指挥中心，实现线上线下协同执法。

### 6.2.7 环境监测质量监督检查

5G 技术的推广使用可以实现 4G 无法实现的高级会议功能，助力开展环境采样、实验室分析、报告编制的线上质量监督检查工作，加强对环境监测质量保证和质量控制的信息化管理水平，切实提高监督检查效率。2020 年 5 月，中国环境监测总站和江西省环境监测站利用 5G 网络开展了土壤采样线上监督检查，监督人员对目前流行的直播软件进行了多次测试和比选，充分发挥 5G 网络高速率、大带宽、低时延的特性，保证了线上视频传播的清晰度和流畅性，实现了监督检查人员身处异地也能像“面对面”一样沟通并实时响应。采样完成后，总站、青海省环境监测中心、河北省环境监测中心监督检查人员对本次采样完成情况进行了点评和总结。此次线上视频监督检查的经验和不足，对其他省站后续开展线上质量监督检查工作，具有较好的借鉴意义。

### 6.2.8 保护生物多样性

5G 技术与 AI 等技术结合，在保护我国生物多样性方面取得了一定成效。在江西省，为保护鄱阳湖地区生物多样性，打击非法捕猎，地方公安局会同渔政部门开发建设智慧禁捕平台，运用5G技术，通过无人机搭载相关智能系统，实现单机直径10余公里的巡航覆盖，此举也意味着5G技术挺进鄱阳湖网络盲区，让鄱阳湖南昌水域插上5G的“翅膀”，推动湖区陆续运用5G技术，加强部门协同联动、地方互动协作，形成执法合力，智慧护鸟禁渔，进一步落实“鄱阳湖10年禁捕”工作，助推长江大保护和长江经济带高质量绿色发展。

### 6.2.9 构建新一代生态环境监测体系

5G技术能够推动生态环境监测系统的无人化、数字化、信息化、智能化升级改造，扩大现有的大气、地表水实时自动监测的规模，助力解决目前对于地下水、土壤、固体废物等方面基础数据不足以及数据实时性较差的问题。遥感卫星、无线传感器节点、无人机、无人船、5G高速网络与AI深度学习网络模型相互配合，构建“天地一体化”智慧生态环境监测体系。其中，遥感卫星获得监测区域的电磁波谱信号，使监测范围更广、更全；传感器节点采用边缘分布式计算，具备智能感知能力；2G、3G、4G、5G网以及窄带物联网(NB-IoT)等多种异构网络融合，使监测信息数据传输更具稳健性和实时性；借助AI辅助分析，使无人机和无人船的巡航能力更强，对污染物的监测更精准；通过深度学习模型训练预测污染物浓度变化趋势，为科学防控提供有力依据。5G与物联网、区块链、大数据等高新技术强强联合，不仅可以实现实时海量信息交互，实时传输监测数据、监测点位信息、污染位置图片，便于溯源，还可以提供数据共享，协助联防联控。

### 6.2.10 实现碳达峰、碳中和

根据世界经济论坛发布的数据，5G与物联网、人工智能等技术相结合，在全球范围内助力减少的二氧化碳排放量可达15%，从而助力达成碳中和、碳达峰的目标，实现绿色、可持续发展。在2022年8月世界5G大会——5G与碳达峰、碳中和论坛上，来自电气、电工、发电、通信、石油化工等领域的企业家及专家学者齐聚一堂，在“双碳”背景下共商合作发展大计，围绕“如何降低5G能耗”以及“让5G赋能千行百业”等议题发表了观点。论坛各方一致认为：通过降低5G自身能耗以及推动能源领域基础设施的智能化、数字化转型，可以实现大幅降低能耗和碳排放的目的。在内蒙古，国家电投与中国移动针对察哈尔风电场建设开展“智慧风电场”项目合作，提供视频监控、物联网、无人机巡检、无线覆盖等信息化服务，推动全国首家5G智慧风电场的建成。以5G为代表的数字化技术极大提升了风电场的灵活性。

## 6.3 5G 技术在环境监测应用中的优势与局限

### 6.3.1 5G 技术在环境监测应用中的优势

① 5G 技术具有传输高速率、低延迟、大容量、广覆盖、广连接的特点，可与其他高新监测技术相结合，通过远程操控、超高清视频监测以及与外部系统通信等方式，大幅提升监测终端的工作效率，实现对生态环境的实时监测与管理。

② 使用 5G 技术不仅可以快速传输监测数据、监测点位信息、污染位置图片等数据，便于溯源，实现实时信息交互，保障数据的实时性，还可以提供共享数据，协助联防联控。

③ 5G 技术使环境监测网络更加“耳聪目明”，使高清视频、无人机、光谱成像等更加丰富，精密的监测手段得以借助 5G 技术得到推广运用，推动单一数据监测向综合监测转变，实现“一处布点、多要素采集”，促成数据共享和联防联控。

### 6.3.2 5G 技术在环境监测应用中的局限

① 5G 必须采用高频信号，但高频信号的穿透力较差，在建筑、树木密集区或障碍物较多的环境中传播时衰减较大，如果基站数量不够多，信号传输就会产生问题。因此 5G 需要建设更多的基站来保证信号的普及率及传输质量，这就导致了 5G 的基站建设需要较长的时间和较高的建设成本，且基站运营中能耗较大。此外，5G 现有的全球覆盖范围有限，在偏远地区 5G 信号难以覆盖，这就为 5G 环境监测设备在偏远地区的推广和使用带来了极大的不便。

② 5G 移动终端运作时会在短时间内产生较大的能耗，这在很大程度上会缩短电池的使用寿命，影响监测仪器的稳定性、耐用性。

③ 虽然 5G 技术本身已有较为成熟的标准，但基于 5G 技术的生态环境监测体系的搭建仍处于起步和试点阶段，相关的监测终端和运营平台的开发仍不成熟，缺乏系统化、标准化的方法，距离全国大规模推广和普及仍有一段距离。

④ 5G 技术对配套的软件系统、硬件设备均有一定要求，需要搭配内嵌 5G 模块的便携式仪器、无人机、无人船、遥感卫星、VR 系统、云计算系统等配套设备或系统，致使其推广使用的门槛较高。

## 6.4 5G 技术在环境监测中的应用展望

5G 通信技术是数字时代的高速公路，为各行各业数据高效流通、共享与应用提供了基础保障，在生态环境监测和保护工作中的应用前景十分广阔，将推动未来的生态环境监测流程发生重大变革，促进全行业向数字化、信息化、无人化、智能化转型。

（1）研发新一代生态环境智慧监测终端

未来新一代生态环境智慧监测终端将具备基于5G技术的边缘分布式计算能力，例如在本地进行污染物特征分析、图像视频监测识别等，实现去中心化计算，提高数据运算与传输效率，提升环境监测监控的时效性。

（2）搭建高速、泛在、智能的生态环境监测网络

一方面，在未来的生态环境监测网络中，4G网、5G网以及窄带物联网（NB-IoT）等多种异构网络将实现全面融合，使监测数据采集及传输更加稳定、全面、即时；另一方面，生态环境监测核心骨干网和核心承载网将实现升级改造，从基站到生态环境大数据中心、环境监控与应急中心的高速通道将变得畅通无阻。

（3）以5G技术为纽带整合现有环境监测高新技术

5G技术万物互联的特性使其可以充当大数据、人工智能、物联网、云计算、VR、遥感、无人机、无人船等其他高新技术之间联系沟通的重要纽带，共同服务于生态环境监测和保护工作中。可以预见的是，在不远的将来随着5G技术的深入推广，将使全国甚至全球的监测平台、遥感卫星、无人机、无人船以及各种配备了5G模块的监测仪器完成智能联网，促进生态环境监测体系发生深远变革。

## 参考文献

[1] 王国庆，李坚，吕耀坤．基于5G的AI传感器在环境监测中的应用研究[J]．通信电源技术，2018，35(11)：60-61+95.

[2] 白哲佳．基于5G的湿地水质远程监测系统设计[J]．中国新通信，2022，24(07)：31-33.

[3] 徐爱兰，耿建生．基于5G与AI的生态环境监测网络平台探讨[J]．环境监测管理与技术，2021，33(03)：5-8.

[4] 陈向进．大数据技术结合5G通信在环境应急监测中的应用[J]．厦门科技，2021(04)：18-21.

[5] 王沛元，田红英，付俊豪，等．5G网联环境下多旋翼无人机大气监测研究[J]．中国信息化，2021(04)：63-64.

[6] 许丹，汪伟，李磊，等．5G通信技术在核电站环境监测领域的应用探讨[J]．自动化仪表，2021，42(S1)：295-299.

[7] 勒伟青．5G技术在生态环境保护工作中的应用探讨[J]．环境，2022(01)：78-80.

[8] 勒伟青，令狐兴兵．5G技术提升生态环境管理信息化水平[J]．环境经济，2022(01)：56-59.

[9] 雄安首次搭建基于5G技术的“天地一体化”生态环境监测体系[J]．传感器世界，2019，25(02)：38.

# 第 7 章 自动化与人工智能技术在环境监测中的应用

## 7.1 自动化与人工智能技术概述

### 7.1.1 自动化概述

自动化的发展自产生以来就不是一个完全静态的历程。过去，自动化主要是以机械的程序动作代替人力操作，可以自动地完成简单或特定的作业。实质上是对设备进行固定的控制，以完成大量工作或替代劳动力劳动，实现人力解放。随着信息控制技术的快速发展，特别是计算机算法的升级及运算能力增长，更是将自动化的概念扩展升级为用机器解放体力劳动，减轻甚至解放脑力劳动，并能够全自动地完成特定或危险作业等。

当前世界，传感器技术、开放式工程自动化系统、现场总线技术等自动化技术已形成不可或缺的重要市场。其中自控与人工智能(Artificial Intelligence，AI)方面的核心部件传感器于 20 世纪 90 年代仅在美国和日本市场的销售额就已超过 100 亿美元。由此可见，自动化控制技术的飞速发展，也间接推动了 AI 技术的发展。

#### 7.1.1.1 定义

自动化是指机器设备、系统或某一(生产、管理)过程在没有人或较少人的直接参与下，以解放人工劳动力为目的，按照人的要求，经过自动检测、信息处理、分析判断、操纵控制，实现预期目标的过程。自动化技术是一门综合性技术，它和控制论、信息论、系统工程、计算机技术、电子学、液压气压技术、自动控制等都有着十分密切的关系，而其中又以控制理论和计算机技术对自动化技术的影响最大。

自动化技术广泛应用于工业、农业、军事、科学研究、交通运输、商业、医疗、服务和家庭等方面。采用自动化技术不仅可以把人从繁重的体力劳动、部分脑力劳动以及恶劣、危险的工作环境中解放出来，也是工业、农业、国防和科学技术现代化的重要条件和显著标志。

#### 7.1.1.2 发展简史

最早的反馈控制机制被用于搭风车的风帆，它在 1745 年已经被埃德蒙·李

(Edmund Lee)申请了专利。

1788年瓦特改良蒸汽机，人类进入了使用机器的时代。其借助于离心调速装置使其本身的转速保持稳定。这种离心调速装置就是世界上最早的自动化机器。

20世纪40年代，通过美国数学家维纳等人的努力，在自动调节、计算机、通信技术、仿生学以及其他学科互相渗透的基础上，产生了控制论。这一理论对自动化技术有着深远影响。维纳提出的反馈控制原理，仍然是控制理论中的一条重要规律。

20世纪60年代，随着复杂的工业生产过程、航空及航天技术、社会经济系统等领域的进步，自动控制理论得以迅速发展，自动化技术水平大大提高。两个显著进展使数字计算机得到广泛应用，并标志着现代控制理论的诞生。

到了21世纪，自动化技术进入了计算机自动设计(Computer-Automated Design，CAutoD)的年代。

### 7.1.2 人工智能概述

AI是人类思维方式的研究及表现，将人类的学习方法和思考能力通过编程赋予机器，使之拥有自主学习能力，利用快速高效的运算解决人类难以解决的问题。AI的自我模拟，是对人的意识、思维等信息进行模拟，从未产生相同的思维方式。AI自诞生以来，基础理论和技术日益成熟，应用领域也不断扩大。进而引发人们大胆猜想，AI可能成为人类智慧的“容器”。

#### 7.1.2.1 定义

人工智能的定义可以分为两部分，即“人工”和“智能”。“人工”比较好理解，争议性也不大。有时我们会要考虑什么是人力所能及的，或者人自身的智能程度有没有高到可以创造人工智能的地步等。

关于什么是“智能”，这涉及其他诸如意识(Consciousness)、自我(Self)、思维(Mind)[包括无意识的思维(Unconscious Mind)]等问题。人唯一了解的智能是人本身的智能，这是普遍认同的观点。但是我们对我们自身智能的理解都非常有限，对构成人的智能的必要元素的了解也有限，所以就很难定义什么是“人工”制造的“智能”了。因此，人工智能的研究往往涉及对人本身的智能的研究。其他关于动物或其他人造系统的智能也普遍被认为是人工智能相关的研究课题。

#### 7.1.2.2 发展简史

人工智能的传说可以追溯到古埃及，但1941年以来随着电子计算机的发展，技术已最终可以创造出机器智能，“人工智能”(AI)一词最初是在1956年达特茅斯(Dartmouth)学会上提出的，自此，研究者们发展了众多理论和原理，人工智能的概念也随之扩展，在它还不长的40年发展历史中，已经出现了许多AI程序，并促进了其他技术的发展。

### 7.1.3 人工智能与自动化的区别

自动化于商业而言，有着极大的效益。这意味着将耗费大量时间的手工的、重复的管理任务委托给软件或机器，为人类员工腾出时间来专注于更复杂、更具挑战性和创造性的工作内容。这样可以带来更好的工作环境和更高员工参与度，并且通过削减成本，可提高产品质量。人工智能的潜力是巨大的，以至于埃隆·马斯克称之为“最大的生存威胁”，而斯蒂芬·霍金表示忽视人工智能的负面影响是我们有史以来最糟糕的错误。目前的人工智能在很大程度上，是自动化技术融合了计算机、互联网等技术迅猛发展起来的一个新技术，这与理论上的人工智能有一定相同之处。

从自动基础学科涉及的专业影响而言，从深度来看，以工业生产为例，小到一个普通的设备电机，大到企业的整个加工、制造系统乃至企业的整个生产过程都属于自动化；从广度来看，涉及的自动化有第一产业农业自动化、第二产业工业自动化、第三产业服务自动化(如办公自动化、楼宇自动化、商务自动化、交通自动化等)，涉及的系统有人造系统(如机器系统、交通系统、电力系统、军事系统)和自然系统(如生命系统、生态系统)，涉及的过程有生产过程、管理过程、决策过程等。

人工智能是对人的意识、思维的信息过程的模拟，即按照人的思维进行自动操作。人工智能不是人的智能，但能像人那样思考，也可能超过人的智能。它是研究、开发用于模拟、延伸和扩展人的智能的理论、方法、技术及应用系统的一门新的技术科学。人工智能企图了解智能的实质，并生产出一种新的能以人类智能相似的方式做出反应的智能机器，该领域的研究包括机器人、语言识别、图像识别、自然语言处理和专家系统等。可将人工智能归结到计算机技术，部分学者认为人工智能是计算机技术的一种衍生方向。

### 7.1.4 人工智能在自动化中的应用示例

#### 7.1.4.1 人工智能技术在电气自动化制造中的应用

在制造业的机械化发展中，电气自动控制技术水平的高低直接影响着该产业的整体生产效率。因此，人们为了深入推进机械化生产，将 AI 技术逐步应用到了制造业的电气自动化控制中，赋予了机械设备自主分工协作的能力，减轻了基层人员的工作强度。在这一过程中，该技术所发挥的作用主要体现在机器人功能上的优化，使工作者可以在无须编程的情况下，实现电气控制的高度自动化，提高了产品制造效率。以西门子公司研发的双臂机器人为例，工作者借助该技术可以直接构建出 CAD/CAM 模型，使机器人可以通过该模型准确认识到生产任务内涵，并完成多样化产品的组装和加工，实现了无编程情况下的自主分工协作，提高了制造业机械作业效率。

#### 7.1.4.2 人工智能技术在自动化控制中的应用

AI 技术在自动化控制中的运用相较于传统的系统方法而言，在驱动设备面临一些相应的差别时，具备一个比较优良和更加统一的特点，可以确保智能化技术在实际运行中的应用，保障稳定性。同时，该技术在自动化控制中可以智能化捕捉故障滤波，科学地模拟记录故障滤波的具体顺序，使故障滤波具备高度的自动化，确保了设备的安全以及稳定运行。随着功能的增加，电气设备管理变得更加复杂。要想实现高性能、高质量的电气控制目标，需要采用 AI 技术，以掌握整个自动控制过程。

#### 7.1.4.3 人工智能技术在设备故障诊断预警方面的应用

神经网络技术、专家系统技术、模糊理论技术等都是 AI 技术的中心环节，具备明显的故障诊断效果。在传统工作中，如果设备出现故障，一般的维护通常依靠维修工的工作经验和对维修工作的熟悉程度，如果维修的准确度不高就很容易导致误差，进而影响工作正常进行。维护过程中，工人要随身携带维护设备，逐一确定维护的机器状态是否存在问题，并分析监视数据以确定是否需要维护以及如何执行维护，该过程烦琐、耗时并且严重影响工作进度。通过使用 AI 诊断电气设备，可以实时监视和检测当前的电子数据，随时避免发生错误，即便发生错误也可以轻松检测出并及时检修和维护。有效节省了时间、金钱，很大程度上提高了工作的质量和生产效率。鉴于此，将 AI 引入设备的整体故障诊断过程中，可以实现诊断设备故障问题的准确、自动地诊断。

#### 7.1.4.4 人工智能技术在化工监测监控预警方面的应用

石油和化学工业是国内目前最为广泛的基础产业，国内每年的化学品产值约占全球的 40%。同时，危险化工领域大型事故时有发生，生产安全仍处于爬坡过坎、攻坚克难的关键时期。在互联网、AI 等新一代信息技术高速发展的当下，将 AI 与化工安全管理深度融合，对推动危险化学品安全管理数字化、网络化、智能化具有积极意义。

现在企业内大多数危险或者需要注意的场地，都需要对错误操作、过程运行情况、线路排布等故障进行预警并及时修复处理。如果利用人工进行巡检，不但需要消耗大量人力物力，还会导致问题发现不及时不到位，从而引发安全隐患。通过 AI 技术监测监控人员违章并对环境进行智能分析，可以及时发现问题并处理，避免事故的发生。

## 7.2 自动化与人工智能技术在环境监测中的应用

### 7.2.1 自动化系统在环境监测中的应用

自动化系统在环境监测中起着极其重要的作用。2007 年，江苏省投资 1.73 亿元建成水环境自动监测站 37 个，现如今江苏水环境自动监测站已经多达 600 余个。江苏省通过环境监控方式立体化、监测指标多样化、管理体系规范化的方式，不断推动自动化监测系统功能的发展，并进一步通过自动化系统实现保护生态环境的目的。根据江苏自动化环境监测系统的实践，我们得知，自动化系统在环境监测中的应用，能够对区域地貌环境进行实时监测、污染报警，并具有分析监测数据可靠性等功能。

#### 7.2.1.1 全地形实时化数据

自动化系统在环境监测中，能够对目标区域进行实时监测，大气、水资源等生态环境监测工作需要 24h 实时进行，如果单纯依靠工作人员，具有较大的局限性，而自动化系统在环境监测和管理中的应用能够很好地解决这一难题。环境监测系统能够实现卫星云图地形可视化的功能，根据卫星云图实际地貌特征对目标生态环境区域进行可视化监测，生态环境的各方面数据均能被直接监测采集到系统内，系统不仅可以对这些数据进行实时分析，而且可以将不同区域生态环境的污染情况，用不同颜色体现出来。环境区域颜色区分展示：以地理位置图形化显示分布，并以不同颜色组合标注各污染区域当前的状态；污染区域标注于一张图，可根据新增污染区域随时增加防污染区域；污染区域数据可视化：鼠标移动到各污染区域时，自动显示污染区域面积、背景资料、环境监测管理人员信息、环境监测装备配置信息及历史环境监测数据，实现环境监测数据一张图；通过地图全面监控前端设备实时运转状况，可调取地图上任意地点实时视频，做到视频和地图实时联动，实现环境监测视频监控一张图。

#### 7.2.1.2 24h 可视化自动预警

自动化系统在环境监测和管理中的应用能够实现自动报警。环境监测前端采集终端，能够 24h 不间断采集目标环境的各方面数据，实时回传至平台中心，平台中心采用专业的环境监测算法及分析方式，对前端污染区域进行等级划分，根据等级预警机制，采用大屏预警弹报、声光报警、App 远程客户端预警等多种方式实现 24h 自动预警，及常态化、不间断化的预警功能。环境监测自动化系统能够实时对目标监测区域的各方面环境数据进行采集，如果所采集到的目标环境监测数据与以往数据之间存在较大差异，监测区域环境出现严重污染情况，环境监测自动化系统平台便能够快速分析并鉴别出来，还会根据实际变化情况发出警报，并将有关信息传输给管理人员，以便管理人员依据污染数据制订科学合理的环境修复计划，以此达到降低环境污染程度的目的。

#### 7.2.1.3 污染区域可视化实时视频监测

环境监测系统可实现工作人员实时通过前端设备观看、观察前端污染区域白光、热像、夜视监控画面，实时判断当地环境污染情况。多光谱摄像机终端可根据需要放大、缩小，或近距离观察污染区域内实际画面；无人机监控终端可进行超低空飞行，并通过可变焦吊舱平台放大、缩小或近距离观测污染区域情况，实现第一视角观测功能。通过自动化环境监测平台能够对前端环境监测设备进行实时控制，及时了解设备实际运行情况，在确保环境监测数据精准性的同时，有利于提升其可靠性。

#### 7.2.1.4 监测数据分析

环境监测系统所采集到的环境数据数量较多，而且这些数据很多都没有应用价值，如果依靠人力进行数据分析和鉴别具有较大的局限性。自动化系统能够在应用中起到监测数据分析的作用，根据实际监测需求，自动化系统能够有效辨别出所有有用的信息，并将这些信息进行分类，而没有用处的信息则会被自动化系统删除。同时自动化系统的环境监测数据分析结果也较为精准，该功能的应用有利于大幅度提升环境监测效率，从根本上推动环境治理工作更加顺利地开展。

### 7.2.2 人工智能在环境监测中的应用

#### 7.2.2.1 大气环境监测人工智能平台的搭建

人工智能大气环境监测系统主要由以下部分组成：感知层、网络层和应用层等。在该结构中处于最底层的是感知层，通过传感器构成一个传感器网络，然后利用无线通信模块将采集到的大气环境数据传输到网络层；网络层则在其中起到纽带作用，在网络层中有很多个网络子节点，可以组成多个传输路径，经过汇总后将数据传递到应用层；应用层则是对这些数据进行最后处理的部分，可以利用人机交互平台将这些数据一一呈现出来。

（1）感知层

在大气环境监测系统中感知层又被称作大气环境实时动态监测无线传感网络硬件系统。在感知层中包含了多种类型的传感器，分别针对不同的污染，如烟雾传感器、温湿度传感器、二氧化碳传感器、气压传感器等。烟雾传感器专门依靠空气中的烟雾浓度检测电路，且自带信号放大器，可放大信号，并将其和烟雾传感器引脚相连，然后对室内的烟雾数据进行采集。温湿度传感器主要利用互补金属氧化物半导体材料放大电压，然后利用其中的能量和电容体对环境湿度进行监测。传感器网络由多个传感器组成，这些传感器所起到的作用都不同，它们互相协作，各自发挥着重要的作用。

（2）网络层

网络层位于感知层和应用层之间，由多个网络节点组成。在网络层中这些通信子网络节点互相连接、互相组合成了多个传输路径。网络节点在接收到传感器传输的信息后，需要进行路由选择，选择合适的信息传输路径。在确定路径时需要考虑以下5个因素：①路由算法所要基于的性能指标，最短路径还是最优路径；②通信子网是利用虚电路方式还是利用数据报方式；③路由算法中是利用分布式方法还是利用集中式方法；④网络信息的来源；⑤在此过程中是利用动态路由还是静态路由选择策略。

（3）应用层

应用层是物联网三层结构中最高层，其功能主要是对感知层采集的数据进行处理，然后将这些数据以人们需要的方式展现出来，达到对环境质量随时随地监测的目的。等环境数据都被监测出来以后，就根据这些数据进行合理的治理。应用层工作共有两个方面，其一就是对数据的管理和处理，然后采用合适的方式将这些数据呈现出来；其二就是应用，将经过处理的数据和各个行业应用相结合，使得这些产业更加智能化。比如在大气环境监测中可以利用相应的传感器对空气中的臭氧进行实时动态监测；放置在目的区域的臭氧在线监测仪在收集到大气中的臭氧浓度以后，利用物联网结构中的网络层将传感器收集的信息进行汇总并发送到环境监测中心的计算机上。在应用层中计算机是最为主要的部分，利用计算机对收集到的数据进行处理，然后对这些信息进行分析和判断，最后采取合适的措施进行治理。

例如，2018年在对某地大气环境进行监测的过程中，利用的就是大气环境监测人工智能平台。通过人工智能平台中的感知层对当前大气的烟雾含量、二氧化碳含量、温湿度等参数进行测定，并通过传感器将相关信息输送给网络平台。网络层对所接受到的数据信息进行筛选，确定数据信息的来源、路由计算方式、通信子网等，待数据信息整理完毕之后再传输到应用层。而应用层则主要是对经过整理的数据信息进行处理，并将处理后的数据信息直接显示在屏幕上，以便工作人员了解当地的大气环境情况。

#### 7.2.2.2 水环境监测人工智能平台的搭建

水环境监测作为监测水质的重要手段，能够对水体内的污染物进行监测，以评价水质状况。水环境监测是保护水资源的重要手段，通过收集水环境监测获得数据，并对这些数据进行分析，能够在一定程度上了解到水体中污染物的来源、分布，进而采取相应的手段对水环境污染进行处理。目前较为常见的水环境监测手段有化学法、光电法和卫星影像等。但是这些方式普遍投入的成本比较高，而且及时性较低，无法达到预期的效果。而随着人工智能的发展，可以将人工智能应用到水环境监测中。

为了在现有水环境监测系统中增加人工智能，需要在原有的基础上引入人工智能计算功能，以及样本库管理和模型构建应用管理的平台。

(1) 平台设计原则

平台设计之初必须遵循各模块之间相互独立的原则，对各模块进行单独设计，便于后期对不同的模块进行升级。同时，模块之间的接口参数必须标准化和结构化，这样可以使各模块之间进行互换，从而满足不同系统对各模块的需求。模块中各构件也尽量使用当前通用的产品，方便后期对系统进行升级处理。

(2) 平台功能结构和技术框架

为了尽量弥补传统监测方法的不足，人工智能监测选用的是 GPU 并行计算机技术和深度学习算法对水环境进行监测，将智能装备连接起来，实现水环境监测的智能化，再通过视频来收集水环境监测数据并传输到云服务器进行分析处理，从而了解当前水环境情况。水环境监测所采用的图像处理算法主要包括卷积神经网络图像调整提取算法、图像预处理算法和图像分类识别算法等。将 GPU 并行计算构架与系统进行连接，能够有效提高水环境监测的实时性，提高图像处理算法的工作效率。

(3) 数据分析和处理逻辑流程

水环境监测系统能够为用户提供一个可以控制整个流程的平台和可视化操作界面，从而随时对系统进行处理。可视化操作界面主要由 WEB 端提供，将所有可以操作系统的按键都直接呈现在界面上，方便用户进行操作。业务逻辑模块是水环境监测系统的中转站，用来获取 WEB 端表单数据、调用业务逻辑、将相关数据分发转向数据库、存储器、GPU 以及硬件设备。存储器主要是用于存储图像。现场设备则是对现场的图像进行采集，并将数据以信号的形式输送给相关处理系统。调用算法训练时，从存储模块的样本库中调取训练样本，训练结束，将模型和参数保存到模型参数库，并把验证正确率等运行结果通过 JSON 数据包反馈给 WEB 模块。WEB 模块把此次系统运行的信息，比如训练日志等写入数据库。

(4) 核心算法参数配置

通过调整模型，优化算法，更新权重和偏差参数，使得水环境监测系统的效率更高，效果更好。

卷积神经网络的训练过程主要采用梯度下降法，其计算过程中采用误差反向传播的方式计算误差函数对全部权值和偏置值的梯度，得到最优解。系统所设计的算法也是利用梯度下降法训练网络参数。关于卷积神经网络的损失函数，可采用交叉熵来实现。交叉熵主要用来度量两个概率分布间的差异性信息。

(5) 现场设备及其内部逻辑功能设计

系统应用模块：分为两部分，一是载入模型结构和参数，该模型是基于卷积神经网络的智能检测算法训练后所转存的文件，根据不同的算法参数配置，有多种模型可供选择；二是智能检测系统对产品图像信息进行处理检测。两者都基于深度学习框架 Tensor Flow(人工智能学习系统)实现。逻辑分配模块：接收来自后台模块和现场控制模块的信息，对信息进行解析，并分发给不同的模块。现场控制模块：基于 QT 实现的现场控制界面，能够对智能检测系统进行实时控制，如参数配置、模型推送、控制运行等，并能够实时显示系统运行状态和返回的检测结果；同时能够实现对数据采集模块和报警模块的调度配置。数据采集过程中主要采用工业相机采集图像信息，通过调用工业相机的 SDK 对图像采集参数进行控制。报警设备则是当两种突发事件发生时会触发报警设备，一是系统运行异常，二是检测系统中的零件出现故障。

例如，在 2017 年对某河流进行水环境监测的过程中，利用水环境监测人工智能平台对该河流一段时间内的环境情况进行监测，并设定拍照的周期，将所获得的图像信息传输到水环境监测人工智能平台，并对图像信息进行处理。通过可视化的图像信息能够直接了解当前该河流的环境污染问题，并根据真实的污染情况采取合适的治理措施。

## 7.3 自动化与人工智能技术在环境监测应用中的优势与局限

### 7.3.1 人工智能的优势与局限

#### 7.3.1.1 优势

人工智能软件的优势之一：它是高度自编程的。自编程意味着不再需要人工监督整个过程。因此，节省了时间和人工成本，并减少了人为错误。过去，人为错误是所有项目中的重要因素。但是，在人工智能应用中，几乎可以消除人为错误。

人工智能技术的另一个优势：它可以作为一个集体单元发挥作用。人工智能设备是完全自治的，这意味着一台机器可以同时执行多个任务。此外，借助人工智能技术，可以同时访问整个数据集，而不会出现任何延迟。

人工智能的最大优势：它可以节省大量的人工成本，因为它需要更少的体力劳动和更多的智力劳动。它也可以用于所有类型的任务，包括基于事实的决策而不是基于情感的决策，这对企业的裁决非常有利。

#### 7.3.1.2 局限

一是人工智能技术对环境污染的影响路径、复杂机制，难以用实证模型加以验证。人工智能技术对环境污染的影响既有直接的又有间接的，同时，在封闭经济环境和开放环境下的影响机制也不一样。人工智能技术直接运用于环境治理，能有效减少环境污染，但同时随着人工智能技术的发展、工业机器人的大量使用，生产力大幅度提高，生产规模扩大，也有可能加剧环境污染。在开放经济条件下，人工智能技术发展能显著提高一国全球价值链地位，从而减少该国的环境污染，但这一正向效应存在国家和行业异质性，即对于处于不同发展阶段的国家、不同污染和技术密集度的行业的影响效应是不同的。总之，如何将人工智能技术引入环境污染模型仍需进一步探索。

二是相关数据可获得性有待加强。一方面由于人工智能的内涵比较广泛（包括机器人、语言识别、图像识别、自然语言处理和专家系统等），现有的实证研究大多使用人工智能的某一分支，如利用机器人国际联合会发布的工业机器人数据。目前对很多国家特别是发展中国家而言，人工智能技术发展仍处于初级阶段，甚至微观企业层面的统计数据都相对匮乏。计算人工智能指标的主要难点在于大部分内涵都是无形的，难以量化或直接计算。另一方面，目前关于全球价值链宏观测度指标的构建大多为全球价值链位置指标或参与度指标，而衡量一国全球价值链地位提升或价值链升级的指标相对落后，无法直接衡量一国行业或企业价值链地位的提升，只能采用间接指标。总之，从现有文献来看，采用的数据指标都比较单一，未来还需要用更直接的衡量指标来进行实证检验。

### 7.3.2 自动化的优势与局限

#### 7.3.2.1 优势

① 自动化符合去人力化的社会发展趋势。传统检测需要技术人员定期去项目现场采集数据，自动化监测只需要到现场安装测试设备，此后很长一段时间都是设备通过无线信号传输。

② 自动化不受复杂气象环境和项目现场偏僻及交通限制的影响。人工检测受现场能见度以及雨雾天气的影响较大，同时受偏远地区交通条件制约，此外如地铁、隧道等场地，因空间有限，很多时候人工检测需要阻断交通，自动化监测则不受上述条件制约。

③ 自动化有效降低了人为干预因素影响。很多时候人工检测需靠肉眼去采集数据，数据误差取决于技术人员的经验，即便现场用仪器测量数据，也受人为记录或者测量误差的影响，自动化监测采集的数据所采即所现，完全不受人为因

素影响。

④ 人工检测的数据是由点组成的，靠点去模拟线，从而推断病害发展趋势，不能掌握点与点之间的结构物状态，但自动化监测的数据则有实时性、全生命周期的特点，每个时间节点的数据都会采集到，所采集的数据是一条线，不会漏掉某个时间点的数据，发生异常时可以第一时间发出预警。

⑤ 自动化便于整个区域的一体化管理。诸多结构物的数据可以同时在一个数据平台展现，方便对整条道路或者某个区域的结构物进行统一管理。

⑥ 自动化能节省费用。人工检测需要多次去现场，交通费用及设备费用虽然单次少于自动化监测，但当时间段拉长后，自动化监测的费用要低于人工检测的费用。

#### 7.3.2.2 局限

① 相对于人工测试，自动化测试对测试团队的技术有更高的要求。

② 自动化测试无法替代人工测试找到 Bug，也不能实现 100%覆盖。

③ 自动化测试脚本的开发需要花费较大的时间成本，错误的测试会导致资源的浪费和时间投入。

④ 产品的快速迭代。自动化测试脚本将不断迭代，时间成本很高。

⑤ 自动化测试能提高效率，但不能保证测试的有效性。即使涉及的测试覆盖率较高，也不能保证被测试的软件质量会更优。

## 7.4 自动化与人工智能技术在环境监测中的应用展望

### 7.4.1 自动化在环境监测中的应用展望

目前我国的环境质量监测设备正向着自动化和大型设备化发展，所采用的环境监测设备具有连续性、自动化和大型化等特征。例如目前我国已经逐步采用水质自动监测站、环境空气质量自动监测站，降水自动采样系统以及辐射环境自动监测系统等。污染源在线自动监测系统可以实现对废水、废气以及噪声进行实时且自动监控，实现对现场污染物的监测和控制。

实验室分析测试自动化。我们都知道传统的实验分析都是以手工测试和经典化学方法进行实验分析，化学分析准确度和实验效率都不高。随着科技的发展，实验室逐步引进化学仪器，采用计算机技术，实现实验全程自动化，大大提高了实验的效率和实验结果的精准度。例如，我们可以采用气相色谱-质谱联用仪、液相色谱-质谱联用仪进行有机污染物测试，采用等离子光谱-质谱联用仪测试金属毒物，采用连续流动分析仪测试无机离子等，通过这些实验设备进行化学实验分析，可以减小误差，提高工作效率。

应急监测要求简易快速，对于现场突发污染事故，我们就需要配备小型的便携式现场监测仪器，例如，我们可以在现场应急监测车上配备便携式气相色谱仪、质谱联用仪、多种有机污染物光谱测定仪、现场水质实验室、现场速测仪、现场检气管等。这些便携式设备可以使现场监测变得简易迅速。

遥感监测技术的应用。针对日益发展的环境监测事业，我们可以采用先进的遥感技术进行环境监控，遥感监测就是指在不直接接触被测物的情况下，对被测目标或者自然现象进行远距离感知探测。遥感监测系统包括遥感系统、地理信息系统和全球卫星定位系统(可以应用于大气环境监测，包括臭氧层、气溶胶含量、有害气体热污染等；应用于水环境监测，包括水域分布变化、水体沼泽化、富营养化、泥沙污染、废水污染、热污染；用于生态环保监测，包括沙漠化、热带雨林变化、水土流失、赤潮等)。

自动化技术在环境监测设施中的应用已经非常成功，但是监测系统对复杂的工业废水 COD、废水流量、悬浮物、胶体物质的监测准确性还不够。发展方向是保证监控系统的运行稳定性，提高系统的可靠性。例如，可以将 dspic33f 单片机作为系统的控制模块，用线性回归法确定 COD 值与电压值的关系，测定范围为30~1500mg/L，基线误差不超过±5.0%，重复性误差不超过 5%，溶液颜色、胶质物质及悬浮物对 COD 检测器无影响，可以提高检测系统的准确性。

### 7.4.2 人工智能在环境监测中的应用展望

#### 7.4.2.1 多源信访一站式处置

环境信访是生态环境部门的一项重点工作，由于历史原因造成信访案件来源较多，既有部省级平台推送的案件，也有上级派发的纸质案件，还有同级政府的市长热线，网站上的举报等，给工作人员处理带来了诸多不便。

利用 AIEngine 建立多源信访管理系统(也可以利用现有的自建信访系统)，通过档案数字化、生态环境数据适配等工具，自动整合各类来源的信访案件，实现各类案件的自动采集、录入、派单，最后将处置结果自动报送到案件来源所在系统，实现案件的自动化、闭环管理(见图 7-1)。

#### 7.4.2.2 建设项目信息自动报送

建设项目环境影响评价结果数据存在多系统重复录入问题。利用 AIEngine 智能报送机器人，设计相应的报送流程，可实现建设项目信息的多系统定时、自动报送(见图 7-2)。

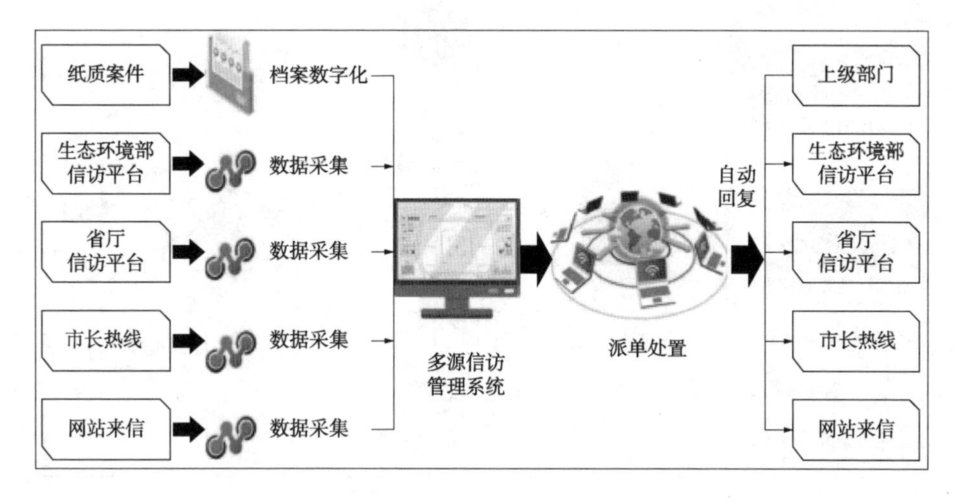


图 7-1　多源信访管理系统

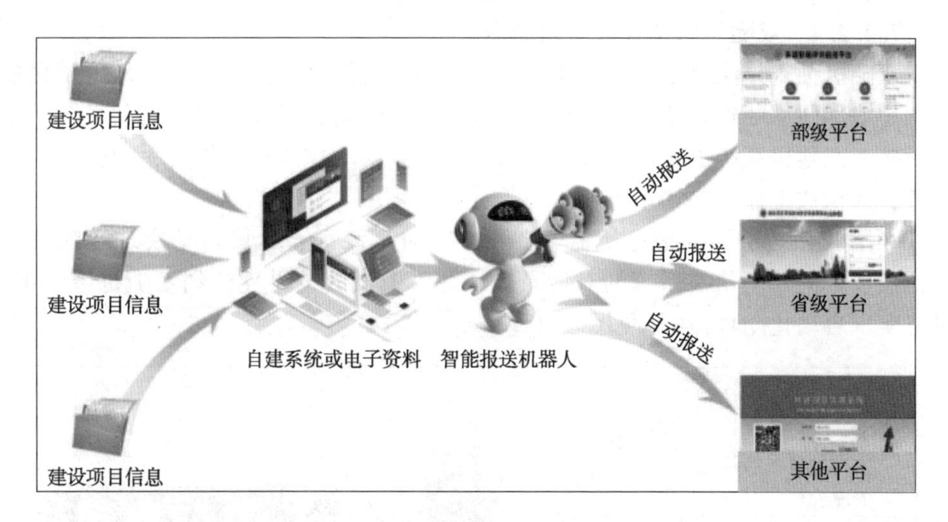


图 7-2　建设项目信息自动报送系统

#### 7.4.2.3　污染源监测报表自动生成

污染源自动监测是生态环境保护工作的基础和核心数据来源之一，日常面临许多统计性工作，如每天需要生成前一天的超标快报；每周、每月要生成传输有效率、数据超标、数据联网等方面的报表，用于现场执法和管理决策。

利用 AIEngine 智能报送机器人，经过模型训练可代替工作人员定时完成各类报表的生成和输出工作，并可智能生成相应的 Word、Excel 格式的标准报告（见图 7-3）。

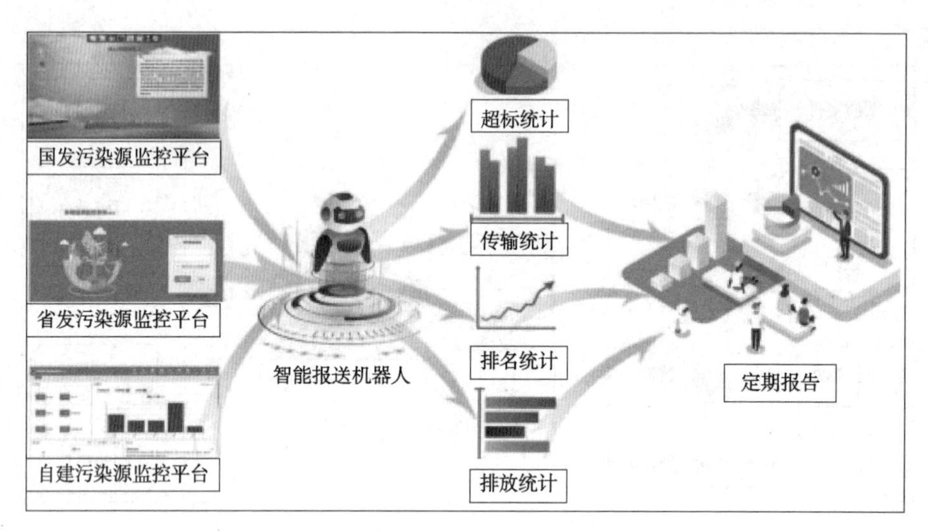


图 7-3　污染源监测报表自动生成流程图

#### 7.4.2.4　双随机执法任务自动派送

双随机抽查执法已成为目前生态环境部门环境执法的主要方式，但由于很多生态环境部门双随机系统和移动执法系统的建设时间、建设厂家不同，系统间无法对接，双随机系统的执法任务无法自动对接到移动执法中，需要手动输入执法任务，为执法工作带来诸多不便。

利用 AIEngine 智能报送机器人，无须现有厂家配合，可自动实现双随机系统执法任务向移动执法系统的对接录入，并可把执法结果反馈到双随机系统中，最终实现自动化闭环流程(见图 7-4)。

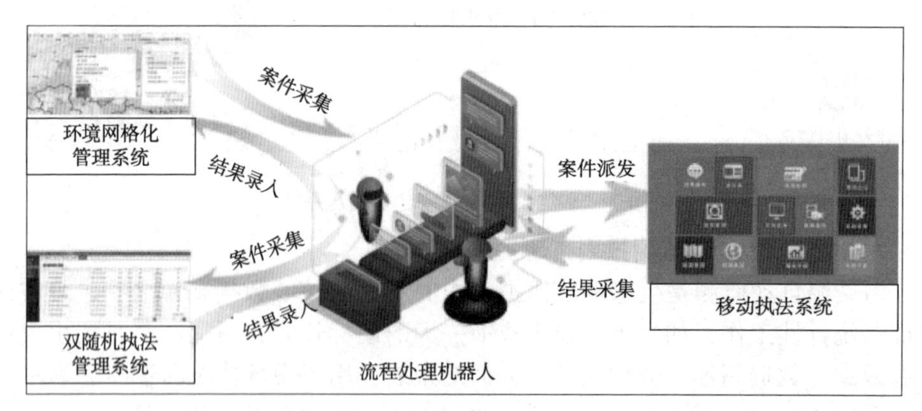


图 7-4　双随机执法任务自动派送系统

#### 7.4.2.5　生态环境可视化分析系统

环境全业务数据综合展示是区县级/地市级生态环境部门的一个刚性业务需求，但是由于各类环境业务数据(环境水、环境空气、污染源、环境执法、环境应急等)分布在异构、多源信息系统(国发系统、省发系统、自建系统等)中，存在数据分散、不准确、不完整、对接困难、难以维护等问题，这一刚性需求往往难以实现。

利用 AIEngine 生态环境数据适配系统，可轻松实现对生态环境部门异构、多源信息系统(国发系统、省发系统、自建系统等)的数据采集，建立轻量级数据资源中心，从而使生态环境可视化分析变得可能(见图 7-5)。

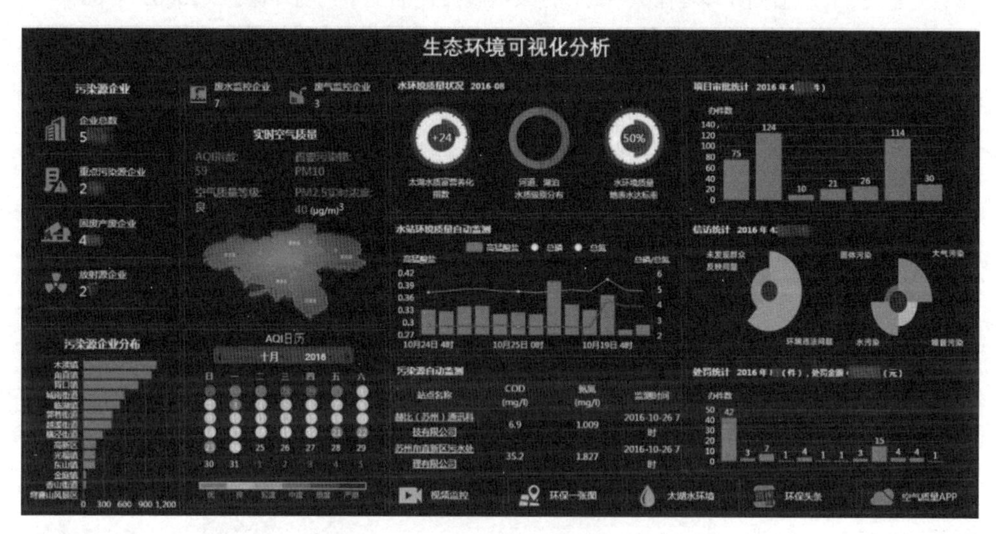


图 7-5　生态环境可视化分析系统

生态环境可视化分析系统定位于为区县级(也可包含地市级)生态环境部门、工业园区提供各类环境业务数据的自动化对接和集中化展示，基于轻量级数据资源中心，为用户提供一套翔实、准确、动态更新、可定制的环境专题数据，为打赢污染防治攻坚战提供坚实支撑。

生态环境保护工作任重而道远，将 AI 人工智能技术应用于生态环境监管业务，利用数据适配服务、智能机器人服务和机器视觉分析服务等技术，把生态环境部门工作人员从复杂烦琐的日常工作中解放出来，自动实现生态环境数据采集重构、流程化操作以及违法事件的测量和判断，最大限度地发挥生态环境数据的价值，极大地提高了生态环境监管的效率，让生态环境保护更有效、更智慧。

## 参 考 文 献

[1] 牛顿，林明奇. 浅谈人工智能技术与自动化控制[J]. 石油化工自动化，2021，57(S1)：66-68.

[2] 王奕. 自动化系统在环境监测和环境管理中的应用[J]. 皮革制作与环保科技，2022，3(18)：138-140.

[3] 姜喆. 人工智能在环境监测中的应用[J]. 节能与环保，2020(Z1)，99-100.

[4] 朱卫兴．自动化技术在环保设备中的应用及发展[J]．企业科技与发展，2021(02)：62-64.
[5] 陈广银．神经网络在环境监测中的应用研究[J]．科技创新导报 2017，14(13)：126-127.
[6] 董鹏，阮清贺，季赢．国际视野下人工智能技术的应用展现[J]．张江科技评论，2019(04)，46-49.
[7] 张龙．人工智能技术在电气自动化控制中的应用[J]．科技传播，2020，12(04)，93-94.
[8] 莫建民．环境监测在环境保护中的作用及措施[J]．资源节约与环保，2020(03)：68.
[9] 单丽艳．环境监测在生态环境保护中的作用和发展探讨[J]．资源节约与环保，2020(04)：45.

# 第8章　传感器技术在环境监测中的应用

## 8.1　传感器技术概述

伴随着技术不断革新，传感器应运而生，通常由敏感元件和转换元件两部分组成，是一种检测装置，能够感受到被测量的信息，并将感受到的信息按一定规律变换成为电信号或其他所需形式的信息输出，以满足信息的传输、处理、存储、显示、记录和控制等要求。

在经济快速发展的背景下，环境检测领域从手工滴定到仪器检测，检测水平不断提高的同时，各类传感器也被应用其中。环境领域方面的传感器主要作用方式体现在与被测物质中的污染物发生物理或化学反应，判断被测物质中是否有污染物。目前传感器主要有以下几种类别：①按照探测目标的不同，传感器可以分为光敏传感器和电化学传感器；②根据其反应机理的不同，可以分为生物传感器和免疫传感器；③根据被探测对象的不同，可以分为液体传感器和气敏传感器。

本章内容将以传感器技术为例，对电化学、生物和光纤等主要类型的传感器特点、原理及应用进行分析。对于生物传感器来说，其基本原理是利用生物功能基因、抗体等生物材料作为敏感材料，通过信号采集设备收集生化信息，并将其转换成电信号进行生化分析。由于生物传感技术的发展，越来越多的敏感材料和传感元件能够准确地识别环境中的污染物。相较于传统的传感器，生物传感器有更多的选择性，操作更方便，检测速度更快，检测结果更精确。目前，大部分生物传感器技术被用于大气环境探测，例如使用含亚硫酸盐氧化酶的肝脏微粒体构建了以雨水为传感器的氧电极，通过测定亚硫酸盐浓度来检测大气环境中 $SO_2$ 的含量。所述微粒体对亚硫酸盐进行氧化，消耗一定氧气后，可降低氧电极周围的溶氧浓度，带动传感器内电流波动，以间接方式反映亚硫酸盐浓度，此方法具有较好的重现性和准确性。

对于电化学传感器来说，液体传感器是一个重要的分支，利用液体传感器技术对水体环境进行监测，可以检测水体中的各种污染物。当前，水体污染主要有两大类：有机物污染和无机物污染。其中绝大部分为人类生产和生活产生的污染物，其排放超过了环境承受能力，造成水体污染。传感技术在水环境检测中的应用主要有两个方面：其一重金属检测，在水体环境中，重金属污染问题尤为突出，最常见的重金属污染物是铅、汞等，这些污染物对人体的危害很大，不能完全去除，一旦进入水体，会造成严重后果。离子选择性电极传感器操作简单并且不需要对样品进行前处理，从而被广泛应用于重金属的在线检测中；其二农残检测，杀虫剂中含有多种有害的化学物质，其残留会通过食物进入人体，对人体造成严重影响。液体传感技术可被用来准确有效地检测水环境中的农药，原理在于它可与钴-苯二甲蓝染料发生化学反应。

气敏传感器主要被用于大气环境中氮氧化物和含硫氧化物的检测，具有方法简便、检测效果好的优点。气敏的基本原理：气体经过传感器探头后，探测器采集并分析气体的相关信息，把所得到的气体体积分数转换成电信号，通过分析判断是否有污染物质。例如，在使用气敏传感器技术检测氮氧化物时，进而采用MOS半导体进行检测，现在，研究者们又提出了更高级的技术，比如用铂作电极，用氧化钇和氧化锆作为离子传感器，在对废气进行检测时，只需将其放置在排气口处，在采集数据后，就能准确地检测氮氧化物的含量。

以上几类传感器在环境领域的有效利用极大地提高了环境检测结果的可靠性。

## 8.2 传感器技术在环境监测中的应用

传感器技术的不断发展满足了人们对于经济发展阶段所匹配的环境监测需求，并且在检测环境各种有害物质包括生物、重金属、有机污染物等方面发挥重要作用，占据着不可替代的地位。

### 8.2.1 光敏传感器的介绍

是光敏传感器的主要类型有光电管、光敏电阻、光电倍增管、光敏三极管、红外线传感器、紫外线传感器、光纤式光电传感器、CMOS图像传感器等，其工作原理主要是基于光电效应。光敏传感器内装有一个高精度的光电管，光电管内有一块由针式二极管组成的小平板，当向光电管两端施加一个反向的固定压时，任何光对它的冲击都将导致其释放出电子。光照强度越高，光电管的电流也就越大，电流通过电阻丝时其两端的电压被转换成可被采集器的数模转换器接受的0~5V电压，然后以适当的形式把结果保存下来。简单来说，光敏传感器就是利用光敏电阻受光线强度影响而使电阻值发生变化的原理向主机发送光线强度的模拟信号，如图8-1所示。

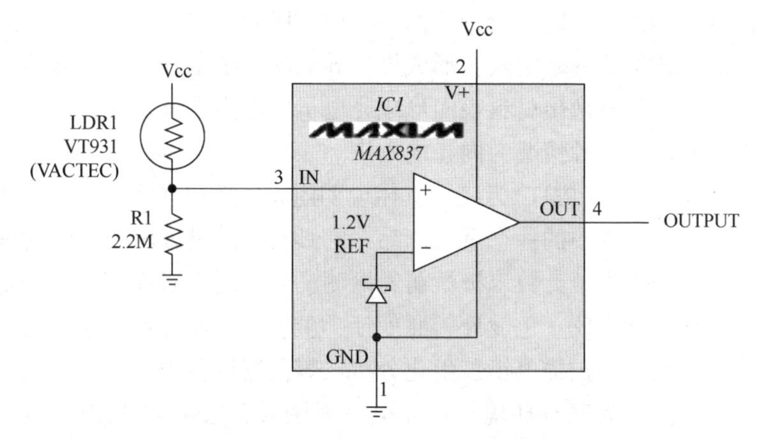


图 8-1　光敏传感器原理示意图

对于一些特殊材料来说，实现能量转换的物理基础就是其产生的光电效应，它可以实现光电信号相互转换的目的。通过电子是否从材料表面逸出可将光电效应分为内、外两种。内光电效应是指在光照射作用下，被照射物体内部的原子释放电子，这些电子留在物体内部不会脱离出物体表面，使物体的电阻率发生变化并产生电动势的现象，基于内光电效应原理的光电元件有光敏电阻、光敏二极管、光电池等。外光电效应是指因光照射作用，电子从被照射物体表面逸出，也被称为电光效应，基于外光电效应的原理的光电元件有光电管、光电倍增管等。

**8.2.1.1　外光电效应**

外光电效应的机理为光电材料被光照射，材料表面的电子吸收光照能量，当吸收的能量达到某个阈值时，电子会挣脱束缚逸出材料表面进入外部空间。根据爱因斯坦的光电子效应理论，光子是移动的粒子流，光子能量为 $h\nu$（$h$ 为普朗克常数，$h=6.63\times10^{-34}$ J・s，$\nu$ 是光波频率）。由该公式可知光子能量和光波频率成正比，假如光子的能量全部转移给电子，就会增加电子的能量，一部分能量用于克服正离子的束缚，另一部分能量转换成电子自身能量。由能量守恒定律：$mv^2=h\nu-W$（电子质量为 $m$，电子逸出表面的初速度为 $v$，逸出功为 $W$）。可知，要使电子逸出光电材料表面，需保证光子能量大于逸出功，材料不同，逸出功也不同。对于每一种光电材料，入射光都有一个阈值频率，只有入射光的频率大于此阈值才会有电子逸出材料表面。我们称这个频率阈值为“红限”。

**8.2.1.2　内光电效应**

半导体材料的价带与导带之间有一能量间隔为 Eg 的带隙。半导体材料的导电性与导体相比较差，是因为价带中的电子不会自发地跃迁到导带，但如果使用某种方式（如光激励等）提供能量给价带中的电子，就能够将价带中的电子激发到导带中，产生的载流子能增加半导体材料的导电性。以光照激励方式为例，当

入射的光能量 $h\nu$ 大于 Eg 时，价带中的电子通过吸收入射光子的能量跃迁到导带中，在原来的位置留下一个空穴，形成可以导电的电子空穴对，即载流子。这一过程中的电子虽然没有逸出材料表面形成光电子，但内光电效应因光照而形成了电效应现象，我们称这种情况为内光电效应。

我们以光电倍增管(PMT)为例，具体说明内光电效应在实际中的应用。光电倍增管是光子技术器件中的一个重要产品，它具有极高灵敏度和超快时间响应等特性，被广泛应用于光子计数、极微弱光探测、生物发光研究、极低能量射线探测、分光光度计、旋光仪、色度计、照度计、尘埃计、浊度计、光密度计、热释光量仪、辐射量热计、扫描电镜、生化分析仪等仪器设备中。

光电倍增管内部为真空环境，由光电发射阴极(光阴极)和聚焦电极、电子倍增极及电子收集极(阳极)等组成。当光照射到光阴极时，光阴极向真空中激发出光电子。这些光电子按聚焦极电场进入倍增系统，并通过二次发射得到倍增放大，然后把放大后的电子用阳极收集作为信号输出。因为采用了二次发射倍增系统，所以光电倍增管在探测紫外、可见和近红外区的辐射能量的光电探测器中，具有极高的灵敏度和极低的噪声。另外，光电倍增管还具有响应快速、成本低、阴极面积大等优点。典型的光电倍增管按入射光接收方式可分为端窗式和侧窗式两种类型，如图 8-2 和图 8-3 所示。

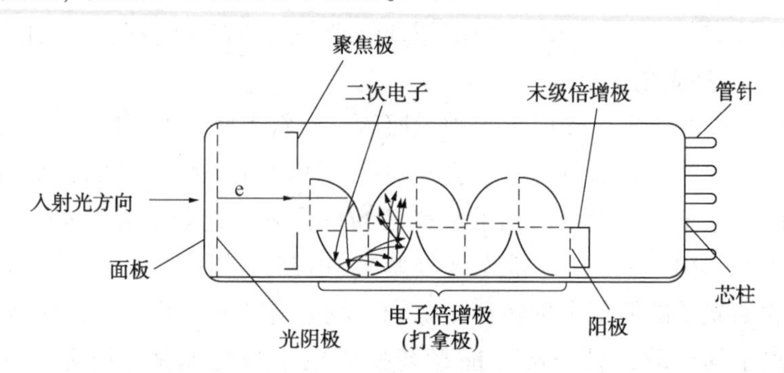


图 8-2　端窗式光电倍增管内部结构示意图

光电倍增管具有以下几点技术特性：①分辨率高。能通过高度集成设计使入射光束高效汇聚在小光点，或通过特殊构成的设计灵敏的光学系统，实现高分辨率，从而实现对微小单元和高灵敏位置的检测。②可以非接触式检测。光电传感器输入信号和媒介均采用光源进行信息的采集和检测，无须进行机械接触检测，所以不会对检测目标和传感器本身造成损伤，传感器能长期使用。③响应速度快。光速传播速度较快，且光电传感器由电子零件组成，不存在机械性工作时间，因此光电倍增管具有较快的响应速度。

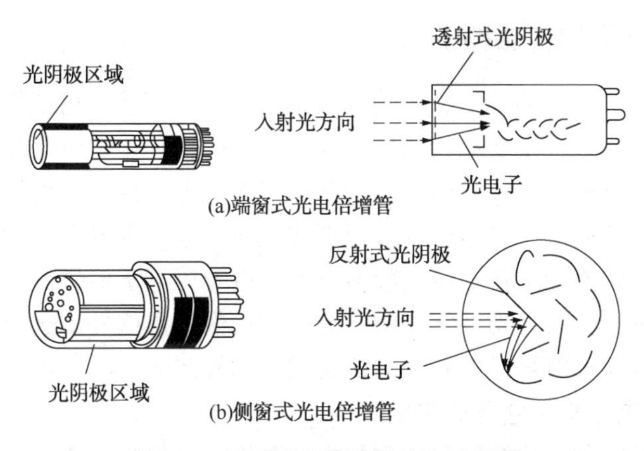


图 8-3　不同光电倍增管结构示意图

### 8.2.1.3　光敏传感器在环境监测中的应用

光电倍增管常用在光学测量仪器和光谱分析仪器中。它能在低能级光度学和光谱学方面测量波长 200~1200nm 的极微弱辐射功率。首先是紫外/可见/近红外分光光度计的应用，当光通过物质时物质的电子状态发生变化，而失去部分能量，称为吸收。利用物质对光的吸收程度，可对污染物进行定量分析。例如采用连续的光谱对物质进行扫描，并利用光电倍增管检测光通过被测物质前后的强度，即可得到被测物质吸收程度，计算出物质的量。其次是原子吸收分光光度计，它被广泛地应用于微量金属元素的分析。通过特定元素灯照射，待测物质燃烧并雾化分离成原子状态，用光电倍增管检测光被吸收的强度变化，根据朗伯-比尔定律可测定元素物质的量。

在金属冶炼、燃煤等工业生产中往往会排放大量烟气，除此之外，生活中的汽车尾气排放、厨房做饭时产生的油烟都会污染空气。这些烟气主要污染因子有气态颗粒物包括烟尘、可吸入颗粒物等，气态污染物包含氮氧化物、二氧化硫、一氧化碳等大气污染物；这些污染物排放到大气中不仅会对人体健康造成危害，还会形成酸雨破坏生态系统。气态颗粒物表面附着有各种有害的物质，主要包括二氧化硅、氧化铝、氧化铁、氧化钙和未燃烧的碳颗粒，尤其是粒径小于 10μm 的可吸入颗粒物对人体危害最大，一旦进入人体不仅沉积在肺部，还可通过血液到达人体的各个部位，引起呼吸道疾病。因此，有效减少烟尘排放和降低烟气浓度是中国环境保护部门工作的重点。在检测烟尘浓度的各种设备中，应用光电传感器相关的设备具有极高的检测效率。该种设备体积小巧便于携带，可通过检测其接收到的光强度的变化来判别污染物的浓度，当污染浓度变高，接收到的光强度就会变弱。内部的转换器通过把光强度的变化转换成电信号的变化来实现控制功能。

### 8.2.2 电化学传感器的介绍

在环境检测中应用的第二大类传感器是电化学传感器，它主要包括感应元件以及换能器两个部分，主要利用测定目标解析物的物理化学或电化学特性，完成定性分析或定量分析。电化学传感器的基本工作原理：目标分析物经过分散直达指定的作业电极片表层，在电极片表层形成电极反应，生成电化学数据信号并利用信号切换组件转换为工作电压、瞬时电流、电导等电子信号，随后电化学分析仪对电子信号进行扩大、切换等，最终将处置后的数据信号传送至计算机实施转换显示，就可以完成对样品中目标分析物成分的检测。

#### 8.2.2.1 电化学传感器的构成

一个完善的电化学检测设备通常是由计算机、电化学工作站、电极片、被测液体等多个部分组合而成。计算机主要用于可视化管理操控，电化学工作站主要用于电化学分析，电极片用作与被测液体产生化学反应，是电化学探究的核心目标。最初，电极材料一般为裸碳电极片或者裸金属片，但其瞬时电流响应的能力通常有一定的局限。研究发现，可以利用共价键合、吸附、电解聚合等方式，将特定的分子、离子、高分子化合物等依附在电极片上。在分子级别上对电极的特性实施改善，增强电极片的特性，叫作修饰电极片，修饰物料通常也叫作催化剂。修饰电极片自推出便获得了飞速发展，是目前电化学传感器探究的核心和前端。

近几年，随着纳米技术的发展壮大，很多科研工作者将纳米技术运用于电化学传感器的建设。研究发现，依托于纳米技术的创新型电化学传感技术有希望解决目前电化学传感器所碰到的瓶颈。将创新型的纳米技术运用到作业电极表层，制备出的创新型电化学传感器，可以合理稳固目标检测物，如生态有机污染物质、重金属离子、生态废气大分子、生物小分子等，并加快其与作业电极相互间的电子转移，产生氧化作用或还原反应，达到高灵敏的现场即时检查测量。

#### 8.2.2.2 电化学传感器的分类

目前电化学传感器主要以传输信号存在的差异性和检测物成分的差异性分类。根据传输信号的差异性实施分类，电化学传感器可以分成电容传感器、电导传感器、电位传感器和电流传感器。电容传感器把在电解质溶液和电极界面间被测量的改变转换成电容值的改变，达到对被测成分检验的最终目的。电导传感器是将被测成分进行氧化反应后，将电解质溶液中电导的改变当作传感器的输出，达到对被测成分检验的最终目的。电位传感器是把被测成分融化于电解质溶液中，并影响电极进而形成感应电动势，将其当作传感器的输出，达到对被测成分检验的最终目的。电流传感器指的是在电解质溶液和电流的界面中维持一个定态的电位，对被测成分进行氧化还原反应，最终将流过外电路的电流当作传感器的输出，达到对被测成分检验的最终目的。

#### 8.2.2.3　电化学传感器的特性

电化学传感器具有很强的可选择性和灵敏度，可以在环保检测过程中对生态环境中的检测成分实施特定选取，能够很好地提升环保检测的精准度。同时，其在实施环保检测作业的过程中所损耗的电量较低，具有较好的节能降耗的作用；另外，电化学传感器具有可移动性，既便于环保检测人员的基本操作，又有效减轻了人工负担，减少运用成本。由化学传感器可针对空气中的氧气、有毒气体、生态环境等实施有效的现场检测并具有较好的反复性和精确度，当前已被普遍运用到了众多行业领域中。

#### 8.2.2.4　电化学传感器在环境监测中的应用

电化学传感器在重金属离子的检验方面因操作步骤简单、投入成本，已经获得比较普遍的运用，对相应行业也产生了较大的影响。例如，对酚类化合物的检测，在电极的影响下，苯二酚和邻苯二酚会出现比较显著的催化反应，这对酚类物质的检测具有较大的作用；对农药残留物检测，为了保证农副产品的生产率与品质，需要对农药、杀虫剂的运用实施相应的管控。运用电化学传感器，能实现对农副产品中不同有毒物质的检测；对在空气污染物的检测，特别是对 $SO_2$ 检测，$SO_2$ 是产生酸雨的关键因素，也是导致大气污染的关键因素，利用传感器(离子交换膜为固态高分子化合物，膜的一侧含反电极和参比电极的内部电解液，另一侧嵌入铂电极)测定 $SO_2$ 时可提高测试精准度和检测效率。

### 8.2.3　生物传感器的介绍

生物传感器是以固定化酶和固定化细胞技术为核心，通过生物学元件开展功能性识别，分辨与感知目标物品并结合预设的规则转化为能够识别信号的一种设备。生物传感器的工作原理是把生物的敏感元件以及目标物品所产生的特异性反应或信号通过转换设备转化为电、声音等容易感知的信号，以此完成目标物质相关信息数据的传输。一般情况下，生物敏感元件包括组织、细胞膜、酶、抗体等许多类型。转化设备的转换方式包括电热测量、电导测量以及光强测量等。根据生物传感器选用的生物分子识别元件，可将其分为不同类型，如酶传感器、组织传感器以及微生物传感器等。目前，国外环境监测中运用较多的传感器有微生物传感器、免疫传感器、DNA 传感器以及酶传感器等。

生物传感器在大气环境监测中的应用较为广泛，可以检测 $SO_2$、$CO_2$ 和氮氧化物。使用基于氧电极以及肝微粒体制作而成的传感器对 $SO_2$ 进行监测。其通过测量雨水内亚硫酸盐的浓度，反映当前大气当中 $SO_2$ 的占比。对于 $NO_2$ 的监测普遍使用氧电极和固定化硝化细菌以及多孔气体渗透膜联合制作而成的传感设备。

## 8.3 传感器在环境监测中应用的优势与局限

目前在环境监测领域，各类传感器的有效利用已展现出广阔的发展前景。它们各自在相关专项领域都发挥着很重要的作用，首先对于光敏传感器，其分辨率高，可以实现非接触式检测，不会导致对检测目标和传感器本身造成损伤，从而可以提高其有效寿命；利用光作传播媒介，响应速度极快，理论上不存在机械工作时间。当然该类型传感器也存在一定局限性，例如受温度影响较大，环境温度变化过快会引起传感器结构内部发生变化而导致损坏；在一些极限环境检测中，该类传感器物理抗性差，极限工况检测会导致传感器发生不可逆的损坏；对一些国内厂商来说，还存在核心技术壁垒，目前多数传感器的获得仍依赖直接进口的方式。

对于生物传感器来说，微生物细胞是较为富足的生物酶来源之一，人们获取微生物细胞较为容易，而且细胞膜系统本身就是最适宜的酶活动的载体，为了长时间保持酶的活性，学者们研究出了多种可实行、有效的方法。由于调动整个细胞或部分酶体系参与催化反应，催化过程有可能会使细胞内循环信号得以放大，因此微生物电极的灵敏度比相应的酶电极高。微生物传感器一般是由生物性较好且具有选择性的大分子组成，通常不需要特殊复杂的预处理过程，材料的组成检测与分离可以同时进行。在相关物质检测过程中，不需要添加其他物质，并且传感器的体积较小，占地面积也不大，可实现全时段在线连续监测，对于大气相关物质及参数实现了实时监测。相较于传统的分析方法，生物传感器具有反应速度快、响应灵敏且迅速、样品所需试样量少、造价成本低(具有固定化的敏感材料)、便于市场有效推广使用等优点。

虽然微生物传感器具有上述优点，但仍存在局限性，在实际应用中还会产生很多问题。它的局限性主要体现在其组成结构分子上，传感器的敏感膜上固定的分子数量及其活性程度难以掌控，导致其测量数据的重现性较差，而且影响分子的活性因素很多，例如温度、pH 值、样品含量等都会影响传感器的使用情况。同时，由于微生物细胞的高度复杂特性，导致其微生物电极也存在一些已知或未知的缺陷，比如，对于多生物酶复杂体系，多种物质混合的样品会使其产生非特异性响应。人们在探索维持细胞活性的过程中，会常常因为缺乏足够的理论支撑或者大量的数据论证经验导致细胞过早或过快的死亡，从而影响到微生物传感器的工作寿命。以全细胞为敏感元件的微生物电极测定污染物时也受到多种因素的影响，例如相关酶在细胞内的活性状态、生物酶的诱导活性、细胞膜的通透性等，使其微生物电极测定的精度和重复性比一般电极要差；微生物固定化方法也需要进一步完善；生物响应稳定性和微型化、便携式等问题。仪器小型化将降低样品体积、试剂消耗和生产费用，因此开发新的固定化技术，利用微生物育种、基因工程和细胞融合技术研制出新型、高效耐毒性的微生物传感器是该领域科研人员研究的热点之一。

对于电化学传感器来说，它不仅具有快速、灵敏、准确等特性，而且因结构简单、便于自动化而在环境监测中被广泛应用。它主要应用于大气污染物检测，同时也是水体、土壤中阴、阳离子及有机污染物监测的有力手段。该传感器的局限性主要体现在对外界环境温度十分敏感，为了保证得到可靠的数据，通常都实施了内层温度补偿从而尽量保证环境温度平稳；此外电传感器预期寿命较短，寿命的时效也取决于使用的环境条件，环境温度较高或湿度较低时，都会造成传感器内部电解质溶液失效；在检测成分复杂的混合气态污染物时也会消耗内部电解质溶液；并且在传感器材料的制备过程中，由于涉及相关标准的规范要求，导致整个制备实施步骤也比较复杂；另外制备过程会运用到有毒有害成分，所以在材料的制备环节所运用的方式方法有待优化与完善。

## 8.4 传感器技术在环境监测中的应用展望

随着社会对环境意识的提高，环境保护在人们心中的地位越来越高，促进了环保事业的发展。传感器应用在大气监测方面的研究越来越多，传感器的应用局限性也得到了部分改善。

要想扩大传感器在大气监测中的应用范围，必须克服传感器自身的缺点。主要是提高传感器的准确性、灵敏度和操作简便性，对于生物传感器来讲是解决生物膜无法批量生产的问题。要想在市场上占有一席之地，就要从传感器质量以及价格上着手。如果传感器的成本低，操作简单，易于控制，监测简便，那么它在市场上一定具有较大优势。传感器以其独特的优点，必将在环境监测领域发挥出重大作用，在大气、水体、土壤等介质中的污染物分析方面得到广泛的应用与发展。

电化学酶传感器作为电化学传感器领域的重要分支，不仅提供了准确、快速、灵敏和便捷的原位，还是一种在线监测环境中污染物的方法。虽然近年来纳米技术和材料科学的发展推动了电化学酶传感器的应用，但是电化学酶传感器的稳定性和反应效率仍然是制约其发展的瓶颈。电化学酶传感器稳定性和反应效率是通过酶固定化来实现的，因此，如何制备具有高稳定性和良好反应效率的固定化酶，特别是可以使传感器在极端条件(如有机相)下操作时酶的固定化技术，是电化学酶传感器的研究方向之一。目前，大多数电化学酶传感器只是对单一组分中的污染物具有响应，而传感器应用于监测实际样品中的污染物仍有许多亟待解决的实际问题。因此，如何通过对酶的改性、酶固定化材料的修饰以及多酶体系的制备使得酶传感器可以在多成分或者实际样品中有选择性地对一些污染物进行监测，也是将来电化学酶传感器的主要研究方向之一。此外，目前对于电化学酶传感器的研究大多数仍处于实验室开发阶段，离大规模的实际生产应用还有很长一段距离。因此，如何将传感器系统转化为可市场化的设备，大范围地应用于环境污染监测中也是面临的主要难题。

综上所述，各类传感器经过几十年的研究积累和技术改进，其在环境监测中的应用已进入新时代。由于具有快速、低成本、高选择性、高灵敏度、操作简便、可在线或现场检测等优点使其在环境监测中发挥着重要的作用。今后的研究可以从以下几个方面深入：不断向商品化方向发展，实现环境污染物的在线监测；利用基因技术，创造出检测能力更强的生物传感器和生物芯片；与其他精密分析仪器充分结合，向多功能、集成化、智能化、微型化方向发展。

## 参 考 文 献


[1] 唐楠．微生物传感器的研究现状及在水环境监测中的应用[J]．四川环境，2011，30(01)：40-44.

[2] 王涛．光电传感器的原理及应用探讨[J]．计算机产品与流通，2018(07)：64+122.

[3] 郭杰．电化学传感器在环境检测中的应用[J]．化工设计通讯，2022，48(04)：184-186+190.

# 第 9 章　在线监测技术在环境监测中的应用

## 9.1　在线监测技术概述

### 9.1.1　基本概念

环境在线监测技术，即以在线自动分析仪器为主核，利用先进的传感技术、测量技术、控制技术、计算机技术及相关的专业分析软件，通过无线数据传输串联起来所构成的综合的在线环保监测、预警平台。该系统的核心技术包括计算机应用技术、自动控制技术、无线数据传输技术、自动测量技术以及远红外传感技术，不仅能够开展环境在线自动监测，还能对环境进行预警，属于综合性技术。

随着工业化的不断发展，环境问题日益凸显，环境监测作为一种污染防治与管控的有效手段和重要依据，面临着与日俱增的压力，因此环境在线监测技术得到不断的发展。环境在线监测技术能够大大提高环境监测的效率、促进环保工作的互动交流、推动环保事业的稳定发展。通过在线监测系统的数据汇总与分析，能够对环境情况有更系统和精确的掌握，为环境管理规划方案提供更合理的依据，解决以前数据分散问题的同时也避免了手工检测中可能存在的人为干扰；通过在线监测技术对环境问题和数据的全方位、全时段监控及实时传输与追踪，能够有效避免环境监测中存在的低效率、不连续等问题。目前我国的在线监测技术的应用范围越来越广泛，如固定污染源烟气在线监测、水和废水的水质在线监测、环境空气在线监测、噪声自动监测等。

### 9.1.2　在线监测技术系统的构成

在线监测系统分为 6 个基本单元，即信号的转换传输单元、传输信号处理单元、数据的采集单元、信号传输单元、数据的处理单元和诊断单元。

① 信号的转换传输单元由传感器承担，即从监控设备上检测出反映设备运行状态的物理量。例如电流、电压、温度等，把它转换成合适的传输信号，传输到后续的单元，它对检测到的信号起到观测作用。

② 传输信号处理单元主要是对传感器传输来的信号进行预处理，把信号的幅度调配到适当的电频，利用滤波器、极性鉴别器等硬件对混乱的信号进行滤除处理，从而提高系统的传输信号噪比。

③ 数据的采集单元负责收集已经过预处理的信号，并将 A(模拟信号)/D(数字信号)进行转换、记录。

④ 信号传输单元是把采集到的信号传输到下一单元。

⑤ 数据的处理单元对采集到的数据进行分析、处理，比如对获得的数字做时域与频谱的处理，先用软件进行过滤、平均处理等，然后将信号做进一步处理，提高其信噪比。要获得反映设备状态的特性值，为诊断提供有效的数据。

⑥ 诊断单元把处理后的数据与历史数据、判据及其他的信息进行分析、比较，然后对设备或者故障部位进行诊断。

### 9.1.3 在线监测技术的分类

在线监测技术在环境中的主要功能是将监测仪器采集的数据进行收集、整理、分析后给出环境监测的结果，日常在线监测技术可分为生物监测技术、3S监测技术、物理化学监测技术和信息监测技术四种。

#### 9.1.3.1 生物监测技术

生物监测技术是微生物学、分析生物学等多种学科与计算机科学技术、化学工程等有效结合发展而来的监测技术。在环境监测行业中主要运用的有 PCR 技术、生物大分子标记物监测技术，其中 PCR 技术具有操作简单、准确性高、快速出结果的特点；生物大分子标记技术可对环境问题进行提前预警。在线生物监测是生物监测方法中的一种，是对生活在水环境中生物个体的行为生态变化进行实时监测的技术。在所有变化中，水生生物行为的变化是对环境质量的变化最敏感的，通过对被测水体中水生生物运动方式、生活习性等行为生态改变的监测，实现水体在线监测目的。

发光菌是监测水质毒性的重要生物。发光菌的主要特点是在正常生理条件下可以发射出荧光，而且发光菌处于恒定环境条件下，发光频率与强度也是恒定不变的。如果发光菌所处的环境发生改变，尤其是在与有毒害性的物质接触后，其发光强度会减弱，有毒害性物质浓度越高，发光菌的发光强度越低。科研人员利用发光菌的环境敏感性，将其作为监测水质毒性的生物。如今，发光菌监测法主要应用于工业废水、地下水以及地表水水质监测中，并取得了良好的应用成效。

#### 9.1.3.2 3S 监测技术

3S 监测技术是将全球定位、地理信息(GIS)、遥感技术(RS)等结合在一起，可快速、高效、准确地采集和处理信息，实现对环境的有效监测。以水环境监测为例，通过3S监测技术可实现水资源的调查、分析，如水体富营养化、生态环境变化的分析。在环境领域，3S监测技术能实现海量环境数据的提取、处理、存储、更新和应用，能准确掌握环境的动态变化过程和规律，借助环境模拟技术，能够实现对环境和资源的监测、评价、预测、预警、决策及管理。因此，3S监测技术已经成为环境信息获取、全球环境演变研究、环境污染防治与生态修复研究的重要技术与方法。随着3S监测技术的不断发展，尤其是地理信息和遥感技术的发展及相互渗透，3S监测技术将会在环境保护、资源合理开发与利用、环境污染治理、自然灾害预报和监测、环境规划和管理等领域发挥越来越重要的作用。

#### 9.1.3.3 物理化学监测技术

物理化学监测技术是当前环境监测的主流技术。由物理科学、高分子化学、分析化学等学科发展而来，目前已发展出一系列的环境监测技术，如物理因子强度测定技术，可准确获得环境污染中物理因素的含量，对土壤、水质、大气等的监测起着非常重要的作用，它可以及时地发现光、热、噪声、电辐射等的污染。化学监测技术有电化学分析技术、光化学分析技术、色谱分析以及离子色谱分析技术。这些技术均可非常有效地测定环境中某种特定污染物的成分及含量，起到对环境监测的作用。例如监测大气中的重金属含量，应用最为广泛的技术包括离子质谱法和电化学分析法等，就离子质谱法来讲，其常见的有电感耦合和原子吸收光谱法等。近年来，大气重金属监测设备种类在不断增加，如针对大气中 $SO_2$ 含量的监测，我国已经拥有许多完善的在线监测技术以及设备，这为明显改善大气环境奠定了坚实的基础。

#### 9.1.3.4 信息监测技术

信息监测技术主要有PCL(Point Cloud Library)在线监测技术、无线传感网络在线监测技术等。PCL在线监测技术能够做到对环境监测进行远程控制，其广泛应用在水环境监测中，可以全面掌控河流的水质、流速、水文等状况。无线传感网络在线监测技术可以实现监测设备同基站之间的数据传送、命令传输，可以在基站中完成整个监测任务，大大提升了环境监测的效率。

### 9.1.4 在线监测技术的特点

随着在线环境监测技术问世，环境问题也得到了有效的解决。在线监测技术具有很多的优点与可行性：在线监测技术可以对环境进行实时监测；能及时发现环境污染问题，当环境存在问题时，就会触发监测设备的预警功能；能提高治理环境的工作效率。

(1) 信息化

环境在线监测技术广泛应用了网络信息技术和电子信息技术，兼具实时监控与实时在线传输和分享信息的功能，并且能够在获取信息的同时，对信息进行有效的统计和分析。环境在线监测技术与传统环境信息收集渠道不同的是，它进一步提供了选择和筛选的空间，相关部门能够根据需要选择相关的数据信息，并且利用信息计算功能，对已有的数据进行整合，是完全的数字化的过程。环境保护相关部门的工作人员根据在线监测技术收集大量有用数据，然后利用该技术进行分析和整合，将筛选之后的信息进行贮存和分享，最后通过信息终端面向社会进行反馈和分享，是完整的信息化、数据化的过程。

(2) 实时性

环境在线监测技术最先进的地方就是能够将第一时间内掌握的污染源的有关信息进行实时监控和反馈，能够让工作人员在第一时间最直观地掌握相关环境问题及其变化趋势，然后依据数据所反馈的信息确定环境治理方向和目标，使得解决环境问题更具有针对性和时效性。在线监测装置都是应用的无线传输技术，其本身就具有很强的应用性且成本较低，可以实现广泛使用。

(3) 真实高效性

环境在线监测技术的应用，能够保证环境监测的真实性、代表性、连续性和实时性，杜绝了传统数据统计和分析的滞后性和低效率，使管理者能够在最短的时间内发现问题，并且解决问题。

(4) 预警性

在环境监测工作中，有效运用在线监测技术可以实现人性化的报警及预警功能。在线监测技术可以在发生环境污染事件时，及时提醒管理人员将发生或可能发生的环保事故，使相关工作人员可以快速地对污染事件进行把握。在线监测技术还可以对企业的超标排放情况进行判断，以此为环境监测工作的未来发展指明方向与思路。同时，在线监测技术还可以自动评估环境现状，之后汇总分析多种污染物排放情况，获取污染物排放口的动态信息。在线监测技术还具有敏感的预警功能，如果企业排污量有所增长，则在线监测系统会快速进行预警，环境监测部门就可以快速采取行动，以此加强环境监测效果，切实地减少环境污染事件，最终有效地提高环境保护工作的质量。

(5) 科学规范性

在线监测技术在环境监测工作中，可以实现对生态环境的科学规范管理，尤其是对固定污染源的管理起到了科学规范的重要作用，可以使管理部门充分了解和掌握企业的多种资料信息，实现对企业生产状态和污染情况的动态跟踪。

## 9.2 在线监测技术在环境监测中的应用

我国环境保护工作中，环境在线监测技术是十分重要的环节，它能够及时监测和查询环境质量和污染源变化情况，有针对性地实施环境管理并为制定污染源治理方案提供有效的技术和数据支持。随着经济的快速发展，科学技术的不断进步，在环境问题愈加突出的同时，环境管理相关的技术也在不断进步和完善，在线监测技术能够缓解目前频发的环境问题，对环境管理、治理和预防具有重要的辅助作用。当前，在线监测技术已经在环境监测方面普遍应用，比如：水和废水监测、环境空气质量监测、固定源废气监测、环境噪声监测等。

### 9.2.1 在线监测技术在水环境监测中的应用

水质自动监测是一种自动连续分析水样的监测方式，如图 9-1 所示，水质自动监测系统包括分析仪和遥测系统，监控软件与分析软件维持系统的可靠运行，能够实现采样记录分析数据实时监测与自动监测，能够达到水质连续监测的目标，保证水环境监测的有效性。现阶段的水质自动监测能够通过多个水质自动监测站点组成监测系统，对局部水质环境进行综合监测，从而完成对水环境的实时监测，并通过互联网构建在线监测系统，及时将水质监测数据传输到数据中心，通过对数据进行分析来了解水环境情况。在实际应用过程中，水质自动监测能够实现对地表水、地下水、废水、市政管网水、农村自来水等水质的监测，并对水环境质量进行科学全面的评估，进一步满足人类生产生活用水的需要，提升生态环境保护水平。

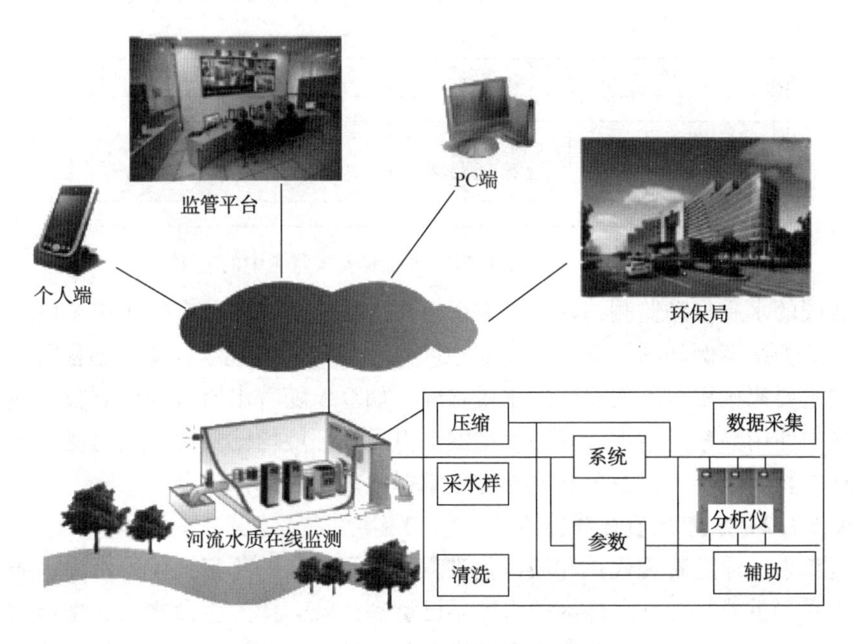


图 9-1　水质自动监测系统示意图

#### 9.2.1.1 地表水水质在线监测

水质自动监测技术能够实现对地表水的实时监测，常规配置水温、溶解氧、pH、浊度、电导率、高锰酸盐指数、氨氮、总氮、总磷共9项监测指标，并通过远程控制对重点断面水体和重点流域水质进行实时有效的监测。地表水是水环境监测的主要内容，同时也是水体保护中极为重要的部分。应用水质自动监测技术对地表水进行监测，能够准确测定地表水各区域内的水体状况，及时反映水质的变化，并做好水体污染的预防工作。在实际应用水质自动监测技术时，需要结合地表水的监测特点进行合理规划，尽可能保证监测的全面性与系统性。工作人员应该根据待监测区域地表水的分布特征、周边环境等进行客观分析，合理布置监测点位，选择与地表水条件适配度更高的自动监测系统，以期更加客观、直观地反映地表水的水质变化情况。

在实际监测过程中，工作人员应该充分利用水质自动监测技术的各项功能，对区域内的河流、湖泊等常见地表水进行有效监测，在重点区域内布设监测站点，以保证对流域内的水质进行有效分析，为后续水环境保护工作提供可靠的依据。如图9-2所示，应用水质自动监测仪器进行地表水质监测时，工作人员可以不受空间的限制，对水质监测进行远程控制。对地表水的水质进行自动监测，有助于了解重点断面水体的水质状况，对重大的水质污染或流域性的水质污染进行有效的预警和预报，有效地避免跨行政区域的水污染事故纠纷。

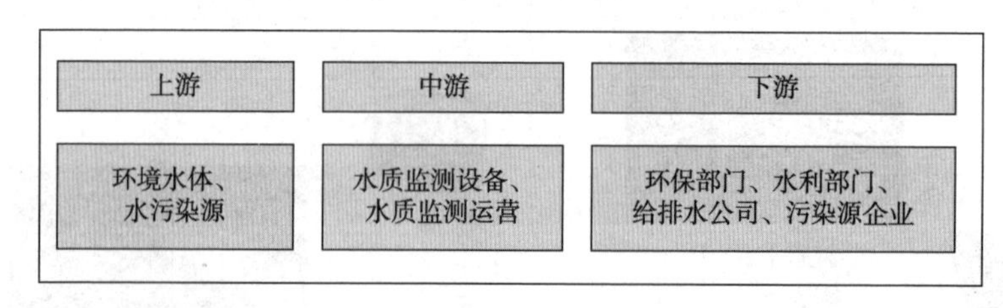


图9-2　水质自动监测技术在地表水监测中的应用

我国的水质自动监测站建设已取得重要进展，全国各地有两千多个国家地表水自动监测站案例如图9-3所示，可以实现水质的实时连续监测和远程监控，及时掌握主要流域重点断面水体的水质状况。如今，随着水质自动监测技术在地表水监测中使用频率的增加，我国大型湖泊以及水环境均已实现自动监测设备的覆盖，使得相应领导人以及公众能够有效掌握地表水的总体信息。

#### 9.2.1.2 水库水质在线监测

近年来，伴随着现代化和城市化进程加速等带来的危害，使得水库水质安全日益遭受严重威胁，许多地区的水库早已遭到污染。作为生命之泉、生产制造之要、绿色生态之基的水与每一个人的生命与生活都密切相关，它不但直接危害到大家的日常生活和工作，同时也间接危害到了社会经济的发展。

图 9-3　水质自动监测站案例图

过去的水库水质检测多是收集水体表面水，之后根据实验室对水体中的各检测项目开展检测分析以掌握水体水质情况，但由于水库一般水位比较高，并且污染物进到水体之后在物理学、有机化学和微生物的整体作用下产生转移、转换，自然环境污染范畴会不断扩大，水体水质也会存在分层次状况，因而应依据水库实际水位开展多层面取样。物理学观察和化学成分分析检测仍是现在运用较广的水质监测系统，而运用在线监测系统新技术，能够实现水质的全自动实时监测，这对于水库水质监测有着极其重要的意义。

水质自动监测技术能够对水库常见的污染物进行监测，准确评估水库的水质情况，为水库环境保护工作提供有效指导，同时在分析和预警水体污染方面具有良好的作用。水质自动监测技术能够对几十种常见污染物控制指标进行监测，包括化学需氧量、总氮、氨氮、悬浮物、色度、pH 值、总磷等。水库水质在线监测还可以及时查明水源地水质超标原因，有效提升了保护饮用水源水质安全的能力。水质自动监测技术能够随时对站点的所有水质数据进行查询，一旦水源地水质监测项目超标，可以通过无线传输进行报警(如图 9-4)，并启动应急预案。这样既可以实现对水质的全过程监管，还可以采取有效措施给予解决，进而确保供水安全。

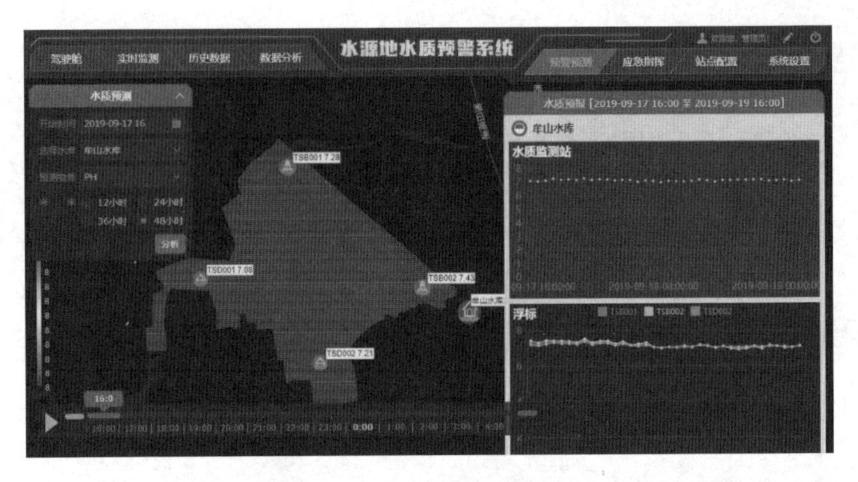


图 9-4　水源地水质预警系统

应用水质自动监测技术对水库水进行监测时，同样需要结合具体情况进行分析。相关工作人员应该认识到水库水作为人们生产生活用水的重要性，并根据国家相关规定与环保工作要求准确评估各项参数，及时汇总水质自动监测系统的监测数据，对水源地水质情况进行系统评估，进一步保证人们日常用水的安全性与可靠性。将水质自动监测技术应用到水库中，既可以对 pH 值、溶解氧、电导率、水温、浊度等水质 5 项参数进行监测，也可以对高锰酸盐指数、蓝绿藻、硝酸盐、亚硝酸盐、叶绿素、氨氮、总氮、总磷、锌、镉、铁、铜、铅、锰、生物毒性等 20 项指标给予有效监测，还能够实现数字信息、视频信息和远程调控的实时传输，进而使水环境监测能力得到有效提升。

在对大型的饮用水源检测中，需要用在线信息化的设备来实现对水库水质的实时监测，如 2017 年江西建成首个潜入式饮用水源地自动监测站——玉山县重要饮用水源地七一水库水质自动监测站(如图 9-5)。加强对饮用水的水源检测，能够提高水源的质量水平。近年，环保型物联网信息技术、大数据技术在水质监测中的应用，大大提高了环保监测设备的使用效率。应用智能化、自动化的水质检测系统，可以实现对水质连续的检测，也可以快速地去发现水库内部水质突变状况，可以为水质检测、水源保护、环境保护工作提供更精准的数据支持。

**9.2.1.3　地下水水质在线监测**

改革开放以来，我国在快速工业化、城市化过程中，偏重发展的数量和规模，忽略资源和环境的代价，遗留了众多潜在污染源，对水土环境造成了持续性的污染。部分地区的污染已经危害到了人民群众的身体健康，甚至是生命安全。相较于地表水和大气污染，地下水污染具有隐蔽性和滞后性，污染物进入地下以后通过被污染的土壤不断释放，污染了地下水。为此，国家相继出台了《全国地下水污染防治规划(2011—2020 年)》及《水污染防治行动计划》(“水十条”)，开

图 9-5　江西玉山县重要饮用水源地七一水库水质自动监测站

展了地下水环境质量监测，以便了解污染指标、污染来源及产生的风险，为进一步开展针对性的防控治理措施提供科学依据。然而地下水环境监测受当前监测技术水平发展的影响只能定期在固定监测点位采样，并将水样带至实验室进行数据分析，对于可能影响地下水环境质量的污染源判断相对滞后，增加了防控治理措施科学研判的时差。因此实现地下水环境在线监测的建设迫在眉睫。地下水环境监测模块作为天地一体化监测系统的重要组成部分，使用在线监测系统监测地下水、构建地下水环境信息化管理平台、实现地下水环境在线监测及变化动态预警分析具有极其重要的意义。

通过地下水在线监测管理平台的建设能直观地了解地下水质分布、污染分布、地下水防污性能、地下水污染风险、污染防治区划等内容，包括 GIS 地图展示和统计图表、数据等信息，详见图 9-6。

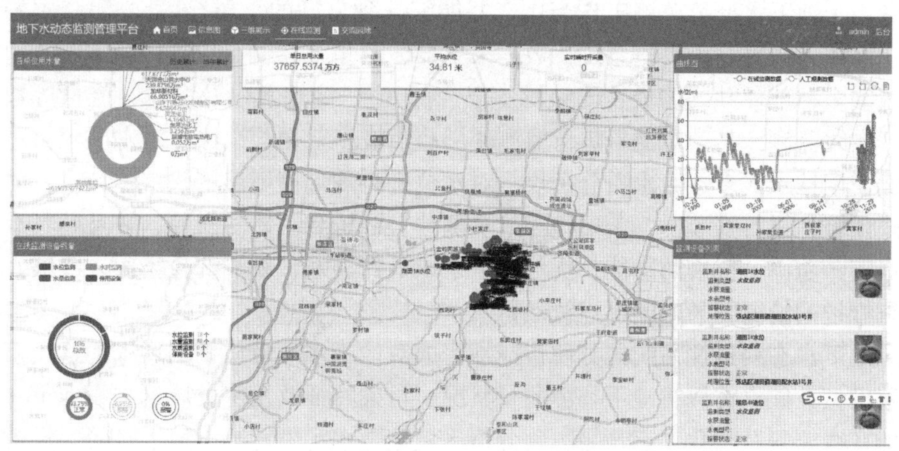


图 9-6　地下水在线监测管理平台

在线监测系统监测的指标大小能直观反映地下水的污染程度，并为判断污染源类型和性质提供依据(如图9-7)。单个指标的变化存在一定不确定性，综合对比各指标的变化特征及趋势规律能够得出较为科学的判断。如pH值的异常变化和电导率的升高，表征了污染过程，而电导率的降低及水位升高，往往表征了降雨或河流补给造成污染稀释的过程。单个指标的变化存在一定不确定性，综合对比各指标的变化特征及趋势规律能够得出较为科学的判断。在线监测系统中的指标曲线由稳定到出现波动，即说明水质发生了变化，应引起注意，并进一步观察曲线波动形状，根据各指标的变化特征综合判断是否发生污染，必要时进一步取样分析，尽早对污染采取控制措施。

图9-7 地下水在线监测站

近年来，箱体式预警站已经成为我国进行地下水环境监测的重点设备，因其具有结构简单、可靠性强、体积小、投资低以及维护便捷等多方面的优势，被广泛应用于地下水环境监测工作当中，并能够起到良好的水质/流量监测和预警效果。箱体式预警站由供电系统、数据采集器、测量池、测量仪器以及GPRS通信模块等多种部件共同构成，能够对水温、pH值、溶解氧以及水位、流量等数据进行在线监测，其中对流量进行监测使用超声波多普勒测试法，对水质项目进行监测使用抽水式多参数水质分析仪，对水位进行测量使用浮子式水位计。在对箱体式预警站进行安装时，需要进行简易测井、栈桥和箱体的安装，并且其具有防虫鼠害、防潮、抗震的功能，优势在于通风条件良好、易清洗且牢固，能够在不进行维护的情况下长时间地连续运行。

地下水在线监测系统能方便快捷地完成对地下水环境质量的调查，运用溶质运移模型，能立体解析地下环境质量状况、污染特征及发生发展过程，地下水环境的在线监测及变化动态预警，为分析区域地下水污染特征、地下水防污性能及污染防治区化快速准确地提供科学依据。

#### 9.2.1.4 排污口水质在线监测

在线监测自动监控系统是企业实现污染物总量控制与监督管理的重要依据。企业排污口水质在线监测系统是控制水质达标排放的有效手段，可以通过在线监测系统将数据实时上传保存，方便企业掌握水质动态，确保出水水质达到标准要求。同时，企业可以及时了解来水情况，如果发现异常，就采取有效处理措施，防止污染事故发生，方便环境管理部门监督和检查。

排污口水质自动监测系统由自动监控设备和监控中心两部分组成(如图9-8)。自动监控设备是指在污染源现场安装的用于监测污染物的流量计、流速计、污染治理设施运行记录仪和数据采集传输仪等仪表，是污染防治设施的重要组成部分。监控中心与自动监控设备通过信息传输线路相连接，其利用计算机和其他设备对重点污染源实施自动监测。具体包括水样采集单元、配水单元、分析单元和控制单元等。分析单元由一系列水质自动分析和测量仪器组成，是在线监测系统的核心部分。

图9-8 排污口水质自动监控系统

水质自动监测技术应用于排污口废水的监测中，可以判断排污口水质处理是否符合规定，从而有效控制水环境污染。排污工作一直是水环境保护工作的重点内容，合理合规的排污处理能够在很大程度上减少水污染，保护生态环境，而许多单位在排污过程中经常偷工减料，或违规排放污水，影响了污水治理的效果。水质自动监测技术的应用为排污口水的监测提供了更加可靠和稳定的条件，通过在排污口设置相应的监测点，能够对该区域内的污水排放情况进行实时监测，动态了解排污口水的污染程度，一旦发现排污超标情况，自动监测系统可以及时预警，便于环境保护部门作出相应的处理。水质自动监测技术的应用能够对企业污水排放进行良好的监督和管控，在实际应用中，工作人员需要根据环境保护工作的要求，合理设置监测点，并且在实际工作中运用远程电动阀门等控制排污口排污阀门的开关，以保证污水排放数量与质量合格，避免水环境污染超标等问题。

环保部门在进行污水排放管理时，受到环保管理工作人员少、巡检任务重、对企业污水排放情况了解不到位，以及排污单位不积极缴纳排污费等因素的影响，污水排放管理工作没有取得应有的效果。而应用了排污口水质自动监测系统，能够实现排污口的水质与流量自动监测。一方面，由于具有远程操作功能，可以根据监测单位污水排放情况来制定有效的解决措施；另一方面，对传统排污费收费模式进行改革和创新，采取先缴费后排污的管理措施，对于各企业排污口污水的流量/水质给予实时、动态监测，远程控制电动阀门。当预付费用充值完成后可以实现排污，欠费则自动停止排污；还可以设定污水指标的上限，当某指标达到上限时阀门自动关闭，停止排污。远程监控能够对实时数据和历史数据进行直观而清晰的展示，借助通信工具与网络，可以实现数据的查询，保证数据传输的完整性。

### 9.2.2 在线监测技术在环境空气质量监测中的应用

多年来，以廉价的资源环境为代价带来的高速经济增长导致我国面临严峻的结构型、压缩型、复合型环境污染问题。2017 年 12 月，环境保护部印发《“生态保护红线、环境质量底线、资源利用上线和环境准入负面清单”编制技术指南(试行)》(简称“三线一单”)，是推进生态环境保护精细化管理、强化国内生态环境质量管控、推进绿色高质量发展的一项重要工作。随着社会与科技发展，人们对于大气环境质量的期望值越来越高，来自公众和社会的环保压力急剧上升，我国先后提出《大气污染防治行动计划》《生态环境监测网络建设方案》《“十三五”生态环境保护规划》《“十三五”挥发性有机物污染防治工作方案》《打赢蓝天保卫战三年行动计划》及中央环保督查等重大政策来预防、治理大气污染问题。

大气环境在线监测技术具有系统性，集计算机技术、遥感技术、高精度测量技术、自动控制技术于一体，监测对象覆盖空气质量、大气污染等领域。大气环境在线监测技术的应用可使人更为及时地发现大气环境污染问题，进而快速做出响应，以免因治理不及时而出现大范围的不良影响。

大气环境在线监测系统结构，主要包括基础层、传输层、数据层、应用层、决策层。各项结构都会在大气环境在线监测系统内应用，而各项工作流程及实施标准，也会在大气环境在线监测系统内明确提出，降低大气环境在线监测技术实施难度，减少不必要的工作流程。同时，还考虑到大气环境在线监测工作开展效果，所监测到的信息数据较多，而各项监测信息数据均有应用价值，还需借助大气环境在线监测系统，对监测信息数据进行记录、储存、共享等，确保环境保护工作顺利开展。此外，在大气环境在线监测技术实施应用的过程中，还需注重对各项影响因素的分析，如浓度、温度、湿度等。通过大气环境在线监测技术，借助监测系统实时监测功能、抓拍功能、查看功能、报警功能等，可满足大气环境24h 监控要求(如图 9-9、图 9-10)。

图 9-9　空气自动监测站内运行设备

图 9-10　监测子站顶部数据采集设备

从大气环境在线监测系统内部组成结构角度分析，其组成部分主要包括两方面：一方面，是无人机监测组成部分，无人机设备及技术的应用，使大气环境监测情况以立体化、形象化的形式呈现，便于对大气环境污染分布情况进行研究与分析，具有一定的指导作用；另一方面，是地面精细化综合监测组成部分，能够真实地反映出大气环境污染情况，实现地面大气环境综合监测目的。依据监测区域不同，还需注重对实际情况的探究，各地方政府应给予大力支持，创设空气自动监测站与“区域站”，设置位置要偏向工业区，构建网格化大气环境监测体系，从而确保大气环境治理工作有效性。除了以上两个方面，大气环保走航监测也已经广泛被政府部门应用监测环境大气 VOC 等，成为地面精细化综合监测的重要部分。

(1) 无人机在线监测应用

大气环境监测所用的无人机监测系统主要包括无人机系统、数据采集系统以及数据服务处理中心，该系统运行依赖遥感技术，具有较长的续航时间，可以充分实现对影像的实时传递，加上成本低、分辨率高等多种优点，有效实现了无人机航空优势和卫星遥感优势的互补。因此，无人机在线监测技术在大气环境监控中发挥着十分重要的作用(如图 9-11)。

图 9-11　无人机应用于户外环境空气质量监测

利用无人机实现对大气环境的在线监测不仅能够帮助工作人员更加立体、形象地了解大气污染的分布情况，而且对于掌握污染缘由、了解发生机制等具有重要的指导作用。从一定程度上讲，利用无人机进行大气环境监测不但能够为大气环境治理提供更多可靠的数据支撑，而且可以出具更多必要的科学凭证。

(2) 地面精细化综合监测应用

为了充分了解真实的大气环境，在地面上也要尽可能实现精细化综合监测，在不同的区域与不同的县城内都要适当设置空气自动监测站(如图 9-12)与“区域站”。特别是在工业区、聚集场所等要建立一定数量的监测站点，用于及时反映检测区域的空气污染情况。当然，这些监测站与“区域站”之间应当协同作业，它们应当可以协助监测中心一并构建网格化的空气监测体系，从而使大气污染治理工作更为实在、有效。空气自动站子站的选址、建设、站房配置、污染物分析方法等均需严格遵守国家规范和技术规定，空气质量地面监测网络对 CO、$SO_2$、$NO_x$、$O_3$、$PM_{10}$、$PM_{2.5}$等污染物进行实时监测，各地自动站基本要覆盖城市核心区、功能拓展区、发展新区、生态涵养区等地区。重金属均具有较强毒性、累积性、不可降解性等特征，当重金属长期污染大气环境时，可通过呼吸系统进入人体，并在体内累积富集，这对人们的身体健康、生命安全造成了严重的威胁。因此，在大气环境在线监测过程中，还需注重大气环境中重金属的在线监测。

图 9-12　空气自动监测站

(3) 大气走航监测车应用

目前，大气走航监测车(见图 9-13)因其是汽车便携设备，具有方便因子实时监测、出报告快捷、拆装方便等优点，集成上线的大气走航监测车与实验室方法相同，采用气相色谱与质谱联用分析原理，目前已经广泛被政府部门应用于监测环境大气 VOCs 等，其配置及走航监测成果如图 9-14、图 9-15 所示。

图 9-13　大气走航监测车

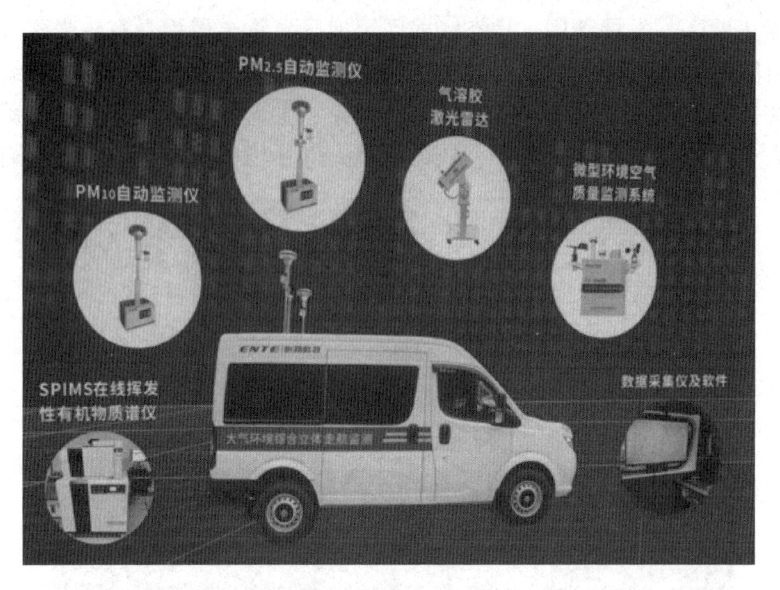


图 9-14　大气走航监测车配置示意图

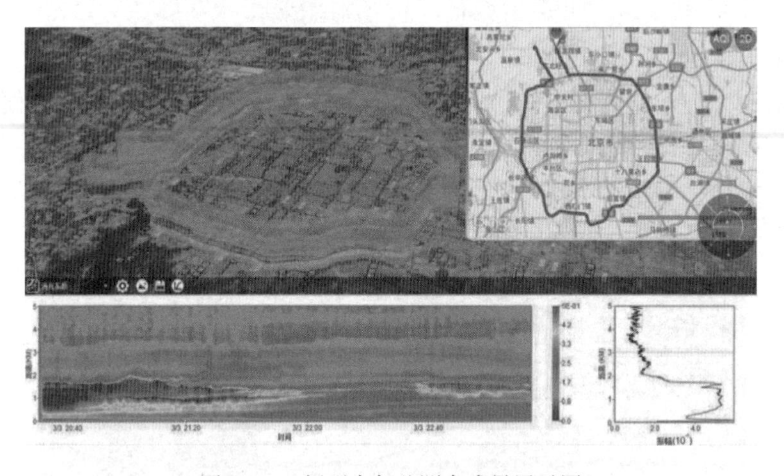

图 9-15　新型大气监测车成果展示图

走航监测车的缺点是投资成本较高、设备所占空间较大，必须改装车辆进行设备集成，部分限行城市需要整车申请环保目录后按特种作业车上牌方不受限行影响，开发集成周期也较长；其优点是监测分析原理与实验室方法统一，监测周期极短，且分析数据相对精确。

## 9.2.3　在线监测技术在工业污染源废气监测中的应用

我国幅员辽阔，工作人员在自然环境保护过程中难免存在环境污染的处理漏洞，而污染源在线监测技术的实施将在一定程度上弥补此种环境污染的处理漏洞。在线监测技术能够对环境污染的问题进行较为全面的监控，并对环境污染的源头进行有效的识别，进而促进我国环境污染问题的控制与解决。

在线监测技术在对实际废气应用监测过程中，若在该系统的应用范围内出现工厂废气直接排放事件，该系统将根据污染监控对污染的源头工厂进行定位，进而判断污染源的位置与污染程度。由于我国存在多个方面的环境污染，在利用在线监测技术进行环境污染监控时也是对多个方面的污染进行控制。在线监测技术在具体的环境保护以及环境污染监控方面具有重要的作用(如图 9-16)。

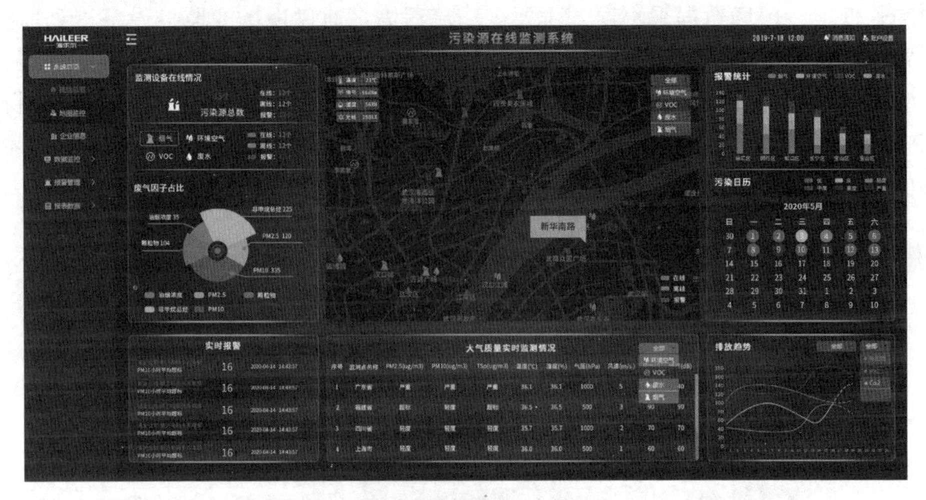


图 9-16　污染源在线监测系统

(1) 工业废气在线监测系统的分类

内置式工业废气在线监测系统。内置式工业废气在线监测系统是将烟气分析系统直接安置在烟气烟道上，检测废气的主要成分和含量。这种方式省略了中间采集样品废弃的过程，既提高了监测数据的准确性，也节约了检测成本。但是，这种检测方式风险较大，烟气分析系统是精密仪器，而烟气管道由于长时间排放工业废气，其内部环境恶劣，很容易造成仪器损坏，同时恶劣的作业环境和精密的仪器使得维修成本大大增加，并且一旦检测系统损坏，还会影响其他项目的监测工作。因为这种方法无法有效地实现在线校准，在监测时不利于清洗，所以不满足精准分析的需要，当前已逐渐被淘汰。

抽取式工业废气在线监测系统。抽取式工业废气在线监测分为全抽取式工业废气在线监测和稀释抽取式工业废气在线监测，稀释抽取式法是将空气和烟气按照固定比例进行混合，然后送入相应的仪器中进行分析。对于所检测气体主要是分析其含湿量、含尘量等，在监测过程中并不需要加热、除水等。并且即使在其中出现泄漏也不会破坏最终的检测。但是这种方法存在的问题就在于，探头和相关仪器造价较高，需要投入的成本较大，并不适合大范围推广。全抽取式法对于烟气污染源能够进行很好的检测，主要的方法就是直接将烟气抽取，然后放入相关仪器中进行分析。在这过程中，需要对监测气体进行除尘、除水等处理，在完成后才能够送入相应仪器中。对于一些能够很好溶于水中的气体，可能会影响到最终的监测结果。如果被监测气体的浓度较低，在监测过程中还有可能被仪器的管道吸附，具有较大的误差，但是完全抽取法是当前国内应用较为广泛的一种方法。

（2）工业废气在线监测技术的应用

工业废气在线监测系统主要分为三层结构：环境保护局监视决定层，工厂检测和管理层，现场数据采集层。主要工作流程为：通过现场的监控设备得到监控结果，通过网络将检测结果传给企业的管理人员，企业管理人员通过数据算出企业应该缴纳的排污费，并根据结果分析工业废气的排放量是否超标，制定控制和调整排污量的方案。然后，通过网络将结果反馈给环境保护局（环保局），再由环保局监测企业的排放量，并最终起决策作用（如图 9-17）。

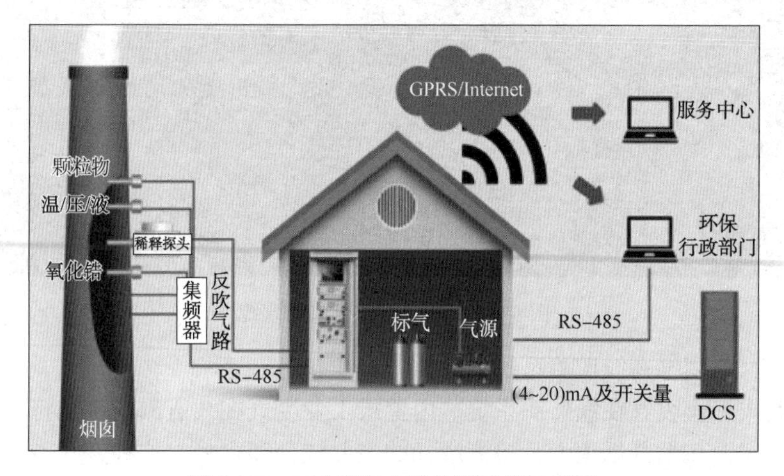


图 9-17　工业废气在线监测系统示意图

烟气在线连续监测系统（CEMS）主要应用于各种工业废气排放源的连续监测中，包括火力电厂、垃圾和焚烧电厂、危废焚烧、化工厂、造纸厂等行业，具有很强的适用性，能够在线测量 $SO_2$浓度、$NO_x$ 浓度、CO 浓度、$CO_2$浓度、颗粒物浓度、含氧量、温湿度、压力和流速等多项气体参数，从容适应对各类污染源的监测要求，全面反映污染源排放和治理设施运行的真实情况，而且可得出污染变化规律，为保护环境、污染预测预报、环境评价提供翔实可靠的技术依据，保护城市环境和空气状况。各地环保部门会针对当地实际情况，结合环保总局要求，制定出适合各地的污染物排放标准。为此，环保部门会实时监测有固定气体排放源的企业的气体排放情况，CEMS 的测量结果通过无线或者其他方式及时传送到环保监测平台，满足了环保部门的要求，避免了环保部门的无理处罚（如图 9-18、图 9-19）。

图 9-18　烟气排放连续监测设备机房

图 9-19　烟气在线连续监测设备采样平台

工业废气在线监测系统能够使国家有关部门准确地掌握各个工厂工业废气的排放情况，同时以此为依据制定合理的工业废气排放规划，我国相关部门应加大科研力度，在监测实践中不断完善和创新在线监测技术，为后续的管理和治理工作提供更加有效、真实、准确的数据支撑。

### 9.2.4 在线监测技术在噪声监测中的应用

噪声污染作为城市环境的主要问题之一，严重影响着人们的生活质量与身心健康。环境噪声是一种能量污染，且在时间和空间上具有瞬时性和随机性的特点，不同时刻和地点可能存在差异。为了尽可能准确地检测并评价噪声污染的平均水平，需要在监测区域进行多点布设并尽量提高监测频次。目前应用比较多的噪声监测方法仍然为传统的手工方法，即在不同时段对监测区域进行多频次的监测。然而，由于噪声的随机性和瞬时性，用传统监测方法获取的噪声数据的实时性和代表性差，并且需要花费较多的人力和物力，还不利于进一步准确地进行噪声分析、预测和治理。随着人们对生活质量要求的提高和城市噪声污染的加剧，对噪声在线自动监测技术的需求度越来越高，实时化、自动化、智能化、网络化的环境噪声自动监测是噪声监测与评价的必然趋势。因此，借助于先进的技术手段，研究网络化与智能化的噪声监测管理系统，为有效治理噪声污染提供依据，有着重要的现实意义和推广价值。

环境噪声在线监测系统由计算机专用设备、显示屏、系统软件和视频输入端口等组成。在设备连接后，能够启动自动校准，利用无线自动传输数据，在系统软件中对环境噪声进行采集和数据处理，可根据用户不同的需求产生不同形式的报告，最终完成噪声数据的处理。环境噪声自动连续监测系统是一个完整的监测系统网络，该系统由若干或数十个自动监测子站和中心站及通信系统组成，其主要作用是评价城乡某一环境功能区或整座城市的总体噪声水平、监测机场噪声、交通要道噪声、铁路噪声、工业噪声、建筑施工噪声及突发的噪声事件等。监测结果可包括每小时、昼间、夜间或其他任意时段的等效声级、统计声级，以及超过某一阈值的噪声事件的等效声级、最大声级、持续时间、能存储噪声事件发生的录音，以便事后识别噪声源的性质。监测系统的终端大部分固定安装在城市的机场、高速公路、交通枢纽中心、噪声高发区域和城市区域网格布点的点位上，以此来进行环境噪声的监测，应用案例见图 9-20。

由于环境噪声自动连续监测系统在国外城市区域的广泛应用，大大地促进城市区域的环境噪声的战略研究。有关的噪声软件根据环境噪声自动连续监测系统网络的监测数据可绘制城市区域瞬时的三维立体彩色噪声谱图，显示噪声超标地段、时间，能做到对该城市的噪声状况一目了然。从城市的三维立体彩色噪声谱图中可以调阅任意时段的某个交通路口、码头、车站、机场、大型体育场的噪声数据，甚至可看到瞬时的三维立体彩色噪声谱图的动态变化，案例见图 9-21。目前我国的北京、上海、广州等大城市已引进很多国外环境噪声连续自动监测系统，国内噪声仪器生产厂家也生产出国产的环境噪声连续自动监测系统。随着我国环境噪声战略研究和城市区域的环境噪声评价、环境噪声预测工作的进一步展开，环境噪声连续自动监测系统将会更多地应用在全国的各大、中城市。它和城市现有的大气自动监测站、水质自动监测站一起组成水、气、声自动监测网络，为我国的环境保护做出更大的贡献。

图 9-20　噪声在线监测系统应用实例

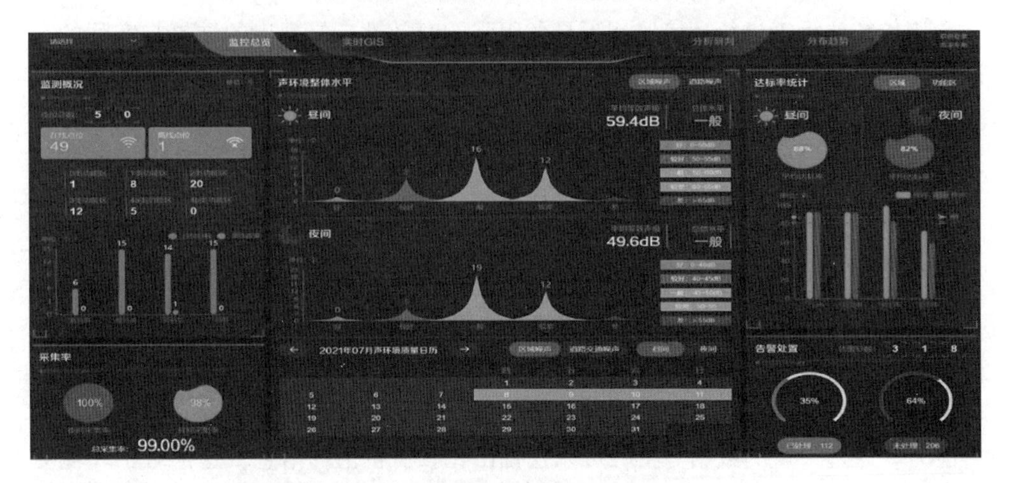


图 9-21　噪声在线监测平台应用实例

## 9.3　在线监测技术在环境监测应用中的优势与局限

近年来我国环境在线监测技术的应用逐渐普及，不仅提高了环境污染监测的效率，在污染控制方面也起到了重要的推动作用。环境在线监测技术可以自动对环境中的气体和污染物质进行监测和限制，从而为环境管理工作的开展提供技术支持。环境在线监测技术的应用，在很大程度上解决了传统环境监测方面的不足，提高了环境监测的效率，实现了实时性和动态化的环境监测，推动了环境监测技术的革新与发展，为环境管理与生态建设提供了非常可靠的技术支持。但是环境在线监测技术在应用中还是存在一些制约性的问题，需要进行针对性的改进，以此来提高我国的环境保护水平。

### 9.3.1 在线监测技术在环境监测应用中的优势

（1）应用场景监测高效

通常情况下，环境监测具有涉及内容多、任务量大的特点，传统手工监测需要对大量的监测资料进行分析和整理，不仅需要大量的人力、物力和财力，而且数据的准确性不够高。这主要是由于传统的环境监测技术中，工作人员所进行的环境监测工作不能及时反映现场情况，具有一定滞后性，实现在线自动监测，能够有效地减少人工操作的环节，从而节约管理成本。在线监测技术采用了先进的管理制度与运行模式，结合先进的技术与设备，能够达到更高的准确性，并实现对各种数据进行自动归类整理，上传数据库，提高了监测的频率与效率，同时减少了环境监测人员的工作量。

（2）监测的可靠性与安全性强

用传统的手工进行环境监测不具备很强的时效性，呈现出的结果与实际的状况不能很好对应，无法实现长期、稳定的环境监测，进而对环境的管理与治理产生不利影响。如今，随着自动监测技术在环境监测领域的广泛普及和应用，环境实时监测的准确性和可靠性大大提升，能够为环境治理奠定良好的基础。而在线自动监测技术的应用，取代了人工采样环节，对于某些危险采样场景来说，提升了采样工作的安全性。

（3）具有预警功能

在线环境监测技术具有实时预警功能，当环境内存在严重的污染时，在线监测系统就会触发该技术装置内的报警功能，确保环境管理人员能第一时间到达污染超标区域，并根据在线监测技术反馈的信息进行有效的治理，提升生态环境预警能力。通过大量的数据分析，可以挖掘出比较有价值的信息，这样对于环境变化的整体推演就更加符合实际的情况，特别是大数据技术的精准预报，能够给环境污染提供十分可靠的信息支撑，对于云系的监测和分析等也十分准确。另外，由于大数据技术处理信息速度较快，所以它也可以提高各项预警的时效性，能够对各种污染事件进行有效的放大，提前采取措施来进行预防。大数据技术还可以与互联网结合起来，实现线上和线下的交流互动，这是传统的环境监测技术所无法比拟的。

(4) 数据分析功能

在线监测系统借助于各类的应用软件和应用系统，能够实现信息发布和在线监测与分析查询，能够对图表进行分析和计算、显示、打印。支持信息互访共享，收集指定的监测数据及各种运行资料，并将其长期存储，为环境管理和决策提供科学依据，提升科学决策的水平。另外利用大数据还可以进行数字化的模型建立，以此来实现后续治理方案的试运行，这样可以提前进行方案的判断，对于节约成本和科学决策都有较大帮助。利用大数据进行环境监测可以让整个数据自由地流动，应用数据分析功能来进行环境监测，可以建立云分析平台，及时地反馈各类生态问题，同时大数据还可以与网络结合起来，将各项总结出的结果直接发布给公众，公众就可以通过手机和电脑参与其中，一方面提高了环境监测的服务能力，另一方面还可以让群众监督环境监测工作。

### 9.3.2 在线监测技术在环境监测应用中的局限

(1) 集成度低，指标单一

环境在线监测技术是一种自动性的监测技术，主要是通过多种监测设备对污染的情况进行监测与分析，然后将信息录入电子系统当中，为人们提供参考。其作为一项新兴的技术形式，在具体的应用过程中必然会存在一定的制约性问题，其中监测结果的不全面性就是一个比较明显的表现，主要体现在每一个监测点上监测指标的制定较为单一。例如，在监测过程中只能够对空气中的某一个指标或者水质情况进行监测，每一个监测指标限定过于明显。目前应用多个指标同时监测的设备比较少，设备集成度低，多个指标同时监测需要投入更多的监测设备，而设备之间也会相互干扰，导致费用的增加。

(2) 管理制度不全面

环境在线监测技术的顺利实施必须有完善的管理制度提供保证，保障在监测过程中设备的高效、稳定与安全运行。但是我国目前还没有制定较为完善的管理制度，对于环境在线监测技术的约束与管理力度也不强，尤其是在设备的维修与养护方面更是缺乏相应的管理制度，导致很多监测设备处于闲置的状态，造成了大量的资源浪费。

(3) 对专业的在线技术人员要求高

环境在线监测技术的实施，对技术人员自身的操作水平和综合素质有着更高的要求，所以技术人员的素质将直接影响监测技术效果的发挥。从当前我国环境在线监测技术的应用现状来看，技术人员素质较低是普遍性的问题，这其中存在主观和客观两个方面的原因。一方面，我国目前对环境在线监测技术的发展重视程度不高，另一方面，在技术人才培养上的重视度不够，而且当下我国环境在线监测技术体系还没有全面地建立起来，对技术人员的培训也不完善，进而影响到了技术人员自身素质的提高，阻碍了环境在线监测技术效果的发挥。

(4) 设备选择和监测方法局限

首先，在自动监测设备的选择上，主要有进口、国产两种，通过对两者的比较分析，进口设备的一次性投资较高，但运行成本与故障率较低；国产设备的一次性投资较低，但运行成本与故障率较高。普遍采用投标竞价方式，择优选用。目前，仍存在品牌不一、档次不一的设备，给统一管理、兼网以及维修等造成很大的困难，因此在今后自动监测设备的安装上应秉承统一采购的原则。其次，在测量方法的选择上，在线监测方法与实验室监测方法不接轨，不仅要考虑该方法是否符合国家相关标准，其测量分析周期是否满足在线监测的需求，还要考虑该方法长期监测的可靠性和监测数据的准确性、日常维护的复杂程度以及是否会产生二次污染等问题。监测方法的局限性导致在线监测数据目前更多地只能作为监控手段，其作为执法依据的作用收效甚微。

## 9.4 在线监测技术在环境监测中的应用展望

随着我国工业化发展速度不断加快，国内环境在线监测水平已进入高速发展阶段，我国对环境问题的重视在一定程度上促进了环境在线监测技术和事业的发展，我国的环境管理系统也在不断地优化改进，与此同时，全球的环境在线监测研究及实践逐渐取得了良好的成果。针对我国环境在线监测技术中存在的问题，为了更好地对环境进行治理，在线监测技术的发展趋势要结合当前环境污染的实际情况，其发展方向是要实现环境监测的准确性及便利性，所以在优化与升级在线监测技术时，要以环境污染物的属性与污染程度为基础，研究更精准、更全面、覆盖范围更广的监测技术，推动环境在线监测技术的快速发展。

(1) 在线监测设备将更加先进化和多元化

目前我国各省市都已陆续加强了环境质量自动监测和污染源自动监测，监测水平已有大幅度提升，但必须正视的是目前主流监测设备整体较落后，监测结果的精确度较低，无法完成对地区复杂环境的监测。随着社会经济的不断发展，以及投入建设资金的不断增加，未来需要充分对设备的成本、监测精确度以及日常维护程度进行考虑，开发出多元化的大气监测体系，全面保证生态环境的健康和可持续发展。

(2) 强化痕量分析技术运用，提高监测数据的准确性

随着生产企业的不断发展，会产生很多有毒有害的污染物，严重影响人体的健康，破坏人体机能，较为严重的有毒有害污染物还有可能危及生命安全，所以需要借助痕量分析技术对监测的准确性进行优化，提高环境监测的准确性与安全性，进而更精准地把控环境的污染程度。也可以应用实验室管理系统，采用科学

的环境数据收集方式，提高数据分析能力与环境管理水平，在减少人力的同时，还能提升环境监测数据的准确性，提高环境监测数据管理的工作效率与真实性。此外，还要拓展介质监测范围，大量的有毒物质在不同的环境条件下会出现变化，如果只对污染物质进行表面的监测是很难保障生态环境的，所以要结合有毒有害物质在不同环境下的变化，确保其无论如何隐藏与变化，都不堆积、不扩散，最后制定并实施有效的解决方案，保护生态环境。

(3) 信息化进一步长足发展，监测系统更加智能化

在我国环境在线监测技术研究过程中，应用信息化技术已经成为必然趋势，能够很好地提升环境在线监测技术的智能化水平，为环境保护工作提供更好的服务。但是，当前我国的环境在线监测技术依然存在一些问题，如智能化水平还不是很高，依然需要人工对其控制。在未来发展过程中，仍有必要加大这方面的研究，积极地引进最新的技术手段进行提升，保证环境在线监测技术的智能化。我国地域辽阔，地质环境及气候特征都存在很大的差异性，给环境监测工作带来了一定的难度。要有效解决这个问题，提高监控数据的准确性，需要对环境在线监测技术进行创新，实现信息共享。在今后的发展中，应建立一个以信息技术为核心，与网络技术相结合的环境监测数据平台，及时上传全国各地监测数据，实现信息资源的共享，有效提高环境保护工作的质量和效率。

(4) 大数据平台可视化发展全面，便于环境管理

当前我国的环境在线监测技术正在向可视化方向发展，利用终端显示的方法，更直观地了解环境质量、企业污染源等情况，对其进行控制。在这过程中，实现可视化对于环境在线监测技术的作用有三点。首先，能够全方面直观地了解环境污染的具体情况，更好地对其进行判断；其次，能够让相关的监测人员对环境污染有更深层的了解，以此来更好地计算环境的污染程度，在这过程中，监测人员和技术人员能够互相交流，更好地保护环境；最后，可视化的发展能够让较为复杂的数据变得更加简单，人们只需要通过直观的观察就能够对环境进行了解，更好地实施管理。在未来大数据平台建设过程中应充分利用网络及信息化手段，结合各种合理有效的扩散溯源模型，构建出能够对空气环境进行实时监控、预警的大数据平台体系，更好地实现空气监测、监控体系的智能化价值提升。

(5) 网络化发展普及，互联网应用广泛

在互联网不断普及的情况下，我国环境在线监测行业也都在对其进行创新，这样不仅可以提升工作效率，还能够进一步保证工作质量。在环境在线监测技术实施过程中，已经逐渐使用互联网来进行数据传输，当然，这也是环境在线监测技术发展过程中的一部分，未来，在环境在线监测技术领域中互联网的应用将会更加广泛。

（6）多层次应用，各领域拓展

我国污染排放涉及的行业较多，但在线监测技术在各行业的发展和实际应用并不普及，还没有真正实现对各行业领域的全面深度监测。因此，应该在技术支持的基础上，向多个领域扩展，真正实现多层次应用，以此来更好地控制我国污染程度，推动环境保护工作向前发展。

（7）监测方向明确化，实现有机物和无机物的同时监测

在我国市场经济的发展过程中，出现了很多密集型企业，这些企业在生产过程中会产生很多有毒有害污染物。因此，设备研发企业需要加大资金和技术的投入，同时对工作人员进行技术培训，逐渐提高企业的科研能力以及在线监测技术水平。从我国环境污染的现状分析，我们不难发现不论是什么原因造成的污染现象，或多或少都会存在一定的有害物质污染物。因此在新形势下，在线监测的方向逐渐以能够监测有害物质的有机污染为主，力求最大限度地降低环境污染带来的人体危害。

（8）重视在线监测人才培养，形成专业技术队伍

培养在线专业技术人才，提高骨干队伍的技术水平，是提高环境在线监测工作水平和环境管理工作的根本措施。未来相关单位及企业会从环境管理的实际需要出发，针对不同层次和类型的环境在线监测人才制订培训计划，完善人才选拔制度，建立吸引人才的机制。加强职业道德教育，树立务实认真的作风，不断提高环境在线监测队伍的政治和专业素质。

综上，当前我国的环境在线监测技术还存在很多的问题需要解决，需要对环境在线监测技术中的实际问题进行具体分析，以此来为我国的环境保护工作提供更加有效的方法，在经济不断增长的基础上，更好地保护生态环境。

## 参 考 文 献

[1] 袁州．在线监测技术在环境监测中的发展趋势研究[J]．中国高新科技，2022(10)：58-59.

[2] 黄梅．在线监测技术在环境监测中的发展趋势探究[J]．资源节约与环保，2020(11)：55-56.

[3] 杨永和．环境保护部进行环境空气质量监测及布点优化[J]．莱钢科技，2010(03)：61.

[4] 周丽冰．污水 COD 在线监测方法及其发展方向[J]．科技资讯，2009(13)：145-146.

[5] 汤雷，潘正一．剖析环境监测中在线监测技术及发展趋势[J]．化工管理，2022(03)：104-106.

[6] 刘勇．环境在线监测技术的应用与研究[J]．黑龙江科技信息，2016(08)：108.

[7] 栗鹏辉．关于在线监测技术的现状及发展研究[J]．皮革制作与环保科技，2012(02)：101-103.

[8] 王鹏．基于无线电指纹识别算法的无线电磁环境在线监测系统研究[J]．城市轨道交通研究，2021，24(07)：25-29.
[9] 胡书祥．环境在线监测技术的应用与探讨[J]．化工管理，2019(04)：38-39.
[10] 赵娜．水质自动监测技术在水环境保护中的应用[J]．环境与发展，2021，33(01)：143-146.
[11] 王有锋．水质自动监测技术在水环境保护中的应用策略研究[J]．清洗世界，2022，38(09)：140-142.
[12] 田新会．水质自动监测技术在水环境保护中的应用研究[J]．皮革制作与环保科技，2022，3(23)：5-7.
[13] 赵洋．水质在线监测系统在饮用水水源地中的应用[J]．资源节约与环保，2021(04)：56-57.
[14] 姚宇平．在线监测系统在地下水环境监测中的应用[J]．黑龙江环境通报，2017，41(04)：37-39+51.
[15] 张爱军．试论在线监测系统在地下水环境监测中的应用[J]．农民致富之友，2019(04)：218.
[16] 王薇，宋剑飞，徐敏．水质在线监测系统在城镇污水处理厂的应用研究[J]．北方环境，2011，(1)：138-140.
[17] 岳天佐．大气环境在线监测新技术研究现状[J]．中国建材科技，2021，30(06)：4-6.
[18] 李忠丽．大气环境在线监测技术及其应用研究[J]．环境与发展，2020，32(12)：166-167.
[19] 徐建阁．试论我国大气环境立体监测技术及应用[J]．中小企业管理与科技(上旬刊)，2019(03)：154-155.
[20] 郑道宝，王怀杰．基于ARM/GPRS的远程图像报警系统的设计[J]．计算机测量与控制，2013，21(01)：149-151+159.
[21] 袁大勇．大数据解析技术在大气环境监测中的应用[J]．中国高新科技，2018(10)：78-80.
[22] 陆伟国．探析污染源自动监测技术在环境保护中的应用[J]．中国科技投资，2016，23(13)：123-124.
[23] 刘新爱．探究工业废气在线监测技术研究及应用[J]．科技与企业，2013(02)：135.
[24] 沈莘，刘小峰，向超胜．城市噪声污染及监测方法综述[J]．电子测量技术，2017(11)：201-207.
[25] 陈汝海．环境噪声在线监测系统的研究与实际应用[J]．环境与发展，2020，32(10)：167-168.
[26] 孟苏北．环境噪声自动连续监测系统在噪声监测中的作用[J]．现代仪器，2006(05)：38-41.
[27] 吕俊鹏，田耘．环境在线监测技术存在的问题及措施[J]．环境与发展，2020，32(05)：168-169.

[28] 滕恩江，杨凯．污染源在线监测系统的适用性检测[J]．中国环保产业，2008(01)：20-23.
[29] 陈向进．水质环境在线监测系统设计及其在工业生产中的应用[J]．科学技术创新，2021(23)：8-9.
[30] 张忞皓．污染源在线监测技术的发展及应用[J]．中小企业管理与科技(上旬刊)，2018(05)：175-176.
[31] 朱卫东，顾潮春，谢兆明，等．工业固定污染源连续排放在线监测技术[J]．石油化工自动化，2016，52(05)：1-6+21.
[32] 李丽萍．大气环境在线监测技术分析[J]．中国科技信息，2021(05)：76-77.
[33] 李小军．污染源在线监控管理模式的探讨[J]．科技创新与应用，2016(19)：156.
[34] 陈烽．污染源在线监测技术的发展与创新[J]．资源节约与环保，2016(01)：129.

# 第10章　便携式监测设备、移动监测设备、无人监测设备在环境监测中的应用

## 10.1　便携式监测设备概述

### 10.1.1　便携式监测设备概述

在我国环境监测工作中，监测分析仪器广泛运用于各种监测分析技术，在不同领域对各类污染物的鉴定、筛查、定性及定量分析过程中起着至关重要的作用。随着对不同场景下各类污染物监测的需求以及科学技术的进步，分析仪器逐步向便携式方向发展，其中便携式分析仪器大多用于环境突发事故现场应急监测。

环境污染监测中无机污染物指标是反映环境污染事故现场受污染状况的重要指标，是环境监测、评价以及污染治理的主要依据，主要包括理化指标、无机阴离子、营养盐和金属及其化合物。有机污染物作为监测活动中的重要部分，监测过程中前处理手段和检测手段相对复杂，主要分为挥发性有机污染物和半挥发性有机污染物。环境监测中对不同的监测指标选用不同的分析方法和合适的分析仪器，通常以采样送至实验室分析的传统模式。但近年来随着我国工业经济的飞速发展，环境领域污染事故频发，诸如响水特大爆炸事故、松花江水污染等特大环境污染事故，对生态环境、人民生命安全以及经济造成巨大威胁。目前针对此类突发性污染事件的应急监测规范要求在不断完善，传统的实验室分析模式已经不能满足环境突发事故的应急监测需求。根据现场能够快速测定以及及时掌握第一手数据的需求，越来越多的便携式分析仪器得以出现、普及。

### 10.1.2　便携式监测设备基本分类及特点

#### 10.1.2.1　便携式监测设备基本分类

便携式监测仪器的种类繁多，可用于水质、土壤、大气、生物等领域的监测分析。根据监测技术原理的不同，便携式仪器可分为便携式气相色谱仪、便携式气相色谱-质谱仪、便携式傅里叶红外分析仪、便携式分光光度计、便携式电化学分析仪、便携式光谱分析仪、便携式生物毒性分析仪、试纸技术等。因便携式

监测仪器具有携带方便、操作简单、分析时间短等特点，同时又具有较高的灵敏度和精密度，在突发事件环境应急监测工作中得到广泛应用。

#### 10.1.2.2　便携式监测设备基本特点

便携式监测仪器具有非常鲜明的特点，使其能够较好地应用于应急监测中，具体包含以下几个工作特性：

① 仪器搬运便捷。由于仪器高度集成减量化，便于监测人员搬运，能够及时到达突发事故点，便于开展环境监测。

② 仪器操作简单。相对于实验室仪器操作更为简单，往往只需几步操作便可得出结果，简化了操作步骤，可用于快速检测、鉴别污染物。

③ 仪器数据的保存和传输。仪器自身具有一定的存储空间，现场可及时对数据进行比对分析，随时对数据进行处理并传输打印，突出环境监测的时效性。

## 10.2　便携式监测设备在环境监测中的应用

### 10.2.1　便携式气相色谱技术

便携式气相色谱仪是利用色谱分离技术和检测技术，对样品中多组分物质进行定性和定量分析的仪器，具有应用广、灵敏度高、选择性好等优点，在食品、医药、石油化工、环境监测分析等领域有着广泛的应用。

#### 10.2.1.1　便携式气相色谱技术原理

便携式气相色谱仪是利用物质的沸点、极性及吸附性能的差异来实现物质的分离。待测样品进入汽化室后汽化，以载气(流动相)带入色谱柱，色谱柱内含有液体或固体固定相，由于各组分的沸点、极性或吸附性能不同，每种组分在流动相和固定相之间会趋向于形成分配或吸附平衡。但由于载气是流动的，使样品组分在运动中进行反复分配或吸附解吸附，最终使得在固定相中分配系数小的组分先流出色谱柱，分配系数大的组分后流出色谱柱。各组分流出色谱柱后，立即进入检测器，转换为电信号，将电信号放大并记录下来，就形成色谱图。检测过程中，每种组分在固定气相色谱条件下出峰时间是固定的，且色谱峰的大小与被测组分的量或浓度成正比，从而实现有机化合物的定性和定量分析。

#### 10.2.1.2　便携式气相色谱技术组成

便携式气相色谱一般由以下五大系统组成：气路系统、进样系统、分离系统、温控系统、检测系统。其中不同原理的检测器决定了便携式气相色谱仪不同的性能，目前常用的便携式气相色谱仪的检测器主要有热导检测器(TCD)、氢火焰离子化检测器(FID)、电子捕获器(ECD)、火焰光度检测器(FPD)等，各检测器特点及应用范围见表10-1。

表 10-1　气相色谱仪检测器特点及应用范围

| 检测器种类 | 特点 | 应用范围 |
| --- | --- | --- |
| TCD | 通用性好，灵敏度低 | 普遍适用 |
| FID | 通用性好，灵敏度高，线性范围宽 | 对所有有机化合物均有响应，特别是烃类化合物 |
| ECD | 灵敏度高、选择性好 | 适用于电负性化合物，特别适用于环境中痕量农药、多氯联苯类化合物 |
| FPD | 灵敏度高、选择性好 | 适用于含硫或含磷化合物 |
| PID | 对大多数有机物可产生响应，灵敏度高(分析脂肪烃时，响应值是FID的50倍)，线性范围宽 | 适用于芳香族及其他不饱和类化合物 |
| NPD | 高灵敏度、高选择性 | 适用于分析氮、磷化合物 |
| XSD | 灵敏度高、选择性好 | 适用于卤素化合物 |
| MAID | 体积小、灵敏度高、使用寿命长 | 普遍适用 |

#### 10.2.1.3　便携式气相色谱技术特点

传统实验室用的气相色谱仪体积大，需要配置钢瓶、气体发生器等辅助设备，使得仪器不便于携带，并且实验室分析中气相色谱仪对环境要求(包括温湿度、灰尘、振动等)较为严格，因此不能用于现场分析。

随着环境监测分析需求的变化，气相色谱仪小型化、便携化、分析快速化是目前研究的方向之一。目前市场上已出现一批便携式气相色谱仪产品，用于现场快速检测。相较于传统的气相色谱仪，便携式气相色谱仪的特点包含以下几个方面：

① 体积较小，不需要配合繁多的辅助设备如钢瓶、气体发生器等，便于携带。

② 对物理环境要求低，自身的监测范围比较广泛，可对很多被测物质产生响应，能够适应多种工作环境。

③ 灵敏度高，数值精确，监测结果更接近实际情况，可为后续处置工作提供可信度高的实验依据。

④ 监测周期短，便携式气相色谱仪对环境监测的响应时间短，通常几分钟至几十分钟即可完成从监测到分析的过程。

⑤ 便携式气相色谱仪也存在不足之处，即不能根据色谱峰直观而清晰地得出定性结论，需要利用已知物的色谱数据作为辅助分析手段，才能对结果有定性的分析和总结。

总体而言，使用便携式气相色谱仪开展环境监测，能够有效提升监测效率，精准获得监测结果，以更好地满足监测要求。

#### 10.2.1.4 便携式气相色谱技术在环境监测中的应用

便携式气相色谱仪是突发环境事故中现场快速测定挥发性有机污染物的重要手段，在实际监测分析中常配备顶空、吹扫捕集等进样技术。

于冀芳等人研究并建立了便携式气相色谱仪对土壤中苯、甲苯、乙苯、间对二甲苯、邻二甲苯的测定方法，样品采用顶空进样技术，检测仪器采用4400型配有PID检测器的便携式GC，10.6eV的真空紫外灯，SE-30石英毛细管色谱柱(20m×0.53mm×1.0μm)，研究结果表明：苯、甲苯、乙苯、间对二甲苯、邻二甲苯的线性范围分别为0.8~160μg/kg、1.6~320μg/kg、2.0~400μg/kg、2.0~400μg/kg和3.2~800μg/kg。该方法检出限为0.1~0.8μg/kg，方法回收率为87.2%~105.1%，相对标准偏差(RSD)5.3%~7.8%，方法回收率、RSD与标准方法相比没有显著性差异，较之标准方法更能满足现场快速监测的需要。

王美飞等人建立一种利用便携式气相色谱仪快速、简便地测定恶臭气体样品中硫化物的方法，样品采用直接进样的方式，采用Photovac Voyager便携式气相色谱仪对甲硫醇、甲硫醚及二硫化碳能实现良好分离。该方法检出限分别为0.05ppm、0.03ppm、0.02ppm，RSD分别小于11.6%、7.89%和2.14%，光离子化检测器PID可实现甲硫醇、甲硫醚、二硫化碳的快速定性、定量分析，还能避免高浓度$SO_2$对测定的干扰，满足现场监测要求。

### 10.2.2 便携式气相色谱-质谱联用技术

#### 10.2.2.1 便携式气相色谱-质谱联用技术原理

气相色谱-质谱联用仪(简称“气质联用仪”)(GC-MS)是分析仪器领域实现最早，也是目前应用最为广泛的联用技术之一。气质联用仪可以实现对复杂有机化合物的高效定性、定量分析，在环境、食品、石化等多个领域都有广泛的应用。近年来，化工原料泄漏、化工厂爆炸等环境突发事件时有发生，环境污染问题日趋严重，国家在环境现场监测方面的重视程度日益提高。随着对现场快速检测需求的增加，便携式GC-MS应运而生。

便携式GC-MS克服了传统实验室用仪器对检测环境要求苛刻、仪器设备体积大、对操作人员要求高等限制，凭借检测速度快、灵敏度高、定性准确、便于携带、对检测环境要求低等特点，在环境污染物、爆炸物、化学危险品、毒品等方面的现场检验领域拥有较高的应用价值。

便携式GC-MS工作原理与实验室GC-MS基本相同，它将气相色谱的高分辨能力和质谱检测器的定性能力相结合，是迄今国际上对有机污染物最有效和可靠的监测手段之一。GC-MS中的质谱可以看作GC的检测器。便携式气质联用仪的工作原理综合了气相色谱和质谱两种技术以实现对气态或液态样品的定性、定量分析；气相色谱仪(GC)基于化合物沸点和极性的不同进行化合物的分离，根据分离时间(保留时间)定性。质谱仪(MS)则是使试样中各组分在离子源中发生电离，生成不同荷质比的带电荷离子，经加速电场的作用形成离子束，进入质量分析器，从而得到质谱图。通过质谱图提供的待测物质的信息，与标准谱图库进行比较，完成待测物质的定性分析；通过总离子流色谱图(TIC)的峰高或峰面积，实现待测物质的定量分析。

#### 10.2.2.2 便携式GC-MS组成及技术特点

便携式GC-MS(如图10-1)一般由样品导入系统、离子源、质量分析器、检测器、数据处理系统等部分组成。

便携式GC-MS特点如下：

① 由气相色谱仪和质谱仪、载气和内部标准气体瓶、高真空泵及控制电子件、电池、显示器等组成，体积小、质量轻、对环境要求低，完全适合在现场工作，在监测工作中具有极大的优越性。

② 与便携式气相色谱仪相比，能够解决许多其无法解决的问题，如共洗脱峰、保留时间位移、预料之外的未知物质和基质的干扰等。

③ 灵敏度高，检测范围广，不但可以完成已知化合物的定量分析，而且可以实现对未知污染物的筛查和半定量分析。

图10-1 便携式GC-MS

#### 10.2.2.3 便携式GC-MS技术在环境监测中的应用

在突发环境污染事故中，便携式GC-MS能够快速到达现场并准确地对现场众多污染物进行定性、定量分析。与气相色谱仪一样，对于挥发性有机物其进样方式也分为顶空和吹扫捕集技术。对于半挥发性有机物，实验室检测方法中前处理技术主要包括液液萃取法、固相萃取法等。液液萃取法较为简便，但溶剂消耗量大，而且萃取后还需要进一步蒸发浓缩。固相萃取法的富集效果较好，但仍然存在试样和溶剂用量大的问题，而且耗时很长，大量有机溶剂的使用会对环境造成二次污染。突发环境污染事故中半挥发性有机物前处理技术要求便携、快速，同时尽量减少有机溶剂的使用和基体的干扰。目前，可用于突发环境污染事故的半挥发性有机物快速前处理技术包括固相微萃取技术(SPME)、分散液液微萃取技术(DLLME)、单滴微萃取法(SDME)等。

胡建坤建立了便携式GC-MS结合固相微萃取前处理方法检测水中17种有机氯农药(见图10-2)的方法，并分别对萃取方式、萃取纤维头、萃取温度、萃取时间等萃取条件做了优化。在优化后的条件下，17种有机氯农药在14min内可以得到较好的分离，检出限在0.05~1.62μg/L，线性系数均大于0.992，相对标准偏差(RSD，$n=5$)均小于14.9%，加标回收率在70.4%~107.4%。该方法能快速对水体中17种有机氯农药进行定性分析和定量检测，适用于水体中有机氯农药污染的应急监测工作。

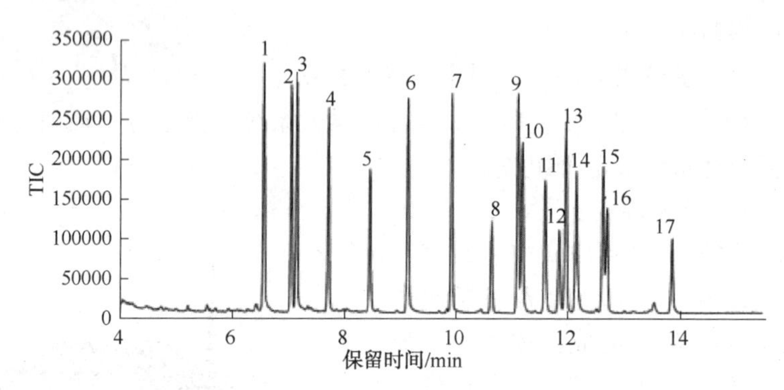


图10-2　17种有机氯农药总离子流色谱图

1—α-六六六；2—β-六六六；3—γ-六六六；4—δ-六六六；5—七氯；6—艾氏剂；7—环氧七氯；8—α-硫丹；9—4，4′-滴滴伊；10—狄试剂；11—异狄试剂；12—β-硫丹；13—4′,4-滴滴滴；14—异狄试剂醛；15—硫代硫酸酯；16—4，4′-滴滴涕；17—甲氧滴滴涕

## 10.2.3　便携式傅里叶红外分析技术

### 10.2.3.1　便携式傅里叶红外分析技术组成及原理

傅里叶变换红外光谱仪主要由迈克尔逊干涉仪和计算机组成。迈克尔逊干涉仪的主要功能是使光源发出的光分为两束后形成一定的光程差，再使之复合以产生干涉，所得到的干涉图函数包含了光源的全部频率和强度信息，用计算机对干涉图函数进行傅里叶变换，就可计算出原来光源的强度(按频率分布)。

该技术克服了色散型光谱仪分辨能力低、光能量输出小、光谱范围窄、测量时间长等缺点，不仅可以测量各种气体、固体、液体样品的吸收、反射光谱等，而且可用于短时间化学反应测量。目前，红外光谱仪在电子、化工、医学等领域均有广泛的应用。

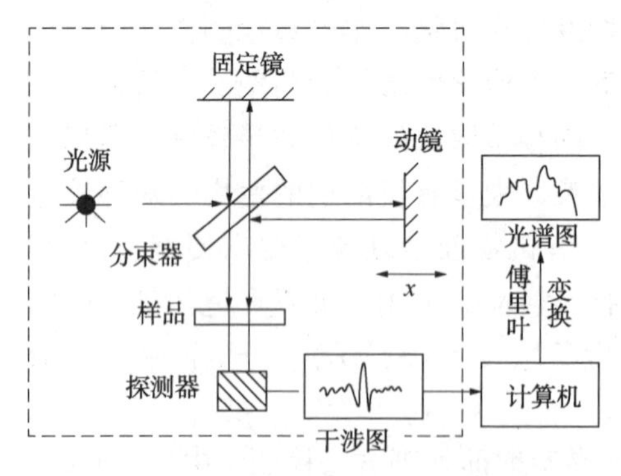


图10-3　傅里叶变换红外光谱仪原理示意图

傅里叶变换红外光谱仪原理如图10-3所示：

傅里叶变换红外光谱仪主要是运用红外吸收原理和迈克尔逊干涉原理：用一束连续波长的红外光照射被分析样品时，与分子固有振动频率相同的特性波长的红外光被吸收，如果样品分子中某个基团的振动频率与红外光的频率相同，就会发生共振，这个分子基团就会吸收该频率的红外光，在检测器上得到干涉图，再经过计算机傅里叶变换形成红外光谱图，在红外光谱图中就会得到该频率的吸收峰。通过比对样品的红外光谱和标准谱图库中的标准物质光谱在特征波数上吸收峰的位置、数目、形状进行定性分析，根据样品目标物的峰面积响应值与标准谱图库中对应的标准物质吸收峰的峰面积响应值之比进行定量或半定量分析。

#### 10.2.3.2 便携式傅里叶红外分析技术特点

傅里叶红外光谱仪具有信噪比高、重现性好、扫描速度快等特点，可以对样品进行定性和定量分析，广泛应用于医药、化工、环保、石油、地矿、海关等领域。便携式傅里叶红外光谱仪在此基础上，实现便携式、小型化，具有以下特点：

① 通过简化仪器电路或者最小化干涉仪实现仪器的小型化、便携化。

② 利用漫反射及红外显微镜技术实现样品的无损检测，极大地拓宽了便携式红外光谱仪的适用范围和检测效率。

③ 便携式傅里叶红外光谱仪更能适应严苛的测试环境，对环境的湿度和温度有一定的化学耐受性及稳定性。

④ 便携式傅里叶红外光谱仪支持与普通的手提电脑联网，或者把电脑内置化，供应商提供的仪器使用培训和谱图库使得人机交互性增强。

#### 10.2.3.3 便携式傅里叶红外分析技术在环境监测中的应用

近来也有报道表明在突发性环境污染事故中采用便携式傅里叶红外光谱仪与其他监测仪器互为补充，为事故处置提供了准确可靠的监测数据。如用气相色谱傅里叶变换红外联用技术测定水中的污染物，结合了毛细管气相色谱的高分辨能力和傅里叶变换红外光谱快速扫描的特点，对 GC-MS 不能鉴别的异构体，提供了完整的分子结构信息，有利于化合物官能团的判定。应用气相色谱傅里叶变换红外质谱联用技术测定汽油中的甲醇、乙醇、1-丙醇、2-丙醇、1-丁醇、2-丁醇、异丁醇、叔丁醇、苯、甲苯、邻二甲苯、间二甲苯、对二甲苯等，其准确度为 1%，相对标准偏差为 0.155%。此外，傅里叶变换红外光谱分析技术还可以用于多组分气态烃类混合物的定量分析。

### 10.2.4 便携式紫外-可见分光技术

#### 10.2.4.1 便携式紫外-可见分光技术原理

待测物经试剂盒或过滤、消解、萃取等处理后于特定波长下测定，其中分子的紫外可见吸收光谱是由于分子中某些基团吸收紫外(可见)光后，发生了电子能级跃迁而产生的吸收光谱。各种物质具有不同的分子、原子和不同的分子空间结构，吸收光能量存在差异，故而每种物质都有特有的、固定的吸收光谱曲线，可根据此特征在紫外-可见光区(波长为200~800nm)测定物质的吸光度，用于鉴别该物质或测定其含量。便携式紫外-可见分光技术的基本工作原理是朗伯-比尔定律：当一束平行单色光垂直通过某一均匀非散射的含有吸光物质的溶液时，其吸光度A与溶液中吸光物质的浓度c及液层厚度l成正比关系，即

$$A=Kcl$$

式中 $A$——吸光度；

$K$——吸收系数，与吸光物质的性质与入射光的波长有关；

$c$——吸光物质的浓度；

$l$——透光液层厚度。

#### 10.2.4.2 便携式紫外-可见分光光度计组成及特点

便携式紫外-可见分光光度计(如图10-4)基本组成部分有样品处理模块、紫外-可见分光光度计及数据处理系统。

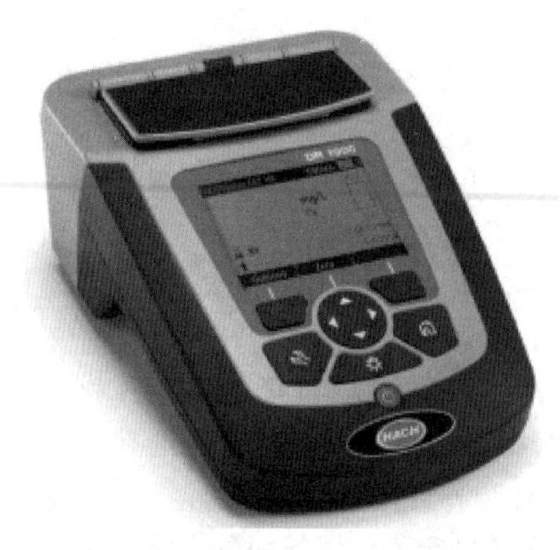

图10-4 便携式紫外-可见分光光度计

便携式紫外-可见分光光度技术一般具有以下特点：

① 相对于其他光谱分析仪，便携式紫外-可见分光光度计体积较小，质量较轻，携带方便，操作简单，是现场监测最常用的监测仪器之一。

② 较高的精密度和准确度。其相对误差在1%~3%，可用于微量组分的测定。试剂盒法及各类前处理系统结合紫外-可见分光光度计可满足现场准确快速监测的定量要求。

③ 灵敏度高，选择性好。由于分光光度法的入射光以棱镜或光栅为单色器，同时在狭缝的控制配合下可得一条谱带很窄的单色光，因此其测定结果具有较高的灵敏度和准确度。

④ 便携式紫外-可见分光光度技术使用范围广，适用于现场快速检测多种无机物，如氨氮、总氯、余氧、硫酸盐、氰化物、化学需氧量等。

⑤ 仪器价格相对低廉且分析成本低。

#### 10.2.4.3 便携式紫外-可见分光光度计在环境监测中的应用

(1) 便携式紫外-可见分光光度计在地表水监测中的应用

金福杰应用便携式紫外-可见分光光度计对地表水中的COD、$NH_3$-N、$F^-$、TP和$Cr^{6+}$进行精密度和准确度测定，结果表明：方法精密度为2.3%~7.4%，标

准样品除 $Cr^{6+}$ 外，其他均在保证值范围内；加标回收率为 86.0%~110%，两种方法比对的相对偏差为 2.9%~6.4%。该方法精密度与准确度良好，可以较好地应用于地表水环境监测中。该便携式仪器的精密度和准确度较好，具有便于携带、分析速度快、操作简单等优点，能够基本满足地表水快速监测的需要，尤其适用于突发环境事件造成的水体污染应急监测。

(2) 便携式紫外测油仪

原理：石油类的含量与吸光度符合朗伯-比尔定律。在 pH≤2 的条件下，用正己烷萃取样品中的油类物质，经无水硫酸钠脱水后，再用硅酸镁吸附除去动植物油类等极性物质，于 225nm 波长处测定吸光度。

目前市场上研发出多种高效、环保、精准、快捷的便携式紫外测油仪，该类测油仪依据国家标准《水质石油类的测定紫外分光光度法(试行)》(HJ 970-2018)，可以选择性测量石油类、动植物油类或油类，其设备本身能够对测量结果进行合理的分析，并直观地显示测量结果，实现对水污染中油类物质的快速检测。

便携式紫外测油仪操作简单、精密度好、灵敏度高、性能稳定，可用于石油化工、机械加工、教学科研、食品加工等行业的水质检测分析，也适用于海水、河水、地表水、地下水等领域。便携式紫外测油仪对萃取液的测定仅需几秒钟，能够实现多个样品连续测定，并可现场打印测试数据，满足事故污染快速检测的需求，保证及时得到第一手数据，为应急决策提供数据支撑。

### 10.2.5 便携式金属测定仪

#### 10.2.5.1 便携式金属测定仪原理

便携式金属测定仪的工作原理基于 X 射线荧光光谱法，故又称便携式 X 射线荧光光谱仪，便携式 X 射线荧光光谱仪(便携式 XRF 仪)是一种能够实现野外现场多元素快速测定的新型分析仪器，仪器种类包括手持 XRF、小型全反射 XRF (TXRF)等。该方法原理是，通过一次 X 射线激发被测样品中的每一种元素，会放射出具有特定的能量特性或波长特性的二次 X 射线，将它们的能量及数量信息转换成样品中各种元素的种类及含量，因此只要测出 X 射线的波长或能量，便可知道元素的种类，并且 X 射线的荧光强度与元素含量有一定的关系，从而可以用于对元素进行定性和定量分析。

#### 10.2.5.2 便携式金属测定仪基本组成及特点

便携式 X 射线荧光光谱仪(如图 10-5)由高压电源、检测器、放大器和多道脉冲分析器四部分组成。

便携式 X 射线荧光光谱仪(便携式 XRF 仪)具有样品制备简便、环境友好性

图 10-5　手持式 X 射线荧光光谱仪

强、分析速度快、可分析元素范围广等优点，十分适合野外现场快速和原位分析，分析无机元素时具备以下优点：

① 被测样品不需要进行前处理，仪器操作方便、快捷，实时得出分析结果，对大块样品非破坏性、无损检测，特别适合贵金属成分分析。

② 便携式 XRF 仪对液体能做到现场实时分析得出结果，是野外工作者很好的分析工具。

③ 无须任何化学试剂，整个分析过程不会对环境造成污染，同时有效保护分析人员身体健康。

④ 分析成本低，是大型化学分析仪器无法比拟的，在极短的时间内，同时分析几十种元素，检测精度可达到实验室水平。

⑤ 便携式 XRF 仪分析无机元素也存在一定缺点，例如，对轻质元素分析灵敏度较低，无法准确定量分析，但可以定性；便携式 XRF 仪检出限无法做到像化学分析仪器那么低，故对样品中含量很低的元素分析偏差较大，或检测不到；容易受到同类元素的干扰，产生光谱峰叠加，影响测试结果准确度；只能对单质元素进行分析，无法分析无机化合物和有机化合物。

**10.2.5.3　便携式金属测定仪在环境监测中的应用**

① 便携式 XRF 仪大多用于土壤重金属的现场快速分析，可同时检测铬、镉、汞、砷、铅、铜、锌、镍、钴、钒、锰等重金属元素。大致应用如下：

a. 土壤重金属普查。内置 GPS 功能，在野外可随时搜索卫星信号，确定取样点的地理位置信息，快速普查超大范围的土壤地质污染区，建立污染地图，实时监控各区域的污染情况，对各类农业用地、居住用地、商业用地、工业用地等进行重金属污染环境评价。

b. 土壤突发环境事故的应急处理。常用于污染事件发生后的应急处理，能对可能污染范围进行快速筛查，寻找被污染地带，圈定污染区域边界，进行实时勘查。

c. 助力污染区土壤修复。对污染地带进行等级划分，圈定重点土壤污染区，按照划分好的区域进行重点优先治理，提高筛查效率，并实时监控污染区的土壤修复情况。

② 便携式 XRF 仪也可用于水环境中重金属的现场快速分析，分析方法包括直接法和预处理法。

直接法是将液态样品装入样品杯中，用薄膜密封后直接测量。该方法简便快捷，可实现废水样品无损检测。由于样品杯封闭过程容易产生气泡造成X射线强度变化，且直接法分析会产生较高的射线散射背景值，导致信噪比降低，因此，直接法对液体样品中重金属元素的检出限往往较高，无法对低浓度但超过废水排放标准的含重金属的事故废水进行准确检测。

采用预处理法对水样中的重金属元素进行富集，将其转化为固态，可提高仪器分析的灵敏度并降低分析方法的检出限。重金属富集方法有吸附、电沉积、表面蒸发、沉淀/共沉淀等，其中沉淀法由于操作简单，便于对监测现场和事故现场水样进行预处理，便携式XRF仪在对水样分析的样品预处理中被广泛采用，从而为现场水体中低含量或较低限值的重金属元素的监测分析提供技术支持。

## 10.2.6 便携式拉曼光谱技术

### 10.2.6.1 便携式拉曼光谱技术原理

拉曼光谱是由印度科学家拉曼在1928年首次发现的。一定频率的光与物质作用，除了与原频率相同的瑞利散射光外，还会在该频率两侧出现其他频率的散射光，称为拉曼散射光谱。拉曼散射光频率与入射光频率之差(即拉曼位移)反映了分子振动和转动能级的情况，且与激发光频率无关，因此拉曼效应可用于鉴别物质。一定条件或状态下不同的物质分子拥有独一无二的分子结构，正是这一特性使得拉曼光谱成为物质鉴定的“指纹”。此外，拉曼信号强度与分子振动和转动强度成正比，故也可以作定量分析。

### 10.2.6.2 便携式拉曼光谱仪组成

便携式拉曼光谱仪(如图10-6、图10-7)主要由三大部分组成，即用于激发拉曼信号的小型半导体激光器(激发光源)，用于传导激发光并收集拉曼信号的拉曼光纤探头以及小型化的光谱分光系统。这几部分的配置直接决定了便携式拉曼光谱仪的性能。

图10-6 便携式拉曼光谱仪

图10-7 手持式拉曼光谱仪

#### 10.2.6.3 便携式拉曼光谱仪的特点

传统拉曼光谱仪体积庞大，进样过程复杂，不适合现场快速监测。相较之下，便携式拉曼光谱仪凭借质量轻、体积小、方便移动、结构简单、操作简便、测量快速高效准确，样品不需要进行前处理，可直接进行检测等优点，在现场快速检测领域得到了广泛应用。

#### 10.2.6.4 便携式拉曼光谱技术在环境监测中的应用

拉曼光谱仪广泛应用于化学研究、高分子材料、生物医学、药品检测、宝石鉴定等领域，如何进一步小型化、现场化是其未来发展的重要方向。便携式拉曼光谱仪具有体积小、检测方便等特点，为药品检测、环境检测、安检等实时检测领域提供了一种无损快速检测方法。

因水的拉曼散射很弱，所以便携式拉曼光谱技术对于水中化合物的分析更具优势。它不需要对样品进行前处理和制备，可以直接通过光纤探头测量反映出样品中待测物的浓度。任小娟等人采用便携式拉曼光谱仪对废水中有机化合物进行快速检测，一次测量可同时检测多种物质，可实现对水质的及时有效监测，保护水质环境。该研究采用 SciAps Inspector 500 便携式拉曼光谱仪，利用 *N*，*N*–二甲基甲酰胺（DMF）、二甲基亚砜（DMSO）、乙醇（ET）、甲醇（MeOH）、四氢呋喃（THF）、乙酸乙酯（EA）、正己烷（Hex）、甲苯（MB）的标准样品建立标准拉曼谱图，得到特征拉曼峰位置，分别选择一个最高峰和一个次高峰作为该溶剂的特征峰，同时出现这两个峰，并且最高峰和次高峰的比值符合纯溶剂中最高峰和次高峰的比值，则废水中存在该溶剂，并且选择最高峰绘制标准曲线来进行定量分析。各物质的拉曼特征峰见表 10–2。

**表 10–2 不同物质的拉曼特征峰**

| 物质名称 | 拉曼特征峰/$cm^{-1}$ |
|---|---|
| DMF | 657，865，1094，1441，1444，1663 |
| DMSO | 668，696，1046，1425 |
| ET | 883，1054，1098，1279，1458 |
| MeOH | 1047，1460 |
| THF | 913 |
| EA | 386，633，846，1115，1457，1736 |
| Hex | 821，868，894，1041，1080，1142，1307，1460 |
| MB | 784，1005，1031，1212 |

该方法简便、灵敏、快速，在实际样品的检测中有较强的实用性，对制药化工等企业有机废水的实时监测具有重要意义。

### 10.2.7 便携式电化学分析技术

#### 10.2.7.1 便携式电化学分析技术原理

便携式电化学分析是建立在物质电化学基础上的一类分析方法，是将待测物质溶液组成一个化学电池，通过测量电池的电动势、电流、电量等物理量的变化，实现对待测物质组成及含量的分析。

便携式电化学分析法是仪器分析法中的一个重要分支，它具有灵敏度高，准确度好等特点，所用仪器相对比较简单、价格低廉，适合自动连续的在线分析，在化工、冶金、医药和环境监测等领域广泛应用。在综合指标和无机污染物现场快速监测中常用的技术主要有离子选择电极法、电化学生物电极传感器法和阳极溶出伏安法等。

#### 10.2.7.2 便携式电化学分析仪构成

离子选择电极是利用膜电势测定溶液中离子活度或浓度的电化学传感器，一般由内电极腔体、参比电极、内参比溶液和敏感膜四部分组成。电极腔体一般用玻璃或高分子聚合物材料做成，内参比电极一般为银-氯化银电极，内参比溶液含有该电极响应的离子和内参比电极所需要的离子。

当电极和含待测离子的溶液接触时，在其敏感膜和溶液的界面上会产生与该离子活度直接相关的膜电势，离子选择电极对某一特定离子的测定就是基于这个膜电势。这类电极选择性好、平衡时间短，是电位分析法中应用最多的指示电极。

#### 10.2.7.3 便携式电化学分析技术特点

① 测定的是溶液中特定离子的活度而不是总浓度。

② 使用简便迅速，应用范围广，尤其适用于对碱金属、硝酸根离子等的测定。

③ 不受试液颜色、浊度等的影响，特别适于水质连续自动监测和现场分析。目前，pH 和氟离子的测定所采用的离子选择电极法已定为标准方法。水质自动连续监测系统中，有 10 多个项目采用离子选择电极法。

#### 10.2.7.4 便携式电化学分析技术在环境监测中的应用

离子选择电极法主要应用在水环境监测中 pH 值、氧化还原点位、溶解氧、氟化物、氯离子、金属离子等项目的测定。

微生物电极传感器检测技术在无机污染物检测中主要应用于生物化学需氧量（BOD）的测定。测定水样中 BOD 的微生物传感器由氧电极和微生物菌膜构成，当含有饱和溶解氧的样品进入流通池中与微生物传感器接触时，样品中溶解性可生化降解的有机物受到微生物菌膜中菌种的作用，从而消耗一定量的溶解氧，使扩散到氧电极表面上氧的质量减少，当样品中可生化降解的有机物在菌膜上的扩散速度(质量)达到恒定时，扩散到氧电极表面上氧的质量也达到恒定，因此产生一个恒定电流。由于恒定电流的差值与氧的减少量存在定量关系，据此可换算出样品中 BOD 的含量。

多参数水质分析仪可以同时快速监测多个水质参数，可为现场快速、实时、动态分析提供简便、快捷的检测方法和手段。比如哈希 HQd 便携式水质多参数检测仪，可检测 11 种参数，具有较大的测量灵活性，可自动识别并快速更换各类电极，通过连接不同的电极，可用于测量 pH 值、电导率、溶解氧、生化需氧量、氧化还原电位以及钠、铵、氨、氟、硝酸盐、氯等参数。

### 10.2.8 便携式生物毒性分析技术

#### 10.2.8.1 便携式生物毒性分析技术原理

根据毒性对细菌作用的不同，建立了细菌生长抑制实验和细菌发光检测技术等。

细菌具有生长迅速、周期短、运转费用低、与高等动物拥有类似理化特性和酶作用过程等特点，能在短时间内得到可靠的毒性资料，因而被用作毒性检测的指示生物。发光细菌，是一种能够发光的细菌，单个细菌所发出的光极其微弱，肉眼无法看到，当成千上万个细菌生长聚集在一起时，在黑暗条件下，可以发出小点或小片的光。发光细菌所发出的光为荧光，现已发现并命名的发光细菌约有 200 种，常见的发光细菌有以下几种：异短杆菌属的发光异短杆菌，发光杆菌属的明亮发光杆菌，弧菌属的哈维氏弧菌、火神弧菌、费氏弧菌和东方弧菌、青海弧菌等。在以上发光细菌中，发光异短杆菌和青海弧菌属于淡水发光细菌，其他都是海洋细菌。发光细菌主要分布于海洋环境中。

发光细菌法实验是建立在生物传感器基础上的毒性检测系统，它能够有效地检测突发性或破坏性的水源污染。发光作用是发光细菌在正常生理状态下所具有的性质，在正常的生理条件下其能发出一定程度的可见光，而在一定的实验条件下发光强度是恒定的，与外来受试物接触后，由于毒物具有抑制发光的作用，当细胞活性受到毒性物质作用后，毒性物质将改变细胞的状态，包括改变细胞壁、细胞膜、电子转移系统、酶及细胞质的结构，其活性将受到抑制，从而使呼吸速率下降，进而导致发光强度降低。发光细菌发光强度变化的程度与毒物的浓度在一定范围内呈相关关系，同时与该物质的毒性大小有关。

毒物的毒性可以用 $EC_{50}$ 表示，即发光菌发光强度降低 50%时毒物的浓度。实验结果显示，毒物浓度与菌体发光强度呈线性负相关关系，因而可以根据发光菌发光强度判断毒物毒性大小，用发光强度表征毒物所处环境的急性毒性。

发光细菌的光强抑制由相对发光强度(RLU)以及抑制率(%)表示，主要参数为 $EC_{50}$，计算公式如下：

相对发光强度(RLU)=样品光强/对照光强

抑制率(%)=[1-(样品光强/对照光强)]×100

#### 10.2.8.2 便携式生物毒性分析技术特点

在环境污染事件中，污染源以及污染物一般具有不确定性，水质应急监测需要比普通理化分析方法更快速、更灵敏的监测手段。便携式发光细菌毒性分析仪适用于在突发水环境污染事故现场进行检测，方便使用，并能快速评估水体的污染程度。

大部分便携式水质毒性测试仪(如图10-8)具备“急性毒性分析功能”和“ATP(三磷酸腺苷)分析功能”，配备发光菌冻干粉、菌种复苏液、反应管、测试管，可快速检测并评估污染水质中的化学污染和生物污染程度，是理想的快速毒性检测工具。

图10-8 便携式水质毒性测试仪

发光菌生物毒性实验是毒理学中的测定方法之一，该方法快速、简便、灵敏，对有毒物质筛查、环境污染生物学评价具有重要的意义，由于该方法存在细菌发光强度本底差异大、检测期间发光变化幅度宽等问题，因此对于水样的pH值、环境温度、测试时间等因素有一定的要求。

#### 10.2.8.3 便携式生物毒性分析技术在环境监测中的应用

当环境中可能存在工业水污染事件时毒性物质会对周边江河湖泊造成污染，用便携式毒性分析仪对环境突发事故中被污染水体的毒性进行检测，是较为快速、灵敏、低成本的生物检测方法。

1995年，我国颁布了应用发光菌进行水质毒性测试的国家标准，大量学者也利用发光菌进行了对不同种类重金属、有机溶剂、除草剂等的毒性评价，并研究了最佳测试条件、毒性与污染物的相关性等。

李汝等以突发水环境污染事件中常见的重金属、农药和工业有机污染物作为研究对象，选取费氏弧菌(海洋发光菌)对 $Zn^{2+}$、$Cr^{6+}$、$Cu^{2+}$、马拉硫磷、百菌清、苯酚和四氯化碳等不同种类的污染物进行生物综合毒性检测，得出相比农药类污染物、工业有机污染物，费氏弧菌对重金属类污染物的敏感性更强的结论。根据各污染物对发光菌的发光抑制作用曲线拟合方程所得的$EC_{50}$，得出费氏弧菌对不同污染物的敏感程度排序和污染物对费氏弧菌的急性毒性作用排序：重金属类污染物为$Zn^{2+}>Cu^{2+}>Cr^{6+}$；农药类污染物为马拉硫磷>百菌清；工业有机污染物为四氯化碳>苯酚。除营养元素锌外，污染物与费氏弧菌接触时间为10min时的$EC_{50}$大于或略大于15min时的$EC_{50}$。综上可见，发光细菌应急监测是一种快速筛选生物毒性的综合毒性检测方法，其反应速度快、准确度较高，适合作为水质常规监测技术的补充手段，并在快速监测中拥有广阔的应用前景，对保障水质安全具有指导意义。

### 10.2.9 试纸技术

#### 10.2.9.1 试纸技术原理

根据检测原理不同，试纸技术可分为化学显色型、化学发光型及免疫型。综合指标和无机污染物的现场快速监测通常采用化学显色试纸和化学发光型试纸。

化学显色型试纸的制作方法比较简单，一般是将显色剂配成溶液，浸渍到纸基上，以适当的方法进行干燥，如自然晾干、冷风吹干、烘干及真空干燥等。测定时试纸与被测物质接触的方式有自然扩散、抽气通过、将被测样品滴落试纸上或者是直接将试纸插入溶液中。样品与试纸接触后，在试纸上发生化学反应，试纸的颜色产生变化或产生梯度，然后通过与标准比色卡或标尺比较，进行目视定性或半定量分析。

化学发光型试纸将试纸检测与高灵敏度的化学发光反应结合起来，极大提高了测定结果的准确性。化学发光分析中可以进行发射光子计量，具有很高的灵敏度和很宽的线性范围，并且用于探测和计量光子的仪器设备简单、廉价且易于微型化。

#### 10.2.9.2 试纸技术特点

试纸技术作为现场快速检测技术，具有以下优点：

① 检测速度快，且具有一定的灵敏度和专一性；

② 结构简单，携带方便，非常适合现场快速定性和半定量检测；

③ 操作简单，使用者不需要专门培训就能掌握；

④ 价格便宜，不需要检修维护，一次性使用。

当然试纸技术也会存在某些方面的不足，主要有：

① 试纸一般体积不会很大，能够固定的试剂量有限，因此有些试纸的灵敏度还不能做到微量检测，检出限有待进一步提高；

② 很多现有的比较成熟的检测方法不适用于试纸法，国内开发和生产的试纸种类有限，还远远不能满足现场检测的需要。

#### 10.2.9.3 试纸技术在环境监测中的应用

（1）pH 试纸

试纸技术中最具有代表性的为 pH 试纸，pH 试纸配合标准比色卡使用，精度可达 0.1~0.2，甚至更高。pH 试纸应用广泛，其反应原理是基于 pH 指示剂法，一般的 pH 分析试纸中含有甲基红、溴甲酚绿、溴百里香酚蓝混合指示剂，在不同 pH 值的溶液中会变成不同的颜色，通过标准比色卡就可以得到对应的 pH 值。

（2）定性试纸

常见的定性试纸有淀粉碘化钾试纸：用来定性检验氧化性物质的存在；醋酸铅试纸：用来定性地检验含硫离子的溶液；品红试纸：用来定性地检验某些具有漂白性的物质；姜黄试纸：主要用于鉴定硼酸盐。

（3）定量试纸

定量试纸是把化学反应从容器转移到试纸上进行，利用试纸上的试剂与目标物快速产生化学反应，并结合相应标准比色卡，从而定量检测目标物质。目前已有的定量(半定量)试纸可以快速检测水中氨氮、磷酸盐、总硬度、碱度、氯离子、余氯、硝酸盐、亚硝酸盐、氰化物、硫酸根等多种物质。

## 10.3 便携式监测设备在环境监测应用中的优势与局限

### 10.3.1 便携式监测设备在环境监测应用中的优势

① 便携式监测设备从简单的试纸和检测管，逐渐发展到体积小易携带的便携式分析仪器，这使得环境现场监测的准确性大大提升。

② 便携式环境监测仪器能够在各类复杂的环境污染现场使用，准确高效地获取环境信息数据，并及时反馈给环境监测人员。与计算机的互联通信能够帮助实现数据的高效传输，极大地缩减了环境监测中因样品的采集、保存、运输而产生的时间浪费、成本浪费。

③ 便携式环境监测仪器能够及时准确地向环境保护部门提供第一手数据、资料，有助于尽早发现问题，形成正确的决策。

### 10.3.2 便携式监测设备在环境监测应用中的局限

① 目前我国便携式设备配备尚落后于国外和国内实验室分析水平，现制定的国家标准在检测领域以及检测项目上还相对简单，技术标准有待统一和提高。另外便携式仪器种类相对不足，能够对污染物进行定量分析的色谱和质谱较少，距离满足各种突发环境污染监测和分析的需要仍有一定差距。

②目前我国便携式仪器处于高速发展阶段，同类仪器的选择很多。由于尚缺乏检测仪器检定/校准规范及要求，加之各类仪器之间存在差异，使得使用者在选型上面临困难。

③ 便携式监测分析过程可能会因监测人员操作或者仪器设备损坏而造成试剂、溶剂等化学品泄漏而对环境造成二次污染。

## 10.4 便携式监测设备在环境监测中的应用展望

(1) 健全便携式监测方法标准体系

目前，我国建立了比较完善的实验室方法标准，注重结果的准确性，但不能充分满足现场环境监测的需要。针对环境现场污染种类的复杂性、多样性，相应的监测方法标准体系仍有待健全，以满足快速实现对环境事故突发污染物监测的需求。

(2) 完善便携监测质量控制体系

一是便携式环境监测仪器目前尚未纳入环保行业仪器的检定范围，有关规范有待建立。二是由于缺乏统一的方法标准体系，监测结果的精密度和准确度会因方法的不同而存在较大差异。三是便携式仪器在选择上具有随意性。因此，质量控制体系有待进一步完善，从而更好地保证数据结果的准确度和精密度。

(3) 建立便携式仪器信息库

目前，便携式监测技术种类繁多，为了准确掌握仪器的准确度、适用性，为科学选择提供方法和依据，需要对现有仪器进行分类比对研究，通过与标准方法的对比及实际样品测定来评估不同仪器的准确度与适用性，并且将测定相同污染物的基于不同原理的便携仪器进行比对研究，建立筛选评估的方法。此外，建立便携仪器信息库，将现有便携仪器的性能参数、型号、厂家等信息纳入其中；在仪器信息库的基础上建立预案数据库，根据环境监测基本情况(地域、污染物等)，通过人机互动完成监测仪器的筛选，快速、准确、科学地提出监测方案。

(4) 加强人员技术能力

由于起步较晚，我国便携式监测专业技术人才相对匮乏，专业素质参差不齐，方法应用和对多种现场仪器的应用能力仍需通过培训和实践进一步提高，加强监测队伍建设，提升技术人才技能素质。

## 10.5 移动监测设备概述

我国的环境监测技术经过近些年的发展，逐步实现了设备的联合使用和智能计算机化。对于各类环境污染物的常规监测，建立了国家、省、地级和区级等四级监测网络站。为了探测各类污染物，传统的环境监测技术主要依托于以城市为中心的自动监测站体系，但监测点位的数量有限，不能实现对城市边缘地区的有效覆盖，也无法满足对环境污染物立体分布特征的连续观测。因此，移动监测技术成为补足监测技术缺陷的重要一环。

移动监测设备指在走航车、船等可移动设备上安装各类环境监测仪器设备进行环境样品的取样、监测、数据处理和数据分析传输的监测技术。其不仅可以获得移动区域内污染物的空间分布、传输路径，以边走边探测的方式进行扫描测量，实现走航式工作，还可对突发污染状况进行快速响应，综合各类环境条件分析污染成因。移动监测设备的应用可作为其他监测手段的有效补充。

走航监测车设备、无人船水环境监测设备是目前国内应用最普遍的移动监测设备，该类设备常用于环境污染监控排查、突发环境污染事件监测预警等领域。

## 10.6　移动监测设备在环境监测中的应用

### 10.6.1　大气走航监测设备应用

走航监测在生态环境大气领域的应用可以说是近年来用得最多、最广泛的技术之一。其利用车载挥发性有机物、颗粒物、氮氧化物、硫化物等快速监测设备，在汽车行进时对环境空气、厂界、无组织排放废气进行连续、实时的监测，并根据地理位置信息显示沿行进路线的各类污染物浓度空间分布，对高浓度点位进行复测或定点监测，实现定性、定量分析。

大气走航监测主要功能如下。

（1）例行全面摸底巡测

定期对监测区域内部及外围环境空气中污染物特征因子进行网格化走航监测工作，对可能的污染排放区域内大气污染物排放特征进行摸底调查，画出污染浓度地理分布特征地图，弄清污染物的种类、浓度、分布、来源等。通过定时例行监测确定监测区域整体环境变化趋势及排放规律。开展科学、系统的大气走航监测和研判分析，全面、快速、精准诊断环境空气中各类特征污染物组分的分布情况，锁定重点污染区域和污染因子。

（2）重点区域监测

对监测区域内识别的重点区域，多次走航，通过周边排污单位生产现状及走航监测时段气象条件，分析影响区域主要单位，条件允许的情况下可进入单位进行走航监测。针对监测区域周边的敏感点位(如：学校、背景点、居民区等)强化监测力度，排查污染源，指导整治，为相关部门针对园区废气管控问题精准发力、科学治污提供有力支撑，优化周边环境。

（3）排污单位巡查摸排

对监测区域内单位进行走航巡查，主要形式为在排污单位主导下风向监测和内部监测。依据多次巡查结果对区域内排污单位进行废气排放污染程度分类，一般按照排放废气的类别、浓度、超标频次进行分级，分A、B、C、D四个级别，并登记成册。对分级较好的可减少巡查频次，而对分级较差的重点排污单位进行更高频次的巡查，确保排污单位整改见效。针对重点排污单位及排放来源错综复杂的排污单位，开展单位内部监测，必要时利用便携式分析仪进行现场核查，锁定重点工艺工段污染源，协助其提升污染管控能力。

（4）应急监测

在应对废气扰民投诉案件、重污染天气、污染突发性事件、站点数据突高等特殊情况下，根据要求开展应急响应，增加走航监测频次，快速进行走航分析，锁定关键污染物，排查污染源，为及时管控提供数据支撑。应急性监测主要是处置偶发性事件，走航监测因其本身快捷性、机动性特征，有天然的优势，目前已有在应急监控中的应用案例。走航监测应根据现场污染情形，迅速确定大气污染排放特征、扩散模式、影响范围、发展趋势，为应急处置决策提供可靠支撑（如图10-9）。

图10-9　大气走航监测车

#### 10.6.1.1　VOCs气质联用走航监测技术

VOCs气质联用走航监测是一种利用移动监测车，搭载VOCs气质联用便携式监测设备$H_2S$、$NH_3$等常规因子分析仪，进行移动监测的新技术手段。利用走航监测，首先对环境大气中VOCs以及异味污染源进行快速检测，掌握VOCs与异味污染全貌，进一步锁定重点污染源；然后可针对该污染源现场取证，开展定性定量分析，现场监察执法。

VOCs 气质联用走航监测车上搭载的便携式 GC-MS 分析仪可以分成两大部分，即 GC 和 MS，通俗地说 GC 是把混合物分离成单一物质，而 MS 则是对着单一物质进行检测。VOCs 气质联用走航监测系统具有单质谱分析与 GC-MS 分析两种应用模式。使用单质谱分析模式时，样品不通过色谱，直接进入质谱检测器进行检测，以达到快速筛查的目的。使用 GC-MS 分析模式时，通过色谱柱对样品进行分析，最终利用质谱对分离后的物质进行检测，实现准确的定性和定量分析。

#### 10.6.1.2 颗粒物激光雷达走航监测技术

颗粒物激光雷达走航车搭载了激光雷达探测传感器，仪器利用激光与大气中气溶胶相互作用的辐射信号来获取气溶胶的特征、分布信息。仪器以激光为光源，发射出一定波长的激光，接收望远镜收集气溶胶粒子对激光的后向散射信号，利用相关算法解析出气溶胶粒子的属性(识别颗粒物、沙尘、水云、冰云等)、消光系数、退偏比、波长指数、边界层高度、气溶胶光学厚度、云信息等。

该移动监测车可用于连续监测大气气溶胶，尤其是观测灰霾中颗粒物污染的形成、发展、衰减和消亡的整个过程，了解边界层以内的颗粒物分布与近地面颗粒物污染之间的相互影响过程(向下的沉降或向上的输送)，从而进一步掌握颗粒物污染的扩散规律、了解近地面颗粒物污染的成因。

### 10.6.2 水环境走航监测设备应用

水环境走航监测设备用于对各个水域的水质状况日常巡检和应急巡检，它是实验室离线检测和固定监测站检测的发展产物。常见的水质移动设备有水质移动检测车、水质移动监测船、水下仿生机器人。由于水质移动监测船具有机动性好、检测实时性高和监测范围广的特点，国内外研究机构对水环境移动监测船研究最多(见图 10-10)。

图 10-10　水环境移动监测船

水环境移动监测船是以无人船为载体，通过集成水质检测系统、水质采样系统、声呐探测系统、导航定位系统等功能模块，实现对河道、湖泊等水体的实时巡视、水质检测、水质采样、水下排口地形探查等工作，通过数据电台，将监测设备各项数据实时接入系统平台或移动客户端，方便后端进行控制和水环境现状分析。

水环境走航监测主要功能如下：

(1) 水体现状巡视

水环境移动监测船搭载高清摄像头，借助摄像头进行水域巡视。水环境移动监测船有其独特的水面视角，巡查人工、无人机难以观测的区域，做到水域状态和岸线环境、防汛墙等设施一览无余，达到“人在家中坐，宛如水上游”的效果。

(2) 水质检测

船上可根据监测需求定制搭载市面主流的多参数水质传感器，检测常规五参数、氨氮、叶绿素、蓝绿藻、水中油等指标。水质数据实时传回室内，并按指标生成水质专题图，通过图像来表达河湖水环境是否存在异常区域；若存在，根据专题图进行实地详查，以判断是否存在水环境风险源。

(3) 水质采样

移动监测船集成采水模块，根据特定监测需求，远程一键控制抽取水体水样，既能解决传统人工采样所不能到达区域的水质样品采集问题，又能针对走航过程中发现的异常水域进行采水，用于后期实验室验证。

(4) 水下排口地形探查

针对水面下排口地形的探测，部分移动监测船搭载声呐探测设备，能够开展水下排放口、暗管探查。此外，声呐影像对河床、湖底结构均有描述，在水下结构、沉船的探测工作中也可以应用。

## 10.7 移动监测设备在环境监测应用中的优势与局限

### 10.7.1 移动监测设备在环境监测应用中的优势

相较于现场监测和理化手工分析工作，移动监测可减少大量重复的数据传递、抄写工作，提高了环境监测工作效率、降低了差错率。在自动化、信息化水平不断发展的时代背景下，移动监测是实现环境监测的自动化、信息化的重要手段。移动监测相较于一般监测手段，减少了在提交样品和数据的这段时间内受各种人为因素的干扰。

移动监测设备可以实现边行驶、边监测、边反馈。在监测设备移动过程中，其上搭载的测量分析仪器可以对指定区域内各类污染物参数进行实时监测，并快速绘制区域污染地图，精确判定污染行业、企业甚至工段，锁定重点污染源。遇突发环境污染事件时，可快速到达污染现场进行监测。为环保部门的环境决策、环境管理、污染防治提供科学有力的技术支撑。

另外，实验室理化分析的数据采集也存在一定的漏洞，移动监测能有效减少其存在的问题。移动监测的实时、快速监测，能有效提高监测结果的真实性和有效性，使监测数据更科学、合理。能真实反映被测对象的实际情况，减少不必要的矛盾和争议，为管理决策提供科学合理的依据。

当前计算机信息技术日新月异、互联网技术发展突飞猛进，计算机与互联网技术结合产生的信息化系统已被广泛应用于多个领域。基于各种系统平台的应用层出不穷，全球定位系统(GPS)也已经被广泛应用于社会各个领域中。基于以上情况，移动监测系统可以与环境监测业务管理系统无缝对接，实现现场监测业务和实验室理化分析数据采集自动化，解决传统监测手段存在的问题，通过信息化管理系统进行有效的统筹和控制，这与全面贯彻实验室质量方针和达成实验室质量目标相一致。因此，充分利用移动监测可以有效提高实验室的质量管理水平。

### 10.7.2 移动监测设备在环境监测应用中的局限

一方面，目前国内已开发建设的环境移动监测设备品种较多，配置各异，但大部分缺乏整体的功能配置和结构设计，有些移动监测设备只是简单地把一些分析仪器组装在移动设备上，功能上很难实际全面地适应环境监测需求。移动监测的监测环境是实时变化的，并且监测的污染物种类多、浓度不确定，所以很难选择使用何种检测仪器。同时移动设备上可选择搭载的仪器种类多，使用者在选择仪器时存在随意性。不同仪器存在原理、性能、参数、操作等诸多方面的差异，但目前尚未建立便携类仪器的评价筛选方法，也未对各类仪器进行全面系统的适用性比较评价，在应对特定区域内的特定污染物、特定污染情况时难以快速科学地选择出适合的仪器。

另一方面，目前移动监测设备搭载的各类检测器都是趋向于研究开发快速、便携式的检测方式，使用的环境条件也是实时变化的，其稳定性和准确性相较于实验室分析使用的检测设备来说仍然有待提高。

同时移动监测技术也存在标准化不足的问题，缺乏一定的外部技术支持性(如试验条件、标准方法等)，影响移动监测设备的规范开发与发展。

## 10.8　移动监测设备在环境监测中的应用展望

根据目前国家对环境监测的要求，今后的环境移动监测设备，发展方向应当是更简便快速、易掌握、监测设备更全面、仪器性能更强大，同时尽量结合我国的现状与水平力求做到在国内应用的普适性，在任何时间、任何地点、均能使用。

在吸取国内外先进经验的基础上，研发方向应放在设备检测功能更全面、设备成本更低、仪器检测性能更稳定快速等方面，同时进一步加强与其他现代信息技术的结合。各级环境监测部门应根据当地固定和流动污染源的实际情况以及财力装备环境移动监测设备，在满足当地环境监测要求的基础上，进一步加强对突发环境事件监测和处置的要求，保障我国的环境安全。

## 10.9　无人监测设备概述

在日常的环境监测过程中，传统的监测方式，例如人工勘查采样、借鉴历史资料作为环境监测基础数据、卫星遥感数据监测等，有时会存在环境条件限制、时效性差、准确度低、成本高等问题，为了更好地规避这些问题，无人监测技术应运而生。

无人监测技术，即利用先进的无人驾驶设备技术、遥感传感器技术、遥测遥控技术、通信技术、GPS差分定位技术、遥感应用技术和环境监测技术等，能够实现自动化、智能化、专用化，快速获取环境相关信息，且完成遥感数据处理、建模和应用分析的应用技术。无人监测技术具有机动、快速、经济等优势，已经成为世界各国争相研究的热点课题，现已逐步从研究开发发展到实际应用阶段，成为未来环境监测中重要的监测技术之一。

目前国内应用最普遍的无人监测设备有无人机监测设备、无人船监测设备等，该类设备常用于环境污染监控排查、突发环境污染事件监测预警等领域。

## 10.10　无人监测设备在环境监测中的应用

### 10.10.1　无人机监测设备应用

环境监测领域的无人机设备通常具备航拍和环境监测功能，可根据各项工作的需求来实现拍摄，对环境数据进行动态监测、态势感知等，进一步扩大了监测范围。同时，无人机可以搭载多种监测传感器，实现相关特征污染因子的实时监测，获得更为准确的数据信息。

#### 10.10.1.1 环境现状巡察

在日常环境监测中，需要及时了解目标区域的环境现状，以便在发现问题时第一时间响应解决，所以定期的巡查必不可少。这是一个长期持续的工作，纯靠人工外出巡查不切实际，因此常靠无人机来完成这项任务。

无人机可以搭载高分辨率摄像头，精度能达到0.1米左右，兼具了卫星影像的效果和航拍的快速采集优势，而且基本不会受到地形限制，可以实时传回现场的清晰画面，供环境监测人员快速分析判断。环境监测人员还可以将航拍影像与地理定位数据相结合，通过后期软件处理，创建出更详细、更准确的环境“地图”，进一步对地形地貌、土壤情况、水土流失等问题进行调查评估，为后续的监测、治理提供依据。

无人机还可以搭载各类传感器，对环境现状进行及时反馈。例如搭载多光谱遥感器可以对水质生态进行监测(如图10-11)，从整体上观测水质污染动态过程，提供水质污染的具体信息，包括水体富营养化、黑臭水体、水面清洁度等。

图10-11　无人机巡河

#### 10.10.1.2 污染源排查

污染源排查工作经常会遇到排查面积过大、地形太过复杂、排查效率太低等问题，而采用无人机技术就可以很好地解决这些问题。

无人机可以从更高的视野洞察监测区域的情况，还可以通过大范围、高密度“组合布点”，组成“群体式”协同监测网络，实现监测区域全覆盖，快速锁定各个排污口，并实时监控其排污情况，图10-12为无人机大气污染排查应用现场。无人机通过搭载红外热成像仪，还能够实现夜间条件下的监测排查，有效发现夜间生产的企业，可以作为遏制夜间偷排的一种手段。

图 10-12　无人机大气污染排查

对于已确定的或者疑似的污染源，无人机可以快速定位，并将信息回传，执法人员立刻安排上门排查，提升了执法的针对性和实时性。与此同时，无人机还可以发挥其灵活、机动的特点，对周围环境进行拍摄记录，为后续执法提供依据。

**10.10.1.3　样品采集**

目前无人机技术已经日趋成熟，在很多场合下可以代替人工进行一些环境样品的采集工作。例如水样的采集，无人机可以根据待检测因子的采样要求，搭载不同材质、不同容积的采样容器，进行定点、定深采样(如图 10-13)。同样，对于大气的采集，无人机也可以搭载相应的大气采集装置，并根据待检测因子的采样需求，使用不同材质、不同体积的采气袋(如图 10-14)。

图 10-13　无人机进行水体采样

图 10-14　气体采集模块实现了无人机的气体采样

目前除了水气样品的采集，环保行业也在致力于无人机对土壤、固废类样品采集技术的探索和研发(如图 10-15)，已经有部分产品面世了，相信随着相关技术的不断优化和提升，以后也将被广泛应用于环境监测领域。

图 10-15　可实现土壤采集的无人机

#### 10.10.1.4　实时数据检测分析

无人机通过搭载传感检测装置或者高光谱遥感设备，再配合数据分析软件，已经可以实现部分污染因子的实时检测分析，而无须采样送回实验室分析，大大缩短了数据出具时间，方便环境监测人员迅速判断并制定下一步工作方案。

在水质检测方面，无人机可以同步搭载多个水质传感器，或者携带推扫高光谱成像系统，对相应污染因子进行检测，包括温度、pH 值、氧化还原电位、电导率、盐度、溶解氧、浊度、叶绿素 a、蓝绿藻、水中油、氨氮等(如图 10-16)。与此同时，还可以配备自动清洗装置，有效清除传感器表面污渍，避免污染影响数据准确性。目前无人机水质检测技术已经陆续应用于地表水、地下水、市政污水、工业废水、海洋等不同水体的日常监测。

图 10-16　无人机进行水质检测

在大气检测方面，无人机通过搭载多种气体传感器，实现了对大气污染因子的实时检测，包括 $PM_{2.5}$、$PM_{10}$、CO、$CO_2$、$O_3$、$NO_2$、$NH_3$、$SO_2$、$H_2S$、HCl、VOCs 等。加载了风速风向检测系统后，还能够同步对温度、湿度、气压、风速、风向等气象要素进行检测。图 10-17 为搭载有大气污染物检测模块和风速风向检测模块的无人机。

图 10-17　搭载大气污染物检测模块和风速风向检测模块的无人机

## 10.10.2　无人船监测设备应用

无人船监测设备是一种新型的自动化监测平台，依托小型船体，利用 GPS 定位、自主导航和控制设备，根据监测工作的需要搭载多种水质监测传感器，以人工遥控或者全自动自主导航的工作方式，在航行过程中到达水体的绝大部分区域，对水体进行连续性监测。

在环境监测领域，无人船技术已经被广泛应用于江河湖泊以及海洋等水环境监测以及水污染防治工作，包括水域巡查、污染源排查、水样采集、水质检测等，真正实现"精确定位、精准溯源"。

### 10.10.2.1　水域现状巡查

无人船可以通过人工远程操控，或者提前设定好路线自动巡航，对目标水域进行日常的水质巡查，多点位调查目标水域中污染物的分布、迁移和变化，并将巡查情况实时上传反馈，为后续相关工作的开展提供依据，图 10-18 为无人船在进行水域巡查。同时，无人船可以搭载不同的传感器设备、射频技术、无线通信技术等，快速有效地获取大范围的水质地形淤泥厚度等信息，实时传送到后台并对这些信息进行数据的整合和挖掘，生成相应的水质分布图、地形图，并根据实际情况不断更新，为环境监测管理工作带来便利。

### 10.10.2.2　污染源排查

无人船可以更为直观地对污染源进行排查，尤其是常规排查人员无法到达的盲区和死角，无人船可以依靠其灵活性实现近距离观察，并通过高清摄像将现场画面实时反馈给监测人员，方便其迅速做出判断。更为重要的是，对于一些水下隐藏的排污口，依靠常规排查是很难发现的，然而无人船可以通过搭载水下声呐系统，让这些排污暗管无所遁形，图 10-19 为无人船搭载的声呐系统。

图 10-18　无人船进行水域巡查

图 10-19　无人船搭载的声呐系统

#### 10.10.2.3　水样采集与检测

目前的无人船在水样采集和检测这部分的技术已经日趋成熟，其可以搭载多点分层采样设备，实现多点位定时、定深、定量的全自动水样采集工作；同时通过搭载的多参数水质分析仪器，可以快速对水样进行检测分析，主要监测因子包括温度、盐度、pH 值、叶绿素、浊度、溶解氧、COD、石油类、亚硝酸盐、硝酸盐、磷酸盐、硅酸盐、氨氮、总氮、总磷等，并能将检测数据汇总上传，方便环境监测人员及时对水质情况进行判定，图 10-20 为无人船搭载的全自动流动注射仪。

图 10-20　无人船搭载的全自动流动注射仪

## 10.11　无人监测设备在环境监测应用中的优势与局限

### 10.11.1　无人监测设备在环境监测应用中的优势

#### 10.11.1.1　安全性高

在环境监测过程中，传统的人工信息采集，需要面临复杂的地形、恶劣的气候，有时候甚至会威胁到生命安全；除此之外，脆弱的生态系统中，人类的干扰也会造成意外的破坏，例如，人类可能会无意中破坏濒危物种的生存环境，或是将病原体引入环境，这些病原体通过反向人畜共患病影响到野生动物。

无人机的引入，能让工作人员避免在危险的地形实地收集信息，保障工作人员的生命安全，并且能通过人类和野生物种之间保持监测距离来避免造成生态破坏。

#### 10.11.1.2　适用性广

无人监测设备在具体监测环境中可以通过调整不同航高或航线来实现高空间、大面积的监测工作，而在监测过程中对于有污染排放情况的，又可以缩小范围进行高精度监测。并且无人监测设备小巧灵活，机动性强，可以针对城市居民区、农村乡镇、工业园区、重点工业企业、道路交通、江河湖泊、建筑工地、区域边界、污染物传输通道等多种环境监测对象展开工作，还可以到达常规人工监测无法触及的盲区或死角，适用范围非常广。

#### 10.11.1.3　精确度高

无人监测设备搭载的高清摄像头有着极高的分辨率，可以更加真实、准确地呈现现场实时画面，以便监测人员做出更精确的判断。无人监测设备衍生的数据比人类地面计数准确度要高43%~96%，将航行影像与地理定位数据相结合，还可以创建出更详细、更准确的环境“地图”。

此外，无人监测设备可以通过程序的设定来实现精准作业，例如水样的采集，根据系统设定好的方案，无人机/船可以定时、定点、定深、定量进行采样。无人监测设备搭载的实时检测仪器，其检测结果通过比对评估，偏差也基本都在可控范围内，符合相关要求，准确性有一定的保证。

#### 10.11.1.4 成本节约

由于环保监测设备上搭载了高清摄像头，兼具了卫星影像的效果和航拍的快速采集优势，所以在具体的监测过程中可以利用摄像头实时传回的视频，清晰地辨别现场情况并为环境监测人员提供实时帮助，极大地降低了人工巡检的成本。

此外，针对一些特殊地形的监测工作，如果采用常规人工方式，往往需要借助各类工具才能实现，例如离河流湖泊岸边较远的水体监测，通常需要乘坐小型船舶才能到达，其租赁使用费也是一笔不小的支出，而无人监测设备凭借其灵活的机动性，完全可以取代常规方式完成特定区域的监测工作，避免了不必要的成本浪费。

#### 10.11.1.5 操作便捷

常规的人工监测方式，涉及的方法和设备很多，操作起来比较烦琐，培训学习周期也较长，然而无人监测设备的操作和设定都简单易懂，极易上手，短时间培训学习后即可掌握，方便监测人员更快地开展相关工作。

#### 10.11.1.6 效率提升

常规人工监测从采样到分析出数据，周期一般都比较长，而无人监测设备可以替代人工进行自主采样和检测，得到的结果还可以整理汇总后迅速反馈给监测人员进行相关分析判断，极大地缩短了工作时长。

在日常巡检方面，无人监测设备的效率更高。例如，经测算，对单次河流型水域的水质测量和污染溯源工作，无人船可在4小时内完成常规动力船2天的工作任务；一定数量的无人机通过大范围、高密度“组合布点”，可以组成“群体式”协同监测网络，达到目标领域全覆盖，从而极大地提高了环保部门的巡查监测效率。

### 10.11.2 无人监测设备在环境监测应用中的局限

#### 10.11.2.1 稳定性不足

目前的无人监测设备还是会受到部分天气和地理环境的影响，例如在狂风暴雨、严寒酷暑等极其恶劣的天气条件下，无人设备可能无法正常开展工作，其无线信号也可能受到很大干扰，影像、数据等传输出现不稳定的情况；另外，如果河道中有暗礁、岩石或河道狭窄等问题，无人船可能也无法正常开展工作。

#### 10.11.2.2 监测能力不足

虽然目前的无人监测设备出具的检测结果偏差基本在可控范围内，但是与传统检测方法相比，其准确性和灵敏度还是存在一定的欠缺，在一些场合下其数据的准确度和稳定性得不到认可，无法被借鉴使用。

#### 10.11.2.3 载荷和续航能力不足

由于目前的无人监测设备体重较轻，体积较小，所以其负重也很有限，无法搭载过多的监测仪器，多指标同步监测有一定的局限性；在采样环节，对于单次采样量较大的指标无能为力，更加无法满足多项目、多点位同时采样的要求。另外，现有的无人监测设备都是由电池供能的，其航行时间受限，无法实现远距离作业。

#### 10.11.2.4 标准化程度不足

现有的无人监测设备和方法未经过标准化认证，不属于国标或者行业标准，无法满足环境管理的其他要求，所以针对一些要求比较严格的监测项目，无人监测技术可能无法被采用，从而制约了其在环境监测领域的进一步推广。

## 10.12 无人监测设备在环境监测中的应用展望

当下无人监测技术在环境监测领域发挥着十分重要的作用，且相较传统人工监测手段有着低成本、操作便捷、精准高效及无须监测人员亲临现场等多方面的优势，符合我国可持续发展的战略需求。但想要在监测领域更好地发展无人监测设备，则研究的方向应考虑以下几点：

① 通过改进无人监测设备的性能，提高其在不同应用场景中的稳定性，从而提高在环境监测中的应用范围。

② 致力于设备微型化的研究，在满足搭载要求的前提下，保证监测数据的准确性。

③ 加强对无人监测标准和技术方法的研究，通过研发新的监测技术方法，进一步推进无人监测设备技术方法的标准化，从而推进新技术在环境监测领域的应用。

④ 开发性能稳定、续航时间长的无人监测设备。首先要考虑动力问题，可以在蓄电池上入手，研究蓄电能力较强的蓄电池，为设备提供足够的电能。或者进一步开发油电混动无人机/船，确保油电混动设备的运行稳定。

### 参 考 文 献

[1] 董庆鹏，赵冰，任鑫，等．便携式分析仪器在环境空气、水质监测中的应用进展[J]．山

东化工，2019，48(23)：255-256.

[2] 王有家．水体突发性环境污染事故应急监测技术研究[J]．环境与发展，2020，32(12)：75-76.

[3] 闫志明，回蕴珉．突发水污染事故现场应急监测技术[M].1版．北京：化学工业出版社，2020.

[4] 金福杰．便携式分光光度计在地表水环境应急监测中的适用性分析[J]．环境监控与预警，2018，10(03)：33-35.

[5] 任小娟，温宝英，陈鉴东，等．便携式拉曼光谱仪快速检测废水中残留有机溶剂[J]．光散射学报，2018，30(03)：258-263.

[6] 黄振荣，陈渊．便携式傅里叶变换红外多组分气体分析仪在环境应急监测中的应用研究[J]．环境科学与管理，2015，40(12)：133-135.

[7] 于冀芳，周友亚，谷庆宝，等．顶空-便携式气相色谱法测定土壤中的苯系物[J]．中国环境监测，2011，27(03)：28-31.

[8] 王美飞，杨丽莉，胡恩宇．便携式气相色谱法快速测定恶臭气体样品中的硫化物[J]．中国环境监测，2012，28(02)：48-50.

[9] 胡建坤，吴文明，段炼，等．便携式GC-MS结合固相微萃取方法现场快速检测水中17种有机氯农药[J]．现代科学仪器，2015(06)：87-92.

[10] 李汝，逯南南，李梅，等．费氏弧菌综合毒性法对不同种类污染物的应急监测试验研究[J]．安全与环境工程，2015，22(04)：104-109.

[11] 李博，孙梁．便携式仪器的优点及其在环境应急监测中的运用[J]．科学技术创新，2019(05)：159-160.

[12] 罗小玲，邓沁瑜．VOCs走航监测技术在溯源中的应用[J]．广东化工，2021，48(12)：302-303.

[13] 方景新．浅析移动监测在环境监测工作中的应用[J]．微计算机信息，2014(15)：144-145.

[14] 谭德绍．VOCs气质联用走航监测技术应用于环境监察的展望[J]．节能与环保，2019(08)：98-99.

[15] 田凯．无人机在水文监测中的应用前景[J]．现代农业科技，2013，51(17)：221-222.

[16] 刘美玲，罗克菊，陈诚，等．无人机技术在环境监测中的应用前景[J]．中国科技纵横，2018，21(23)：7-8.

[17] 葛佳琦，陈宇航，杨忠，等．无人机在环境污染物监测中应用价值研究[J]．科技创新导报，2021，19(09)：113-115.

[18] 崔文连，金久才，王艳玲，等．无人船技术在湖泊/水库水体监测中的应用探讨[C]．中国环境科学学会学术年会论文集(第四卷).2013.595-599.

[19] 叶斌，陈立波，罗正龙，等．无人船测量系统在河道清淤中的应用[J]．地理空间信息，2017，15(11)：21-23.

[20] 普东东，欧阳永忠，马晓宇．无人船监测与测量技术进展[J]．海洋测绘，2021，41(01)：8-12+16.

# 第11章　现代生物技术

## 11.1　现代生物技术概述

### 11.1.1　现代生物技术的定义

生物技术是以现代生命科学(分子生物学、细胞生物学、免疫学、遗传学等)为基础，结合计算机技术、电子技术、工程技术等先进的科学技术手段，设计并构建具有预期性能的新物质或新产品的一种高新综合性技术。生物技术包括传统生物技术(如：制造酱、酒、面包、奶酪及其他食品的传统生物工艺)和现代生物技术(如：基因工程、细胞工程、酶工程、发酵工程和蛋白质工程等)两部分。

现代生物技术(也称生物工程)是20世纪70年代末80年代初发展起来的，依据生物体的各项机能(生物体在生长、发育与繁殖过程中进行物质合成、降解和转化的能力)，按照人们的意愿和需求，通过改变基因，改良甚至创造新物质或具有新机能的物种，并利用它们或其产品构建生物反应器，进而进行物料加工，生产工业原料以及能源等产品的一种高新综合性技术。该技术涉及以下几个部分：

(1) 生物遗传基因的改造和重组，使重组后的基因在细胞内表达，并产生人类需要的新物质或新品系(如：克隆技术)；

(2) 对生物细胞进行大量加工，进而制造产品的生物生产技术(如：发酵)；

(3) 将生物分子与电子、光学或机械系统连接起来，并将生物分子捕获到的信息放大进行传递，转换为光、电或机械信息等的生物耦合技术；

(4) 在纳米尺度上研究生物大分子结构与功能的关系，对其结构进行改造后最终利用它们组装分子设备的纳米生物技术；

(5) 模拟生物或生物系统，组织、器官功能结构的仿生技术等。

现代生物技术是当今世界大部分国家的支柱产业，是高新技术革命的核心内容，广泛应用于环境监测、医药卫生、轻工食品、化工和能源等领域，在解决环境、资源和能源等问题中发挥着重要的作用。

### 11.1.2 现代生物技术的内容与特点

#### 11.1.2.1 现代生物技术的内容

现代生物技术与信息技术、新材料科学并列为当今三大前沿科学。现代生物技术研究的主要内容包括基因工程(Gene Engineering)、酶工程(Enzyme Engineering)、细胞工程(Cell Engineering)、发酵工程(Fermentation Engineering)、蛋白质工程(Protein Engineering)等技术体系。这五种技术彼此联系、互相渗透、协同发展。其中，基因工程技术是核心，可带动其他四大工程技术发展，而其他四大工程建设的发展又反过来促进基因工程技术更迅速地发展，利用基因工程对细菌或细胞进行不同程度的改造，再通过发酵过程或细胞工程产生有用物质。

(1) 基因工程

基因工程是指以获得某种特定蛋白质产品为目的，与其相应的基因克隆、重组、表达以及其表达产物的分离纯化的技术体系；在体外对生物 DNA 进行剪切、加工并连接，使不同亲本的 DNA 分子重新组合，并把它引入受体细胞中表达出具有新遗传特性生物的过程。

(2)酶工程

酶工程是指利用酶、细胞器或细胞所具有的特异生物催化功能或对酶进行修饰和改造，借助生物反应器和工程手段将相应的原料转化成人类所需产品并应用于社会生活的一种技术。包括菌种的选育、培养基的配制、灭菌、扩大培养和接种、发酵过程和产品的分离提纯等。

(3)细胞工程

细胞工程是以细胞为单位，在体外进行培养、繁育使细胞的某些生物特性按照人们的意愿进行改变，最后达到改良生物品种或创造新生物的目的。根据细胞的类型，可分为植物细胞工程和动物细胞工程；根据操作内容可分为动植物细胞和组织培养、细胞核移植、动物胚胎分割、细胞融合等。

(4)发酵工程

发酵工程是指利用工程微生物在内的某些微生物或动植物细胞及其特定功能，通过现代工程技术手段生产各种特定的有用物质，或者直接将微生物用于工业化生产的一种技术。例如利用酵母制作面包、利用再生资源生产饲料蛋白或将微生物细胞作为生物催化剂等。

(5)蛋白质工程

蛋白质工程是指通过对蛋白质化学、蛋白质晶体学和蛋白质动力学的研究，获得有关蛋白质理化特性和分子特性的信息，并以蛋白质分子的结构规律及其与生物功能的关系为基础，通过修饰和合成对编码蛋白质的基因进行定向的设计和改造，并利用基因工程技术获得可以表达蛋白质的转基因生物系统(包括转基因微生物、转基因植物、转基因动物甚至于细胞系统)，最终构建并生产出性能比自然界存在的蛋白质更加优良、更符合人类需要的新型蛋白质的一种现代生物技术。

#### 11.1.2.2 现代生物技术的特点

现代生物技术具有如下特点：

① 以具有再生性的生物资源为对象，不依赖地球上的有限资源，着眼于再生资源的利用；

② 在常温、常压下即可进行，过程简单，周期短可连续化操作，并可节约能源，减少对环境的污染；

③ 开辟了生产高纯度、优质以及安全可靠的生物制品的新途径；

④ 可解决常规技术以及传统方法不能解决的技术问题；

⑤ 该技术结合工程手段，较易自动化、程控化以及连续化生产；

⑥ 应用性较强，是有针对性的产品生产，具有较高的商业效益；

⑦ 使用的技术手段位于学术前沿，且属于多种学科的交叉点，涉及的范围较广，具有高度的研究水平和综合性；

⑧ 具有较强的创新性和较大的突破性，可以定向地按人们的需求创造新物种、新品种和其他有经济价值的生命类型。

### 11.1.3 现代生物技术的研究内容与发展趋势

现代生物技术将生物有机体作为研究对象，将开发生物资源作为研究目的，研究内容涉及酶工程、细胞工程、基因工程和微生物工程等，主要包括生物监测技术、聚合酶链反应技术(PCR)、发光细菌检测技术、生物酶技术、生物芯片技术、流式细胞测定技术、微核技术、单细胞凝胶电泳技术、DNA 宏条形码技术和生物传感器技术等。现代生物技术一般在常温常压的条件下对生物进行检测研究，不仅不会对环境造成污染，还可提高生物资源利用效率，具有准确度高、反应灵敏、操作灵活等特点，且开发的新物质具有高纯度和高可靠性，为其在环境监测、农作物与动物检测、食品检测、生物制造、生物处理过程、海洋生物和新能源等领域的发展应用奠定了基础。

### 11.1.4 现代生物技术的新时代意义

现代生物技术的发展带动了环境监测、食品检测、医学、无机非金属等领域的发展，对于推动新时代生态文明建设的发展具有重要的意义；同时，现代生物技术的运用为 DNA 遗传生物学奠定了基础，不仅提升了针对新时代空气污染问题进行细菌分类和处理技术水平，还提高了该技术的识别功能，为人们的出行支付等提供了便利；推动环境监测工作不断进步，为人类社会各个行业领域的发展提供了参考。

现代生物技术可以对人类生活中的污染物及其危害程度进行精准的监测，在监测过程中根据不同学科运用不同手法进行测量，并根据原有学科和相关学科创造出新的领域，不断改善人们的生活质量，为常规环境监测做好严密把控，同时还能对细微污染进行准确鉴别，进而提升环境监测结果的真实性和准确性。

现代生物技术已被广泛运用到多个行业，涵盖工业、农业、科技等各个领域，它在环境监测领域的作用主要表现在监测环境细菌、微生物等方面。生物技术的发展以传统生物技术为基础，随着时代发展不断进行技术改良，最后发展为现代生物技术，这使得现代生物技术不仅符合时代发展的要求，还顺应了新时代人类生产、工作、学习和发展的需要。因此，现代生物技术在环境监测中的突出作用不仅表现在可以对环境中的人、事物、行业等因素进行有效监测，有利于人类健康和文明建设；还可为环境监测提供发展方向和判别价值。

## 11.2　现代生物技术在环境监测中的应用

### 11.2.1　生物监测技术在环境监测中的应用

污染物在进入自然环境之后，会对生态系统造成某些负面影响，进而改变系统原本的功能与结构。从分子性能的角度来看，污染物会通过激活或抑制酶，对其活性产生影响，进而改变蛋白质合成；从细胞角度来看，污染物可能会改变细胞膜，破坏内质网、颗粒体等；从动物表象的角度看，污染物可能会造成动物死亡、行为异常或抑制其生长等；从植物表象的角度看，污染物可能会影响植物生长，导致植物出现黄化、早熟等情况；从种群水平的表象来看，可能会造成种群数量、密度等参数发生变化，进而导致物种比例变化，竞争关系、遗传基因等也会发生相应的改变，从而影响群落中优势种群的比例、群落数量、生物多样性等。

#### 11.2.1.1　生物监测技术的原理

在自然生态领域中，有些生物和环境(水、土、大气等)之间有着密切的联系并相互影响。若环境中某种污染物的含量高于安全阈值，必然会对环境中生物的发育与繁殖产生直接或间接的影响，最终使污染物转移并在生物体中汇集，从而导致各种病症的产生。生物监测技术依靠生物学反应，可以对环境中不同生物群种的病症情况与其对环境的敏感性进行具体并深入的剖析，以此衡量环境的污染状况及程度，明确污染种类。

同传统监测技术相比，生物监测技术有着诸多优势，例如：灵敏性强、监测范围广以及成本较低等。由于生物监测技术是一项新型的环境监测技术，因此，仍需完善标准，以保证监测结果的可靠性与准确性。

#### 11.2.1.2 生物监测技术的特点

生物监测技术具有以下几个特点：

（1）长期性

传统的环境监测多是定期采样后送至实验室进行测试，从而得到生态环境中污染物的污染情况。但该种方法仅能反映采样期间环境污染状况，无法获取环境污染状况的实时数据。而生物监测是最为全面实时的监测手段，可以准确全面地反映出监测时间段内生态环境污染的具体情况与实际转变，科学合理地对污染情况进行评价。

（2）富集性

由于生物监测的指示生物可通过食物链使得污染物在其体内形成富集效应，因此，生物监测技术可通过对食物链顶端的生物进行监测，以保证监测数据更加客观、真实、有效。

（3）综合性

生态环境的污染成因较为复杂，是各种污染物共同作用的结果。以往的环境监测技术仅能对污染物的种类以及含量进行监测，无法准确监测出污染物的复合及累积过程。现阶段的生物监测技术可以准确监测出污染物的综合效应并进行安全性评价，能够为环境保护和治理提供参考条件和依据。

一般情况下，环境污染多爆发于小领域当中，因此环境监测点的选取应当充分考虑实际情况，科学并合理地选取监测点，可以确保监测结果与实际状况相匹配。

#### 11.2.1.3 生物监测技术在环境监测中的实际应用

随着经济的不断发展，环境污染问题日益突出，环境保护成为社会发展进程中的重要内容，而环境监测成为其中必不可少的一项工作。将生物监测技术合理地运用到环境监测中，其结果具有较高的准确性、真实性、经济性与实用性，能很好地体现出环境污染的真实情况，为环境保护拓展出新思路及新途径，进而有效地治理和修复环境污染问题。

当前应用于环境监测中的生物监测，主要包括三个方向：对生物群落进行监测、对微生物进行监测以及对生物残留的毒素进行监测。其中，对生物群落的监测通常用于对水体污染、土壤污染和大气污染的监测，通过监测生物群落的反应，来发现周围环境的异常；微生物监测一般指对无脊椎动物或其他指示性生物，如藻类、植物和细菌等的监测；通过检测生物体内污染物的残留情况，可以推断环境质量，评估和判断环境污染程度。

（1）生物监测技术在土壤环境监测中的应用

土壤是人类获取食物的主要来源，它的污染会对人类生存带来十分恶劣的影响。土壤污染大部分是间接因素导致的，为更好地分析土壤污染的因素和程度，必须从地下水质、土壤本身、农作物生长状态和人体健康等多个方面进行监测分析。应用生物监测方法进行土壤污染的监测，可通过观察微生物所产生的变化，了解当前土壤污染程度。具体监测方法如下：

① 植物监测法。植物监测的方法就是采用指示植物对土壤污染情况进行监测。植物生长过程中会吸收土壤中的营养物质，不同的污染会使植物呈现不同的病症，进而影响植物正常的生长代谢功能。比如部分植物自身成分发生变化、生长缓慢；部分植物表面出现伤斑，表面水分蒸腾率降低；部分植物自身正常的光合作用率会降低。

② 动物监测法。动物监测的方法就是采用指标动物对土壤污染程度进行监测，一般将蚯蚓作为主要监测对象。通过观察它的种群数量、结构等生物学特征和毒态生理学特征，可以对土壤中铅、汞等有害物质含量是否超标做出判断，也可以监测到土壤中是否有一定数量的农药残留。且蚯蚓体内镉的含量随土壤中镉浓度的变化而变化。因此，在土壤污染监测中，蚯蚓具有一定的实用意义。

③ 微生物监测技术。微生物监测的方法主要是通过对土壤中所包含的微生物种类以及群落变化进行鉴别，进而全面分析和反映土壤的受污染情况。人类粪便和尿液中含有大量微生物，易对土壤产生严重污染；且家庭生活污水和工业排放废水也会对土壤造成严重危害。分离并计算土壤中的霉菌、细菌以及放线菌，参照微生物的群系结构和数量变化就能客观且科学全面地评价土壤污染情况。

（2）生物监测技术在大气环境监测中的应用

大气污染是当前最常见的环境污染之一，以生物监测技术对大气污染情况进行监测，能够有效把控大气污染的严重程度和大气质量。植物对大气中有害物质的敏感性较强，且植物生长、生产的环境固定，这对于某一区域环境的监测具有显著意义。大气污染监测中常用的指示性植物有以下几种类型：

① $SO_2$ 指示植物。$SO_2$ 是导致大气污染的主要物质之一，水杉、地衣、落地松和苔薄等植物在受到 $SO_2$ 影响时，叶子的重要组成部分维管束会有伤斑出现，并以块状形式存在；污染严重时斑痕会长于叶子边缘，呈现土黄色或者红棕色。可根据该现象判断大气中 $SO_2$ 的污染程度。

② 氟化物指示植物。氟化物也是导致大气污染的主要物质之一。郁金香、大蒜、杏树、梅树、金仙草和葡萄苔藓等植物在受到大量氟化物的影响之后，叶子会变成尖锐的形状，且叶面上出现浅褐色或红褐色的伤斑，而叶脉几乎不会受到影响。可根据该现象判断大气中氟化物的污染程度。

③ $CO_2$ 指示植物。$CO_2$ 是空气的重要组成部分，但若含量过高，会直接影响大气环境，造成温室效应。番茄、向日葵、烟草和秋海棠等植物，在受到过量 $CO_2$ 影响后，叶脉会出现明显的不规则的黄褐色或白色的斑痕。可根据该现象对环境中 $CO_2$ 的污染程度进行监测。

在利用某些植物敏感性强、易被大气污染损害的特性，人们可以对大气质量进行监测，了解大气污染的相关状况。值得注意的是，部分植物在土壤被污染时，叶片也会呈现伤斑，因而要根据不同植物的具体情况作出实际分析，确定是大气污染还是土壤污染。

(3) 生物监测技术在水环境监测中的应用

水域中的生物与其赖以生存的水环境是密切相关、不可分割的，若水质出现问题，将直接影响水生动植物和微生物的行为反应，可以此对水污染情况进行监测，常用的监测方法有以下两种：

① 生物指示法。生物指示法就是利用现代化的生物监测技术方法对水体环境进行监测，是一种较为传统的监测手段。水体内的部分生物对污染物十分敏感，污染物的存在会直接导致该类生物消失，通过观察该类生物是否存在即可了解水体污染情况。可选择鱼类、浮游生物或底栖生物等具有固定活动范围和较长生命周期的生物，以便于对水环境进行长期监测。当前生物技术的指示生物以无脊椎动物为主，对水污染严重性进行监测时，可选择蚊幼虫和颤蚓类生物，而田螺和蜻蜓则可以反映当前水体的清洁程度。

② 微生物群落监测法。微生物群落是水体环境中十分重要的组成部分，在水体受到污染后，微生物的敏感性会变高并在短时间内出现行为反应。常见的监测方法是聚氨醋泡沫塑料块法，该方法是将含有聚氨醋的泡沫塑料置于水中，收集并对水体中污染物的种类进行辨别，以此确定水体污染情况。该方法不受时间和空间的限制，也不会对基质的使用造成影响，具有成本低、监测快速准确的优点，对于监测自然水体和工业废水的污染具有显著的效果。

### 11.2.2 PCR 技术在环境监测中的应用

1983 年，美国科学家 Mullis 首先对 PCR 技术的可能性提出了猜想，并于两年后发明了简易 DNA 扩增法，即 PCR 技术的前身；2013 年，PCR 技术已发展到第三代；1976 年，科学家钱嘉韵发现了稳定的 Taq DNA 聚合酶，为 PCR 技术的进一步发展做出了不可忽视的贡献。

#### 11.2.2.1 PCR 技术的原理

生物进化和发展的重要途径主要在于 DNA 的半保留复制。在多种酶的作用下，双链 DNA 可变形并解旋成为单链，在 DNA 聚合酶的作用下，根据碱基互补配对原则复制成为同样的两分子。实验研究发现温度的变化可以控制 DNA 的变形解链和复性成双链的过程，在反应过程中加入设计引物、DNA 聚合酶和 4 种脱氧核糖核苷三磷酸(dNTP)就可完成基因的体外复制过程。

PCR 技术是一种较为高端的生物技术，指在机体外模拟 DNA 的天然复制情况，并对片段中的一组基因片段进行延展，是 DNA 的一种体外扩增技术，它的特异性依赖于靶序列两端互补的寡核苷酸引物。客观上也可以说 PCR 理论的基础是克隆技术的延续。

它的基本原理是在模板、引物、dNTP 和耐热 DNA 聚合酶存在下，特异扩增位与两段已知序列间 DNA 片段的酶促合成反应。每一循环过程都包括高温变性、低温退火、中温延伸三个基本反应。

(1) 高温变性

当温度加热至 93℃左右并持续一段时间后，模板 DNA 双链或经过 PCR 扩增形成的双链 DNA 解离，使之成为单链，以便后续与引物结合，为下轮反应作准备。

(2) 低温退火

当模板 DNA 经过加热过程变性转变为单链后，将反应温度降低至 55℃左右，引物会与模板单链 DNA 的互补序列进行配对结合。

(3) 中温延伸

DNA 模板-引物结合物在 72℃的反应温度、DNA 聚合酶(例如：Pfu DNA 聚合酶)的作用条件下，将 dNTP 作为反应原料，靶序列作为模板，按照碱基互补配对和半保留复制的原理合成一条新的与模板 DNA 链互补的半保留复制链。

循环后得到的产物都将作为下一循环起点的模板，每完成一个循环需要 2~4min，循环 30 次。此后，理论上介于两个引物之间的新生 DNA 片段可达 230 拷贝(约为 $10^9$ 个分子)。

#### 11.2.2.2 PCR 技术的反应要素

PCR 技术的反应要素包括引物、热稳定 DNA 聚合酶、dNTP、模板和维持 pH 值的缓冲液。

(1) 引物

引物是 PCR 反应的关键要素，PCR 产物的特异性取决于引物与选取模板 DNA 的互补程度；引物浓度多为 0.1~0.5μmol/L，浓度过低会影响新生 DNA 片段的产量，浓度过高则会导致非特异性产物增多和较高的错配率，并增加引物二聚体的生成概率。

引物设计要考虑引物长度(15~30bp，常用为 20bp 左右)、引物扩增跨度(以 200~500bp 为宜，特定条件下可扩增长至 10kb)、引物碱基(G+C 含量以 40%~60%为宜，比例过小会导致较差的扩增效果，比例过大易出现非特异条带；ATGC 建议随机分布，避免 5 个以上的嘌呤或嘧啶核苷酸成串排列)、引物熔解温度以及引物的特异性(引物应与核酸序列数据库的其他序列无明显同源性)。

(2) 热稳定 DNA 聚合酶

PCR 反应所用的热稳定 DNA 聚合酶主要有两种来源：Taq 和 Pfu，分别来自两种不同的嗜热菌。其中 Taq 聚合酶具有较高的扩增效率但易发生错配；Pfu 的扩增效率弱但具有纠错功能。实际使用时可根据需要做不同的选择。

(3) dNTP

PCR 反应中，适宜的 dNTP 浓度范围应该在 200~500μmol/L(4 种 dNTP 的体积浓度要相等，不然易引起错配)，浓度过低会降低新生 DNA 片段的产量，浓度过高则会淬灭 $Mg^{2+}$，从而抑制 PCR 反应。dNTP 在较高温度下易失活，因此需在-20℃下冷冻保存，以保证 dNTP 的活性。

(4) 模板

模板即扩增用的 DNA(单双链均可)，可以是任何来源，但有两个基本原则：第一是纯度必须较高，不能混有蛋白酶、核酸酶、DNA 聚合酶抑制剂和 DNA 结合蛋白；第二是具有适宜的浓度以免抑制 PCR 反应。对于哺乳动物基因组 DNA 来说，每个反应的模板量在 1μg；而对于酵母染色体、细菌染色体和质粒等模板的选用量通常在 10ng、1ng 和 1pg。

(5) 维持 pH 值的缓冲液

缓冲液的成分较为复杂，除水外一般包括四个有效成分：缓冲体系，通常使用 HEPES(4-羟乙基哌嗪乙磺酸)或 MOPS[3-(*N*-吗啉基)丙磺酸]缓冲体系；一价阳离子，通常采用钾离子，特殊情况下可选用铵根离子；二价阳离子，即 $Mg^{2+}$，根据反应体系确定，通常情况下不需要调整；辅助成分，常见的有二甲基亚砜(DMSO)和甘油等，可用来保持酶的活性，帮助 DNA 解除缠绕结构。

缓冲液中的 $Mg^{2+}$ 是热稳定 DNA 聚合酶的激活剂，当 dNTP 浓度为 200μmol/L 时，$Mg^{2+}$ 浓度在 1.5~2.0mmol/L 为最适状态，浓度过低会造成新生 DNA 片段产量降低，浓度过高则会影响反应的特异性。

#### 11.2.2.3 PCR 技术的特点与分类

PCR 技术具有以下特点：①操作简便。目前 PCR 技术采用耐高温 Taq DNA 聚合酶，实验在由计算机控制的 DNA 扩增仪中进行，操作简单，一次性加注反应液可满足变性—退火—延伸反应全过程。②快速。数小时可进行 20~30 个循环周期，使目标 DNA 达到数百万倍的扩增数量。③灵敏度高。PCR 产物的生成量以指数方式增加，能将 pg($10^{-12}$)量级的起始模板扩增到 μg($10^{-6}$)水平；可从 100 万个细胞中检测出一个靶细胞；病毒检测中 PCR 的灵敏度可达 3 个 RFU(空斑形成单位)；细菌学中最小检出率为 3 个细菌；且可对人体发丝、精子以及细胞进行定型。④特异性强。引物与模板的正确结合是 PCR 反应特异性的关键，它们的结合遵循碱基配对原则；聚合酶的耐高温性，使反应中模板与引物的结合可在较高的温度下进行，大大增加了结合的特异性，被扩增的目标靶基因片段可保持很高的正确度；再通过选择特异性和保守性高的靶基因区，保证 PCR 反应的更高特异性程度。⑤纯度要求低。介于 PCR 技术的高灵敏度和强特异性，仅含微量(pg，ng)目的基因的粗制品就可用作反应起始材料来获取目的产物。⑥无放射性污染。扩增产物多用电泳分析，不一定使用同位素，无放射性污染，易推广。

PCR 技术种类繁多，包括：①标准 PCR；②反向 PCR，即用反向的互补引物来扩增两引物外的 DNA 片段，对某个已知 DNA 片段两侧的未知序列进行扩增；③不对称 PCR，可用来扩增产生特异长度的单链 DNA；④锚定 PCR，常用于扩增已知一端序列的目的 DNA；⑤反转录 PCR，即一条 RNA 链被逆转录成为互补 DNA，再以此为模板通过 PCR 进行扩增；⑥巢式 PCR，变异的 PCR 反应，使用两对引物扩增完整的片段；⑦免疫 PCR，是利用抗原抗体反应的特异性和 PCR 反应的高灵敏性而建立的一种微量抗原检测技术；⑧等位基因特异性 PCR，利用引物与模板之间的碱基错配可以抑制 PCR 反应的原理，达到模板区分的目的；⑨实时定量 PCR，在常规 PCR 基础上加入荧光标记探针来实现定量功能；⑩多重 PCR，可产生多个 PCR 产物，用于检测特定基因序列的存在或缺失。

#### 11.2.2.4 PCR 技术在环境监测中的实际应用

因 PCR 分析方法具有准确、快速的优点，可精准地检测外部环境的病毒、致病性细菌(空气中的荚膜杆菌和水样中的霍乱弧菌等)以及有害生物(藻类等)，已逐步取代了传统的分离培养法，不仅提高了监测数据的真实性和有效性，也极大地提高了监测效率。用 PCR 技术检测水体中病原微生物比细菌指标法更快速、灵敏度更高，且水中大部分病原体都可以被扩增，因此在浓度很小的情况下依然可以被检出；实时 PCR 与传统标准方法对水体中嗜肺军团杆菌的监测结果一致，但 PCR 方法具有更高的灵敏度和更好的重现性，为确定病原体和评价水体污染程度提供了一种全新的技术手段；变性梯度凝胶电泳 PCR 扩增技术可用于监测土壤中分解蛋白酶的细菌群落，以此来确定不同类型的有机和无机肥料对植物根系附近土壤中分解蛋白酶活性的影响；除此之外，PCR 技术已被广泛应用于水环境中大肠杆菌、志贺氏菌等微生物的检测，也能对环境中特异性种群的测定基因表达进行检测。李姣等人也曾于 2021 年利用反转录 PCR 技术对微量植物组织中的 4 种植物病毒进行了方法的建立与优化。由此可见，PCR 技术在环境监测中具有十分重要的作用。

### 11.2.3 发光细菌检测技术在环境监测中的应用

#### 11.2.3.1 细菌发光的机理

生物发光即生物体内发光蛋白通过消耗能量物质而产生的发光现象。其特点在于仅消耗能量物质但不消耗发光物质。发光细菌指在正常生理条件下能产生肉眼可见(黑暗处)的蓝绿色荧光(荧光波长在450~490nm)的细菌，不同种类发光细菌的发光机理是相同的；都是由特异性的荧光酶(LE)、还原态的黄素单核苷酸($FMNH_2$)、八碳以上的长链脂肪醛(RCHO)、分子氧($O_2$)所参与的反应，反应过程为：$FMNH_2 + LE \rightarrow FMNH_2 \cdot LE + O_2 \rightarrow LE \cdot FMNH_2 \cdot O_2 + RCH \rightarrow LE \cdot FMNH_2 \cdot O_2 \cdot RCHO \rightarrow LE + FMN + H_2O + RCOOH +$ 光。在分子氧的作用下，胞内荧光酶催化，$FMNH_2$及RCHO氧化为FMN和长链脂肪酸，然后释放最大发光强度。

#### 11.2.3.2 发光细菌的分类

发光细菌多为海洋细菌，来源为海水、海洋生物体表或内脏，必须在氯化钠存在的条件下才能生长并发光。目前，已知并命名的发光细菌种类如表11-1所示。

表11-1 发光细菌种类及栖息地

| 细菌名称 | 栖息地 | 典型菌株 |
| --- | --- | --- |
| 弧菌属 | — | — |
| 费氏弧菌 | 海洋 | ATCC 7744 (strain 398), DSM 507 |
| 哈维氏弧菌 | 海洋 | 384, ATCC 14126, CCUG 28584, LMG 4044, IFO 15634, CIP 103192, NCMB 1280 |
| 火神弧菌 | 海洋 | 584, ATCC 29985, CIP 104991 |
| 东方弧菌 | 海洋 | ATCC 33934, CCUG 16389, CIP 102891, IFO 15638, LMG 7897 |
| 杀蛙弧菌 | 海洋 | HI 7751, ATCC 43839, CIP 103166, LMG 14010, NCIMB 2262 |
| 美丽弧菌 | 海洋 | ATCC 33125, NCMB 1 |
| 创伤弧菌 | 海洋 | B9629, ATCC 27562, DSM 10143, IMET 11292 (biogroup 1) |
| 霍乱弧菌 | 淡水 | ATCC 14035, CDC 9061-79, NCTC 8021 |
| 青海弧菌 | 淡水 | Q67 |
| 发光杆菌属 | — | — |
| 限养发光杆菌 | 海洋 | ATCC 25915 |
| 鳆鱼发光杆菌 | 海洋 | ATCC 25521 |
| 明亮发光杆菌 | 海洋 | ATCC 11040, LMG 4233 |
| 岸谷发光杆菌 | 海洋 | — |
| 希瓦氏菌属 | — | — |
| 羽田希瓦氏菌 | 海洋 | ATCC 33224, CIP 103207, DSM 6066 |
| 伍德希瓦氏菌 | 海洋 | MS32, ATCC 51908, DSM 12036 |
| 光杆菌属 | — | — |
| asymbiotica | 陆地 | 3265-86, ATCC 439500 |

续表

| 细菌名称 | 栖息地 | 典型菌株 |
|---|---|---|
| 发光光杆菌 | 陆地 | Hb，ATCC 29999，DSM 3368 |
| 温和光杆菌 | 陆地 | XINach，CIP 105563 |

#### 11.2.3.3 发光细菌检测技术的特点

在一定的试验条件下，发光细菌发出的蓝绿色可见光的强度是恒定的。毒性物质会影响发光细菌的发光强度，在一定范围内，发光细菌的发光强度与毒性物质的浓度以及毒性强弱呈相关关系。毒性物质主要是通过下述两种方法影响细菌的发光强度：①抑制参与发光反应的酶类物质的活性；②抑制细菌细胞内与发光反应有关的代谢过程。对于能够干扰或者破坏发光细菌正常生长、呼吸以及代谢过程的有毒物质均可根据细菌发光强度的变化来测定。

#### 11.2.3.4 发光细菌检测技术在环境监测中的实际应用

发光细菌检测技术在环境监测中具有以下用途：

（1）监测水质污染

目前用于监测水质污染物毒性的方法多为鱼类或藻类等的毒性实验，监测周期较长、监测成本较高。发光细菌监测技术不仅与传统毒性实验结果具有很好的一致性，并且具有快速、反应灵敏且操作简单的优点，一次污染物毒性实验仅需0.25~1h。

（2）食品中农药残留的检测

袁东星等人采用发光细菌监测法对蔬菜中常用的甲胺磷、水胺硫磷、氧化乐果等6种有机磷农药进行检测，发现发光细菌的发光强度与农药的浓度呈现一定的相关性，可以满足现场快速监测中的半定量要求，具有成本低、检测快速且反应灵敏的优点。

（3）土壤中重金属的检测

部分发光细菌对土壤中的重金属极其敏感，可通过其产生的荧光强度来判断土壤中某些重金属的含量，确定土壤污染程度；若要快速并且准确地检测出土壤中的Zn、Cu含量，可通过荧光菌这一微生物。与传统的检测方法相比，该方法具有特异性强、灵敏度高、操作简便等优点，在环境监测中得到了广泛的应用。

### 11.2.4 生物酶技术在环境监测中的应用

生物酶是由活细胞产生，能够参与和促进活体细胞的各种代谢反应，属于无毒、无害且对环境友好的生物催化剂，其组成大部分为蛋白质，极少部分为RNA。酶的生产和使用，在国内外已有80多年历史，到20世纪80年代，生物酶技术作为一种新兴高新技术在我国迅速发展。

#### 11.2.4.1 生物酶技术的原理

生物酶的酶分子是由长链氨基酸组成的，一部分链为螺旋状，另一部分为具有折叠结构的薄片，最后由不折叠的氨基酸链将两部分连接起来，形成具有特定三维结构的酶分子。酶可分为四级结构：①氨基酸的排列顺序；②肽链的平面空间构象；③肽链的立体空间构象；④肽链以非共价键形式结合形成的蛋白质分子。酶的作用机理是底物与酶的活性部位结合，进而改变酶的生物构象。生物酶技术是利用酶的酶解作用选择性破坏植物细胞壁，使细胞内的成分更易溶解并扩散，具有成分浸出率高、能耗低、污染小、热敏成分损失少等优势。生物酶技术主要包括生物酶抑制技术和酶免疫测定技术两个方面：

(1) 生物酶抑制技术

生物酶抑制技术主要应用于环境监测，利用环境污染物(如农药、化肥等)对特定酶的抑制作用，加入可以催化特定酶的显色剂，最后通过显色剂的显色状态(依靠酶抑制状态进行)并运用流产化方式判定环境中污染物的存在情况以及存在比例。技术的不断创新为生物酶技术的发展提供了有利并成熟的条件，减少成本浪费的同时也增强了检测的灵敏性。

(2) 酶免疫测定技术

酶免疫测定技术是将抗原抗体的免疫反应与生物酶的催化原理相结合的一种检测技术。该技术的测定过程为：受检标本与固相载体表面的抗原或抗体发生反应，用洗涤的方式将固相载体表面形成的复合物与其他物质分开，再加入被生物酶标记的抗原或抗体，通过反应使其也结合在固相载体表面，此时固相载体表面的生物酶量与标本中受检物质的量呈现一定的比例关系，再加入酶反应底物后，底物会被酶催化形成有色物质，此时产物的量与受检物质的量直接相关，可依据显色程度进行定向或定量分析。

#### 11.2.4.2 生物酶技术在环境监测中的实际应用

与传统监测方法相比，生物酶技术可以直接降解有机物，提高污染物去除效率；具有针对性强、特异性高、敏感性强、成本低、结果易于检测和绿色环保等优点，已被广泛应用于环境监测中。其中酶免疫测定技术被证实可用于土壤中生防菌杀虫蛋白和除草剂毒莠定残留的检测(样品基质对检测结果没有干扰)，并且酶免疫测定技术在农药残留检测方面的应用也得到了迅速发展，已被成功应用于甲胺磷、甲基对硫磷、菊酯类农药、氟虫腈杀虫剂、除虫脲农药等的检测。

各环境领域均可根据实际需要针对性地应用生物酶技术进行污染指标的检测，且生物酶技术在环境设备上具有较低的要求，可以有效降低生物技术应用的前期投入。

### 11.2.5 生物芯片技术在环境监测中的应用

将芯片与生物技术相结合，可形成聚集分子成分的细微阵列的生物芯片，可以缩短解析时间，提高检测过程的自动化和智能化。可通过选用不同型号、大小的探针制备成蛋白质通道和传感特性生物芯片等，进而对不同环境区域的目标物进行测定。

#### 11.2.5.1 生物芯片技术的原理

生物芯片技术是通过缩微技术，根据分子间特异性结合的原理，将生命科学领域不连续的分析过程集成于硅或玻璃芯片表面的微型生物化学分析系统，以此来实现对生物组分(基因、蛋白质等)的检测。工作原理是利用光导原位合成或微量点样的方式，将生物大分子(核酸片段、多肽分子、细胞等生物样品)有序地固化于支持物(如聚丙烯酰胺凝胶、硅片、玻片等)的表面，组成密集的二维分子排列后与被标记的待测样品中的靶分子杂交，通过特定的仪器(如电荷偶联摄影像机等)对杂交信号强度进行高效快速的检测分析，以此来判断待测样品中靶分子的数量。

#### 11.2.5.2 生物芯片技术的特点与分类

生物芯片技术具有高通量(一张芯片可同时分析上千万的分子)、微型化、自动化(技术自动化和结果分析自动化)和低成本(相对于同时进行大量分子研究而言)等特点。生物芯片上集成了成千上万的密集排列的微阵列，能够在短时间内分析大量的生物分子，较传统检测方法效率提高了上千倍。生物芯片技术是继大规模集成电路后的又一次具有重大意义的科学技术革命。

根据芯片上固定的探针种类不同，生物芯片可分为基因芯片、组织芯片、细胞芯片和蛋白质芯片；根据芯片的用途不同，可分为表达型芯片、测序芯片和芯片实验室；根据最终检测载体不同，可分为固相芯片和液相芯片；根据其工作原理还可分为元件型微阵列芯片、通道型微阵列芯片、生物传感等新型生物芯片。根据芯片上固定的物质不同可分为肽芯片或蛋白芯片(固定物为肽或蛋白)、DNA芯片(固定物为寡核苷酸探针或 DNA)蛋白芯片和基因芯片可提供的信息和数据更加广泛，在环境质量监测中具有更大的作用。

#### 11.2.5.3 生物芯片技术在环境监测中的实际应用

生物芯片技术具有可靠性、专一性和稳定性，已经被充分运用在环境监测工作中。利用生物芯片技术对环境污染物进行检测，主要是通过分析细胞组 DNA 的变化序列，筛选得到与正常细胞表达存在差异的 DNA 的生态性变化和突变，最后单独或混合确定环境污染物对敏感生物基因水平上的影响。

生物芯片技术已被应用到水环境质量监测及控制(利用微生物的变化来探究水中细菌的含量)、病原细菌瞬时检测、细菌基因表达水平测量、菌种鉴定等方面。法国某企业研发的生物芯片可实时监测公共饮用水中微生物的变化；Rhode Island 大学研发的生物芯片对水中沙门氏菌和大肠杆菌可做到瞬时检测；利用生物芯片建立的细菌检测和鉴定系统，可在 4h 内监测得到细菌的种类。

随着生物芯片技术研究的不断深入和发展，科学家逐渐重视生物芯片技术在环境监测中的重要作用。并把“环境基因学”作为一项新的研究概念与方向。其中生物芯片技术的研究是一项重要的方法，能够快速地反映出环境对人类基因产生的影响，并被作为基因学研究中的重要参照。

### 11.2.6 流式细胞测定技术在环境监测中的应用

#### 11.2.6.1 流式细胞测定技术的原理

流式细胞测定技术是一种对液流中排成单列的细胞或其他生物颗粒(如微球、细菌、小型生物等)逐个进行快速定量和分选的现代化生物学测定和生态学观测的以流式细胞仪作为检测手段的高新技术。其工作原理是用荧光染料对待测样品进行染色并将其制成样品悬液，在一定的压力下，让悬液通过壳液包围的进样管进入流动室，排成单列的细胞后由流动室的喷嘴喷出进而形成细胞液流，并与入射的激光束相交。细胞被激发后会产生荧光，被放在与入射激光束和细胞液流成 90°位置的光学系统收集。系统中的阻断滤片用于阻挡激光；二色分光镜以及其他阻断滤片被用于荧光波长的选择。荧光检测器为光电倍增管，散射光检测器为光电二极管，用于前向散射光的收集；小角度前向散射与细胞大小有关。整个流式细胞仪使用多道脉冲高度分析器来处理荧光脉冲信号和光散射信号，经计算机处理形成相应的单参数直方图、双参数散点图、三维立体图和轮廓(等高)图来表示测定结果。

#### 11.2.6.2 流式细胞测定技术的特点

流式细胞测定技术具有检测速度快、准确性好、精密度高、细胞不被破坏、灵敏度高、可进行多参数测量等特点，且不限于表面抗原；可根据发光度(如细胞体积)或荧光散射度(如 DNA、RNA、酶活性、蛋白含量和特异性抗原等)来对细胞进行分离；属于一门高度综合(光学、电子学、流体力学、免疫学和计算机等)的科学技术方法。该技术既是一种细胞分析技术，又是一种精确的分选技术，具有以下用途：测定细胞内 DNA 的变异系数，准确地进行 DNA 倍体分析，对细胞内蛋白质和核酸进行定量研究等；对颗粒物的粒径、质地和光学性质等进行测量；通过对单细胞藻类所含色素的自荧光测定来对小型、微型和微微型浮游单细胞种类进行定性和定量的分析；通过免疫荧光的测定来鉴别蓝细菌的不同株系等。

#### 11.2.6.3 流式细胞测定技术在环境监测中的应用

目前，流式细胞测定技术主要被应用于海洋水体的监测。该技术与同位素跟踪技术相结合，借助海洋光学，可对浮游生物的生存状况进行分析，并计算不同类别浮游生物对浮游植物群落总生产力的贡献。该技术与 DNA 分子探针技术相结合，可用来监测并分析海洋异养细菌和光合原核生物细胞的循环；与高效液相色谱技术相结合，可用来监测海洋中含不同色素的浮游植物并评价其对海洋光学的作用与影响。此外，流式细胞测定技术具有极强的适应性，也可用于对其他水体环境的监测，可有效提升水体中化学元素及生物细胞检测和分析的准确性与科学性。

### 11.2.7 微核技术在环境监测中的应用

微核技术最早出现于 20 世纪 70 年代，属于细胞遗传学效应快速检测的一种方法。自 Matter 和 Schmid 利用啮齿动物的骨髓细胞作为验证材料来检测疑有诱变活性的化合物以来，微核技术就成为检测致突变剂和环境污染物等的快速初筛技术。

#### 11.2.7.1 微核的产生

微核的产生是因为生物体的染色体(染色质)在复制过程中，会损伤、断裂，产生一些碎片。一般情况下，大部分碎片可与染色体愈合恢复原状，降低染色体畸变率，细胞可进行正常的生命活动。若细胞内有污染物或环境中存在辐射和其他诱变因子，则会加剧染色体的断裂，在有丝分裂或减数分裂中就会出现无法愈合的染色体片段(分裂期间表现为微核、双核、核变形等；分裂期表现为染色体断片、多桥、滞后等细胞遗传损伤效应)，这些缺少了着丝点的断片，无法向两极移动，只能停留在细胞质中，在新的细胞核形成时，转变成大小不等，着色与主核相同且具有微小包膜的球体，即微核。微核属于染色体畸变类型之一，形态多样，具有清晰的轮廓，可与主核分离或相连(以丝或蒂的形式)。微核可作为遗传毒性评价的指标，用于辐射损伤监测、药物筛选等的实验研究和环境质量评价。

#### 11.2.7.2 微核的形成机理

微核的形成机理主要包括化学毒性物质所致的微核、细胞组成成分缺乏所致的微核以及其他致微核因素。

(1) 化学毒性物质所致的微核

秋水仙碱、HO-221 等毒性药物会直接抑制动物细胞纺锤丝的形成，阻止细胞分裂过程中纺锤丝将染色体拉至细胞两端。Ando-N 等利用 HO-221 抑制纺锤丝微管的组装，破坏纺锤丝，在染色体分析时诱导出了多倍体细胞和亚二倍体细胞，未观察到染色体的断裂现象，鼠的体内细胞也常被诱导出较大的微核。有机苯可引起微核增多且具有明显的致癌作用，苯三酚氧化为醌时会产生活性氧对 DNA 和某些细胞大分子造成损伤，引起染色体数目和结构的变化。

(2) 细胞组成成分缺乏所致的微核

研究人员对 9 位健康志愿者进行了叶酸限量实验，从基础用量 195mg/d 减少到56mg/d，维持五周后缓慢补充叶酸。可以观察到减量后的双核频率增高，且着丝点阳性和阴性的微核也有所增加。而当补充叶酸后，两类微核数量明显下降，其中着丝点阳性微核变化最为显著。

(3) 其他致微核因素

放射性照射也是导致遗传物质损伤，诱发微核形成的重要因素。微核属于细胞凋亡的产物，当死亡基因被激活，DNA被切割形成细胞核碎片，最终形成无数微核。

#### 11.2.7.3 微核技术的原理

微核技术是利用环境污染因子引起细胞染色体畸变产生微核而建立的一种现代生物检测技术。一个微核包含一条或数条已解螺旋的染色体。每条中期染色体均由两条染色单体和共同着丝点组成，保证了微核作为供体时，受体得到的染色体是成对的。使用酶解法从微核化细胞中分离出微核化的原生质体，离心使其破裂形成带微核和少量细胞质的亚原生质-微原生质体，此时每个微原生质体含一条或数条中期染色体，收集并与受体原生质体融合培养成为再生植株，可实现供体亲本向受体亲本的转移，再生得到的杂种具有较好的育性和遗传稳定性。

#### 11.2.7.4 微核技术的特点与分类

微核技术具有经济、操作简单、反应快速的优点。国内外大量的研究数据表明，微核技术在敏感性、特异性和准确性方面，与染色体畸变分析方法相当，适合作为大量化合物和现场人群初筛的实验方法。随着现代生物技术的迅速发展，渗透微核试验的检测和应用范围被不断拓展，能够同时对染色体断裂、丢失、分裂延迟、分裂不平衡、基因扩增、不分离、DNA损伤修复障碍、细胞分裂不平衡等多种遗传学进行相关检测。近年来，有学者提出了新微核试验概念，大大拓展了微核技术的应用范围。

微核技术种类繁多，其中包括常规微核试验、细胞分裂阻滞微核分析法、荧光原位杂交试验、抗着丝粒抗体染色、自动化检测等。

(1) 常规微核试验

即采用细胞生物学方法，将微核试验材料(如动物骨髓红细胞、外周血淋巴细胞、上皮脱落细胞、植物中的蚕豆或紫露草的根尖与茎尖细胞等)在有待测物的环境中进行培养，染色制片后，在显微镜下对待测材料的微核率直接计数。这是目前最常用的体外微核试验方法。

(2) 细胞分裂阻滞微核分析法

在细胞第一次有丝分裂前，在培养液中加入能阻断但不影响细胞质分裂的胞质分裂剂(松胞素B)，使有丝分裂细胞呈双核细胞形态，未发生分裂的细胞继续保持单核细胞的形态，检测致突变因素作用后的双核细胞微核率，可得到致突变因素对细胞遗传毒性和细胞周期的影响。

(3) 荧光原位杂交试验

荧光原位杂交试验创建于20世纪80年代，是用来检测非整倍体毒剂的现代生物学技术，属于细胞遗传学和分子生物学相结合的一种分析检测方法。将待测样与被荧光信号标记的DNA和RNA探针进行原位杂交，在荧光显微镜下对荧光信号进行辨别和计数，可判断微核的形成方式(染色体断裂或整条染色体缺失)。具有操作快速简便、结果准确直观的优点。

(4) 抗着丝粒抗体染色

抗着丝粒抗体可被免疫荧光技术所检测，将其与染色体着丝粒蛋白(抗原)相结合，具有较强的特异性。抗着丝粒抗体染色与微核试验结合形成的抗着丝粒抗体染色免疫荧光微核技术可被用来鉴别非整倍体毒性，可判断微核的形成是由染色体断裂还是由整条染色体缺失引起的，在非整倍体毒性筛查应用领域得到较大的拓展。较荧光原位杂交试验成本更低、实用性更强。

(5) 自动化检测

常规的微核显微镜检测虽然结果稳定、重复性好、方法简便，但费时费力，易受主观因素影响，无法满足大样本的检测。近年来，将微核技术与流式细胞检测技术、计算机图像分析系统和激光扫描细胞仪结合，可有效提高自动化检测效率和结果准确性。

**11.2.7.5　微核技术在环境监测中的实际应用**

微核的形成往往体现了环境的污染状况，常以微核出现的频率来计算环境污染指数，评价环境污染状况。

(1) 紫露草微核技术

美国研究员Te-HsinMa以紫露草为原料，用特殊工具对乙烷气体处理后会产生小孢子，且实验数据证明，微核数量与乙烷气体的浓度呈正相关。初步验证了紫露草微核技术可被用于室内空气质量的检测。随着科技的日益进步，紫露草微核技术逐渐被用于水环境中污染物的检测。

(2) 蚕豆根尖微核技术

蚕豆根尖微核技术建立在紫露草微核技术基础之上，属于一种生物短期检测方法，是国内外应用较为广泛的环境监测模式。该技术具有以下优点：①实验周期短。实验材料为根尖细胞，周期为2周，不受其他因素的制约，可在任何时间开展检测分析实验。②成本低，操作简便、对设备要求低，易于推广。仅需将实验蚕豆根尖置于培养皿中，常温培养即可。③对培养温度以及酸碱环境要求不高。④细胞分裂时间易于掌握。⑤可真实有效地反映遗传物质的损伤效应。蚕豆根尖微核技术，目前被广泛用于水体中致突变物、致癌物检测。

利用微核技术进行水污染检测仍存在部分问题，需根据问题发生原因提出具体的解决措施。植物细胞微核检测技术具有成本低、操作简便等优势，但植物细胞与动物细胞相比具有不同的细胞周期、生化代谢等，会影响致癌物质的最终检测结果。因此，使用植物微核技术开展致癌物检测时，应与其他技术相结合，进一步验证结果的真实性和准确性。

### 11.2.8 单细胞凝胶电泳技术在环境监测中的应用

#### 11.2.8.1 单细胞凝胶电泳技术的原理

单细胞凝胶电泳技术又称彗星试验，是一种适用于多种细胞 DNA 损伤快速检测的实验技术，能灵敏地检测到 DNA 的断裂，对检测诱变剂、射线等对 DNA 的损伤、监测环境污染物对机体的遗传伤害程度、研究毒物致癌机理等方面具有广泛的应用价值。正常情况下，DNA 以蛋白为核心盘旋形成具有负超螺旋结构的核小体，若有去污剂进入细胞，核蛋白被浓盐提取，DNA 就会形成残留的类核，若类核中 DNA 断裂，会在核外形成 DNA 晕轮，导致 DNA 螺旋结构松散，电泳时 DNA 片段向阳性伸展，形成彗星尾。在中性电泳液中，DNA 保持双螺旋结构，几乎不断裂，偶有断裂，但不影响 DNA 分子的连续性，荧光染色后呈圆形荧光团，无拖尾；在碱性电泳液中，DNA 双链解螺旋为单链，断裂的碎片进入凝胶中并向阳极迁移，形成拖尾。DNA 损伤越重，产生的断片就越多，在电场作用下迁移的距离就越长，表现为尾长增加和尾部荧光强度增强。因此，测定 DNA 迁移部分的吸光度或迁移长度就可定量确定细胞 DNA 的损伤程度，从而确定作用因素与损伤效应间的关系。成为遗传毒理学、放射生物学、DNA 交联损伤等研究领域中重要的检测手段。

#### 11.2.8.2 单细胞凝胶电泳技术的特点与分类

单细胞凝胶电泳技术是一种研究单个细胞 DNA 链断裂的新型电泳技术，与传统 DNA 损伤检测方法相比，具有操作简便、反应灵敏、检测快速、所需样品量少、无须放射性标记且成本较低的特点。

主要包括 Olive 等学者建立的测定 DNA 双链断裂的中性微凝胶电泳技术和 Singh 等学者建立的测定 DNA 单链断裂的碱性微凝胶电泳技术。

#### 11.2.8.3 单细胞凝胶电泳技术的操作步骤

单细胞凝胶电泳技术的操作分为凝胶制备、细胞处理、细胞裂解、DNA 展开与电泳、中和与染色、阅片与分析 6 个步骤。

(1) 凝胶制备

将 90μL 正常溶点的琼脂糖(由 0.5%的低溶点琼脂糖和 0.5%的正常溶点琼脂糖制成)加入载玻片，4℃下凝固；在琼脂糖凝固后加入 75μL 混有 1000 个/10μL 细胞的低熔点琼脂糖，4℃下凝固；凝固后加入 75μL 低熔点的琼脂糖作为第三层，4℃下凝固。所有操作均在黄光下进行，防止 DNA 被损伤。

（2）细胞处理

实验所需的细胞悬液来自细胞培养或组织活检样品，在加入凝胶中应达到 $(1\sim5)\times10^{(4\sim6)}$/mL 的细胞密度，以胎盼蓝拒染法测定。由于胰酶消化及刮片等机械性分离有可能引起 DNA 损伤，有学者建议在载玻片上贴壁培养单层细胞直接供测试使用。

（3）细胞裂解

将制备有三层琼脂糖的载玻片浸于配制好的预冷 4℃的细胞裂解液中至少 1h，裂解液成分为 2.5mol/L 的 NaCl，100mmol/L 的 $Na_2EDTA$（乙二胺四乙酸二钠），10mmol/L 的 Tris-HCl（三羟甲基氨基甲烷盐酸盐），1%的肌氨酸钠，且 pH=10.0，使用前加 1%的 Triton（聚乙二醇辛基苯基醚）和 10%的 DMSO（二甲基亚砜）。

（4）DNA 展开与电泳

将裂解后的载玻片置于水平电泳槽内阳极端附近，保证玻片间不留空隙，用新配制的电泳液（300mmol/L 的 NaOH 和 1mmol/L 的 $Na_2EDTA$）盖过胶面，并避免产生气泡，静置 20min，待 DNA 充分展开后电泳（25V，300mA）约 20min。

（5）中和与染色

将电泳后的载玻片置于缓冲液（0.4mol/L 的 Tris-HCl，pH=7.5）中 15min（防止碱液或去污剂干扰染色过程）或滴洗 3 次，每次 5min。染色 2~20min，蒸馏水洗涤后 24h 在黄光下进行阅片。

（6）阅片与分析

荧光显微镜下观察电泳图像，每片计数 50 个细胞，每组 5 张载玻片。

**11.2.8.4　影响单细胞凝胶电泳技术结果的试验因素**

影响单细胞凝胶电泳技术结果的试验因素包括染毒方式、裂解时间、电泳液成分和电泳时间等。

（1）染毒方式

对于 DNA 的损伤，需区分是直接损伤还是体内代谢活化后所形成的间接损伤。传统染毒方式中，一个培养瓶的细胞仅能做一个染毒浓度，不利于大规模的检测。近年来，提出了载玻片染毒的改良凝胶电泳实验，可极大地提高反应灵敏度，并节省人力和时间。

（2）裂解时间

裂解时间至少保持 1h。有研究表明通过平行对照分析实验证明裂解时间小于 0.5h 时，低剂量的 DNA 损伤剂具有较差的检出效果；裂解时间超过 24h 时，高剂量的 DNA 迁移不再增加，但对照组的细胞却出现明显迁移。

（3）电泳液成分

电泳过程中，会出现双链 DNA 的解螺旋变性过程，因此电泳液的 pH 值会对凝胶电泳实验产生较大的影响。电泳时较高的 NaOH 浓度有助于提高反应灵敏度，而 NaCl 的添加则可以加速 DNA 碎片的分离，有研究表明适宜的 NaOH 浓度在 0.03mol/L 左右，而适宜的 NaCl 浓度在 0.27mol/L。

（4）电泳时间

电泳时间会对 DNA 的迁移产生较大的影响。研究表明，电泳 30min 时，对照组基本不发生迁移，受试组均有明显的 DNA 迁移和较好的剂量—效应关系；延长电泳时间，对照组和受试组均出现迁移但受试组迁移长度趋于稳定无法判断剂量—效应关系。

#### 11.2.8.5 单细胞凝胶电泳技术在环境监测中的实际应用

单细胞凝胶电泳技术可以把大气和醛类污染物、重金属以及辐射等对 DNA 的损伤程度作为环境监测的一个重要指标，以此来判断上述物质对环境的污染程度。利用该技术研究 $SO_2$对小鼠体内 DNA 的损伤效应可知，$SO_2$对小鼠脑细胞的 DNA 造成严重损伤；应用该技术还发现，硒可以诱发小鼠肝细胞 DNA 损伤，$NiCl_2$会诱导人体淋巴细胞的 DNA 单链断裂。另外，该技术可用于 DNA 交联物的检测，以此来判断醛类物质对环境的污染程度。

该技术还可用于环境生态监测以及环境流行病学的研究等方面。通过该技术检测水环境中铜绿微囊藻(MCE)的遗传毒性，可以发现 MCE 会导致小鼠原代肝细胞 DNA 损伤增加，这为研究水环境中蓝藻细菌的污染同地方性肝癌发生率之间的联系提供了理论基础；利用该技术检测水中鱼类红细胞的变化可监测水环境的污染情况；还可利用该技术采集并分析不同土壤样本中蚯蚓体腔细胞中 DNA 的损伤情况，并将其作为土壤污染的监测指标。

### 11.2.9 DNA 宏条形码技术在环境监测中的应用

#### 11.2.9.1 DNA 宏条形码技术的原理

eDNA(Environmental DNA)即在没有预先分离任何目标生物的情况下从环境样本中捕获的 DNA，可从现代环境(如水环境、土壤环境和大气环境等)或古代环境(如沉积物、冰或永久冻土中的岩心)获得。

DNA 宏条形码(Metabarcoding)是条形码(Barcoding)与高通量测序(High-throughput Sequencing，NGS)的结合，选取条形码序列的一段作为分子标记，将混合样本(如 eDNA、群落 DNA)作为模板，扩增完成以后进行高通量测序，并对测序结果进行生物信息学分析，再将正确的测序序列与物种进行一一对应。利用 DNA 条形码鉴定物种时，只需一小段的 DNA，可以正好避开高通量测序在长片段测序方面的劣势。DNA 宏条形码技术可用于物种丰富度评估和单一物种检测，已有文献表明研究对象包括植物、动物和微生物。

#### 11.2.9.2 DNA 宏条形码技术的特点

DNA 宏条形码技术具有以下几个特点：

① 不受生物发育阶段的影响。同种生物的 DNA 序列信息在不同的发育周期都是相同的，因此该技术的检测对象可以选择生物生命过程中的每一时期。

② 不受个体形态特征的影响。对于缺少花果标本的被子植物来说，很难作出正确鉴定。但应用 DNA 宏条形码技术鉴别样本受损的生物不会影响识别结果，而且对于形态相似性很高的物种也能做到准确辨别。

③ 不受物种的限制。标准的 DNA 条形码数据库只要建立成功，就可使不同物种的鉴定成为可能，不限于濒危物种、土著物种或入侵物种等。

④ 可以鉴定出多数群体中普遍存在的隐存分类单元。

⑤ 获取信息量大。通过建立的标准的 DNA 条形码数据库，一次即可快速鉴定大量样本。

⑥ 精确性高。该技术利用碱基组成的序列使物种鉴别数字化。相较于表形标记鉴定方法，具有更加准确、真实可靠的优点。

⑦ 操作简便且高效易掌握。不需要具备非常精准的生物专业技术，便于交叉学科的研究，加快生物分类的进程。

只有确保选取的 DNA 片段的质量、降低测序成本、扩充数据库信息才能进一步推进 DNA 宏条形码技术的发展。

**11.2.9.3　DNA 宏条形码技术的基本流程**

基于二代测序的高通量 DNA 宏条形码技术具有三个基本流程，包括采样流程、测序流程和分析流程。

（1）采样流程

在进行 DNA 取样时，不同生物的取样方式存在区别，但都是为了获取他们自身或残留在环境中的 DNA，其中液体样品需经过过滤装置，将 DNA 吸附到滤膜上。王月等人研究发现混合纤维素膜吸附 DNA 扩增后得到的 PCR 产物最多。若初始样品为非液体，如粪便，可购买相应的粪便样品 DNA 提取试剂盒。PCR 扩增中可将 DNA 条形码序列的某个片段作为模板，选择合适的引物（自己设计或从相应的技术资料中得到），确定相应的扩增体系和扩增循环次数等反应操作条件，从而进行相应片段的扩增。

（2）测序流程

在获取了相应质量和数量的 DNA 后，进入测序流程。使用的二代测序的特点在于边合成边测序，测序前为每段测试序列加上标签，经桥式 PCR 对不同序列进行扩增，形成不同的簇，放大脱氧核糖核苷酸（dNTP）的荧光信号，不同的 dNTP 携带不同的荧光信号，按照顺序进行记录并获得测序结果。

（3）分析流程

测序结果需要进行初步分析方可使用，防止出现序列过度或存在嵌合体等情况。完成测序结果筛选后，将余下相似性较高的序列（>97%）看作一个 OTU（Operational Taxonomic Units），多个 OTU 可能对应一个物种。最后，将得到的不同序列在数据库中进行比对，尽量保证鉴定到最小分类单元。

#### 11.2.9.4 DNA 宏条形码技术在环境监测中的实际应用

动植物在生物监测中的使用范围取决于监测分类群的特征与关注的污染的关系，并将群落组成和分类群的丰度考虑在内，计算生物指数。在生物监测的背景下应用 DNA 宏条形码技术对环境进行监测是一个主要的研究手段。利用该技术对群落 DNA 样本进行检测，对检测隐性分类群或生命阶段具有更高的敏感性。

刘波等人采集了北京地区水库、湖泊和河流 3 种水体类型共 33 个采样点位表层环境水样，分析比较了不同采样点和水体类型间鱼类多样性水平，建立了环境 DNA 宏条形码技术对各样点的鱼类多样性和群落结构的监测和分析方法。张丽娟等人采用 DNA 宏条形码技术监测评估了滇池和抚仙湖北的真核藻类多样性数据，建立了基于 18S-V9 引物监测真核浮游植物多样性的精确性评估方法。王萌等人分析总结了应用 DNA 宏条形码技术监测底栖动物的关键影响因素，包括样品采集与处理流程、分子标记选择、引物设计、PCR 偏好性、参考数据库的完整性及相应的优化。并基于此探讨了环境 DNA 宏条形码技术提高底栖动物监测效率和准确率的途径。李小闯等人分别从引物选择、序列聚类、注释方法和绝对定量 4 个层面系统论述了环境 DNA 宏条形码技术在蓝藻群落监测中的研究进展，并针对该技术在蓝藻群落监测中的应用提出了参考建议。

区别于传统的物种监测技术，DNA 宏条形码技术具有省时高效、灵敏度高、环境友好等优势，目前已经在物种鉴别、生物多样性评估等方面得到了一定的应用，但整体上仍处于探索试验阶段，主要面临着缺少标准化分析流程、数据库不完善、难以准确定量等问题，要将 DNA 宏条形码技术长期应用于生态环境监测，还需在评估监测结果的准确性以及质量控制等方面开展深入研究。

### 11.2.10 生物传感器技术在环境监测中的应用

传感器是可以获取信息，并对信息进行相应处理的特殊装置，如人体的感觉器官就是一套完美的传感系统，利用眼睛、耳朵、皮肤来感知外界的光、声音、温度、压力等物理信息；利用鼻、舌感知气味和味道等化学刺激。生物传感器是一类特殊的传感器，将生物活性单元作为生物敏感单元，对待测目标物具有高度选择性。生物传感器是生物学、电化学、医学、光学、电子技术等学科相互渗透并融合的产物。在空间生命科学、食品工业、发酵工程、临床医学、军事医学和环境监测领域都具有广泛的应用。

#### 11.2.10.1 生物传感器技术的原理

生物传感器以传感器为基础，利用生物感应元件的专一性和一个可以产生与待测物质浓度成比例的信号传导器结合起来的分析装置。其工作原理主要是生物敏感元件(如酶、抗体、抗原、微生物、细胞、组织、核酸等生物活性物质)与待测物质间的相互作用，通过该作用，电子组分可将待测物质检出并转化为可被测量的电子信号。经扩散作用，待测物质可进入固定化生物敏感膜，被分子识别后发生生物学反应，产生的信息被相应的化学或物理学转换器(如氧电极、光敏管、场效应管、压电晶体等)转变为可定量和处理的电信号，被仪表二次放大并输出，由电子计算机处理后，即完成对待测物质的检测程序。最终，获得待测物质的种类及浓度。

生物传感器具有两个关键组成部分，一个是分子识别组件，可产生或接收信号；另一个为硬件仪器部件，具有物理信号转换的作用。如何利用已有的生化分离和纯化方法设计并合成特定的生物活性分子，结合准确并且反应迅速的物理转换器组合生成生物传感器反应系统，是生物传感器研究的主要任务。

#### 11.2.10.2 生物传感器技术的特点与分类

生物传感器是对生物物质敏感并将其浓度转换为电信号进行检测的仪器。它的特点主要体现在以下几个方面：①采用固定化的生物活性物质作为催化剂，昂贵的试剂可重复使用，克服了酶法分析试剂费用高和分析步骤烦琐复杂的缺点；②专一性强，只对特定的底物有反应，不受颜色以及浊度的影响；③生物传感技术是在无试剂条件下操作，因此比传统的生物学或化学法具有更快的分析速度，可在一分钟内得到检测结果，具有更高的准确度，相对误差一般可以达到 1%；④操作系统简单，可实现连续自动分析、联机操作；⑤发生的生物学反应具有特异性和多样性，理论上可制造出检测所有生物物质的传感器。部分生物传感器可以指示微生物培养系统内的供氧状况及副产物的产生。

生物传感器按照分子识别原件(敏感元件)可分为酶传感器、微生物传感器、细胞传感器、组织传感器和免疫传感器等，所用的敏感元件依次为酶、微生物个体、细胞器、动植物组织、抗原和抗体；按照生物传感器的换能器(信号转换器)可分为生物电极传感器、半导体生物传感器、光生物传感器、热生物传感器、压电晶体生物传感器等，所用的信号转换器依次为电化学电极、半导体、光电转换器、热敏电阻、压电晶体等。按照传感器器件检测的原理可分为热敏生物传感器、场效应管生物传感器、压电生物传感器、光学生物传感器、声波道生物传感器、酶电极生物传感器、介体生物传感器等。按被测目标与敏感元件的相互作用可分为生物亲和型生物传感器、代谢型或催化型生物传感器。

#### 11.2.10.3 环境监测中常用的生物传感器类型

环境监测中常用的生物传感器包括电化学生物传感器、基于微生物燃料电池的生物传感器和全细胞生物传感器。

(1) 电化学生物传感器。

① 基于导电聚合物的生物传感器。导电聚合物是指骨架上存在延伸的 $\pi-\pi$

键、且轨道高度重叠的聚合物，具有较为特别的电学、光学性质，其中包括聚噻吩、聚苯胺、聚亚苯基乙烯等不同类型。基于导电聚合物的生物传感器是利用物理吸附或共价结合的方法，将生物分子固定在传感器上。例如，调节溶液酸碱度高于酶等生物活性物质的等电点，使其带负电后通过静电吸附的作用，将生物分子固定在聚合物阳离子基体上。基于导电聚合物的生物传感器可被用于环境中酚类化合物、重金属离子和农药含量的监测。利用聚苯胺/多酚氧化酶、聚吡咯/酪氨酸酶、聚苯胺-离子液体-碳钠米管/酪氨酸酶，就可在 $1.25\times10^{-6}\sim1.50\times10^{-4}$ mol/L 线性范围内对环境中酚类化合物进行监测；在电极表面固定亚硫酸盐氧化酶、细菌色素的生物传感器可对大气环境中的 $SO_2$ 进行检测；以接枝二茂铁为介体，借助缩合反应，在玻碳电极上固定酵母菌种，可快速检测被污染水环境中的生化需氧量。

基于导电聚合物的生物传感器具有选择性高、灵敏度强、成本低和重现性良好的特点。但稳定性较差，除聚苯胺/多酚氧化酶生物传感器外，其他传感器在一个月内均有活性下降的现象。

② DNA 电化学生物传感器。DNA 电化学生物传感器是利用电化学体系对环境中被 DNA 分子标记的样品进行检测的传感器，如致癌物多氯联苯、芳香族胺等。该传感器主要依靠电活性指示剂、DNA 单双链的差异性作用进行环境中污染物的识别。根据结合在 DNA 上小分子的变化可描述环境污染程度。利用计时电位分析法将 DNA 杂交后的鸟嘌呤固定在电极表面，通过鸟嘌呤峰值氧化信号的变化来推测环境中的污染物。或利用核酸探针生物接收器的微芯片电极捕获 DNA 序列，对环境中致病微生物的含量进行判定。

该检测器主要用于无法培养的土壤环境和水环境微生物污染因子的检测，具有检测速度快和可靠性高的优点。介于引物之间存在特异性 DNA 片段才可扩增，该方法仅适用于对 DNA 具有亲和作用的物质检测。

(2) 基于微生物燃料电池的生物传感器。微生物燃料电池是一种利用微生物完成化学能、电能相互转化的装置(可利用伏安法或电流分析法进行制备)，其中微生物具有阳极催化剂的作用，可反映微生物的新陈代谢过程。微生物燃料电池的生物传感器包括单室微生物燃料电池和双室微生物燃料电池的生物传感器两种。可根据电流、电势变动幅度和峰值电流与目标化学物质浓度之间的联系，进行多种化学物质检测；或根据电流变化与微生物氧化还原、新陈代谢过程间的关系，进行特定类型化学物质的监测。该传感器的使用要基于生物燃料电池对污水的快速响应及与污染物浓度的线性关系，具有小型化、便携化、简单化、稳定性、实时化的特点。

该传感器可用于水环境中水质监测、重金属监测和溶解氧的监测。已有学者研究将乙酸盐作为微生物燃料电池的碳源制备无膜单室微生物燃料电池，可对水环境中的生化需氧量进行检查；在浸没式微生物燃料电池内加入一定量的重金属，可通过对其输出电压的检测来了解环境中对应重金属浓度的变化。

（3）全细胞生物传感器

全细胞生物传感器融合了微生物学、合成生物学和工程生态学，感应中心为活细胞，在感应到目标毒性物质时会诱导蛋白基因产生可测量信号。报告元件将化学信号转换为报告蛋白（如磕头虫荧光素酶、绿色荧光蛋白、红外荧光蛋白等）信号后，依据报告蛋白活性、数量变换可对靶目标物浓度进行判定。根据检测物质的差异，该生物传感器可分为非特异性全细胞生物传感器和特异性全细胞生物传感器两种。

该传感器的敏感元件为微生物全细胞，可用于环境中污染物监测、毒性物质的感应预警，具有成本低、敏感度高、响应快、易检测、体积小的特点。基于细胞对调节蛋白的专一性，无法实现对毒害性较强污染物的检测。

① 非特异性全细胞生物传感器。该传感器主要用于环境中有毒物质总量的检测，但易受外界影响呈现假阳性结果。免疫传感器是典型的非特异性全细胞生物传感器。在对环境毒性物质进行监测时，CFI（连续流动的免疫传感器）较为常用，其中 FAST 2000 可在 30min 内实现对三次甲基三硝基胺和三硝基甲苯等物质的检测。FAST 2000 以抗体为基础，在支持物上固定可特异性识别污染物的抗体，当荧光标识信号分子，抗体达到饱和后，通过抗体-荧光信号分子复合物的形式对污染物进行识别。FIA（流动注射分析系统）将亲和色谱柱作为核心，注入酶底物、酶示踪剂与样品、牛血清蛋白、环糊精后可对三嗪、敌草隆等致癌物质进行检测。

免疫传感器的敏感元件为抗原-抗体，具有特异性强、灵敏性高、真实可靠的特点。结合分子传导技术，可进一步提高它的灵敏度。免疫传感器在特异性以及数量方面具有较大的局限性，特别是以抗体作为敏感元件的免疫传感器，只有在掌握待测物成分的前提下才可选择合适的抗体，且该抗体只可以满足一种或几种化合物的识别要求，且抗原-抗体是通过静电以及憎水作用结合的，不能满足多种化合物的检测，在离子强度、腐殖质含量、酸碱度等条件变化时，免疫传感器对污染物的检测灵敏度会明显下降。

② 特异性全细胞生物传感器。特异性全细胞生物传感器包括特定化合物生物传感器、金属离子生物传感器、压力应答生物传感器等。特定化合物生物传感器利用调节蛋白和细胞分解代谢化合物的相互作用对抗生素和有机物进行检测，如利用荧光假单胞杆菌萘传感器对甲苯进行检测；利用金属离子生物传感器可对汞、砷等特定重金属离子进行检测；利用压力应答生物传感器可筛选对 DNA 具有危害的环境毒性因子。

#### 11.2.10.4 生物传感器技术在环境监测中的实际应用

生物传感器技术在环境监测中的应用主要体现在监测土壤环境污染、监测大气环境污染和监测水环境污染三个方面。

（1）监测土壤环境污染

① 农药残留。农药残留是影响土壤质量的关键因素之一，也是土壤环境有毒有害污染物的代表。可将丁酰胆碱酯酶（或酪氨酸酶、葡萄糖氧化酶、变旋酶、碱性磷酸酶等固定化酶）与铂电极连接形成换能器，有机磷类农药（莠去净、敌敌畏、3,4-二氯草酚等）对酶活性具有一定的抑制作用，可根据这一特性，对土壤环境中的农药残留进行定量检测；也可根据乙酰胆碱酯酶对乙酰胆碱的催化水解，以及有机磷类农药与酶稳定结合的性质，将由固定化乙酰胆碱酯酶制成的生物传感器装入待测的样品中，根据有机磷类杀虫剂对酶活性的抑制程度，对土壤环境中杀虫剂的含量进行检测。

② 重金属残留。重金属残留也是影响土壤质量的关键因素之一，因此重金属含量也是土壤环境监测的主要目标之一。可通过含有—SH 催化基团的酶对重金属含量进行监测，原因在于土壤中的重金属离子会优先与硫醇基结合，降低酶的催化活性，根据酶活性的变化量可对土壤环境中重金属的含量进行推测。比如使用戊二醛在膜表面固定含有—SH 催化基团的酶（丙酮酸氧化酶等），并与溶解氧传感器相连，可对土壤环境中的银离子、汞离子含量进行定量测定。

（2）监测大气环境污染

① $SO_2$。$SO_2$ 是环境中造成酸雨、酸雾的主要原因之一。传统大气环境中 $SO_2$ 监测流程较为复杂、烦琐，而利用生物传感器对 $SO_2$ 进行监测更简便、更快捷。例如：把硫杆菌属敏感膜附着在氧电极上组成安培型生物传感器，再把亚细胞类脂质（一种含亚硫酸盐氧化镁的肝微粒体）附着在醋酸纤维膜上形成敏感膜，可在 10min 内获得环境中 $SO_2$ 的含量。具有重现性好、准确度高的特点。

② 甲烷。甲烷是一种爆炸性的气体，对大气环境具有极大的危害，传统常规检测方法无法对大气中的甲烷进行准确定量。可利用琼脂在醋酸纤维膜上固定单基甲胞鞭毛虫、氧电极制备微生物反应器，根据微生物吸收含有甲烷样品气体时消耗的样品量并结合氧扩散与电流间的关系，在 2min 内就可实现对气体样品中甲烷浓度的定量检测。

③ 氮氧化合物。氮氧化物是光化学烟雾形成的主要原因之一，传统常规的检测方法较为复杂且无法准确地确定大气环境中的氮氧化物浓度。利用多孔气体渗透膜、固定化硝化细菌和氧电极组成的微生物传感器，可通过对待测样品中亚硝酸盐含量的测定，来推算大气环境中氮氧化物的浓度。当亚硝酸盐浓度低于 0.59mmol/L 时，氮氧化物的检出限为 0.01mmol/L。该方法具有较高的选择性和抗干扰能力，挥发性物质如乙酸、乙醇、胺类（乙二胺、丙胺、丁胺）或不挥发性物质如葡萄糖、氨基酸、阳离子（$K^+$、$Na^+$）等都不会对测定结果产生干扰。

④ $CO_2$。$CO_2$ 是导致温室效应的主要气体，传统常规的检测方法灵敏度较差，使用自养微生物和氧电极制成的电位传感器，可以避免各种离子和挥发性酸的干扰，实现对大气环境中 $CO_2$ 含量的连续在线自动分析，具有较高的反应灵敏度。

（3）监测水环境污染

① 生化需氧量。生化需氧量（BOD）是水环境质量监测的重要指标之一，传统常规的监测方法操作复杂、耗时长（5 天）、干扰大，无法满足现场水环境中生化需氧量的监测要求。此时，可利用生物传感技术进行监测，提高监测效率和结果稳定性。例如，在琼脂糖凝胶、藻酸盐内截留蛋白水解酶、$\beta$-半乳糖苷酶、淀粉酶，或通过硝酸纤维膜、乙酸纤维素膜固定红琉球菌、毛孢子菌、丁酸梭菌等物质与常规氧电极结合形成生物传感器对水环境中的 BOD 进行监测，也可利用生物传感技术研究的 BOD 测定仪直接测定水环境中的 BOD 含量。

② 溶解氧。水环境中，烷基苯磺酸类阴离子表面活性剂具有较高的含量，但自然降解性较差，极易在水面形成泡沫消耗溶解氧，危害水环境。可选择具备烷基苯磺酸降解作用的细菌和氧电极组合形成生物传感器，根据阴离子表面活性剂与细菌呼吸作用之间的关系，对水中溶解氧的含量进行定量监测。

③ 酚类物质。酚类物质源于炼油废水、造纸废水、煤气洗涤废水、合成氨废水和木材防腐废水等，传统检测方法“4-氨基安替比林光度法”易受到油类、芳香胺类和硫化物等物质的干扰，使用生物传感器进行酚类物质的检测，可提高检测准确性并有效避免上述物质的干扰。如：将苯酚氧化酶、黄素蛋白酚酶和 2-单氧合酶作为敏感元件的酶电极安培传感器，对水环境中的酚类化合物进行测定。

④ 持久性有机污染物。持久性有机污染物具有高毒性、生物蓄积性和半挥发性，生物传感器技术可用来测定水环境中的持久性有机污染物，如：氯化烃类（三氯乙烯、四氯乙烯、1,1,1-三氯乙烷、多氯二苯并二噁英、多氯二苯并呋喃等）。测定三氯乙烯的生物传感器将固定在聚四氟乙烯薄膜上的假单细胞细菌 JI104 作为敏感膜，使用氯离子选择电极作为信号转换器，线性范围在 0.1~4mg/L，适合于测定工业废水。

⑤ 微生物。微生物污染是水环境污染的类型之一。可使用价格低廉、制备便捷的多克隆抗体免疫传感器对水中沙门氏菌等微生物进行检测，该传感器应用了杂交瘤技术和抗体噬菌体重组显示技术，具有较高的灵敏度。

⑥ 赤潮和水华。赤潮和水华现象会破坏渔业、生态平衡最后危害人类的身体健康。生物传感技术可用于水环境中该现象的监测。叶绿素 a 自动监测仪可以通过对叶绿素 a 的监测来监视水环境中赤潮和水华现象的发生，从而实现对水质环境质量状况的全面评价。

相对于其他生物监测技术，基于生物催化和免疫原理的生物传感器技术具有高度集成化、微型化及自动化的优点，使得环境监测更加准确和便捷。并且，在对有害物质进行监测时，能对其进行更加有效的分析，在最大限度上实现对环境的保护。

#### 11.2.10.5 生物传感器技术在环境监测中的应用前景

生物传感器技术在环境监测中的应用前景主要包括高精确度、高稳定性和高可信度三个方面。

（1）高精确度

当前，生物传感器技术在环境监测中应用的最大阻力为精确度问题。未来对生物传感器受体的选择，要趋向于更强的特异性和更高的敏感性，并从极端环境内持续筛选对酸碱度具有较小依赖性、更高温度适应性的新型微生物变异株和遗传工程株，为扩展生物传感技术在环境监测中的应用提供依据。

（2）高稳定性

在生物传感技术的多年发展进程中，由于生物传感器生物活性单元的不稳定性和易变性，无法稳定地应用于环境监测。在未来材料学、微电子学、生物信息学交叉发展进程中，应着重发展生物传感器的稳定性，这必将使其在环境监测领域得到更广泛的应用。

（3）高可信度

高可信度是生物传感技术成功应用于环境监测的关键。未来用于环境监测的生物传感器应具备更高的可信度，以满足环境监测分析和评估的要求。根据商业性环境监测用试剂盒要求，要确保生物传感器本身不产生有机溶剂废品，且包装材料、保护层、吸头、试管、微量板均可分解，以避免对环境造成二次污染。

## 11.3 现代生物技术在环境监测应用中的优势与局限

### 11.3.1 现代生物技术在环境监测应用中的优势

现代生物技术在环境监测应用中具有成本较低，经济实用；破坏性弱，连续性强；反应灵敏，准确度高等的优点。

（1）成本较低，经济实用

与传统的环境监测方式相比，现代生物技术具有成本较低、经济实用的优势。以生态系统作为监测对象，通过观察其中生物个体、种群、群落等指标，并记录对环境变化产生的反应，以此来评价所监测区域的环境质量。用于环境监测的植物或微生物种类多、繁殖快且具有较快的生长速度，在其生长的聚集区便可找到，取材方便且没有成本的消耗，大大节约了环境监测过程中的资金投入，具有经济实用的优势。

（2）破坏性弱，连续性强

使用现代生物技术进行环境监测，多数的使用对象以及数据均来自生物本身，例如动物的排泄物、微生物群落和植物的树叶等，不会对生态系统中的生物个体造成伤害。并且，现代生物技术具有连续性强的优点，针对这个优点可对生态环境中的污染物进行连续性的监测。传统的环境监测手段经常采用定期采样的方式，该方式具有即时性和片段性，只能反映采样阶段生态环境的污染情况。但通过现代生物技术手段可随时采集生态环境中的各种信息，在一定区域内生活的生物可全方位地反映环境的变化特征。

（3）反应灵敏，准确度高

部分生物拥有独特的生物结构，对环境具有天然的感知力，可敏感地感觉到环境变化，并对污染物进行快速甄别，令传统的环境监测手段策马难及。研究者对这些生物与环境间的关系进行观察、记录并总结，最后利用生物富集和生物积累等效应，提高生物对污染物检测的灵敏度，更好地进行环境监测。并且，利用现代生物技术所得到的环境监测数据也具有更高的准确度，传统的环境监测手段只能监测个别个体或某个特例在特定条件下的反应，而通过现代生物技术可以对某种生物的整个群体进行监测，同时记录整个监测群体对生存环境的反应，取得更加全面、丰富的监测数据，进而对环境质量进行更加客观和准确的评价。

### 11.3.2 现代生物技术在环境监测应用中的局限

当代社会经济快速发展，科学技术水平也逐渐提高，现代生物技术已被广泛运用到环境监测中，但现代生物技术在环境监测应用中也存在一定的局限性，主要包括生物监测对象的复杂性、生物成长与分布的差异性和监测的长期性等。

（1）生物监测对象的复杂性

现代生物技术的实际监测对象具有一定的复杂性，因此该技术的实际使用过程中会存在部分问题，比如在准确性、快速性等方面都面临着巨大的挑战，因此要依据生命科学的理论与实践对监测过程进行指导。使用现代生物技术进行环境监测是未来环境发展的重要方向，要加强对该技术的研究与探索，充分发挥监测的作用，为环境监测数据的准确性提供科学依据。

（2）生物成长与分布的差异性

生物的成长与分布存在着明显的个体差异，且相同的生物对污染物的表现行为也会存在一定差异。因此，在使用现代生物技术对环境进行监测的过程中，要尽可能地扩大生物数量，以强化监测结果的准确性。同时，构建一套完整健全的监测网络，提高生物监测的次数，缩小区域差别性，强化环境的监测效果。

(3) 监测的长期性

部分低含量的污染物也会对环境带来潜在的影响，在利用现代生物技术对其进行监测时，无法在短时间内看到突出成效。我们应持续优化生物监测技术，使其可以充分满足环境监测的各项要求，以此来提高监测结果的准确性与真实性。

此外，生物群落的结构、数量、行为以及形态等方面都易受到污染物质的影响，导致细胞结构和遗传物质被破坏，造成机体变异、致癌以及畸变等情况。在自然环境中采取的指示生物，不仅易受到污染物质的影响，一定程度上也会受到土壤、地域、季节、病虫害和气候等外界因素的影响。因此，在利用现代生物技术进行环境监测的过程中，要做到标准化，以提升监测结果的准确性和可行性。

## 11.4 现代生物技术在环境监测中的应用展望

现代生物技术是当代高新科技中最具发展潜力的一种新兴技术，其在环境监测领域的应用也越来越广泛、越来越深入。今后，现代生物技术在环境监测领域的发展与应用集中在以下几个方面。

(1) 生物监测技术的不断完善

生物监测技术是依据生物过程以及对生物理化功能的分析和阐述来进行环境监测。不仅可以降低环境监测的成本，还有利于提高环境监测的速度以及监测效果；敏感性强、操作便捷、毒害性小，且可以提供动态监测和环境污染状况预测。相较于物理监测、化学监测技术，生物监测在环境监测中具有更大的发展前景。现代生物工程技术为生物监测技术的重要核心，对其进行有效应用，并充分发挥它的优势，未来我们还要做到以下几点：

① 重视指示生物的选择。加大对指示生物的研究和分析，确保生物监测过程中所选取的指示生物具有较强的敏感性，可以更加全面、充分地反映环境污染状况，进一步提高生物监测的准确性。

② 生物监测所选择的指示生物易受到土壤、水资源、季节特征和病虫害等因素的影响，在监测过程中要选择合适的监测数量，缩小区域差别性，增加对比性，强化水体的监测效果，以期更好地发挥生物监测技术的优势。

③ 科学、合理地评价污染物的危害。有时单一的污染物并不会对我们生存的环境造成破坏，只有在多个污染物的共同作用下，才会对环境造成影响，但目前的生物监测技术无法对环境内的污染物进行定量分析，随着科学技术的日益进步，借助大量数据模型和计算机运算技术，生物监测技术一定可以对污染物的危害作出更加客观的评价，为环境治理带来真实、可靠的参考依据。

④ 制定统一合理的监测评价标准。目前，关于生物监测技术的评价指标还

不够统一，这从某种程度上限制了生物监测技术的应用，致使实际的监测问题难以快速实现反馈与解决，且监测结果也难以保持较高的准确性与可靠性。随着信息化技术的发展以及对采集数据的多样性分析，在未来一定可以制定出更加合理的评价标准和标准化的信息处理模式，从而对环境污染程度做出更好的鉴别，真正提升监测结果的准确性。

⑤ 将生命科学作为理论基础。生物监测技术以生命科学作为理论基础，未来要加大对生命科学的研究力度，深入了解生物的生理以及结构特征，为监测过程中指示生物的选择提供理论支持，为生物监测技术的发展奠定良好的理论基础。

（2）多元化信息采集和新型生物传感器的开发研制

能够采集、分析多元生物信息并可以适用于多种不同的场合且经久耐用的新型生物传感器的开发与研制，不仅可以更好地满足环境监测的要求，也可以满足污水处理系统自动控制的需要。

（3）PCR 等检测技术的不断完善与发展

随着科学技术的发展以及人们环境意识的不断增强，对致畸、致突变以及病原微生物的检测技术提出了更高的要求。PCR 技术以其独特的优势在不断发展和完善，有可能取代现有水细菌学的检测方法并成为一种常规的检测手段。常规微核试验及其他快速、准确检测致突变性的方法也会随着人们对环境污染物的日益关注而不断发展。

（4）技术联用

在环境污染物检测方面，可进行适当的技术联用，不仅可以避免各种现代生物技术的劣势（如，生物传感器在真实水环境中灵敏度低且检测限高；PCR 检测过程中易出现假阳性结果；环介导等温扩增的扩增效率低，且假阳性/阴性多等），还可以避免烦琐的操作过程，同时提高结果的准确性，已有学者在进行相关联用研究并取得可观的成果，这将是未来环境监测的一大发展方向。例如，生物传感器技术和光纤技术相结合，用光纤末端接触待测物，开发了一种可即时、精确检测水中沙门氏菌和大肠杆菌的生物芯片技术；毛细管电泳芯片与厚膜电流检测器集成在一起，可在 140s 内从掺入有机磷神经毒物的河水中分离检测出磷、乙基对硫磷、甲基对硫磷和杀螟硫磷；细胞培养与实时荧光定量 PCR 相结合，不仅可以提高检测的灵敏度，还提供了水中病原微生物潜在的感染效应等信息；免疫技术与实时荧光定量 PCR 相结合，在保证检测特异性和敏感性的同时，简化了实验操作步骤和外源性污染，缩短了检测周期，大大提高了检测效率。

## 参 考 文 献

[1] 宋国欣．现代生物技术在环境监测中的应用探究[J]．科技风，2021(18)：125-126.

[2] 刘敏敏，钱佳．探析现代生物技术在环境检测中的应用[J]．资源节约与环保，2021(12)：73-75+88.
[3] 李姣，任秋蓉，古蕾，等．微量植物组织直接 RT-PCR 反应检测 4 种植物病毒的方法建立与优化[J]．四川师范大学学报(自然科学版)，2021，44(01)：115-121.
[4] 孙凯，程行，余家琳，等．漆酶催化生物体内有机物合成与分解代谢的双功能机制及其在生物技术领域中的应用[J]．农业环境科学学报，2019，38(06)：1202-1210.
[5] 吴云，王一鹏，马杰，等．应用液态悬浮芯片技术建立肝癌血清标志物蛋白 GP73 的检测方法[J]．中华肿瘤杂志，2019，41(05)：351-356.
[6] 徐博．水质环境监测的微生物检测技术应用分析[J]．生态环境与保护，2021，4(03)：172-173.
[7] 巢楚越，袁卫峰，帅立．探析生物监测在环境监测中的应用[J]．江西化工，2020(04)：103-104.
[8] 梁晓兰．生物监测技术在水环境监测中的应用[J]．皮革制作与环保科技，2021，2(24)：92-94.
[9] 黄佳丽．现代生物技术在环境检测中的应用[J]．科技传播，2016，8(06)：148+157.
[10] 魏婷婷．现代生物技术在环境监测中的应用分析[J]．广东蚕业，2019，53(01)：8-9.
[11] 严佳．现代生物技术在环境监测中的应用[J]．农技服务，2016，33(02)：189.
[12] 于英．现代生物技术在环境监测中的应用[J]．工程技术：引文版，2016，(35)：2.
[13] 刘利．浅谈现代生物技术在环境检测中的应用[J]．低碳世界，2016(21)：5-6.
[14] 于红．关于现代生物技术在环境检测中的应用探讨[J]．黑龙江环境通报，2016，40(04)：32-33.
[15] 孙莹莹．现代生物技术在环境监测中的应用研究[J]．科技创新与应用，2016(23)：173.
[16] 乌云娜，冉春秋，高杰．环境监测技术的应用现状及发展趋势[J]．生态经济，2009(12)：89-91.
[17] 庄峙厦，李伟，陈曦，等．光纤化学/生物传感技术在海洋环境监测中的应用[J]．海洋技术，2002(01)：27-33.
[18] 孙建伟．解析环境检测中现代生物技术的应用[J]．科技视界，2014(06)：263.
[19] 张海谷．探讨生物监测技术在环境监测中的应用[J]．环境与发展，2020，32(08)：181-182.
[20] 王晓囡．多重聚合酶链式反应技术研究和应用[D]．苏州：苏州大学，2018.
[21] 刘莊．聚合酶链式反应和基因芯片技术的研究及在主要水生动物病毒检疫和监测中的应用[D]．武汉：华中农业大学，2004.
[22] 赵大显，熊焕嘉．现代生物技术在环境监测中的应用[J]．油气田环境保护，2012，22(03)：60-63+67+82.
[23] 李庆义，刘小真．PCR 技术在环境监测中的应用态势[J]．江西科学，2008，26(03)：439-444.
[24] 赵晓祥，庞晓倩，庄惠生．荧光定量 PCR 技术在环境监测中的应用研究[J]．环境科学与技术，2009，32(12)：125-128.
[25] 梁丹涛，沈根祥，赵庆节．PCR-DGGE 分析技术在环境检测中的应用[J]．上海环境科

学，2007，26(01)：34-38.
[26] 张爱春．现代生物技术在环境监测中的应用研究[J]．资源节约与环保，2015(05)：93.
[27] 顾斌洁．现代生物技术在环境监测中的应用研究[J]．河南科技，2018(04)：153-154.
[28] 王飞．浅析现代仪器分析技术在环境监测中的应用[J]．科技资讯，2015，13(21)：81-83+85.
[29] 张玉丽．现代生物技术在环境监测中的应用[J]．资源节约与环保，2017(07)：39-40.
[30] 朱文杰，徐亚同，张秋卓，等．发光细菌法在环境污染物监测中的进展与应用[J]．净水技术，2010，29(04)：54-59.
[31] 袁东星，邓永智，林玉晖．蔬菜中有机磷农药残留的发光菌快速检测[J]．环境化学，1997，16(01)：77-81.
[32] 刘娜，孟庆雷，钟立华．酶联免疫吸附法在环境监测领域中的应用[J]．安徽农业科学，2008，36(24)：10673-10674.
[33] 段秀辉，黄文，李露．生物酶技术在食用菌加工中的应用[J]．食用菌，2014，36(06)：3-5.
[34] 王明泉，王晓珊．生物芯片技术及其在环境科学领域的应用[J]．环境科学与技术，2007，30(05)：101-104.
[35] 包俊青．关于现代生物技术在环境监测中的应用[J]．化工管理，2016(11)：166.
[36] 曲媛媛，周集体，王竞，等．现代分子生物技术在废水菌群监测中的应用[J]．环境科学与技术，2014(S1)：176-178.
[37] 宁修仁．流式细胞测定技术在海洋生物和海洋生态环境监测研究中的应用[J]．东海海洋，2001，19(03)：56-60.
[38] 罗鸿斌．现代分子生物学技术在环境监测中的应用[J]．东莞理工学院学报，2013，20(03)：73-77.
[39] 宁修仁．流式细胞测定技术在海洋生物和海洋生态环境监测研究中的应用[J]．东海海洋，2001，(03)：56-60.
[40] 吕亚慈．植物微核技术在水质监测中的应用[J]．考试周刊，2011(47)：206-207.
[41] 孙鹏飞．微核技术在环境监测中的应用概况[J]．山东工业技术，2017(05)：240.
[42] 郭辰，吕占禄，钱岩，等．微核实验在环境健康综合监测中的应用[J]．应用与环境生物学报，2015，21(04)：590-595.
[43] 李前博，蒲磊，李桂芳．应用蚕豆根尖细胞微核技术对污水遗传毒性的研究[J]．黑龙江畜牧兽医，2015(01)：202-204+221.
[44] 王兆群，丁长春，刘斌，等．蚕豆根尖微核技术在工业废水遗传毒性监测中的应用[J]．仪器仪表与分析监测，2000(04)：45-46.
[45] 薛同敏，郭忠．单细胞凝胶电泳技术应用进展[J]．西北民族大学学报(自然科学版)，2011，32(03)：70-74.
[46] 衡正昌，张遵真．二氯胺基酚对 V79 细胞 DNA 损伤效应的研究[J]．卫生毒理学杂志，1997(02)：87-89.
[47] 王民生．碱性单细胞微量凝胶电泳测试技术简介[J]．癌变．畸变．突变，1996(02)：112-115.
[48] 张遵真，衡正昌．用单细胞凝胶电泳技术检测铬和砷化物的 DNA 损伤作用[J]．中华预

防医学杂志，1997(06)：365-367.
[49] 罗瑛，孙志贤，杨瑞彪，等．辐射后单个细胞 DNA 结构变化的定量检测[J]．生物化学与生物物理进展，1994(05)：451-453.
[50] 张慧丽，余卫，闫长会．单细胞凝胶电泳技术在军事毒理学中的应用[J]．卫生毒理学杂志，1999(03)：182-184.
[51] 张遵真，衡正昌，王涛．改良的彗星实验与标准方法的对比研究[J]．卫生毒理学杂志，2000，14(03)：180-182.
[52] 张遵真，衡正昌，李蕊．单细胞凝胶电泳试验的最适条件研究[J]．卫生毒理学杂志，1998(04)：249-251.
[53] 王梦，杨鑫，王维，等．基于 eDNA 技术的长江上游珍稀特有鱼类国家级自然保护区重庆段鱼类多样性研究[J]．水生生物学报，2022，46(01)：2-16.
[54] 刘波，王浩，秦斌，等．基于环境 DNA 宏条形码技术的北京地区鱼类多样性调查和外来鱼种入侵风险评估[J]．生物安全学报，2021，30(03)：220-229.
[55] 张丽娟，徐杉，赵峥，等．环境 DNA 宏条形码监测湖泊真核浮游植物的精准性[J]．环境科学，2021，42(02)：796-807.
[56] 王萌，金小伟，林晓龙，等．基于环境 DNA-宏条形码技术的底栖动物监测及水质评价研究进展[J]．生态学报，2021，41(18)：7440-7453.
[57] 李小闯，霍守亮，张含笑，等．环境 DNA 宏条形码技术在蓝藻群落监测中的应用[J]．环境科学研究，2021，34(02)：372-381.
[58] 周仕林，刘冬．生物传感器在环境监测中的应用[J]．理化检验-化学分册，2011，47(01)：120-124.
[59] 管岚．生物传感器在环境监测中的应用分析[J]．皮革制作与环保科技，2022，3(05)：46-48.
[60] 韩栋，万金萍．生物传感器及其在食品安全检测方面的应用[J]．食品安全导刊，2021(26)：147-148.
[61] 李杜娟，冯硕，樊凯，等．基于磁分离技术的生物传感器研究进展[J]．中国生物医学工程学报，2021，40(03)：344-353.
[62] 刘陈，李强翔，樊凯，等．MCM-41 型介孔二氧化硅纳米颗粒的制备及其在 DNA 生物传感器中的应用[J]．化学进展，2021，33(11)：2085-2102.
[63] 邓丹丹，李玉歌，李文姝，等．微生物燃料电池在环境生态修复及生物传感器中的应用研究进展[J]．山东化工，2021，50(19)：101-103.
[64] 赵文潇，翟飞，杨海龙，等．纳米酶生物传感器在食品质量与安全检测中的应用[J]．食品研究与开发，2021，42(24)：184-192.
[65] 马超，朱国飞，刘丽萍．生物传感器在现代环境污染检测中的应用研究进展[J]．农村经济与科技，2018，29(10)：15-16.
[66] 马静，金葆康．纳米金生物传感器的制备及其在汞离子检测中应用[J]．安徽大学学报(自然科学版)，2021，45(04)：79-87.
[67] 董韵．生物传感器在环境监测中的应用实践研究[J]．乡村科技，2018(01)：92-93.
[68] 霍祥宇，邵炜惠，王梁华，等．检测环境污染物的适配体生物传感器研究进展[J]．生命

的化学，2019，39(01)：171-176.
[69] 邱立平，宫正．现代生物技术在环境领域的应用及展望[J]．本溪冶金高等专科学校学报，2001(01)：66-69.
[70] 张平．现代生物技术在环境领域的应用及展望[J]．北方环境，2011，23(08)：65-67.
[71] 梁其林．水环境监测中生物监测技术的应用及发展前景[J]．资源节约与环保，2019，(06)：54.
[72] 李顺香．生物监测在水环境监测中的应用探讨[J]．环境与发展，2017，29(03)：225+227.
[73] 程金平，郑敏，王文华．生物传感器和生物芯片在环境监测中的应用[J]．上海环境科学，2001，20(12)：605-606.

# 第12章　卫星遥感技术在环境监测中的应用

## 12.1　卫星遥感技术概述

### 12.1.1　基本概述

所谓遥感技术，就是指对较远的区域具有感知意识。通俗来讲，遥感技术就是利用天空中的飞机、卫星等多种飞行物所装配的遥感器，对地面的数据加以收集和整理，并对不同的数据进行识别、分析以及传送等，这也是遥感技术主要特征。卫星遥感技术是一种广泛应用于测量领域的技术，是一种从外层空间的平台上获取地面事物的几何、物理性质信息的现代化高新科学技术，基于遥感技术与信息技术等综合发展，是3S(RS、GIS、GPS)技术的主要组成之一。

任何事物都具备光谱特性，地球上的每一个物体都在不停地吸收、发射、反射信息和能量，它们都具备不同的电磁波特性。在同一光谱区域内各种事物的反映情况不同，同一物体对不同光谱的反映情况也有显著差别，即使是同一物体，在不同空间和地点，由于太阳光照射的角度不同，它们反射和吸收的光谱也不同，卫星遥感技术就是依据这些原理来探测地表事物并对其特征做出判断。

卫星遥感技术是指从地面到空间各种对地球、天体观测的综合性技术系统的总称，集中了空间、电子、计算机、光学、通信以及地球科学等发展的最新成就，利用可见光、红外线、微波等探测仪器来接收远程辐射和反射信号，然后通过摄影或扫描以及信息感应获取信息。在卫星图象中，不同的地表物体所具有的纹理、形状以及色调等信息都是不同的，该技术可根据有关的地理特征，对卫星数据进行识别、传输、分析和判断，最终实现测量自动化。

### 12.1.2　卫星遥感技术系统的构成

卫星遥感技术系统主要由卫星遥感平台系统、遥感传感器以及遥感信息的接收与处理系统三部分组成，现已成为一个从地面到高空的多维、多层次的立体化观测系统。具体的卫星遥感工作系统包括控制中心、运载工具及传感器、地面遥测数据收集站、跟踪站、卫星遥感数据接收站、数据中继卫星、数据处理中心、遥感技术研究中心和试验场等子系统。传感子系统在控制中心的指令下接收来自地面的各种物体的卫星信号，同时收集地面数据收集站发送的消息，将这两种信息发回地面数据接收站，数据处理中心对数据进行分析处理，最后将处理过的数据提供给有关用户。

遥感传感器是获取遥感数据的关键设备，由于设计和获取数据的特点不同，传感器种类繁多，包括摄影类型传感器、扫描成像类型传感器、雷达成像类型传感器、非图像类型传感器等，其基本结构如图 12-1 所示。

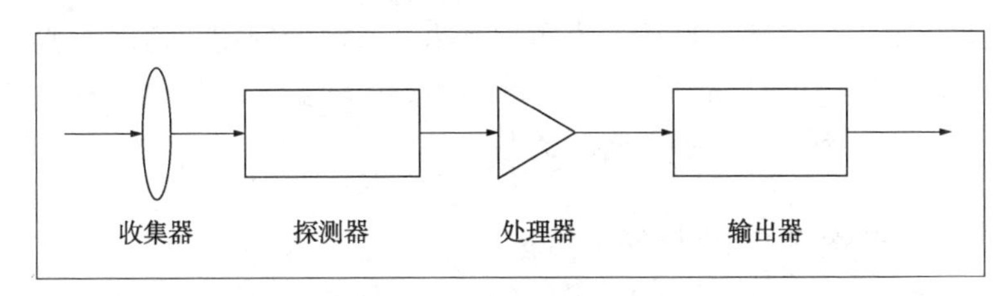


图 12-1　传感器的基本结构

收集器将地面辐射来的能量收集起来，探测器则将收集来的辐射能量转变成化学能或电能，这些卫星信号可能包括一些噪声和偏差，所以用处理器对收集的卫星信号进行处理，最后用输出器来输出获取的数据。

卫星遥感技术系统是一个非常庞大且复杂的体系，对某一特定的遥感目的来说，可选择一种最佳的组合，发挥其各子系统的技术优势和总体系统的技术经济效益。

### 12. 1. 3　卫星遥感的分类

卫星遥感是以人造地球卫星作为遥感平台的各种遥感技术系统的总称，它主要利用卫星对地球和低层大气进行光学和电子观测，包括气象卫星遥感、陆地卫星遥感和海洋卫星遥感三种类型。

（1）气象卫星遥感

气象卫星是以搜集气象数据为主要任务的遥感卫星，按轨道的不同分为太阳同步气象卫星（中轨）和地球同步太阳卫星（即静止卫星，高轨），将两类卫星组合观测，是一种理想的大气观测方式。该遥感利用气象卫星对大气的状态和运动进行监测，从单项、短期、小范围的预报发展成综合性、中长期、大范围的准确预报，为气象预报、台风形成和运动过程监测、冰雪覆盖监测和大气与空间物理研究等提供大量的实时数据，为我国的旱情、洪水以及滑坡、泥石流和病虫害的准确预报提供了可靠资料，有利于相关人员快速采取减灾措施。

（2）陆地卫星遥感

陆地卫星是以观测陆地资源信息、环境信息为主要任务的遥感卫星，是绕地球南北极附近运行的太阳同步卫星，具有接近圆形的轨道，可对陆地地貌、地表覆盖物进行监测。陆地卫星遥感给遥感器提供了离地面更高、更平稳的平台，观测范围更大，效率更高。对于地球宏观和大尺度现象，主要用于矿产资源监测、环境监测、农业、林业、土地管理、城乡建设、防灾减灾、公共安全、水利、交通、测绘与地理信息管理等方面。

(3) 海洋卫星遥感

海洋占地球面积的三分之二以上，蕴藏着丰富的资源并对气象有重大的影响，海洋卫星是以搜集海洋资源及其环境信息为主要任务的遥感卫星，主要用于海洋温度场，海流的位置、界线、流向、流速，海浪的周期、速度、波高，水团的温度、盐度、颜色及叶绿素含量，海冰的类型、密集度、数量、范围以及水下信息、海洋环境、海洋净化等方面的动态监测。

### 12.1.4 卫星遥感的特点

卫星遥感与传统的地面观测方法相比较，有其自身的特点。

① 一次卫星任务可以搭载多项观测项目，其获取资料速度快、项目多。卫星可以根据地球自转周期运转，并能在运转工作中，对所经地区的各种自然现象的最新资料进行获取，以便于更新原有资料，同时也能够对新旧资料的动态变化进行实时监测，这是地面观测无法比拟的。

② 实现了全球观测和大范围观测。由于卫星固定在轨道上面运行，地球不停地自西向东旋转，所以当卫星绕地球转一圈时，卫星的星下点是不断变化的，进而实现全球观测。卫星的大范围观测使得占地球表面 4/5 的海洋、荒漠、高原甚至极地都可以由卫星获得资料，遥感从人造地球卫星上，居高临下获取的航空相片或卫星图像，不受地形地物阻隔的影响，景观一览无余，为人们研究地面各种自然、社会现象及其分布规律提供了便利。卫星观测比地面观测具有更大的内在均匀性和连续性，而现有的常规地面观测则是不均匀和间断的。

③ 卫星资料量越来越大。卫星观测项目的增多以及电子技术的进步引起的数据时空分辨率增加，卫星遥感资料量越来越多，以至于资料处理能力的发展也越来越快速，扩大了人类的观察范围和感知领域，加深了人类对事物和现象的认知。

④ 便于加强国际交流和合作。卫星在空中对地观测，不像在地面观测时存在国别限制，不同国家的卫星资料相互共享，使得开展全球性的研究计划成为可能。

### 12.1.5 环境卫星遥感监测技术

随着我国经济的快速发展，人们生产生活对环境的污染及生态的破坏日趋严重，环境污染事故频繁发生，突出表现在森林生态功能衰退，水生态系统失调，草地资源退化，荒漠化速度加快，湿地湖泊萎缩，生物多样化锐减，土地“三化”(沙化、退化、盐渍化)加剧，水土流失严重，植被覆盖率下降，资源管理不严等方面。因此，环境监测在我国的环境治理中发挥着日益重要的作用。城市环境监测站基本上都按《环境监测技术规范》进行环境质量常规监测，各城市的监测点位都是按照国家生态环境部统一的技术规定和要求进行优化布点，保证了数据的空间代表性。形成的监测网为我国环境质量监测、评估提供了大量数据。但是由于我国面积辽阔，地面环境监测网点分散，所以利用这套地面监测网和现有的技术仍不能全面、连续动态地反映我国环境质量状况，更无法实现污染预报。因此，日益恶化的环境迫切需要一种高效、准确、快速的环境监测技术，而卫星遥感监测技术是实现这一目的的有效方式，对改善生态环境有着重要的实践意义。

卫星遥感对地表事物进行扫描监测采用的是多波段传感器，其可以对地表事物所特有的状态信息进行有效的获取。目前卫星遥感技术从探测波长、探测方式和应用目的来看，主要分为可见光-反射红外遥感技术、热红外遥感技术以及微波遥感技术三种类型，前两者遥感技术统称为光学遥感技术。

(1) 可见光-反射红外遥感技术

可见光-反射红外遥感技术记录的是地球表面对太阳辐射能的反射辐射能，其进行物体识别和分析的原理是基于每一物体的光谱反射率来获得有关目标物的信息。该技术可以用来监测大气污染、温室效应、水质污染、固体废弃物污染以及热污染等，是一种比较成熟的遥感技术，目前国际上的商业和非商业卫星遥感器多属此类。可见光-反射红外遥感技术在环境污染监测上仍有发展空间，主要是要提高传感器多个谱段信息源的复合，发展图像处理技术和信息提取方法，提高识别污染物的能力。

(2) 热红外遥感技术

在热红外遥感技术中，目标物是所观测的电磁波热辐射源，也就是地球表面的发射辐射能量，地表发射的能量主要来自转化为热能的短波辐射能。该技术进行物体识别和分析的主要原理是通过红外敏感元件探测目标物的发射率、辐射温度、热场图像等特性从而获取信息。热红外遥感技术可以在短时间内重复观测大面积地表温度的分布状况，这种观测是以“一切物体辐射与其本身温度和种类相对应的电磁波”为基础的，被广泛应用于城市热岛效应监测、林火监测、旱灾监测等领域。

(3) 微波遥感技术

微波遥感技术有主动遥感和被动遥感之分，主动遥感记录的是地球表面的微波辐射能，其主动在于它不依赖于太阳和地球的辐射，自身能够提供能源，最具有代表性的主动遥感器为成像雷达；而被动遥感是通过接收地面物体发射的微波辐射能量，或接收遥感仪器本身发出的电磁波束的回波信号，对物体进行探测、识别和分析。该技术不受或很少受云、雨、雾的影响，不需要光照条件，可全天候、全天时地取得图像和数据，对地表植被、松散沙层以及干燥冰雪也有一定的穿透能力，能获得较深层的信息。因此，微波遥感技术在海洋、冰雪、大气、农业应用、灾害监测等方面都有很广泛的研究。

卫星遥感技术就是通过将三种光谱波段的遥感技术进行综合应用，在我国资源、林业、农业、水利等部门已有广泛的使用，将空间遥感卫星、地面定点监测站、数据传输与处理系统、GIS 相结合，帮助人们突破传统污染监测方法的局限，提高管理工作的集成化、自动化、智能化程度，准确、客观、动态、简便、快速地实现生态环境的有效监测评价与发展趋势预报，为提升我国生态环境监测质量与效率提供帮助。

现代遥感信息的获取与应用已经非常方便，这些资料在空间范围上可以完全满足环境监测与管理应用的要求。大气和水污染、酸雨、气候变化、臭氧层耗竭等一系列环境问题不仅是我国，也是全世界所面临的严重问题，地球只有一个，几乎所有的环境问题都是全球性的，都需要用全球的观点来研究和解决。为此，采用卫星遥感这一面向全球的先进技术，是全球及我国环境科学研究的必要途径，它不仅可以为我们提供大面积、全天时、全天候的环境监测手段，更重要的是能够为我们提供常规环境监测手段难以获得的全球性的环境遥感数据，这些数据是我们进行环境监测、预报和科学研究所不可缺少的。

## 12.2　卫星遥感技术在环境监测中的应用

近年来，我国卫星遥感技术发展迅速，建立了由资源系列卫星、海洋系列卫星、气象系列卫星和遥感系列卫星组成的遥感卫星体系，以多源卫星为基础构建一个可以实现地区化反演模型、数据处理、环境监测指标提取的环境监测系统。目前的卫星遥感技术在气象、水文、地质、海洋、农业、渔业、地球资源勘探、军事侦察、城乡规划及土地管理等领域都有应用，小到室内工业测量，大到大气、海洋等环境信息的采集，甚至可以实现对全球范围内环境变化的监测。卫星遥感技术在环境监测中的应用发展很快，在水环境方面可以测定水质的水温、色度及叶绿素含量、泥沙含量；在大气环境方面可以测出大气气温、湿度，也可以测出 $CO$、$CO_2$、$O_3$、$NO_x$、$CH_4$等类型空气污染物的浓度分布；在环境污染方面可以对固体废弃物的堆放量、分布及其影响范围做出测定，对环境污染物实现一定程度的遥感跟踪调查，对造成污染事故的发生点、污染面积、扩散程度及方向做出预测，正确估算环境污染造成的损失，进而提出相应的解决对策。卫星遥感技术在水环境、大气环境、生态环境等众多领域的应用不断推动着环境监测事业的发展，促进了环境质量的改善。

### 12.2.1 卫星遥感技术在水环境监测中的应用

卫星遥感技术在水环境监测中主要应用于饮用水源保护区监测、水华监测、赤潮监测、船体溢油事故及工业废水排放监测等方面。

#### 12.2.1.1 饮用水水源保护区监测

饮用水水源地是日常生活中最重要的水源，是为公共饮用水供给系统提供原水的区域，利用水源地监测信息，建立饮用水水源保护区，加强保护区管理及生态保护，是减少污染、保护水源的根本要求，是保障饮用水水源安全的重要前提和基础。卫星遥感技术能够对饮用水水源地大范围区域内的环境状况进行快速、客观的监测，从而全面了解水源地及周边的水生态安全、风险源及变化情况，可有效补充传统地面采样点环境监测方法的不足，提升水源地环境管理的综合监管水平。

目前卫星遥感技术估测水质主要是通过水体散射和吸收太阳能辐射的过程中产生光谱来完成的。水体中的特定组分在特定波长下，反射和吸收的能力有很大的区别，水体的光谱特性从实验的遥感传感器中可以获取。通过实验，水体对近红外波段和可见光波段敏感度很高，自然水体、纯净水体和污染水体在可见光波段和近红外波段范围的散射和吸收特性的科学研究已经非常成熟。

利用卫星遥感技术获得的图像信息监测饮用水水源保护区的植被覆盖情况，通过对植被覆盖率的面积进行识别，就能够对饮用水源保护区内开发利用的程度进行跟踪监测。植被覆盖率高，表明人为活动对保护区水体干扰较少，水质相应较好；植被覆盖率低，水土流失等情况就较为严重，水源涵养差，水质相应较差。如图 12-2 为某水库水位变化的前后对比图，水库水位下降后被人为改成耕地耕种。此外，还可以对表征水质状况的指标进行常态化监测，如水温、色度、叶绿素 a、浊度、悬浮物等。通常情况下，当水源遭受污染时，其本身的颜色、透明度、密度以及温度等指标都会发生一定程度的变化，直接导致水体反射率变化，这种变化在卫星遥感图像上会呈现出形态、色调、纹理以及灰阶等特征的差别。图 12-3、图 12-4、图 12-5 为卫星遥感对重庆市长寿湖的水质监测影像图，这些卫星图像呈现出该水源地在 2020 年的叶绿素 a 浓度、悬浮物浓度和水体透明度等水质参数结果，进而实现对饮用水水源保护区的有效监测，帮助各级环保、水利等部门及时发现水体污染程度并规划污染范围，为高效治理水环境提供信息。

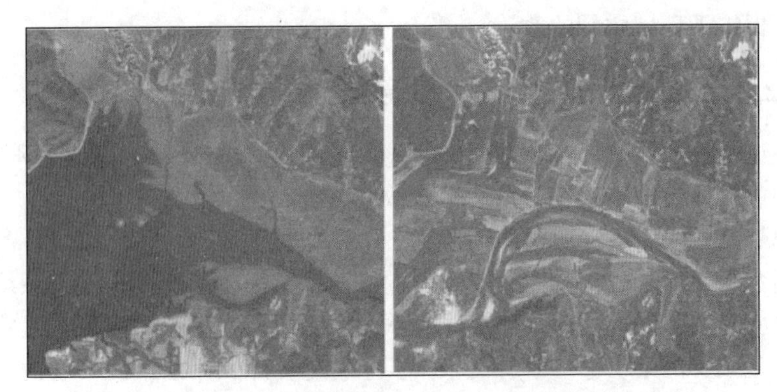

图 12-2　卫星遥感监测某水库水位下降前后对比图

图 12-3　2020 年 5 月 17 日重庆市长寿湖叶绿素 a 浓度监测影像图

图 12-4　2020 年 5 月 2 日重庆市长寿湖悬浮物浓度监测影像图

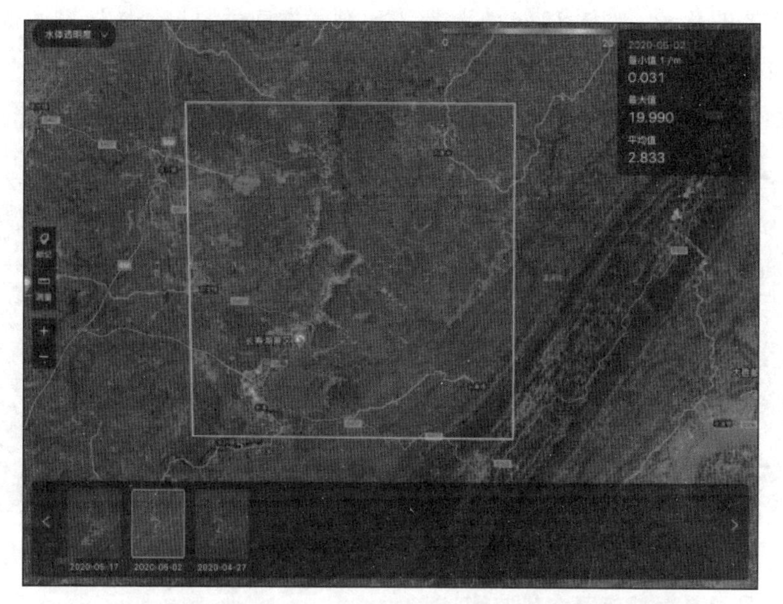


图 12-5　2020 年 5 月 2 日重庆市长寿湖水体透明度监测影像图

### 12.2.1.2　赤潮监测

赤潮，又被称为红潮，是一种异常的海洋生态现象，是海水中某些浮游植物、原生动物或细菌在一定环境条件下，短时间内突发性增殖或聚集而引起的一种水体变色的生态异常现象，赤潮暴发时，水体颜色一般会发生变化，多数表现为赤红色。赤潮生物在营养元素消耗殆尽后，不断死亡，细菌分解这些有机物需要消耗水体中大量的溶解氧，使得溶解氧减少，形成缺氧环境，进而导致海洋生物窒息而死，对渔业资源产生严重的负面影响，也会打破原有的生态平衡，破坏海洋生态环境。近年来，随着沿海地区的工、农业发展和人口的不断增长，向沿岸海域排放的工业、农业废水和生活污水量剧增，使得赤潮发生频率越来越高，规模也越来越大，为近岸地区带来了重大的危害和影响。因此，开展赤潮及相应环境的监测和研究具有重要的现实意义。

20 世纪 80 年代以来，随着卫星观测平台和传感器的不断发展，卫星遥感在赤潮监测和研究中得到了较快的发展，不同的遥感平台搭载不同的传感器，构建不同的反演算法，可为赤潮观测提供大范围、长时间、实时的观测信息。卫星遥感技术主要依据赤潮与非赤潮时水体光谱特性上的差异，利用赤潮发生时的海水水温和水色变化，使卫星接收到海水反射的光学信号发生改变，提供数米到数千米的卫星监测图像信息，经过校正、合成、分析、解译等过程，反演出海洋水体中的叶绿素 a 浓度、微生物含量、泥沙含量等各种信息。根据不同的传感器所对应的中心波长和波段宽度不同，了解赤潮的特征、掌握赤潮灾害的发展和规律，从而有效地防止或减少赤潮造成的损失和危害，对采取有效措施治理赤潮灾害具有十分重要的意义。如图 12-6 为某海湾赤潮暴发前后卫星遥感监测影像图，左侧为正常海域，右侧为赤潮暴发后海域卫星监测图像。

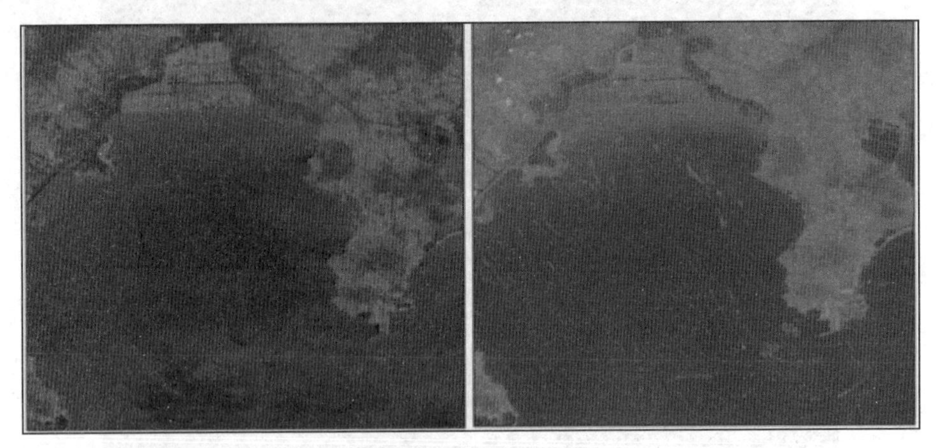

图 12-6　卫星遥感监测某海湾赤潮发生前后对比图

#### 12.2.1.3　太湖蓝藻水华监测

太湖是我国第三大淡水湖泊，其流域位于长江三角洲的南缘，具有饮用水、工农业用水、航运、旅游、流域防洪调蓄等多种功能，是长江三角洲地区工农业生产以及社会经济发展的重要水资源。目前，大量氮磷物质的汇入，加剧了太湖湖泊的富营养化程度，其重要特征是藻类物质，浮游植物蓝藻大量繁殖、异常生长，并且极易堆积、腐烂沉降，最终形成水华，在河口以及近岸淤积，不仅破坏了水体景观和生态平衡，而且因蓝藻在生长过程中释放的毒素消耗了溶解氧，引起水体生物大量死亡，导致湖泊水质恶化，严重威胁湖泊周围地区的饮水安全。

2007 年 5 月底，由于太湖蓝藻暴发，严重影响了无锡供水问题，江苏省于当年 7 月初率先建立国内 MODIS 数据 DVBS 广播式接收系统，解决了蓝藻水华卫星遥感信息的获取问题。太湖蓝藻水华暴发后，水体中叶绿素含量显著升高，导致水体光谱的吸收、散射、形态特征等发生变化，2011 年起，江苏省建立水体光学信息提取模型，构建了蓝藻预警监测遥感数据实时接收和解译系统，在半小时内实现从卫星遥感数据接收、处理、解译、制图等全流程的快速、自动化处理以及时空变化分析，形成较为完整的水环境遥感业务产品，凸显了应用卫星遥感技术开展蓝藻水华监测范围大、间隔时间短的优势。2015 年 6 月 23 日，欧洲航天局成功发射了“全球环境与安全监测”计划的第二颗卫星“哨兵-2A”（Sentinel-2A），其具有多光谱、大范围、短重访周期等特点，为太湖蓝藻水华监测提供了新的数据源。图 12-7 为 2018 年 7 月 28 日基于“哨兵-2A”卫星 MSI 技术成像的太湖蓝藻水华影像，可直观监测太湖蓝藻水华变化状况。“哨兵-2A”MSI 遥感影像可以提供精细的太湖蓝藻水华结果，具有独特的太湖全湖蓝藻分布及暴发强度状况“高清”观测能力，有助于深化对太湖蓝藻水华浮沉、漂流、积聚等发生与演变规律的认识，为蓝藻打捞、暴发防控提供了有效的支持。

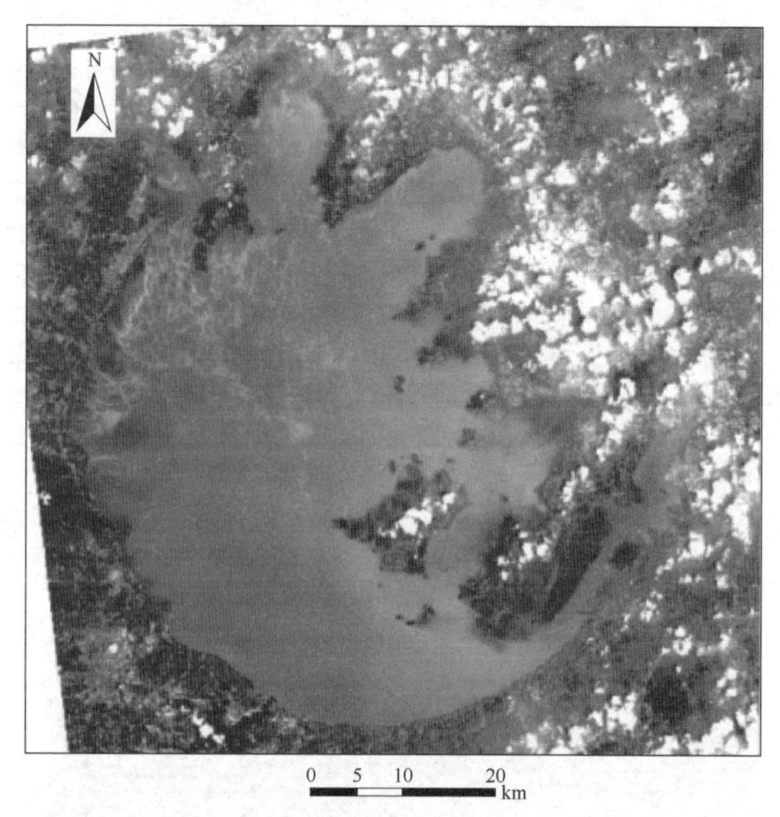


图 12-7　基于“哨兵-2A”MSI 遥感影像的太湖蓝藻水华监测

### 12.2.2　卫星遥感技术在大气环境监测中的应用

卫星遥感技术在大气环境监测中主要应用于秸秆焚烧监测、扬尘源监测和近地面颗粒物动态监测、温室气体监测及工业废气排放监测等方面。

#### 12.2.2.1　秸秆焚烧监测

秸秆通常是指农作物在收获籽实后的剩余部分，如麦秸、豆秸、玉米秆、稻草、薯类、棉花、甘蔗及花生藤蔓等。每年在夏收、秋收后，大部分秸秆都被当作废弃物焚烧，而露天焚烧秸秆所形成的滚滚烟雾不但污染大气环境，危害人体健康，破坏生态平衡，还会对道路交通和航空运输带来安全隐患。鉴于秸秆焚烧带来的种种危害，秸秆焚烧的监测已引起各地政府高度关注，利用实时监测结果并依据相对应的行业标准《卫星遥感秸秆焚烧监测技术规范》对其及时制止，是杜绝秸秆焚烧的首要手段。由于秸秆焚烧具有随机性和分散性特点，地面人工监测不能及时提供有效的信息，面对广阔的地域环境难以开展监察工作，而卫星遥感监测技术可以解决这一问题。

地球表面上的物体因温度和物理性质不同，其光谱特性也不同，因此会向外界辐射不同波长的电磁波，根据普朗克定律得知黑体辐射的能量是随着温度的变化而变化的。植被没有燃烧时，植被及地物发出的辐射是背景辐射；植被燃烧时主要辐射源是火焰和具有较高温度的碳化物。利用背景辐射和植被燃烧时辐射的差异，可以从卫星遥感信息中及时发现火点，并监测其燃烧状态和蔓延趋势。

秸秆焚烧监测是利用卫星遥感图像进行相应火点监测实现的，是利用卫星遥感图像，随着秸秆燃烧时内部产生的像元温度不断增加，在中红外和热红外波段辐射能量也相应增加，并通过与背景常温像元比较形成的差异来识别地面火点。从图 12-8 可以看出全国范围的秸秆焚烧火点涉及的面积较为广泛。根据环保部卫星环境应用中心 2017 年统计的火点报告，基于 MODIS 卫星遥感数据共监测到全国秸秆焚烧火点为 10987 个。MODIS 是先进的多光谱遥感传感器，有 36 个观测通道，覆盖了当前主要卫星遥感的观测数据，其中 MOD14 热异常数据可直接获取使用，且能够探测比气象卫星小得多的火点(面积 $50m^2$)，是监测秸秆焚烧理想的数据源。卫星遥感技术不仅可以快速获取大范围的秸秆焚烧火点位置，为监管部门及时提供信息支持，还可以为区域性的大气环境质量预报预警提供有效的参考依据。

图 12-8　某日卫星遥感火点监测图

#### 12.2.2.2　扬尘源监测

近年来，我国的大气环境质量问题日益严重，各大城市的雾霾天气也越来越多，城市空气颗粒物开放源(即扬尘污染源)是雾霾天气形成的主要因素，包括露天放置的料堆、土堆、裸露地面、建筑施工以及拆迁工地等。扬尘污染源是大气颗粒物的主要来源之一，已成为影响城市大气环境质量的重要因素，特别是北方地区。准确了解城市扬尘污染源信息，可以对治理城市扬尘污染、制定相应的管理方案提供有效的科学依据。目前现有的城市扬尘源主要依赖人工现场调查，受交通条件、主观意识等因素的限制，调查结果主观性强、不够系统全面，而卫星遥感监测具有宏观、动态、客观等特点，特别是近年来高分辨率卫星技术的迅猛发展，使其成为监测城市扬尘源的重要工具。

在相同的气候条件下，土地表面不同的利用方式和不同的生态特征是产生扬尘的主要因素。若将水域视作无扬尘的生态区域，那么按照土地生态特性来划分，其抑尘效果依次应为水域>林地>草地>裸地，裸地按照利用方式又分为交通道路、采矿用地、施工用地、堆场等。由于城市的发展和建设，大量土地资源的生态特征也发生了改变，林地、草地、山体遭到了破坏，天然植被消失，生态系统和服务功能不断恶化，导致水土流失、环境生态平衡失调。

利用卫星遥感技术对裸地进行监测，对于避免裸露地面扬尘造成空气污染而损害人体健康有着重要意义。监测部门将环境质量监测数据和卫星遥感数据与实地考察验证相结合，对卫星遥感数据进行分析比对，可全面掌握土地的利用形势，对易产生扬尘的重点区域进行监控或采取必要的抑尘手段，如图 12-9 为卫星遥感扬尘源监测图像，依次为裸地、矿山、采石场和施工工地。

图 12-9　卫星遥感扬尘源监测图

#### 12.2.2.3　温室气体监测

温室气体是指大气中能吸收地表反射的长波辐射并且重新发射辐射的一些气

体，主要有水蒸气、$CO_2$、臭氧、甲烷、氟利昂以及一氧化二氮等。它们可使地表温度升高，从而产生“温室效应”，导致全球变暖。全球变暖将对许多地区的自然生态系统产生巨大影响，如气候异常、冻土融化、河(湖)迟冻与早融、海平面升高等。

温室气体监测是研究温室气体浓度变化趋势以及源和汇的构成、性质和强度等的基础，同时也是评估温室效应和制定减少排放措施的标尺。城市大气温室气体浓度低，变化幅度小，为准确获得其浓度水平及变化趋势，需要高灵敏度和高精度的监测技术，卫星遥感监测可以在较高的空间分辨率上实现全球观测，为碳监测研究、全球碳循环、气候变化和温室气体减排提供重要的科学观测数据。

人类排放的温室气体是造成全球气候变暖和大气环境恶化的主要因素之一，也是大气环境卫星遥感的核心探测目标。欧洲在温室气体的卫星遥感探测方面起步较早，并将温室气体卫星遥感列入最优先的空间观测计划，2002 年 3 月欧洲空间局成功发射了 ENVISAT-1 卫星，但精度和广度不够，因此又发展了在轨 $CO_2$ 观测仪器来监测全球 $CO_2$的分布。2009 年 1 月日本成功发射了世界首颗温室气体观测卫星“呼吸”号(GOSAT)，目标是观测全球 $CO_2$ 和甲烷等温室气体浓度分布情况，其观测数据被广泛用于全球碳源汇计算，温室气体监测卫星技术及应用也有了一系列的发展和改进。近年来中国温室气体遥感探测得到突飞猛进的发展，2016 年 12 月 22 日中国在酒泉卫星发射中心成功发射首颗碳卫星(TanSat)，成为世界第三颗温室气体卫星。卫星遥感监测温室气体的物理原理在于 $CH_4$、$CO_2$等温室气体分子在近红外、热红外波段存在明显的振动、振动-转动、转动吸收带，利用高光谱分辨率的反射太阳光谱或者地球发射光谱可以定量反演温室气体的浓度。

#### 12.2.2.4　近地面颗粒物动态监测($PM_{2.5}$、$PM_{10}$、TSP 等)

人为排放引起的颗粒物污染对大气环境和人体健康造成了较大的危害，因此，近地面颗粒物信息的获取是大气环境监测的重要内容之一。目前卫星遥感监测技术可以弥补地基观测空间覆盖小、空间分布信息少的缺点，卫星遥感不仅能提供颗粒物连续的空间分布数据，更能凭借其历史观测数据反映颗粒物的长期变化趋势，且数据具有大区域尺度的优点，为全球任何地区的空气质量监测提供了有效的信息。已有研究表明，气溶胶光学厚度是近地面颗粒物遥感估算中最主要的信息来源，它是大气垂直柱内所有气溶胶粒子消光能力的总和，能够表征大气浑浊度，且与近地面颗粒物浓度之间存在一定的相关性，受气溶胶垂直分布的影响，该关系随时间和空间发生变化，因此证明了由卫星遥感监测的 AOD 反演近地面颗粒物浓度的可行性。

目前有较多卫星传感器可获得 AOD 监测数据，如 AVHRR、TOMS、

MODIS、MISR、GOCI 和 AHI 等，其中最常用的是中分辨率成像光谱仪（MODIS）监测数据。近地面颗粒物遥感反演主要是利用卫星影像数据、地面站环境数据、国控点环境数据等监测数据，构建 AOD 算法模型反演气溶胶光学厚度，将卫星 AOD 转化为近地面颗粒物的区域分布，并基于 AOD 估算近地面 $PM_{2.5}$、$PM_{10}$、TSP 等不同粒径的颗粒物浓度，可以实现对 $PM_{2.5}$、$PM_{10}$、TSP 浓度数据每 10min 一次的高频次动态监测，为空气质量评估提供依据。图 12-10为通过卫星视频影像截取的 AOD 动态变化图。图 12-11为基于卫星遥感 AOD 估算的朔州市 2019 年 1 月近地面 $PM_{2.5}$分布变化图。

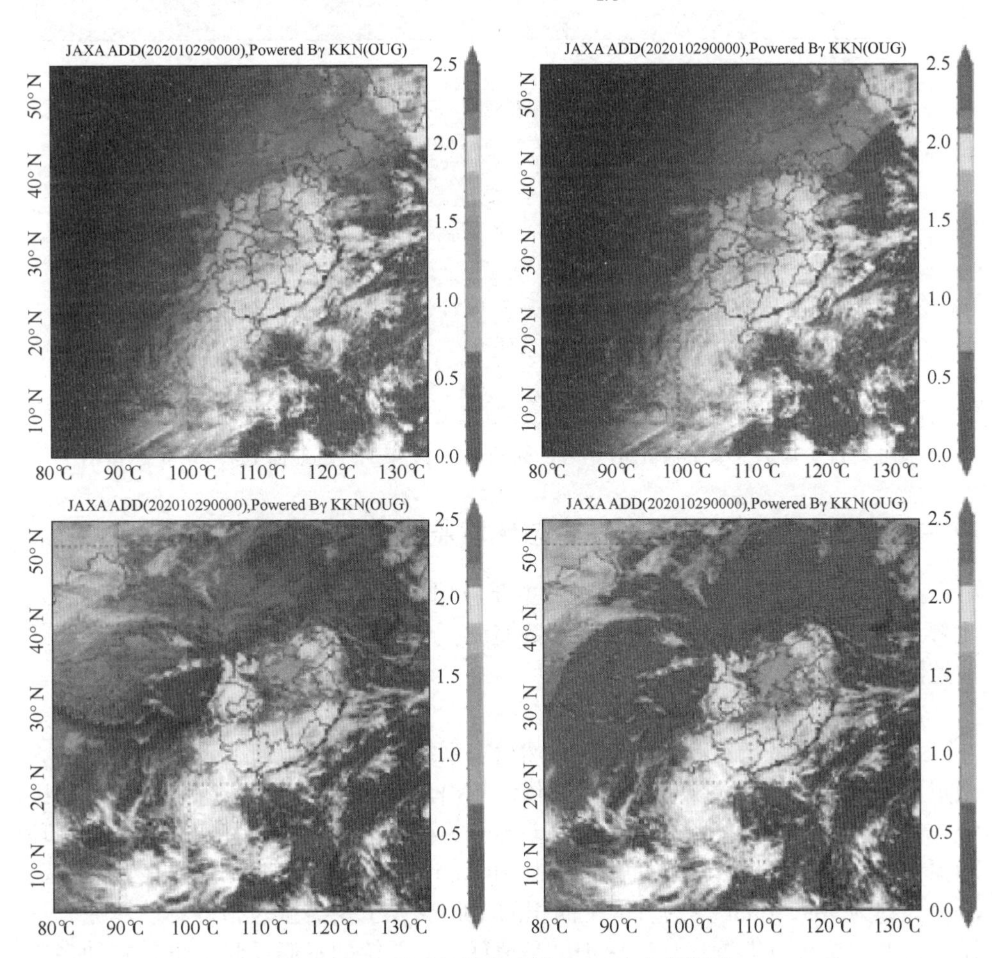


图 12-10　通过卫星获取的 AOD 动态变化图

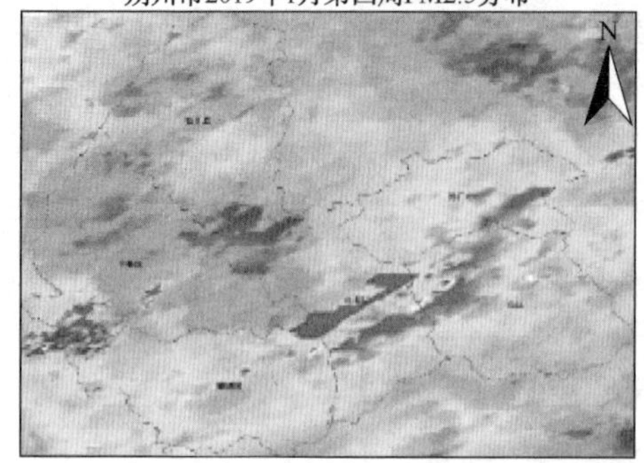


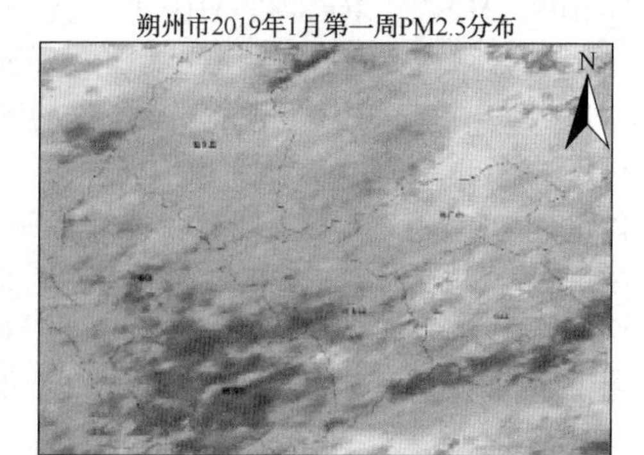

图 12-11　基于卫星遥感 AOD 估算的朔州市 2019 年 1 月近地面 $PM_{2.5}$分布变化图

### 12.2.3　卫星遥感技术在生态环境监测中的应用

卫星遥感技术在生态环境监测中主要应用于自然保护区、重点生态功能区、土壤含水量等生态环境要素的关键参数监测，也可应用于地表温度、城市热岛效应监测等方面。

#### 12.2.3.1　自然保护区监测

自然保护区是指对有代表性的自然生态系统、珍稀濒危野生动植物物种的天然集中分布区、陆地水体或者海域，依法划出一定面积予以特殊保护和管理的区域。自然保护区内部按照主导功能性差异分为核心区、缓冲区和实验区。根据环境保护部 2015 年全国自然保护区名录中的统计，全国共有 2741 个自然保护区，总面积约为 9692.6$hm^2$，约占国土面积的 10.1%，主要类型包括森林、草原、荒漠、湿地和海洋海岸等。自然保护区是地球生态系统的本底反映，也是物种多样性的重要载体，更是生物物种基因库。环境保护部下发的《自然保护区人类活动遥感监测及检查处理办法(试行)》中规定国家级自然保护区常规遥感监测每半年开展一次，省级自然保护区常规遥感监测每年开展一次。

自然保护区内的人类活动对土地的利用和覆盖变化将影响整个生态系统的功

能。目前，对自然保护区的研究已取得大量成果，国产高分辨率卫星为开展自然保护区监测提供了快捷的数据源。通过卫星遥感技术对自然保护区内的人类活动进行监测，获取影像后对其进行预处理，包括控制点选取、正射校正、影像融合、影像镶嵌和影像裁剪等，制作保护区的高分卫星影像底图，采用人机交互目视解译方法，通过人类活动在遥感影像中表现出的地物特征，勾绘人类活动图斑，根据《自然保护区人类活动遥感监测技术指南》(试行)的监测与评价指标对人类活动进行分析评价，将会为相关部门的规划和管理提供及时、直观、准确的监测数据和评价依据。图 12-12 为某自然保护区实验区的施工项目突破红线进入缓冲区的示意图。如图 12-13 所示，基于高分卫星数据采用人机交互目视解译方法，提取丹江湿地国家级自然保护区的人类活动信息。

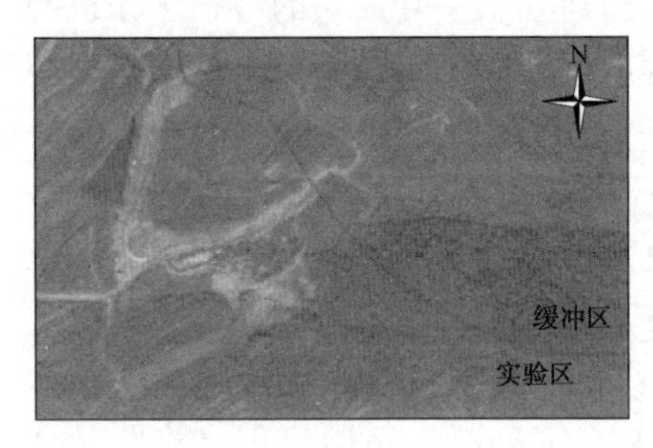


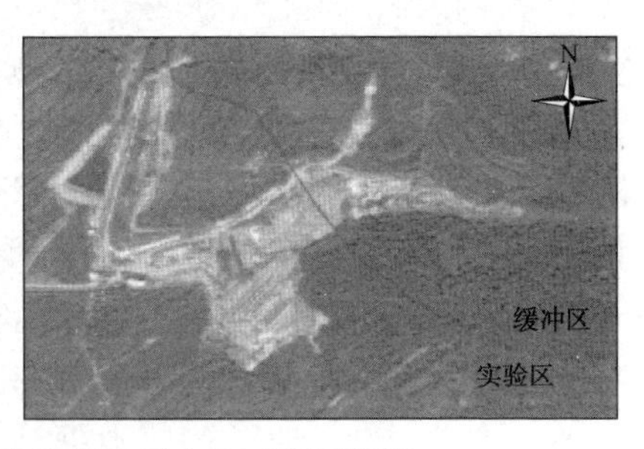


图 12-12　卫星遥感监测某自然保护区内施工项目扩张

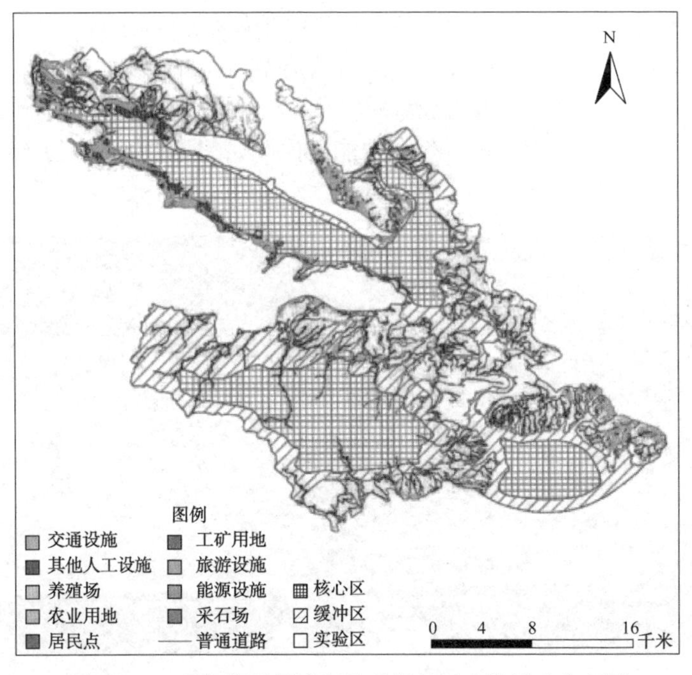


图 12-13　丹江湿地国家级自然保护区人类活动分布图

#### 12.2.3.2 重点生态功能区监测

国家重点生态功能区具有防风固沙、水土保持、水源涵养和生物多样性维护等生态功能，是维护国家生态安全、促进可持续发展的重点区域。目前，重点生态功能区调查包括土地利用、植被覆盖、河流湖泊水源水质、土壤质量、水土保持状况及野生动植物资源等，而调查方式以人工调查为主，时效性、准确性较差，并且受监测点数量、地域地形条件和技术人员数量等客观因素的限制，无法完全监测重点生态功能区的环境保护状况。基于卫星遥感技术在环境监测领域的优势，可为重点生态功能区的监测及生态环境质量考核提供有力的技术支撑。

2009 年，环境保护部与财政部联合对国家重点生态功能区县域生态环境质量进行了考核和评价，工作开展至今，已经建立了一套成熟的考核工作机制，形成了“天-空-地”一体化的生态环境监测与评估技术体系。“天”指的是利用卫星技术完成大范围的生态环境动态监测，获取相应的变化信息；“空”指的是利用无人机技术在小范围内精确地获取生态环境变化信息；“地”指的是现场实地调查，验证卫星和无人机获取的信息结果是否准确，从而更好地了解生态环境变化的原因，为环境监测和管理提供快速、准确的信息。

针对重点生态功能区范围广、面积大的特点，卫星遥感技术以 Landsat-8 OLI(陆地成像仪)和天地图遥感数据为主要信息源，经过校正、数据融合、镶嵌、分幅、裁切、注记和整饰生成遥感影像图，根据其特点，结合重点生态功能区的特征，在重点生态功能区确定的生态红线控制范围内选取湿地、林地、草地自然生态类型和建设用地或耕种等人工活动类型为监测对象，利用不同时段的卫星遥感影像进行对比分析，得出林草地覆盖率、水域湿地覆盖率、耕地和建设用地比例等。如图 12-14 为某重点生态功能区内原始绿地被改成人工经济林项目示意图。

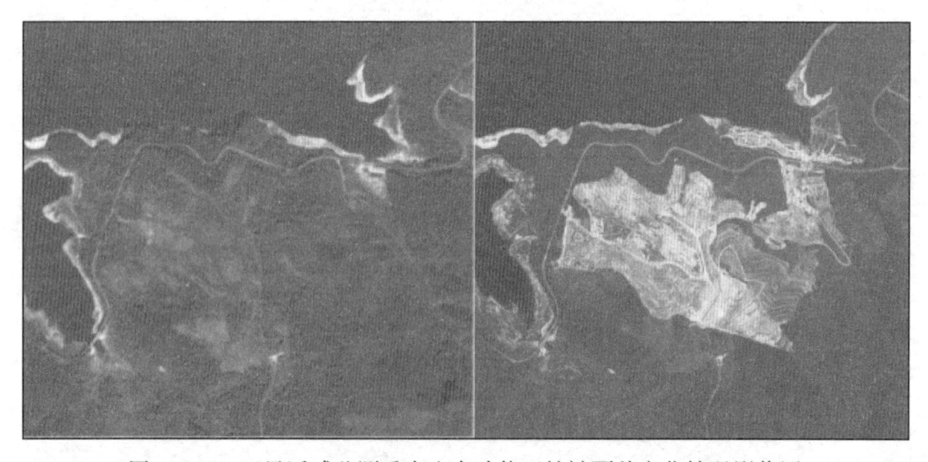

图 12-14　卫星遥感监测重点生态功能区植被覆盖变化情况影像图

#### 12.2.3.3　城市热岛效应监测

近年来，城市化建设的快速发展使得城市热岛现象十分明显，被认为是典型的城市气候特征之一。城市热岛效应主要是指城市内部在一定范围内聚集着大量因为人类而产生的热量（取暖、呼吸以及城市自身所具有的热量），这些能量最终使局部地区的温度明显高出周围其他地区。城市热岛与大气污染、生产活动能源释放、高建筑容积率、水体分布、植被和下垫面类型等多种因素相关，故城市热环境绝非单纯一种温度指标。高强度城市热岛的出现，是生态环境恶化的直接表现，城市热岛不仅容易使人高温中暑，使城市增加能耗，而且由于城市热岛的热力作用，形成热岛复合环流，造成从郊区吹向市区的局地风把市区已扩散到郊区的污染大气又送回市区，加剧了城市的大气污染，对环境生态系统造成重大影响。因此，对城市热岛效应进行监测成为生态环境质量评价的重要因素之一。

卫星遥感技术在城市热岛效应监测中主要是通过热红外遥感器来对特定物进行温度的监测，并利用热效应之间的差异来有效地找出热源所在地，这种方式的监测既可以准确地检测出城市热岛现象效应的强度，还可以得出城市热岛的时空分布特征。卫星遥感研究城市热岛需要热红外数据，目前最常用，最典型的是陆地资源卫星 Landsat 遥感影像数据的热红外波段和 MODIS 地表温度产品。Landsat 遥感影像数据具有长时间历史存档的优势，相比 MODIS 具有更高分辨率，且对小尺度地表温度分布刻画得更为精准。如图 12-15 所示，分别为福州市 2010 年 9 月 13 日的 Landsat-5 TM（主题成像仪）遥感影像和 2020 年 7 月 22 日的 Landsat-8 OLI（陆地成像仪）/TIRS（热红外传感器）遥感影像数据，反映了福州市城市热岛强度空间分布变化，与 2010 年相比，2020 年主城区城市热岛范围有所扩张，部分区域的城市热岛效应具有较明显的新增或增强现象。

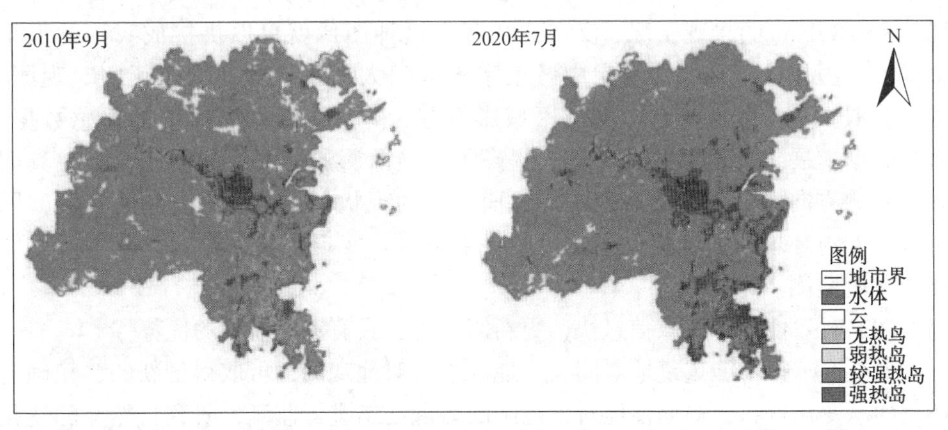


图 12-15　2010 年 9 月及 2020 年 7 月福州市城市热岛强度空间分布对比图

## 12.3 卫星遥感技术在环境监测应用中的优势与局限

### 12.3.1 卫星遥感技术在环境监测应用中的优势

提到环境，人们可能首先想到利用化学、生物和仪器的手段去监测，随着科学的进步和发展，遥感技术已成为环境监测和预报的有效手段。卫星遥感技术在环境监测中主要是利用卫星遥感提供的大范围图像，对大气污染、水体污染、土地污染以及海洋污染等进行监测。由于卫星遥感所提供的信息快速及时、真实客观且不需要采样即可直接进行区域性的跟踪测量，可实时地了解和掌握污染源的位置、污染物的性质、污染物的动态变化以及污染对环境的影响，同时可大面积地监测生态环境质量、土地利用变化等，从而获得全面的综合信息，为及时采取防护或疏导措施和环境评价提供了强有力的技术和数据支撑，突破了利用化学、生物和仪器等手段监测环境的局限性。

在环境监测应用中，卫星遥感技术的优势主要体现在其观测范围广、获取信息量大、质量高、受地面条件限制少、动态性强以及调查的客观性等方面。

（1）大面积实时监测，具有综合、宏观的优势

基于遥感平台的特殊性，卫星遥感技术可以通过人造卫星高空鸟瞰获得卫星影像，比在地面上观察视域范围大得多，卫星影像能把大面积的环境资源尽收眼底。例如，一张比例尺为1：3.5万的23cm×23cm的航空相片，可以表示地面60km$^2$左右的实况，而且可将连续的相片镶嵌为更大区域的相片图，而卫星影像的视域更大，一张陆地多光谱扫描图像，可以表示地面34225km$^2$(即185km×185km)的景观实况，仅需500多张这种图像就可以拼接成我国的卫星影像图。卫星遥感技术能从空中乃至宇宙空间大面积地对地物进行实时观测，能够获取人类不能或不易监测的区域影像图，并从中获取有价值的遥感数据，这些数据扩展了环境监测的工作，提高了环境监测的全面性和彻底性，使其向立体监测方向发展，为宏观地掌握地面事物的现状创造了极为有利的条件，同时也为宏观环境的研究提供了宝贵的一手资料，实现了快速进行大范围、立体性的环境监测。

（2）时效性强、获取信息快、更新周期短，具有动态监测的优势

卫星遥感技术能重复地对同一个地区进行对地观测，可取得最新的、精确的环境动态变化资料，周期性地对大范围的环境动态进行监测，研究自然界的变化规律。卫星遥感可获得同一瞬间大面积区域的景观实况，现实性好，还可对不同时期取得的资料及影像进行对比，分析和研究地物的动态变化情况，为环境监测以及研究分析地物的演化规律提供了依据。例如，陆地卫星4号、5号每16天即

可对全球陆地表面成像一遍，气象卫星甚至可以每天覆盖地球一遍。因而可及时观测地球水环境、大气环境以及生态环境的变化，为环境监测工作提供了可靠的科学依据和资料。

(3) 信息量大，具有客观、真实、数据综合性的优势

由于卫星遥感技术应用了人造卫星，它可以高速度地获取影像和数据资料，且获得的信息量远远超过了用常规传统的方法监测环境所获得的信息量，这无疑是扩大了环境监测应用的观测范围和感知领域。这些卫星遥感信息综合地展现了地球上许多自然与人文现象，宏观地反映了地面生态环境的形态与分布，真实地体现了地质、地貌、土壤、植被、水文等地物的特征，全面地揭示了地理事物之间的关联性，因而可以大大加快环境监测的进程。这种先进的监测技术手段与传统的监测手段相比是不可替代的，尤其在高效、客观、准确方面，具有得天独厚的优势。

(4) 应用受条件限制少，具有多方位和全天候的优势

卫星遥感技术可应用于自然条件恶劣、人们无法进行常规监测、地面工作难以进行的地区，如对高山峻岭、原始密林、沙漠、沼泽、冰川、两极、海洋等生态环境的监测，而且某些波段的遥感对冰雪、云雾、水体和陆地等有一定的穿透能力。它不仅能用摄影方式取得信息，还可以用扫描等方式对环境监测变化信息进行获取。卫星遥感技术不仅能够获取地物可见光波段的信息，还可以获取紫外、红外、微波等波段的成像信息，利用不同波段对物体不同的穿透性，还可以获取地物内部的信息特征。例如，微波具有穿透云层、水层和植被的能力，红外线则能探测地表温度的变化等。因此，卫星遥感技术对地球环境的监测具有多方位和全天候的优势。

(5)周期性的间断监测，具有手段多、技术先进的优势

环境监测具有长期性，任何一次性或短期的、静态性的数据不可能对环境的变化趋势做出准确的判断，必须进行长期的动态监测才能从大量的数据中揭示或预测出变化规律及趋势。同时，环境监测还具有周期性，生态环境的变化过程是缓慢的，受人类活动的影响，反应也极为缓慢，因此监测的周期就较长。另外，环境生态系统本身具有自我调控的功能，它的变化趋势可发生变化，所以需采用周期性的间断监测，而不是非间断的连续监测。由于监测对象涵盖空气、水体、土壤、植被等客体，卫星遥感技术配备的多种遥感探测器可适应不同的观测对象，如气象卫星载荷中某些气体专用探测器、红外探测器、含不同波段的多/高光谱探测器、空间分辨率较高的全色探测器、可探测地下资源的微波探测器等。由于不同应用领域的遥感卫星的轨道高度、载荷类型及观测分辨率均不同，要完成同一区域全方位的环境监测，需利用多个卫星联合观测。

### 12.3.2 卫星遥感技术在环境监测应用中的局限

#### 12.3.2.1 环境遥感监测专用卫星载荷匮乏

目前，我国专门用于环境监测的遥感卫星资源不足，一些卫星的有效载荷虽然能够应用于环境监测，但是功能非常有限。例如，海洋卫星主要对海洋水色进行遥感监测，气象卫星主要针对天气变化进行监测和预报，陆地卫星主要对矿产和土地等资源进行监测。环境1号卫星虽然装有CCD相机、红外相机、超光谱成像仪等多种有效载荷，但其有效载荷的时间分辨率、空间分辨率和光谱分辨率都很有限。从光谱和辐射分辨率角度来看，环境遥感监测的关键是利用遥感数据提取水环境、大气环境、生态环境等环境质量状况和环境监测指标的定量信息，对遥感器辐射和光谱分辨率要求很高，但是环境1号卫星有效载荷定标精度较低、带宽不够精细、信噪比较低，没有携带专门针对环境监测的卫星有效载荷，对环境监测指标(如$SO_2$、COD、BOD等)的定量提取有很大影响，因此环境遥感监测卫星的载荷有待改良和升级。

#### 12.3.2.2 遥感监测卫星资源利用不充分

随着国产卫星数量的增加和质量的提升，卫星遥感技术监测结果对环境监测需求的满足程度不断提升。以往环境1号卫星的重访周期长、地物纹理特征不明显，因此对重点区域地物的识别能力较差，不能满足环境应急监测的需求，导致对生态环境的各种监测效果不佳，很难监测到有效信息。如今，高分系列卫星配合资源系列卫星运行，使得遥感技术在空间分辨率和光谱分辨率等方面具有更高的应用优势，采用多卫星联合观测会使重点区域的观测能力得到很大提高，多种载荷的运行也极大提升了极端天气下的监测效果。因此，在卫星资源大幅度改善的情况下，如何做好环境监测规划，利用好现有资源才是我们更应该关注和解决的问题。

#### 12.3.2.3 针对遥感应用系统建设较为滞后

卫星数据获取能力提升，数据量增大，但是针对环境监测行业的专业处理系统仍有许多不足之处。多年来，我国一直存在“重卫星发射、轻卫星应用”的思想，导致有些卫星虽然在轨运行，但地面应用系统尚不健全，未能有效利用卫星资源，在一定程度上造成了资源浪费。为了解决遥感应用系统建设滞后这一突出问题，国家对卫星地面系统进行协调建设，实现卫星应用从试验应用型到业务服务型的转变。经过多年对环境遥感监测应用的研究，环保部门制定了一套环境遥感监测和评估的业务流程，但依然没有达到监测业务化的水平。其突出表现为：缺乏统一的业务管理系统，需结合卫星遥感和其他多种手段获取的监测数据处理；缺乏处理多形式数据的能力，也很难从多载荷数据中提取有效的信息；缺乏对环境特征信息提取模型、算法建立的软件，难以满足环境遥感监测的要求。

#### 12.3.2.4 利用卫星遥感技术监测环境与发达国家尚有差距

虽然我国卫星遥感技术发展迅速，其在环境监测方面的应用也越来越多，但与环境遥感监测的业务化要求仍有很大差距，环境遥感监测关键技术研究薄弱，现有的卫星遥感环境监测应用技术的发展程度与发达国家相比还远远不够，存在一定的差距，需要进一步发展创新。例如，我国环境 1 号卫星发射成功之后，卫星高光谱和雷达图像处理与信息提取关键技术、大气环境指标定量遥感反演技术、水环境指标定量遥感反演技术、生态环境指标定量遥感反演技术、突发性环境事件应急响应及跟踪监测技术、卫星遥感数据与地面常规监测体系等方面研究都处于发展的初级阶段，卫星环境应用系统研发工作刚刚起步，与欧美国家的技术发展差距较大。因此，我国应在着重发展卫星遥感技术的同时，加强卫星遥感与环境监测相结合的研究。

## 12.4 卫星遥感技术在环境监测中的应用展望

随着科学技术的迅速发展，卫星遥感技术正从单一遥感资料的分析向多时相、多数据源的信息复合与综合分析过渡，从资源环境静态分布研究向动态监测过程过渡，从动态监测向预测、预报过渡，从定性调查、系列制图向计算机辅助的数字处理、定量自动制图过渡，从对各种事物的表面性描述向内在规律分析、定量化分析过渡。环境监测，特别是全球环境监测、大气监测，卫星遥感和卫星通信是必不可少的。目前，卫星遥感技术在水环境、大气环境、生态环境等环境监测领域中应用越发广泛，具有常规监测方法所不具有的优势，可对城市多源环境信息进行统一管理、分析，实现空间信息与属性信息的集成综合管理，进行定量化研究工作，但我国整体环境污染形势和生态破坏问题依然十分严峻，卫星遥感技术必须持续革新，加大研究的力度和深度，从而提升实际应用效果，使其在环境监测方面发挥更加重要的作用。因此，发展环境监测应用中的卫星遥感技术主要从以下几个方面进行：

（1）提升环境监测领域专用卫星载荷

目前，遥感监测卫星的载荷不足，随着科技的快速发展，人们可以研究新的专用于环境监测领域的卫星载荷。高空间和高光谱分辨率将成为卫星遥感影像获取技术的发展趋势。对于遥感传感器的改进和突破，主要集中在成像雷达和成像光谱仪两个热点上，为满足环境监测的需求，解决重大环境问题，总体目标是研发多模型的多光谱环境成像仪、高光谱水环境成像仪、大气吸收光谱仪、多极化合成孔径雷达、红外高光谱大气环境探测仪等，创新环境遥感专用卫星载荷形式，实现对水污染、大气污染等环境问题进行全天候、定量化的监测。

(2) 加大卫星遥感技术宣传力度，充分利用现有卫星资源

环境遥感业务化应用工作在我国环保系统属于新兴领域，应大力宣传和普及卫星遥感应用技术，使各级环境管理与决策人员认识到卫星遥感技术在解决生态环境问题中的重要作用，真正地走近遥感、认识遥感、应用遥感，使卫星遥感技术成为环境监测的实用工具。在当前的发展情况下，我国已有多颗卫星在轨运行，应详细分析环境监测需求，做好规划，完善现有的监测制度，充分利用现有的卫星数据资源，满足当前环境保护的相关需求。一方面，利用好存档的历史数据，分析存在的问题；另一方面，实现对各类环境的监测，及时获取重点区域的卫星遥感数据，及时发现环境变化的情况并进行分析当前环境问题。

(3) 建立一体化的环境监测业务化应用系统

现有的环境监测系统相对滞后，人们要不断创新，补充完善环境监测网络建设规划，将卫星遥感技术成熟部分与环境监测网络相融合，针对区域生态、非点源污染监测和评估等，以卫星遥感技术作为主要的监测手段，充分发挥卫星遥感的技术优势，大力推动卫星遥感技术在环境监测、环境评价、环境监察等业务工作中的应用。具体措施为：建立以卫星遥感监测为主体、地面生态监测网络为补充的区域性生态环境网络监测系统，对全国生态环境质量进行定期监测和评价，对重点生态功能保护区、自然保护区等进行动态监测和评估；建立以地面水环境监测网络为主体、卫星遥感监测为补充的天地一体化水环境质量监测网络，对国内各重点水域进行动态监测和预警预报；建立以现有环境空气监测网络为主体、卫星遥感监测为补充的区域性环境空气监测系统，对各区域中的空气污染物进行监测和评价；建立卫星遥感技术与城市地面监测网络紧密结合的一体化监测系统，将卫星遥感技术融入城市环境综合定量考核中。

(4) 加强对卫星遥感在环境监测领域应用技术的研究，与 GIS、GPS、ES 相融合

要不断加大卫星遥感技术的开发和创新力度，根据环境监测需求，开展对污染物遥感信息提取技术的开发研究，攻克卫星业务化应用关键技术，对水环境、大气环境等遥感监测实现业务化处理；还需加大利用卫星遥感技术进行环境监测的应用机理探索、前期试验和模拟研究，同时加强卫星遥感应用技术规范和标准体系的研究，形成系统的环境遥感物理学，以及遥感定标、遥感数据实时处理和信息提取技术流程、技术规范和标准体系，增强卫星遥感技术的基础性和应用性。如今“3S”技术在环境科技上已有不同程度的应用，但大多是分散的，没有充分发挥多种新技术联合作战的巨大作用。因此，未来卫星遥感技术的一个重要发展方向就是构建一个综合观测数据获取系统，该系统以地球为研究对象，将环境遥感监测技术(RS)与地理信息系统(GIS)、全球定位系统(GPS)以及专家系统(ES)作为主体构成的空间信息集成技术系统，有效运用环境卫星遥感监测集成

系统，完成从理论、方法、技术框架到实施步骤的研究和应用，实现环境遥感监测的智能化、自动化、综合化，提升环境监测的合理性与科学性，从而使环境监测的应用范围得以拓展。开发多功能的遥感信息技术，即将卫星遥感技术与GIS、GPS、ES相融合的一体化系统，是未来卫星遥感技术在环境监测应用中的重要发展趋势。

（5）建立卫星遥感环境监测应用机构，开展国际交流合作

卫星遥感环境监测应用涉及水、气、生态、土壤、固废等诸多领域，随着卫星遥感技术的不断进步，环境遥感监测业务必将不断扩展。另外，为充分发挥环境卫星社会经济效益，应在地方相关单位大力推广卫星遥感技术应用。因此，应从机构编制、资金条件、实施基础等方面为卫星遥感环境监测应用机构和人才队伍的建立提供保障，力争在生态环境部卫星环境应用中心组建完成后，逐步在省级建成具有卫星遥感数据处理、分析应用的环境遥感机构，形成一支卫星遥感环境监测应用的专业技术团队。跟踪国外卫星遥感环境监测应用技术的发展方向，开展以区域性环境问题、全球环境变化为中心的国际技术交流与合作，提高卫星遥感有效载荷研制和卫星应用水平，推动我国卫星遥感技术及环境监测应用工作不断进步。

卫星遥感技术将帮助人们突破传统环境监测方法的局限，提高环境监测的能力，利用卫星遥感技术开展环境监测工作是一种快速、准确、经济、有效的方法。环境监测领域卫星遥感技术应用的优越性越发显著，意义重大，充分利用其优势进行科学研究和其他成果的转化，是未来提高环境监测工作水平的有效手段，也是完成环境监测任务的有效途径。因此，应进一步加强这方面的工作，不断创新卫星遥感监测技术，按照社会、经济、环境协调可持续发展战略的要求，拓展探索的范围和领域，结合地面常规监测，逐步健全水环境、大气环境、生态状况等多要素的综合卫星遥感监测业务网络，实现全方位的环境监测，进一步提升监测数据的权威性和公信力，不断向集成化、智能化、快速化、定量化、精细化、热点化方向发展，真正发挥出卫星遥感“千里眼”的作用。随着卫星遥感技术的进一步发展，在不久的将来，全世界会有更多专用于环境监测的卫星，我们对于环境信息的获取会越来越容易，信息的质量也会越来越高，应用前景更加广阔，为环境监测工作提供更加有力的技术支撑和信息服务。

## 参 考 文 献

[1] 张璐璐．遥感技术在农业产业监测中的应用研究[J]．科技风，2020(03)：9.

[2] 王伟，马波．遥感技术及其在环境领域的应用[C]//国家环境保护局主编．第一届环境遥感应用技术国际研讨会论文集，2003. 65-68.

[3] 罗格主编．感知地球-卫星遥感知识问答[M]．北京：中国宇航出版社，2018. 25-27.

[4] 戴前伟，杨震中．遥感技术在环境监测中的应用[J]．西部探矿工程，2007(04)：209-211.

[5] 冯江．遥感技术在生态环境监测中的应用[J]．农业开发与装备，2016(05)：95.
[6] 郭浩．卫星遥感技术在我国环境监测领域中的应用[J]．皮革制作与环保科技，2020，1(07)：45-49.
[7] 荀久玉，周红蝶．基于遥感的饮用水水源地环境监测[J]．区域治理，2019(50)：161-163.
[8] 侍昊，李旭文，牛志春，等．遥感技术在环境监测中的应用进展与思考[J]．环境监控与预警，2021，13(06)：11-17.
[9] 段洪涛，张寿选，张渊智．太湖蓝藻水华遥感监测方法[J]．湖泊科学，2008(02)：145-152.
[10] 李旭文，侍昊，张悦，等．基于欧洲航天局“哨兵-2A”卫星的太湖蓝藻遥感监测[J]．中国环境监测，2018，34(04)：169-176.
[11] 成思敏．秸秆焚烧遥感监测[J]．民营科技，2014(09)：52.
[12] 熊文成，徐永明，李京荣，等．天津市扬尘污染源中高分辨率遥感监测[J]．遥感信息，2017，32(03)：45-49.
[13] 夏晖晖，阚瑞峰．温室气体监测技术现状和发展趋势[EB/OL]．[2022-01-19] http：//www.caepi.org.cn/epasp/website/webgl/webglController/view? xh=1642554740350034209792.
[14] 吕桅桅．主要温室气体监测研究现状[J]．科技与企业，2012(20)：128+130.
[15] 陈良富，陶金花，王子峰，等．空气质量卫星遥感监测技术进展[J]．大气与环境光学学报，2015，10(02)：117-125.
[16] 单秀旭．基于卫星遥感的国家级自然保护区人类活动监测[J]．资源导刊·信息化测绘版，2021(02)：24-26.
[17] 张雷．河南省重点生态功能区监测中的遥感技术应用研究[J]．环境与发展，2017，29(07)：97-98+100.
[18] 陶金花，张美根，陈良富，等．一种基于卫星遥感 AOT 估算近地面颗粒物的方法[J]．中国科学：地球科学，2013，43(01)：143-154.
[19] 李婷苑，谭浩波，王春林，等．卫星遥感 AOD 反演地面细颗粒物浓度方法与效果[J]．中国环境科学，2020，40(01)：13-23.
[20] 彭继达，张春桂．基于卫星遥感的福州市近 10 年城市热岛效应时空特征分析[J]．陕西气象，2022(01)：72-76.
[21] 周晨．环境遥感监测技术的应用与发展[J]．环境科技，2011，24(S1)：139-141+144.
[22] 李波．卫星遥感技术在环境保护中的应用价值研究[J]．中国资源综合利用，2018，36(06)：131-133.
[23] 杨一鹏，韩福丽，王桥，等．卫星遥感技术在环境保护中的应用：进展、问题及对策[J]．地理与地理信息科学，2011，27(06)：84-89.

# 第 13 章　纳米科技及新型化学材料在环境监测中的应用

## 13.1　纳米科技及其应用概述

### 13.1.1　纳米科技的发展简史

纳米(Nanometer，nm)即 $10^{-9}$m，是长度计量单位之一。纳米科学与技术，简称纳米科技，是指研究、开发、利用具有纳米尺度(1~100nm)物质与材料的科学、技术与工程，是对纳米科学(Nanoscience)、纳米技术(Nanotechnology)、纳米工程(Nanoengineering)的统称。纳米科技是以许多现代先进科学技术(量子力学、介观物理学、表面科学、材料化学、分子生物学、计算机技术、显微技术、微电子技术等)为基础一门新兴的多学科交叉的应用型学科。目前，纳米科技已形成了一些各具特色、相对独立而又相互渗透的分支学科，包括纳米物理学、纳米化学、纳米生物学、纳米材料学、纳米医学、纳米制造等。

纳米科技的构想起源于 1959 年著名物理学家费曼的演讲——“底部还有很大的空间”，费曼在演讲中首次提出可以按照人类意愿操纵原子、分子自下而上构筑材料的大胆构想。1974 年，日本学者谷口纪男首先提出了“纳米技术”一词，用于描述原子分子级别的精密加工。1986 年，美国学者德雷克斯勒出版了第一部关于纳米科技的书籍《创造的发动机：纳米科技时代的到来》，首次对纳米科技的概念、意义及前景进行了系统深入的描述。20 世纪 90 年代开始，随着扫描隧道显微镜、巨磁电阻效应等微观尺度重大研究成果不断涌现，掀起了全球性纳米科技的研究热潮。2000 年美国发布了“美国国家纳米科技计划”(简称 NNI)，将纳米科技视为下一次工业革命的核心科技之一。我国则是先后建立了国家纳米科学中心(北京)、国家纳米技术与工程研究院(天津)、纳米技术及应用国家工程研究中心(上海)以及生物纳米科技园(苏州)。2021 年发布的“十四五”国家重点专项研发计划中，“纳米前沿”赫然在列，涉及了纳米科技的一系列基础前沿探索和关键技术研究。

### 13.1.2 纳米科技的相关概念

#### 13.1.2.1 纳米材料术语

在纳米科技的众多领域中，纳米材料始终是基础和关键。我国的国家标准《纳米材料术语》(GB/T 19619)给出了纳米尺度、纳米结构单元、纳米材料、纳米技术的准确定义。

① 纳米尺度(Nanoscale)：在1~100nm范围内的几何尺度。

② 纳米结构单元(Nanostructure unit)：具有纳米尺度结构特征的物质单元，包括稳定的团簇或人造的原子团簇、纳米颗粒、纳米晶、纳米管、纳米棒、纳米线、纳米单层膜及纳米孔等。

③ 纳米材料(Nanomaterial)：物质结构在三维空间至少有一维处于纳米尺度，或由纳米结构单元组成的且具有特殊性质的材料。

④ 纳米技术(Nanotechnology)：研究纳米尺度范围物质的结构、特性和相互作用，以及利用这些特性制造具有特定功能产品的技术。

#### 13.1.2.2 纳米材料的分类

纳米材料按照其晶体状态可分为晶态纳米材料和非晶态纳米材料；按照其化学成分可分为金属纳米材料、无机非金属纳米材料、高分子纳米材料以及纳米复合材料；按照其存在形态可分为纳米粉末、纳米纤维、纳米薄膜、纳米块体、纳米液体、纳米多孔材料等；按照其空间维度可分为零维纳米材料、一维纳米材料、二维纳米材料、三维纳米材料。下面给出了四种维度纳米材料的基本特征及典型案例：

① 零维纳米材料：三维尺度均为纳米级，无明显的取向性，呈点状分布，例如纳米颗粒(Nanoparticle)、原子团簇(Atom cluster)、量子点(Quantum dot)等；

② 一维纳米材料：二维尺度均为纳米级，单向延伸，呈线状分布，例如纳米线(Nanowire)、纳米管(Nanotube)、纳米棒(Nanorod)、纳米纤维(Nanofiber)等；

③ 二维纳米材料：一维尺度为纳米级，呈面状分布，例如纳米片(Nanoflake)、纳米膜(Nanofilm)、纳米板(Nanoplate)等；

④ 三维纳米材料：包含纳米结构单元，三维尺寸均超过纳米尺度，例如纳米陶瓷(Nanoceramics)、纳米金属(Nanometal)、纳米多孔材料(Nanoporous material)以及纳米复合材料(Nanocomposite material)等。

#### 13.1.2.3 纳米多孔材料的孔结构

许多纳米材料是具有纳米孔(Nanopore)的多孔材料。按照国际纯化学和应用化学联合会(IUPAC)的定义，根据孔径大小把纳米孔分为以下三种：

① 微孔（Micropore）：孔径小于 2nm。

② 介孔（Mesopore）：孔径在 2～50nm。

③ 大孔（Macropore）：孔径大于 50nm。

不同孔径的纳米孔具有不同的理化特性。对于纳米材料孔结构的性能表征及评价，需要综合考察比表面积、孔容、孔径分布、孔隙率等指标。

#### 13.1.2.4 纳米材料的基本效应

当物质的尺度小于 100nm 时，表现出的许多性质将发生改变。研究发现纳米材料具有小尺寸效应、量子尺寸效应、表面效应、宏观量子隧道效应。

① 小尺寸效应：又称体积效应，是指当超细颗粒的尺寸与光波波长、德布罗意波长以及超导态的相干长度或透射深度等物理特征尺寸相当或更小时，晶体周期性的边界条件将被破坏，非晶态纳米颗粒的表面层附近原子密度减少，导致声、光、电、磁、热、力学等物理性质发生变化。例如：所有的金属在超微颗粒状态下都呈现黑色，且尺寸越小，颜色越黑；超微纳米颗粒压制成的纳米陶瓷材料具有良好的韧性和一定的延展性。

② 量子尺寸效应：是指当粒子尺寸下降到某一数值时，费米能级附近的电子能级由准连续变为离散能级，也就是发生能级分裂或者能隙变宽的现象。量子尺寸效应导致纳米材料的磁、光、声、热、电及超导特性与常规材料有显著差异。例如：纳米金属颗粒在低温下呈现绝缘性；纳米微晶的吸收和发射光谱因能带间隙变宽发生蓝移现象，即移向短波方向。

③ 表面效应：又称界面效应，是指纳米颗粒的表面原子数与总原子数之比随粒径减小而急剧增大后引起的性质变化。表面效应的产生与纳米颗粒界面原子排列及化学键组态的无规则性有关，会导致纳米材料比表面积和表面能大幅增大，进而表现出更高的物理、化学活性。例如：某些金属纳米颗粒暴露在空气中会自燃；某些纳米颗粒暴露在空气中会吸附气体。

④ 宏观量子隧道效应：隧道效应是指当微观粒子的总能量小于势垒高度时，该粒子仍能穿越这一势垒。宏观量子隧道效应则是指宏观物理量在量子相干器件中表现出贯穿势垒的能力。例如：具有铁磁性的材料在纳米级时会变为顺磁性或软磁性；纳米材料的介电性能因宏观量子隧道效应而发生改变。

#### 13.1.2.5 纳米材料的理化性能

由于上述基本效应，纳米材料具有许多不同于常规材料的物理、化学性能。

（1）力学性能

纳米材料与常规晶粒材料相比，其力学性能发生以下改变：①弹性模量降低；②硬度及强度显著提高；③在特定条件下韧性和塑性提高，甚至具有超塑性或超延展性。

(2) 热学性能

纳米材料具有很高比例的内界面，界面原子的焓、熵等热力学状态函数与晶体内部原子显著不同，致使纳米材料具有以下性能：①熔点降低；②比热容提高；③热膨胀系数增大；④扩散率提高；⑤烧结温度降低。

(3) 光学性能

纳米材料的量子尺寸效应以及表面效应对纳米材料的光学性能产生很大影响，例如：①一些无机纳米粉末对于红外光产生宽频带强吸收光谱；②与大块材料相比，纳米材料的吸收带普遍发生了蓝移；③半导体纳米材料具有较好的光电转化性能。

(4) 电学性能

纳米材料的独特电学性能主要体现在以下几个方面：①纳米金属材料的电导率随粒径减小而减小，且具有负的电阻温度系数；②界面处发生局部空间电荷极化，具有介电限域效应和压电效应。

(5) 磁学性能

纳米材料具有以下独特的磁学性能：①较低的居里温度；②矫顽力随粒径减小先增大后急剧减小，当纳米颗粒足够小时具有超顺磁性。

(6) 吸附性能

多孔纳米材料具有较大的表面能和较多的表面活性位点，可通过物理吸附、化学吸附或离子交换与其他物质结合。例如：一些纳米金属可以高效吸附储存氢气；纳米二氧化钛可以吸附 Cr(Ⅵ)。由于具有可调控的内部孔道结构及可修饰的表面化学组成，某些纳米材料例如金属有机骨架(MOFs)对于某些分子或离子的吸附具有高度的特异性及选择性。

(7) 催化性能

与大块材料相比，纳米材料具有更高的比表面积和更多的活性位点，因此具有更优异的催化活性。具有催化性能的纳米材料主要有以下三类：①贵金属(Ru、Rh、Pd、Ag、Pt、Au 等)纳米催化材料。②非贵金属(Fe、Co、Ni、Cu 等)纳米催化材料。③光催化纳米材料(纳米 $TiO_2$、类石墨相氮化碳等)。

### 13.1.3 纳米科技在环境监测中的应用

纳米材料在环境监测领域的应用主要集中在环境样品前处理、环境污染物分析检测以及环境污染物去除等方面，相应的应用案例将在本章后续小节中展开介绍。

#### 13.1.3.1 纳米科技在环境样品前处理中的应用

纳米材料的高比表面积、强吸附性能、永久的纳米级孔隙等特性使其成为开发新型环境样品前处理方法的关键。目前，碳纳米材料、磁性纳米材料、金属有机骨架材料、共价有机骨架材料等新型纳米材料已开始应用于固相萃取、磁性固相萃取、基质分散固相萃取、固相微萃取等环境样品前处理方法中。

#### 13.1.3.2 纳米科技在环境污染物分析检测中的应用

纳米材料独特的光、电性能使其能够应用于构建高灵敏性和特异性的光化学传感器和电化学传感器，进而用于环境基质中痕量污染物的分析。此外，纳米材料表面可修饰的特性使其可以与核酸、蛋白质等生物大分子偶联，构筑纳米复合材料，进而应用于搭建各种生物传感器。

#### 13.1.3.3 纳米科技在环境污染物去除中的应用

纳米材料优异的吸附及催化性能使其在各种环境污染物的捕获和去除中得到了广泛应用。例如：某些无机非金属氧化物纳米材料对环境水体中的磷具有良好的吸附去除效果，可以用于含磷废水的无害化处理；光催化纳米材料可以通过光催化氧化的方式去除多种持久性有机污染物。

### 13.1.4 纳米科技在环境监测中的优势与局限

#### 13.1.4.1 纳米科技在环境监测中的优势

① 许多新型纳米材料具有可设计的结构、可修饰的表面、可调节的性能、可功能化的内部空间，这是传统材料所不具备的，为纳米材料在环境监测领域的应用创造出无限的可能，例如用功能纳米材料构建检测环境污染物的生化传感器。

② 许多新纳米材料表现出优异的力学、热学、光学、电学、磁学、生物学性能，具有极高的比表面积和丰富的孔道结构，对于新型萃取方法、环境污染物吸附与去除等监测技术革新具有极大的价值。

③ 纳米科技、功能纳米材料及其在分析化学、环境化学中的应用研究正在持续快速推进中，是化学、材料科学、环境科学、环境工程等交叉学科中的前沿热点课题。可以预见的是，在不久的未来会诞生一批稳定性高、适用性好、生物毒性低、成本低廉、产业化潜力大的环境监测专用纳米材料，这些纳米科技领域的成果将推动环境监测领域的协同创新发展。

#### 13.1.4.2 纳米科技在环境监测中的局限

① 许多新型纳米材料目前仍处在实验室小规模生产和试验阶段，难以实现大规模批量化生产，其主要原因是生产工艺复杂，制备成本较高，产量低且耗时长。

② 多数纳米技术在生态环境监测中的应用仍处于初步探索研究阶段，与现有的成熟样品前处理技术及检测技术相比虽然在性能上有较大优势，但仍面临着重现性较低、应用面较窄等问题，尚不具备产业化推广的条件。

③ 部分新型纳米材料在热稳定性、抗团聚性、生态毒性等性能上存在一定缺陷。例如，部分介孔纳米材料在使用过程中易发生团聚和坍塌，致使其循环使

用寿命较短；一些材料对生态环境及人体健康有毒害(例如硒化镉量子点)或危害性尚不明确(例如某些功能化的石墨烯)。这些缺陷极大地限制了这类材料在环境监测领域的实际应用。

### 13.1.5 纳米科技在环境监测中的应用展望

① 应用在固相萃取、固相微萃取、液相微萃取、分子印迹等环境样品前处理新技术中，助力于构建高效、快速、便捷的样品前处理新体系，简化前处理实验流程，提高实验室检测效率。

② 应用在搭建高选择性、高特异性、高灵敏性的化学/生物传感器中，有助于实现对某些环境污染物的专一性痕量检测。

③ 应用在酶联免疫吸附、荧光共振转移、荧光成像等新兴环境监测方法手段中，助力实现监测手段的发展创新。

④ 应用于催化氧化、选择吸附等环境污染物去除技术中，有助于实现对各类环境污染物的控制、消除及无害化处理。

## 13.2 新型吸附材料

### 13.2.1 吸附作用的概述

吸附(Adsorption)是指当流体与多孔固体接触时，流体中某一组分或多组分在固体表面产生积蓄。吸附是一种普遍存在于自然界中的表界面现象，具有吸附能力的固体物质被称为吸附剂(Adsorbent)，而被吸附的物质则被称为吸附质(Adsorbate)。吸附的逆过程被称为脱附或解吸。利用吸附-脱附的原理从液体或气体中除去有害成分或提取目标产物的过程被称为吸附操作。吸附技术是一种用于提取、浓缩、净化和精制的高效分离手段和方法，现已被广泛应用于化工、食品、医药、环保以及原子能工业等领域。

吸附作用按照其原理可分为物理吸附、化学吸附和离子交换吸附三类。物理吸附的原理是吸附质与吸附剂之间通过范德华力作用产生的吸附。化学吸附的原理是吸附质与吸附剂之间通过化学反应形成化学键产生的吸附。而离子交换吸附的原理是吸附质离子通过库仑力作用吸附于带有相反电荷的吸附剂带电点表面，并置换出带电点原有离子的吸附。

影响吸附作用的主要因素有：①吸附剂的比表面积和孔结构。一般来说，吸附剂的比表面积越大，微孔越发达，其吸附性能越好。而孔径的大小、分布也会对吸附作用产生显著影响。②吸附剂的表面化学性质。吸附材料表面键合或修饰的官能团决定了其亲疏水性以及对吸附质的亲和性，其亲和性遵循着“相似相溶”的经验规律。③操作条件。温度、流量、离子强度、酸碱性、洗脱剂的种类等因素都会对吸附作用产生显著影响。

### 13.2.2 吸附材料的特性及分类

作为理想吸附剂的吸附材料应具备以下特性：①具有疏松多孔结构，比表面积大，吸附容量大；②具有一定的机械强度，颗粒均匀；③化学/热稳定性好；④吸附选择性高；⑤易再生；⑥廉价易得。

常用的吸附材料按照其化学结构可分为有机吸附材料和无机吸附材料，按照其吸附原理则可分为离子交换材料(离子交换树脂、离子交换膜、离子交换纤维等)、吸附型材料(高分子吸附树脂、活性炭、活性炭纤维、活性氧化铝、弗罗里硅土、沸石分子筛、键合硅胶等)以及兼具离子交换和物理/化学吸附性能的材料。近年来，随着纳米科技的发展，诞生了一系列性能优异的新型纳米级/分子级的吸附材料，例如碳纳米管、石墨烯、石墨相碳化氮、金属有机框架、共价有机框架、离子液体、超分子溶剂等。

### 13.2.3 高分子吸附树脂

#### 13.2.3.1 高分子吸附树脂的结构及分类

高分子吸附树脂是一种不溶于水溶液和有机溶剂的功能高分子材料，又称聚合物吸附剂，其高分子聚合物骨架具有立体的多维网状结构，高分子链之间相互缠绕，在分子链上接有各种功能基，这些功能基带有电荷或者自由电子对。带电荷的功能基结合带有相反电荷的离子，这种反离子可以和外界带有同种电荷的离子相互交换；不带电荷仅有自由电子对的功能基通过自由电子对结合极性分子和离子化合物。离子交换树脂的功能基连接在骨架上不能自由移动，反离子和功能基之间的连接结构类似于电解质内部的阴阳离子连接，在一定条件下能发生解离。

按聚合物的孔结构，高分子吸附树脂可分为微孔型树脂(凝胶型树脂)和大孔型树脂。按照高分子吸附树脂表面所带活性基团的性质，可将其分为非极性吸附树脂、弱极性吸附树脂、极性吸附树脂、离子交换树脂和混合型树脂，非极性吸附树脂是由偶极矩很小的单体聚合物制得的不带任何功能基的吸附树脂，典型的例子是苯乙烯-二乙烯苯系吸附树脂；中极性吸附树脂是含酯基的吸附树脂，如丙烯酸酯或甲基丙烯酸酯与双甲基丙烯酸酯等交联的一类共聚物；极性吸附树脂是指含酰胺基、氰基、砜基、羟基等具有氮、氧、硫极性功能基的吸附树脂。离子交换树脂又可分为强酸性阳离子交换树脂、弱酸性阳离子交换树脂、强碱性阴离子交换树脂、弱碱性阴离子交换树脂四大类，强酸性阳离子交换树脂表面带有磺酸基，弱酸性阳离子交换树脂表面带有羧基，弱碱性阴离子交换树脂表面带有氨基或烷氨基，强碱性阴离子交换树脂表面带有季铵基。混合型树脂的代表是亲水亲脂平衡树脂(例如二乙烯基苯-*N*-乙烯基吡咯烷酮共聚物)。

#### 13.2.3.2 高分子吸附树脂的理化性能

① 外观：高分子吸附树脂为完整的圆球形，颗粒光滑透亮且无异样(如不定形的颗粒和“软球”)；因其化学组成不同，树脂颜色各异，但颜色应均一无异色。

② 粒度：高分子吸附树脂颗粒的大小影响离子交换速度、系统工作压力、反洗效果等，因此同一树脂内颗粒大小不能相差太大。粒度的表示方法以有效粒径和均一系数来表示，大部分树脂产品的有效粒径为0.4~0.6mm。

③ 密度：高分子吸附树脂密度有真密度、视密度、装载密度。真密度决定了树脂在水中的沉降速度，视密度和装载密度可用来计算交换器需装入的树脂量，因此它们都是高分子吸附树脂重要的物理性能。

④ 交联度：交联度是指在树脂内所含交联剂的质量百分率，交联度越高，树脂越硬，弹性越小；交联度越高，其抗氧化性能越好。

⑤ 溶胀性：溶胀是高分子聚合物在溶剂中体积发生膨胀的现象。高分子吸附树脂使用过程中会吸收一定量溶剂而发生溶胀，也会在交换与再生过程中发生胀缩现象，多次胀缩会导致树脂碎裂。

⑥ 耐磨性：反映树脂的机械性能。高分子吸附树脂在输送转移过程中会产生摩擦力，破坏树脂颗粒，这种摩擦力并不能立即造成树脂破损，它有一个时间过程。通常，交联度低的树脂较易破裂。

⑦ 溶解性：高分子吸附树脂应为不溶性物质，但树脂在合成过程中夹杂的低聚合物及树脂分解生成的物质会在工作运行时逐渐溶解，交联度较低和含活性基团多的树脂溶解倾向较大。

⑧ 耐热性：高分子吸附树脂有一定的耐热性，但使用温度超过其所能承受的温度极限时树脂易因热分解而遭破坏。

⑨ 可再生性：高分子吸附树脂的交换反应具有可逆性，因此可以再生进而反复使用，但再生次数有限。酸碱性强的树脂，其再生效率低，但去除弱解离性物质的能力强；酸碱性弱的树脂，其再生效率高，但不能去除弱解离性物质，交换性能受外界溶液性能影响较大。

⑩ 选择性：同一种吸附树脂对于不同物质的交换吸附是具有选择性的，选择性由物质与树脂之间的亲和力决定，亲和力大的物质会优先被树脂吸收。

#### 13.2.3.3 高分子吸附树脂在环境监测中的应用

(1) 高分子吸附树脂在土壤监测中的应用

在监测土壤中的硼、铝、硅等元素或六价铬时，常使用碱熔法或碱消解法对土壤和沉积物样品进行处理，这两种前处理方法均会引入大量盐分，不仅容易产生较大的基体效应，对测定结果的准确性造成干扰，而且高浓度盐分易对分析仪器造成损伤。采用强酸性阳离子交换树脂处理碱熔或碱消解法的消解液，可通过离子交换去除钠、钾等阳离子，降低样品盐度，减少基体干扰。褚琳琳等建立了一种使用电感耦合等离子体质谱法结合碱消解-732 型阳离子交换树脂净化测定土壤中低浓度的 Cr(Ⅵ)的方法，在使用离子交换树脂后基体干扰大幅度降低，检测结果准确性提高。

（2）高分子吸附树脂在水质监测中的应用

在环境样品前处理领域，各种高分子吸附树脂已被制成商业化的固相萃取小柱，应用于环境水样的固相萃取前处理中，达到对水样中待测物富集、浓缩、净化的效果。一般情况下，对于碱性化合物可采用阳离子交换树脂固相萃取，对于酸性化合物采用阴离子交换树脂固相萃取，对于弱极性有机化合物采用弱极性吸附树脂固相萃取，而对于其他强极性有机化合物采用亲水亲脂平衡树脂萃取。

在色谱分析领域，高分子吸附树脂可用于离子色谱分析中作为分离和除杂的色谱柱的填料。例如在《水质 无机阴离子的测定 离子色谱法》(HJ 84—2016)中，使用了多种含高分子吸附树脂的色谱柱：①阴离子分离柱，一种聚二乙烯基苯/乙基乙烯苯/聚乙烯醇基质，具有烷基季铵或烷醇季铵功能团的亲水性、高容量色谱柱。②预处理柱，聚苯乙烯-二乙烯基苯为基质的 RP 柱或硅胶为基质键合 C18 柱，可去除疏水性化合物；H 型强酸性阳离子交换柱或 Na 型强酸性阳离子交换柱，可去除重金属和过渡金属离子。

（3）高分子吸附树脂在气体监测中的应用

目前已有一些标准方法使用吸附剂进行环境空气中污染物的采样，例如《环境空气 酚类化合物的测定 高效液相色谱法》(HJ 638—2012)中使用 XAD-7 树脂采集空气中的气态酚类化合物，经甲醇洗脱后，用高效液相色谱分离，紫外检测器或二极管阵列检测器检测。

### 13.2.4 活性炭纤维

#### 13.2.4.1 活性炭纤维的概述及发展历程

活性炭纤维(ACF)是 20 世纪六七十年代发展起来的一种新型高效吸附剂，它以木质素、纤维素、酚醛纤维、聚丙烯纤维、沥青纤维等为原料，经炭化和活化制得。最早报道 ACF 研制成功的是 W. F. Abbott 于 1962 年研制的黏胶基 ACF；随后 Bailey 和 Maggs 用路易斯酸来处理黏胶纤维制得 ACF，并获得专利；随后，人们尝试了各种原料制备 ACF，包括黏胶、酚醛纤维、聚丙烯腈、沥青纤维、聚酰亚胺纤维、异型截面纤维等。活性炭纤维是一种典型的微孔炭，被认为是“超微粒子、表面不规则的构造以及极狭小空间的组合”。炭纤维经活化后，碳原子主要以类似石墨微晶片层、乳层堆叠的形式存在，形成大量微孔，孔径为 10~

40μm，且分布狭窄而均匀，微孔面积占总体积的90%左右。它具有很高的比表面积，比表面积可达1000~3000$m^2/g$。ACF含有许多不规则结构——杂环结构或含有表面官能团的微结构，具有极大的表面能。从而也造就了微孔的相对孔壁分子共同作用形成强大的分子场，提供了一个吸附态分子和化学变化的高压体系。

#### 13.2.4.2 活性炭纤维的性能

(1) 吸附特性

① 吸附容量大：活性炭纤维具有发达的微孔结构，各种污染物在活性炭纤维表面以多段微孔填充的方式迅速、稳定地聚集于活性炭纤维微孔内，因而吸附量大。

② 吸附脱附速度快：活性炭纤维微孔直接在纤维表面，吸附物质时无须如活性炭经长距离的大孔、过渡孔到达微孔，粒内扩散阻力小。活性炭纤维的吸附有静态吸附和动态吸附两种吸附方式，动态吸附与静态吸附相比动态吸附速度更快，原因在于被吸附物在流动中能更好地与微孔接触，同时充分利用浓度梯度，增加吸附的推动力。由于活性炭纤维的单丝直径远小于粒状活性炭柱体直径，微孔直接暴露于表面，解吸时吸附质扩散出来的路程相对更短，所以活性炭纤维可在更缓和的条件下进行快速解吸。

③ 对低浓度物质的吸附能力优良：在表面吸附中，常规的活性炭在甲苯浓度低于0.01%时基本没有吸附能力，而活性炭纤维在甲苯浓度为0.001%时仍能达到较好吸附效果。

(2) 氧化还原特性

活性炭纤维的氧化还原特性在其从溶液中吸附金属离子时表现最为明显。活性炭纤维的氧化还原特性是由一系列电极电位不同的表面活性基团引起的。活性炭纤维可以作为还原剂，也可用作氧化剂，这取决于所用体系的电位高低。参与反应的基团种类和浓度不同，活性炭纤维氧化还原容量也不同。

(3) 活性炭纤维的再生

活性炭纤维的吸附孔道90%以上都处于微孔范围，吸附的有机分子较难在活性炭纤维的表面自主脱附，影响了活性炭纤维的再生和寿命，如果将吸附饱和的活性炭纤维直接废弃，易对环境造成二次污染。因此将活性炭纤维进行再生利用具有重要的环保和经济效益。目前活性炭纤维再生的方法有水蒸气脱附再生、热空气脱附再生、变压再生、超临界再生、电致热再生等。

#### 13.2.4.3 活性炭纤维在环境监测中的应用

活性炭纤维在环境监测中对挥发性有机污染物(VOCs)的检测、环境污染物去除等方面展现出较好的应用潜力。薛文平等研究使用活性炭纤维作为吸附剂来对VOCs进行检测。其研究结果表明：VOCs在ACF上的吸附主要是物理吸附，吸附机理符合微孔填充理论，主要是范德华力在吸附过程中起作用；气源浓度

(初始吸附浓度)越大，VOCs 在 ACF 上的穿透时间与吸附饱和时间越短；在浓度等条件相同的情况下，甲苯在 ACF 上的穿透时间比苯长，更易被 ACF 吸附，这是因为所选用的 ACF 表面存在极性官能团，更易吸附弱极性分子。郑西强等研究了活性炭纤维对水中微囊藻毒素 MC-LR 的吸附性能，活性炭纤维对微囊藻毒素的平衡吸附量在相同温度下随微囊藻毒素初始浓度的增加而显著增大，并随着温度升高而增加，最大吸附量达 246μg/g。不同温度条件下，活性炭纤维对 MC-LR 的吸附均较好地符合 Langmuir 等温吸附模型。活性炭纤维经再生后，平衡吸附量变化较小，具有良好的重复使用性能。

### 13.2.5　纳米氧化物吸附材料

#### 13.2.5.1　纳米氧化物的概述

纳米氧化物是纳米科技中研究较广泛的材料。例如作为光催化材料的纳米二氧化钛、作为传感器敏感材料的纳米二氧化锡、作为荧光粉层黏结剂的纳米氧化铝等。纳米氧化物在高温下晶体不易增长，而且比块体材料有着更大的比表面积和反应活性。许多纳米氧化物表面既具有 Lewis 碱又具有 Lewis 酸的特性，而残留的表面羟基和阴/阳离子空穴也能增加纳米氧化物的表面活性。因此，纳米氧化物对于特定的污染物具有很高的吸附容量，在环境污染物分离和富集前处理中具有良好的应用潜力。

#### 13.2.5.2　纳米氧化物在环境监测中的应用

纳米氧化物在环境监测领域的主要应用有环境污染物的去除和固相萃取富集。有学者制备了一种核-壳结构的碳包裹氧化铁纳米材料($Fe_2O_3$@C)，并在其表面包覆聚硅氧烷层，发现这种材料对石油有较强的吸附能力，可用于海面溢油的处理。另有学者研究了纳米二氧化锰作为吸附剂用于固相萃取(SPE)分离富集丙烯酰胺，发现纳米二氧化锰对于丙烯酰胺的富集倍数高达 148 倍。

## 13.3　新型发光材料

### 13.3.1　发光材料的概述及发展历程

发光是指物质内部以某种方式吸收能量以后，以热辐射以外的光辐射形式发射出多余能量的过程。发光是外界因素(光电辐射等)和物质相互作用的一种结果。发光现象广泛存在于各种材料中，在实际应用中，将受外界激发而发光的材料称为发光材料。发光材料通常发出可见光，也可以是紫外光和红外光。发光材料以粉末、单晶、薄膜或非晶体等形态被使用，主要组分是金属元素的化合物或半导体材料。

自从法国物理学家亨利·贝克勒在1896年发现元素放射性光线，人类开始研究自发光材料，百年来，人类对自发光材料的研究一共经历了三个阶段：第一阶段是以居里夫人发现的镭为代表的能自然发光的强放射性材料，因其放射性问题而遭到淘汰；第二阶段是以硫化锌为代表的荧光型自发光材料，由于此类材料发光时间比较短，亮度也不够，没有得到大范围使用；第三阶段是从20世纪70年代起，科学家们发现将稀土元素掺入发光材料，可以大大提高材料的光效值、流明数和显色性等性能，从此开启了发光材料发展的又一个主要阶段。目前，世界已经离不开人造光源，荧光灯作为最普遍的人造光源之一已在全世界范围内应用，据统计全世界60%以上的人工光源是由荧光灯提供的，而大部分荧光灯就是利用稀土三基色荧光粉发光的。

量子点(Quantum Dots，QDs)是一种由有限数目的ⅡB-ⅥA或ⅢB-ⅤA元素化合物组成的具有独特光学和电学性质的纳米尺度新型半导体发光材料。量子点是在纳米尺度上的原子和分子的集合体，既可由一种半导体材料组成，如CdS、CdSe、CdTe、ZnSe、InP、InAs等，也可以由两种或两种以上的半导体材料组成。量子点要求材料的尺寸在3个维度都小于其对应体材料的激子波尔半径，其尺寸通常在1~20nm。1983年，美国贝尔实验室的Brus首次报道了CdS纳米晶具有尺寸效应等相关的性质，拉开了量子点研究的序幕。在以后的数年中，研究者在如何制备大小均一的量子点、如何提高量子点的量子效率和稳定性以及无镉多元量子点材料的研究中取得了大量进展。量子点的光电性质由纳米尺度上颗粒的尺寸、形状和量子物理决定。量子点的发光颜色可以覆盖从蓝光到红光的整个可见区，而且颜色纯度高、连续可调。相比普通荧光材料，量子点具有更宽的吸收带、更长的荧光寿命、更好的光稳定性和更好的发光带调制性。因此，量子点在生物医疗、环境监测、光催化、能源等领域有着巨大的应用潜力。

### 13.3.2 发光材料的分类及原理

#### 13.3.2.1 发光材料的分类

发光材料的种类繁多，应用广泛。根据其发光方式发光材料可以分为以下几类。

① 光致发光(Photoluminescence，PL)材料：发光材料在外界光源照射下激发发光，是一种冷发光，可按延迟时间分为荧光(Fluorescence)材料和磷光(Phosphorescence)材料。

② 电致发光(Electroluminescence，EL)材料：发光材料在电场或电流作用下激发发光。

③ 阴极射线致发光材料：发光材料在加速电子的轰击下激发发光。

④ 热致发光材料：发光材料受激发后在热的作用下释放能量发光。

⑤ 力致发光材料：包含声致发光、摩擦发光和压致发光三类材料。

⑥ 等离子发光材料：发光材料在等离子体的作用下激发发光。

⑦ 化学发光材料：发光材料通过化学反应引起发光。

⑧ 放射发光材料：具有放射性的发光材料。

#### 13.3.2.2 发光材料的发光原理

不同发光材料的发光原理不同，但是其基本物理机制是一致的：物质原子外的电子一般具有多个能级，电子处于能量最低能级时称为基态，处于能量较高的能级时称为激发态；当入射光子的能量恰好等于两个能级的能量差时，低能级的电子就会吸收这个光子的能量，并跃迁到高能级，处于激发态；电子在激发态不稳定，会向低能级跃迁，并同时发射光子；电子跃迁到不同的低能级，就会发出不同的光子，但是发出的光子能量不会比吸收的光子能量大。

### 13.3.3 发光材料的发光特征

#### 13.3.3.1 颜色特征

不同发光材料的发光颜色彼此不同，且有各自的特征。由于发光材料的种类很多，它们发光的颜色足可覆盖整个可见光范围。一个材料的发光光谱属于哪一类，既与其基质有关，又与其杂质有关。随着基质改变或人工掺杂，发光的颜色也随之改变。

#### 13.3.3.2 发光强度特征

发光强度是随激发强度而变的，通常用发光效率来表征材料的发光强度。发光效率有三种表示方法：量子效率、能量效率及光度效率。量子效率是发光的量子数与激发源输入的量子数的比值；能量效率是发光的能量与激发源输入的能量的比值；光度效率是发光的光度与激发源输入的能量的比值。在光激发的情况下，发光材料的量子效率可高达90%以上。有的器件效率很高，但亮度不大，这是因为输入的能量受到限制。

#### 13.3.3.3 发光持续时间特征

按照发光持续时间可以分为荧光和磷光。荧光是指在激发时发出的光，只要光源一离开，荧光就会消失；磷光是指在激发源离开后持续发出的光。瞬态光谱技术的发展使得现在对荧光和磷光的区分没有那么严格，因此荧光和磷光的时间界限也无法完全分清楚。

发光的衰减规律常常很复杂，很难用一个反映衰减规律的参数来表示，所以在应用中就强制规定当激发停止时的发光亮度 L 衰减到 $L_0$ 的 10%时，所经历的时间为余辉时间，简称余辉。如人眼能感觉到余辉的长发光期间的光为磷光，人眼感觉不到余辉的短发光期间的光为荧光。现在，根据余辉时间的长短，可以划分六个范围：极短余辉是指余辉时间<1μs 的发光；短余辉是指余辉时间为 1~10μs 的发光；中短余辉是指余辉时间为 0.01~1ms 的发光；中余辉是指余辉时间为 1~100ms 的发光；长余辉是指余辉时间为 0.1~1s 的发光；极长余辉是指余辉时间>1s 的发光。

#### 13.3.3.4　发光性能特征

激发光谱和发射光谱是表征发光材料的两个重要的性能指标。激发光谱是指发光材料在不同的波长激发下，该材料的某一波长的发光谱线的强度与激发波长的关系。激发光谱反映了不同波长的光激发材料的效果。根据激发光谱可以确定使该材料发光所需的激发光的波长范围，并可以确定某发射谱线强度最大时的最佳激发波长。激发光谱对分析材料的发光过程也具有重要意义。发射光谱是指在某一特定波长激发下，所发射的不同波长的光的强度和能量分布。

激发光谱和发射光谱通常采用荧光分光光度计进行测量。其基本结构包括光源、单色器、试样室和探测器。常用光源为氙灯，单色器为光栅探测器主要用光电倍增管。当测绘荧光发光光谱时，将激发光单色器的光栅固定在最合适的激发光波长处，只让荧光单色器凸轮转动，将各波长的荧光强度信号输出至记录仪上，所记录的光谱即发射光谱。当测绘荧光激发光谱时，将荧光单色器的光栅固定在最合适的荧光波长处，只让激发光单色器的凸轮转动，将各波长的激发光的强度信号输出至记录仪，所记录的光谱即激发光谱。

### 13.3.4　新型发光材料在环境监测中的应用

发光材料种类繁多，应用广泛，主要集中在照明光源、显示技术、高能物理辐射探测、核医学成像、示踪剂和标记物等领域。过渡金属配合物、量子点等新型发光材料已在环境监测中得到了应用。

#### 13.3.4.1　配合物类发光材料在环境监测中的应用

配合物类发光材料在环境监测中的主要应用是构建发光传感器，该类传感器具有快速、低成本、高选择性、高灵敏度、操作简便、可在线或现场检测等特点，其在环境监测领域中特别是应急监测方面的应用越来越受到人们的重视，对环境监测领域手段、方法的创新也有积极的意义。谢瑞加的研究介绍了一系列铼配合物发光材料在环境监测领域作为化学传感器(pH 传感器，离子传感器)的一些应用。例如配合物[$Re(CO)_3$(5-COOH-bpy)Cl](结构式如图 13-1 所示)、[Re(bpy)$(CO)_3$(PCA)]$^+$(结构式如图 13-2 所示)和[Re(bpy)$(CO)_3$(PCA)Re(bpy)$(CO)_3$]$^{2+}$(结构式如图 13-3 所示)，其配体结构中的质子化程度随着溶液中 $H^+$浓度变化而发生改变，进而整个体系的发光显著增强或减弱，利用这一原理可制成 pH 传感器。

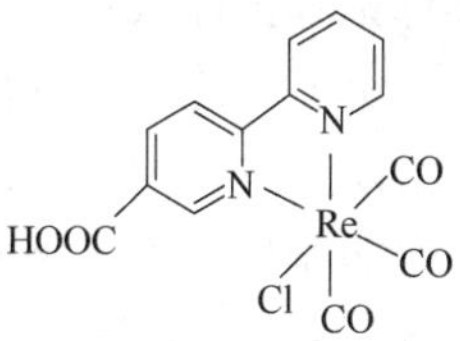

图 13-1　配合物[$Re(CO)_3$(5-COOH-bpy)Cl]结构式

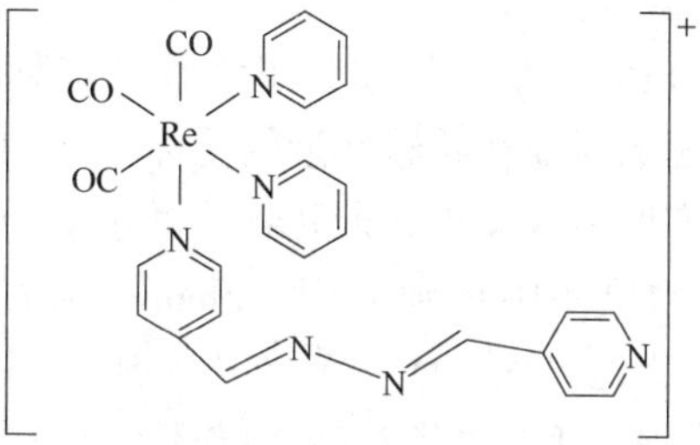

图 13-2　配合物[Re(bpy)$(CO)_3$(PCA)]$^+$结构式

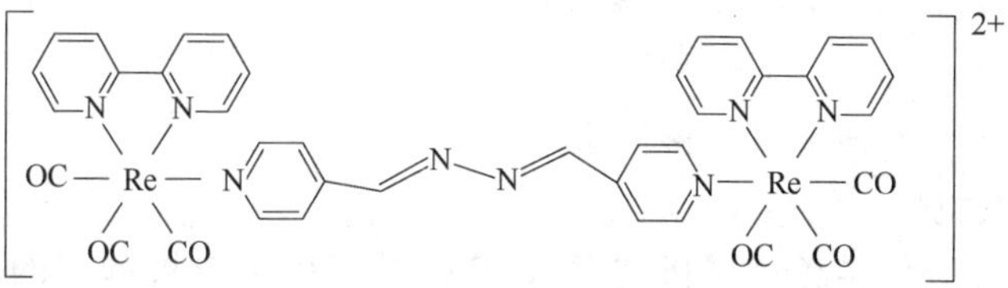

图 13-3　配合物[Re(bpy)$(CO)_3$(PCA)Re(bpy)$(CO)_3$]$^{2+}$结构式

此外，Re(Ⅰ)金属配合物也可以作为阴离子的识别探针对阴离子特异性的识别；Re(Ⅰ)配合物作为阳离子的发光传感器可以通过控制光强实现对金属离子的释放或重新捕获。冠醚修饰的邻菲罗啉与 $Re(CO)_5Cl$ 结合后形成的配合物，可用于在甲醇溶液中滴定 $Pb(OAc)_2$，当溶液中加入 $Pb(OAc)_2$后，体系的发光增强，从而实现对 $Pb^{2+}$的检测。

#### 13.3.4.2　量子点在环境监测中的应用

量子点最初被用来标记抗体、生物素等具有特异性的生物大分子，可用于病原体、蛋白质、毒素、细胞等的定性和定量分析。近年来，随着功能化修饰技术的不断发展，量子点标记荧光分析已经开始应用在重金属阳离子、无机阴离子、气体、酚类、表面活性剂、农药及除草剂、内分泌干扰物、持久性有机污染物、微生物等环境污染物的检测。目前，涉及的技术主要有以下几类：量子点标记荧光免疫分析技术、量子点荧光共振能量转移技术、量子点免疫层析技术、量子点分子印迹技术、量子点自组装膜技术、双色量子点比率荧光传感技术等。

(1) 量子点标记荧光免疫分析技术

该技术是将量子点像酶一样标记到抗体或抗原上，基于量子点的荧光淬灭或荧光增敏建立荧光免疫传感器检测方法。与传统的有机染色剂相比，量子点具有激发光谱宽、发射光谱窄且对称、最大发射波长位置可调、不易光降解的特点，并且制备的荧光免疫传感器易于进行表面功能化修饰，因此量子点标记免疫分析法与传统免疫分析法相比具有更高的灵敏度。Newbold 等以量子点标记链霉亲和素，建立了地表水中雌二醇的高灵敏检测方法，其方法检出限达到 0.00542ng/mL。

(2) 量子点标荧光共振能量转移技术

荧光共振能量转移(FRET)是指供体分子吸收一定频率的光子后通过供体受体偶极之间的相互作用无辐射地转移给邻近的受体分子的现象，表现为供体荧光强度降低而受体荧光强度增强或淬灭。近几年，基于量子点作为供体的荧光共振能量转移已在环境污染物检测中得到应用。Zhang 等研究发现，使用双硫腙与 CdTe 配合可以引起 QDs 荧光淬灭，QDs 荧光开关被关闭，随着有机磷农药毒死蜱的加入，其水解产物 DEP 可以取代双硫腙配体与 QDs 结合，QDs 荧光开关打开，荧光强度慢慢恢复，该方法对毒死蜱检测线性范围为 0.1nmol/L~10μmol/L。另一种检测方法是基于适配体策略的 FRET，适体和配体分别标记荧光供体和受体，随着分析物的加入，适体和配体结合为超级分子，使得供体和受体距离足够近，从而引发荧光共振能量转移现象。

(3)量子点免疫层析技术

该技术是在胶体金免疫层析技术(GICA)的基础上发展起来的一种快速、简便、经济的检测技术。基于 QDs 的荧光免疫层析技术作为一项新型免疫检测技术，既保留了传统胶体金试纸条的现场快速检测优点，又加入了荧光检测技术的高灵敏度特点，成为提高免疫层析方法检测性能的主要途径之一，已逐步开始应用于临床诊断、食品检测、毒品检测等领域，未来有望应用于环境监测领域。

(4) 量子点分子印迹技术

量子点作为荧光探针的最大缺点是选择性较差，若将其应用于实际复杂样品的检测，其选择性则成为量子点传感器亟待解决的关键问题。而分子印迹聚合物(Molecularly Imprinted Polymer，MIP)最大的特点就是选择性好。因此，将量子点的光学性质与分子印迹技术的高选择性相结合而制备出的复合材料，在复杂样品的分离检测中将会具有明显优势。这种新型材料兼具量子点出色的灵敏度和分子印迹高度的形态选择性等优点，既能增加量子点的选择识别性能，又能拓展量子点的应用，适用于复杂研究体系和恶劣分析环境。Li 等采用溶胶凝胶硅烷化印迹三氟氯氰菊酯复合 CdSe 量子点，制备了 CdSe@ $SiO_2$@ MIP 材料，成功检测了水中高三氟氯氰菊酯，线性范围为 0.1~100μmol/L，检测限低至 3.6μg/L，灵敏度较非印迹聚合物有极大的提高。

## 13.4 新型磁性材料

### 13.4.1 磁性材料及其发展历程概述

狭义的磁性材料是指具有磁有序的强磁性物质，广义上的磁性材料则包含了各种可应用其磁性和磁效应的物质。狭义的磁性材料是由过渡元素铁、钴、镍及其合金等能够直接或间接产生磁性的物质组成的材料，其发现是十分久远的，它的应用(如指南针)极大地改变了人类文明。19 世纪，近代物理学大发展，电流的磁效应、电磁感应等相继被发现和研究，同时有关磁性材料的理论出现，涌现出了像法拉第、安培、韦伯、高斯、奥斯特、麦克斯韦、赫兹等大批现代电磁学大师。20 世纪初，法国的外斯提出了著名的磁性物质的分子场假说，奠定了现代磁学的基础。从此，磁性材料得到了迅速发展，原有的传统磁性材料性能在不断的改进和提高，更多的新型磁特性和磁效应材料又在不断地涌现。早期的磁性材料主要是软铁、硅钢片、铁氧体等。20 世纪 60 年代起，非晶态软磁材料、纳米晶软磁材料、稀土永磁材料等一系列高性能磁性材料相继出现。现代磁性材料已经广泛地应用在我们的生活当中，例如将永磁材料用作马达，应用于变压器中的铁心材料，作为存储器使用的磁光盘，计算机用磁记录软盘等。可以说，磁性材料与信息化、自动化、机电一体化、国防、国民经济的方方面面紧密相关。

### 13.4.2 磁性材料的基本原理

磁性是指能吸引铁、钴、镍等物质的性质。磁铁两端磁性强的区域称为磁极，一端称为北极(N 极)，一端称为南极(S 极)。实验证明，同名磁极相互排斥，异名磁极相互吸引。物质大都是由分子组成的，分子是由原子组成的，原子又是由原子核和电子组成的。在原子内部，电子不停自转，并绕原子核旋转，且这两种运动都会产生磁性。但是在大多数物质中，电子运动的方向各不相同、杂乱无章，磁效应相互抵消。因此，大多数物质在正常情况下，并不呈现磁性。铁、钴、镍或铁氧体等铁磁类物质有所不同，它内部的电子自旋可以在小范围内自发地排列起来，形成一个自发磁化区，这种自发磁化区就叫磁畴。铁磁类物质磁化后，内部的磁畴整整齐齐、方向一致地排列起来，使磁性加强，构成磁铁。磁铁的吸铁过程就是对铁块的磁化过程，磁化了的铁块和磁铁不同极性间产生吸引力，铁块就会牢牢地与磁铁“粘”在一起。

### 13.4.3 磁性材料的分类

磁性是物质的一种基本属性。物质按照其内部结构及其在外磁场中的性状可分为抗磁性、顺磁性、铁磁性、亚铁磁性和反铁磁性物质，铁磁性和亚铁磁性物质为强磁性物质，抗磁性和顺磁性物质为弱磁性物质；磁性材料按使用功能分为软磁材料、永磁材料和功能磁性材料。软磁材料主要有铁氧体软磁、金属软磁和其他材质软磁；永磁材料主要有金属永磁、铁氧体永磁和稀土永磁；功能磁性材料主要有磁致伸缩材料、磁记录材料、磁电阻材料、磁泡材料、磁光材料、旋磁材料以及磁性薄膜材料等。

### 13.4.4 磁性纳米材料

磁性纳米材料作为一种新型磁性材料，它的特性不同于常规的磁性材料，其原因是关联于与磁性相关的特征物理长度恰好处于纳米量级，例如：磁单畴尺寸、超顺磁性临界尺寸、交换作用长度以及电子平均自由路程等都处于1~100nm量级。磁性纳米颗粒既具有纳米材料所特有的性质如表面效应、小尺寸效应、量子效应、宏观量子隧道效应、偶联容量高，又具有良好的磁导向性、超顺磁性类酶催化特性和生物相容性等特殊性质，可以在恒定磁场下聚集和定位、在交变磁场下吸收电磁波产热。基于这些特性，磁性纳米颗粒被广泛应用于分离和检测等方面。

磁性纳米材料可以大体分为固体磁性材料和磁流体。固体磁性材料中又包含铁磁材料。具有铁磁性的纳米材料如纳米晶 Ni、$\gamma$-$Fe_2O_3$等可作为磁性材料。铁磁材料可分为软磁材料和硬磁材料。软磁材料的主要特点是磁导率高，饱和磁化强度大、电阻高、损耗低、稳定性好；硬磁材料的主要特点是剩磁要大，矫顽力也大，不易去磁，对温度、时间、振动等干扰的稳定性要好。磁流体作为一种特殊的功能材料，是把纳米数量级(10nm 左右)的磁性粒子包裹一层长链的表面活性剂，均匀地分散在基液中形成的一种均匀稳定的胶体溶液。磁流体由纳米磁性颗粒、基液和表面活性剂组成，常用的磁性颗粒有 $Fe_3O_4$、$Fe_2O_3$、Ni、Co 等，常见的基液有水、有机溶剂、油等，常见的表面活性剂有油酸，可有效防止团聚现象的发生。

### 13.4.5 新型磁性材料在环境监测中的应用

#### 13.4.5.1 磁性纳米材料在污水净化中的应用

水污染是人类面临的重大威胁之一，近年来，磁性纳米粒子因其具有表面电位高、比表面积大、易分离等性质，对污水中多种有机物有较强的吸附能力或螯合作用，可将吸附污物的纳米粒子从污水中分离出来，从而达到净化污水的目的。姜翠玉等采用共沉淀法合成 $Fe_3O_4$ 磁性纳米粒子，并用阳离子表面活性剂(901)对 $Fe_3O_4$ 纳米粒子进行表面包覆，制备了复合磁性纳米粒子 $Fe_3O_4$/901。测试结果显示：磁性 $Fe_3O_4$ 纳米粒子的饱和磁化强度为 59~61A · $m^2$/kg，具有超顺磁性；$Fe_3O_4$ 粒子的平均粒径为 20nm，$Fe_3O_4$/901 粒子的平均粒径为 25nm，并通过红外光谱证实(901)在 $Fe_3O_4$ 粒子表面的包覆。对胜利油田孤四联井排含油污水的处理结果表明：$Fe_3O_4$/901 纳米粒子与聚合氯化铝和阳离子聚合物复配使用，加剂后仅1min，污水含油量从1078.3mg/L降至14.5mg/L，悬浮物从146mg/L降至20mg/L，与复配前相比，除油率提高约3%，悬浮物含量降低79%，絮体沉降速度明显加快。

广泛使用于纺织、皮革、化妆品、造纸等行业的染料是造成水污染的重要因素。俄罗斯和中国台湾地区的专家团队通过在磁性纳米粒子上加涂两层碳结构所形成的新型粒子可有效净化污水中的有机染料。研究人员表示，该磁性粒子上的第一层碳是在热分解过程中自然形成的，而第二层是在葡萄糖溶液中处理时沉积得到的，通过以上操作得到的纳米粒子具有很高的磁化率，在吸附污水中的有机染料后，再以磁场方式去除纳米粒子，便可达到净水效果。

#### 13.4.5.2 磁性纳米材料在检测分析中的应用

基于磁性纳米材料强大的功能特点和在各领域的成功应用，科研工作者已经尝试将磁性微球引入环境监测领域，用于对环境中自热水体、工业废水、生活污水中重金属离子、有机污染物、细菌的检测。洪石等采用层层自组装法合成了具有良好水溶性的功能化磁性荧光$Fe_3O_4$/Py(芘)/PAM(聚丙烯酰胺)纳米材料，利用其磁性能够对该纳米材料进行简单有效的分离纯化和富集，以提高其检测灵敏度。利用Cr(Ⅵ)对该复合纳米材料的荧光淬灭，建立了测定Cr(Ⅵ)的荧光分析法，在最佳实验条件下，该方法的线性区间为0.1~14.0μg/mL，检出限为0.02μg/mL，可用于环境废水中Cr(Ⅵ)的测定。刘慧杰等合成了$Fe_3O_4$-Au复合纳米粒子作为辣根过氧化酶(HRP)标记抗体的载体，并将该复合纳米粒子标记物应用于电化学放大免疫分析。将电子媒介体硫堇聚合在玻碳电极表面，以纳米金作为固定大肠杆菌抗体的基底，通过辣根过氧化酶催化溶液中$H_2O_2$产生的电流信号来测定大肠杆菌。实验结果表明，该方法对水体中大肠杆菌检测的线性范围为$50\sim1\times10^5$cfu/mL(cfu为菌落形成单位)，检出限为20cfu/mL。对富集后的水样进行测定，结果表明该复合材料对水体中大肠杆菌的检测灵敏度达到2cfu/mL。

由于土壤结构和性质复杂，且环境中的有机污染物的浓度很低(痕量或超痕量级)，难以被直接测定，样品常需要经预处理后再进行仪器分析。样品前处理的目的是对目标分析物进行浓缩富集，消除基体干扰，并提高检测方法的灵敏度，降低检出限。目前，对于土壤中苯并[a]芘的含量测定，传统的前处理方法主要是在溶剂提取后经固相萃取柱进行纯化和洗脱，再结合高效液相色谱或气相色谱进行分析检测。王蒙等研究采用中长链碳十一脂肪酸对$Fe_3O_4$颗粒表面进行功能化修饰，形成复合磁性纳米材料(Undecanoic acid coated on magnetic nanoparticles，简称$Fe_3O_4$@C11)。利用该磁性纳米材料在水溶液中具有较好的分散性，良好的磁学性能且对苯并[a]芘具有良好的选择性等特点，提出了以$Fe_3O_4$@C11作为萃取吸附剂的磁固相萃取技术，并结合高效液相色谱-荧光检测器(HPLC-FLD)的分析方法应用于环境介质土壤中目标分析物苯并[a]芘的定量分析检测。该方法实现了快速分离，且避免了离心过滤等复杂耗时的操作，具有简单快速、低成本、高灵敏度、高选择性等优点。

## 13.5 新型碳纳米材料

### 13.5.1 碳材料及其发展历程概述

碳原子最外层轨道有四个电子，可发生 $sp^3$、$sp^2$、sp 杂化，易与其他碳原子及杂原子以共价键的形式键合，得到丰富多样的结构，进而形成不同形貌和性质的碳材料。碳材料是一种具有悠久使用历史的材料，传统的碳材料例如金刚石、石墨、活性炭等已在人类生产生活中得到了广泛应用。20 世纪 80 年代开始发现了一系列新型碳材料。1985 年英国科学家哈罗德·沃特尔·克罗托博士和美国科学家理查德·斯莫利制得了一种笼状碳原子簇零维材料——富勒烯(Fullerene, $C_{60}$)，第一次从维度概念上丰富了碳材料，揭开了碳材料发展的新篇章。1991 年日本科学家饭岛钝雄首先用高分辨透射电镜(HRTEM)发现了碳纳米管，由此开拓出一维碳纳米材料的全新研究领域。2004 年英国科学家安德烈·盖姆和康斯坦丁·诺沃肖洛夫用微机械剥离法成功从石墨中分离出石墨烯，在完善了碳材料维度结构体系的同时也证明了二维材料可在常温常压下稳定存在，打开了二维纳米材料之门，引发了全球范围对石墨烯的研究热潮。此外，碳纳米线、碳纳米球、多孔碳、石墨相氮化碳等新型碳纳米材料的设计、合成、表征、应用已成为化学、物理学、材料科学、环境科学的研究热点。图 13-4 展示了富勒烯、碳纳米管、石墨烯以及石墨相碳化氮四种新型碳纳米材料的微观结构。

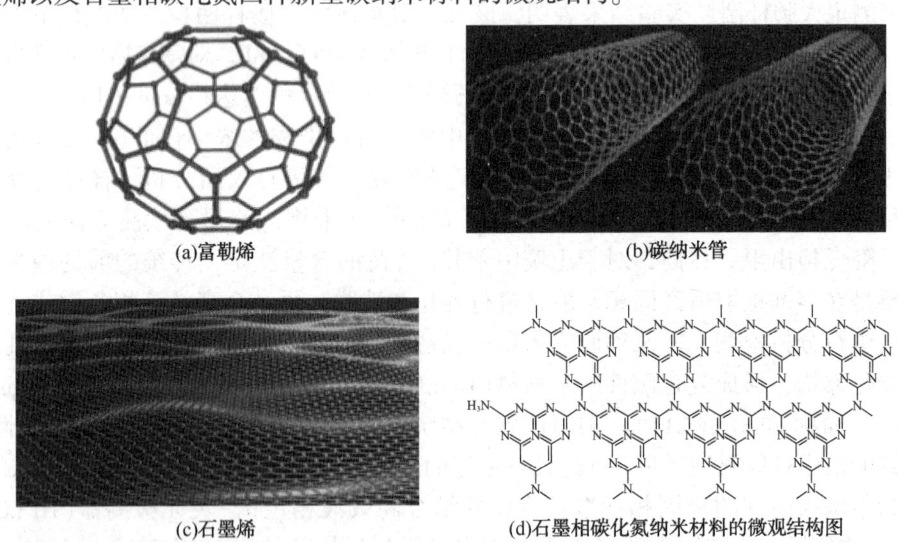

(a)富勒烯　(b)碳纳米管　(c)石墨烯　(d)石墨相碳化氮纳米材料的微观结构图

图 13-4　(a)富勒烯、(b)碳纳米管、(c)石墨烯、(d)石墨相碳化氮纳米材料的微观结构图

### 13.5.2 碳纳米管

#### 13.5.2.1 碳纳米管的概述和分类

碳纳米管(Carbon Nanotube, CNTs)又称巴基管，是由单层或多层石墨片按照一定角度卷曲而成的纳米级同轴中空圆管，其管壁大多是由六边形碳原子网格组成，是一种径向尺寸和轴向尺寸均为微米量级的一维纳米材料。碳纳米管的实际结构比理想模型复杂得多，其结构中有大量缺陷，存在一些五边形碳环和七边形碳环。如果五边形正好出现在碳纳米管顶端，则形成碳纳米管封口；如果七边形出现在碳纳米管管壁，则发生碳纳米管凹进。因此，碳纳米管实际上并不完全是直径均匀的管状结构，而是在局部区域存有凹凸、弯曲和封口，呈现出圆柱形、洋葱形、竹节形等多种形貌。

根据管壁层数不同，可将碳纳米管分为单壁碳纳米管(Single-walled Carbon Nanotubes, SWCNTs)和多壁碳纳米管(Multi-walled Carbon Nanotubes, MWCNTs)。SWCNTs仅有单层管壁，根据碳六边形沿轴向的取向不同可将SWCNTs分成锯齿形、扶手椅形和螺旋形三种，其中螺旋形碳纳米管具有手性。MWCNTs具有多层管壁，其结构类似于同轴电缆，层与层之间保持固定的距离(约0.34nm)，典型直径和长度一般为2~30nm和0.1~50μm。

#### 13.5.2.2 碳纳米管的性能及优势

① 电学性能：CNTs的结构与石墨相似，具有导电性。SWCNTs的管径和螺旋性对其导电性有影响，扶手椅形SWCNTs具有金属的优良导电性，而锯齿形SWCNTs则具有半导体的特征。

② 热学性能：CNTs具有良好的导热性，且这种导热性具有各向异性，沿着其长度方向的导热性能较高，而垂直方向的导热性能较低。

③ 力学性能：CNTs具有极高的强度和弹性，抗拉强度达到50~200GPa，是钢的100倍，密度却只有钢的1/6。CNTs的硬度与金刚石相当，却拥有良好的韧性，可以拉伸弯曲。

④ 储氢性能：MWCNTs因其丰富的管道结构及多壁碳管间的类石墨层空隙，成为具有潜力的储氢材料。

⑤ 吸附性能：MWCNTs具有比表面积大、孔径分布窄、表面可修饰改性的特点，具有较强的吸附能力，对于色素等干扰杂质具有很好的吸附去除能力。

#### 13.5.2.3 碳纳米管在环境监测中的应用

① 气体传感器：基于CNTs的气体传感器在常温条件下可实现对$NO_2$、$NH_3$等气体的快速响应和灵敏检测。当把SWCNTs暴露在$NO_2$或$NH_3$中时，其电导会产生明显的变化，由此可制成电化学传感器，其可能的机制是：当其暴露在$NH_3$中时，纳米管的价电子带偏离费米能级，导致孔衰竭使电导减少；而在$NO_2$中纳

米管的费米能级趋近于价电子带，使其成为富孔携带者，电导增强。与已有的固态传感器相比，CNTs气体传感器的优势是室温下对大气组分响应更快，灵敏度更高，且具有较好的可逆性；劣势是能够监测的气体种类较少。近年来，科学家们采用有机修饰、氧化处理、无机掺杂和力学变性等方法对CNTs进行修饰改造，扩展了CNTs气体传感器的应用范围，不仅可以用于强氧化还原性气体的检测，也可用于VOCs和甲醛等气态污染物的检测。

② 电化学免疫传感器：CNTs可作为基底制备夹心型免疫传感器，用于检测环境中痕量的目标分子。Park等设计了一种碳纳米管免疫传感器用于检测环境水样中2，4，6-三硝基甲苯(TNT)，在该传感器中SWCNTs先修饰三硝基苯，然后连接抗-三硝基苯抗体，当与TNT或其衍生物作用时，结合的抗体发生置换导致阻抗及电导变化，SWCNTs起到了关键的电信号传导通道的作用，进而可以高灵敏、高选择性定量测定TNT，其检测范围可达0.5~5000μg/L。

③ QuEChERS方法：MWCNTs可用作QuEChERS方法的净化剂，用于食品与环境样品的前处理。武建强等采用磁性四氧化三铁纳米粒子负载功能化多壁碳纳米管复合材料作为QuEChERS方法的净化剂，建立了一种高效、快速、准确且可同时测定环境水样中12种硝基酚类化合物的方法。该方法结合了磁性纳米颗粒和MWCNTs的优势，与HJ 1150标准方法相比操作更简便，前处理时间更短，有机试剂用量更小，对杂质的净化去除效果更好。

④ 固相微萃取：表面修饰改性的MWCNTs与其他材料复合能有效提高固相微萃取纤维的萃取能力及循环寿命。王雪梅等通过溶剂热法合成了钴镍笼状双金属氢氧化物/多壁碳纳米管(CoNi-LDH/MWCNTs)复合材料，将此材料作为固相微萃取纤维涂层萃取环境水样中的6种农药。其中羧基修饰的MWCNTs的表面和边缘具有大量的含氧官能团，不仅提高了固相微萃取涂层的亲水性，还提供了与强极性有机污染物形成氢键和静电作用的可能位点，增强了对极性有机污染物的吸附富集能力。图13-5展示了该复合材料的合成及固相微萃取作用机制。

⑤ 气相色谱固定相：MWCNTs已被证明是一种性能优异的气相色谱固定相，与具有相同比表面积的石墨化炭黑相比，MWCNTs具有更强的保留能力，适合于分离沸点较低的化合物；它还具有更均匀的表面，可适用于极性化合物的分析；填装成气相色谱填充柱后具有较小的理论塔板数和较高的柱效。

### 13.5.3 石墨烯

#### 13.5.3.1 石墨烯的概述

石墨烯(Graphene)是一种由$sp^2$杂化的碳原子相互连接构成的单原子层二维晶体，是一种典型的二维纳米材料。在石墨烯中，碳原子规整地排列于六边形蜂窝状点阵结构单元中，相互间距为0.142nm，每个碳原子上垂直于层平面的p轨

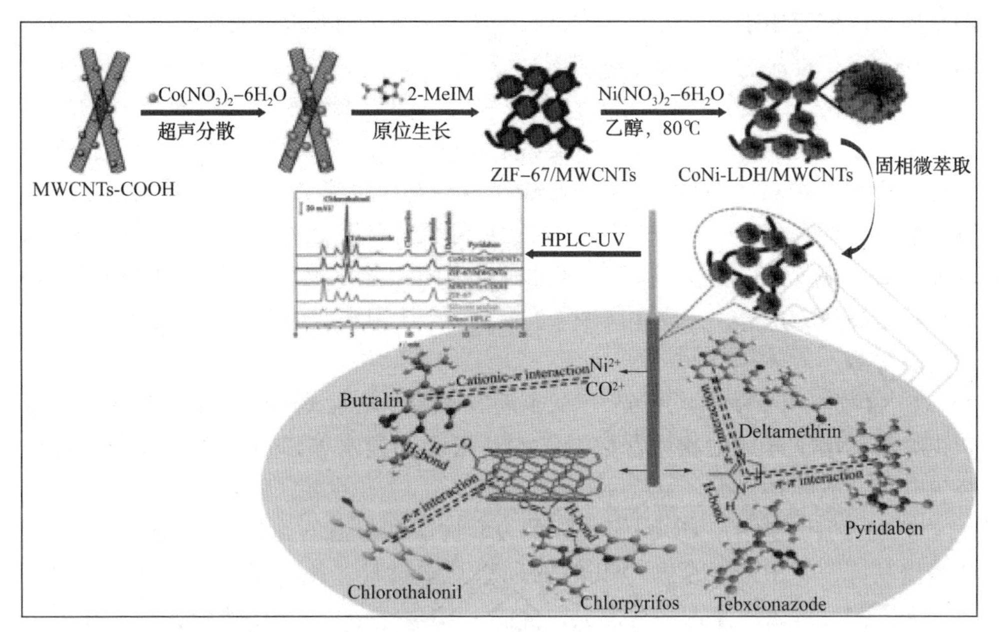


图 13-5　CoNi-LDH/MWCNTs 复合材料的合成及其对农药类污染物吸附机理

道发生离域，形成了贯穿全层的多原子的大 π 键。单层石墨烯的厚度仅为 0.334nm，是目前所发现的最薄的二维材料之一。

**13.5.3.2　石墨烯的性能及优势**

① 力学性能：石墨烯是已知强度最高的材料之一，同时具有很好的韧性，可以进行弯曲拉伸；石墨烯密度较低，是一种超轻材料。

② 吸附性能：石墨烯具有高比表面积，理论上具有很大的吸附容量；具有疏水表面，对于芳香类物质和非极性化合物的吸附性能较好。

③ 电学/热学性能：石墨烯的共轭结构使其 π 电子能够在表面自由流动，因此具有良好的导电性和导热性。纯的无缺陷的单层石墨烯的导热系数高达 5300W/mK，是迄今为止发现的导热系数最高的碳材料，高于单壁碳纳米管(～3500W/mK)和多壁碳纳米管(～3000W/mK)。

④ 可修饰性能：石墨烯可以通过化学修饰、掺杂或表面功能化等方式进行官能团修饰及改性，进而获得更好的亲水性、吸附性和生物相容性。氧化石墨烯(Graphene Oxide，GO)是石墨烯的氧化物，在其边缘和表面具有大量极性含氧官能团，能在水溶液中形成稳定的胶体悬浮液，极大提高了对极性化合物的吸附能力。对 GO 进行还原处理可制备氧化还原石墨烯(RGO)。

**13.5.3.3　石墨烯在环境监测中的应用**

(1) 环境样品前处理

基于石墨烯及其衍生物的优良吸附性能，石墨烯、氧化石墨烯以及修饰改性的石墨烯已被应用于从环境水样中富集各类污染物(例如重金属离子、多环芳烃、药品和个人护理品、农药和除草剂等)。

① 固相萃取：刘倩等研究发现非极性的石墨烯修饰硅胶是一种优良的反相 SPE 填料，可用于环境水样中氯酚类污染物的分析；而极性的 GO 修饰硅胶则是一种正相 SPE 填料，在从正己烷溶液中萃取羟基化多溴二苯醚时展现出卓越的萃取效率。GO 与聚苯胺等芳香胺聚合物复合可获得对重金属离子的较强吸附能力。Farajwand 等合成了 GO-聚苯胺复合材料作为固相萃取填料，富集水中 $Cd^{2+}$，其富集倍数高达 210 倍，并成功应用于实际样品(饮用水、地表水、自来水)中 $Cd^{2+}$ 的定量检测。

② 分散固相微萃取：Amiri 等以多钨酸阴离子功能化 GO 为载体制备了纳米杂化材料，用于分散固相微萃取自来水、河水和废水中痕量非甾体抗炎药布洛芬、双氯芬酸和萘普生。

③ 分子印迹技术：GO 具有优异的力学性能和丰富的含氧官能团等优点，被认为是制备分子印迹聚合物(MIPs)的理想基质材料。Tian 等以多巴胺为功能单体和交联剂，以微囊藻毒素为模板，合成了 GO@ $Fe_3O_4$ 分子印迹聚合物，并用于环境水样中微囊藻毒素的富集和测定。

(2) 电化学分析

石墨烯具有较大的比表面积和优良的导电性，可对电极进行修饰，用于电化学检测分析，提高检测的灵敏度。Gong 等用壳聚糖分散的石墨烯预先修饰玻碳电极，然后将金纳米颗粒均匀分散在石墨烯上，这种复合材料修饰的玻碳电极可用于环境水样中汞离子的电化学检测分析，对水中 $Hg^{2+}$ 的响应具有高度的灵敏性及选择性，其检出限达到 6.0ng/L。

(3) 传感器构建

石墨烯具有的单片性、高传导性、高比表面积等物理化学性质，使其被广泛应用于化学传感和生物传感中。华为公司在其发布的《智能世界 2030》报告中指出，石墨烯纳米气敏传感器是一种对气味非常敏感的传感器，其和气体接触的表面附着了一层石墨烯纳米涂层作为敏感材料，可用于改善传感器的灵敏度和性能。这种传感器内置的金属有机薄膜能够收集气味分子，然后通过等离子纳米晶体将所捕获的化学信号放大，可快速检测环境中的 $CO_2$ 和其他有毒有害气体。

(4) 污染物去除

石墨烯及其氧化物 GO 可通过 π-π 堆积、疏水作用、范德华力及静电作用等吸附去除各类有机污染物，而重金属阳离子可以与 GO 中的含氧官能团发生螯合作用产生吸附得以去除。此外，石墨烯还在有机物催化氧化去除中得到广泛应用，是芬顿催化氧化体系和过硫酸盐催化氧化体系较理想的负载材料，可以提高催化剂的分散度，促进电子传导能力，强化对污染物的吸附作用，进而提升催化氧化体系的稳定性和高效性。

### 13.5.4 石墨相氮化碳纳米材料

#### 13.5.4.1 石墨相氮化碳的结构

石墨相氮化碳(Graphitic carbon nitride, g-$C_3N_4$)是由多层三嗪或七嗪的二维片层通过弱范德华力相互堆叠而成的一种近似石墨烯的二维蜂窝状纳米材料，在其结构组成中碳原子和氮原子为$sp^2$杂化，通过 $P_z$轨道上的孤对电子相互作用形成类似于苯环的高度离域的共轭体系。

#### 13.5.4.2 石墨相氮化碳的性能及优势

① 光催化性能：g-$C_3N_4$是一种新型非金属光催化材料，与传统的 $TiO_2$光催化材料相比，其优势在于吸收光谱范围更宽，更能有效活化分子氧，产生的超氧自由基可用于有机官能团的光催化氧化降解。g-$C_3N_4$作为光催化材料的劣势是层与层之间距离较大，量子效率较低，可通过掺杂、改性、复合等方式改良其光催化性能。

② 吸附性能：g-$C_3N_4$既有电子离域特性，又含有丰富的含氮官能团(如：—NH—、—$NH_2$等)，可与多种分子、离子之间产生疏水作用、π-π 堆积作用、氢键和静电力等相互作用，因此是一种具有潜力的吸附剂。不过，g-$C_3N_4$紧密堆叠的层结构导致其比表面积和孔体积较小，吸附容量不高，这一缺陷可通过采用模板法引入介孔，制备介孔氮化碳(Mesoporous Graphitic Carbon Nitride, MCN)得到改善。

③ 易制备：g-$C_3N_4$制备简便，成本低廉，可通过多种廉价易得的富氮前驱体(如尿素、硫脲、双氰胺、三聚氰胺等)及多种制备手段制得。

#### 13.5.4.3 石墨相氮化碳在环境监测中的应用

(1) 环境样品前处理

g-$C_3N_4$对于有机污染物的吸附性能可应用于环境样品前处理领域。Zhang 等以介孔分子筛 SBA-15 为模板，六亚甲基四胺为前驱体制备了介孔氮化碳吸附剂，采用柱辅助分散固相萃取结合高效液相色谱测定水环境和牛奶样品中的 5 种磺胺类药物。

(2) 环境污染物去除

g-$C_3N_4$可作为吸附剂去除水环境中有机染料、重金属离子和其他有机污染物。此外，g-$C_3N_4$作为光催化剂可通过光催化氧化去除有机污染物。

① 吸附去除污染物：Azimi 等通过硬模板法制备硼掺杂的介孔氮化碳作为吸附剂去除废水中的污染物孔雀石绿，当溶液 pH 值为 5、孔雀石绿初始浓度为 20mg/L 时，使用 18mg 氮化碳吸附剂在 30min 内即可完成孔雀石绿的吸附去除，去除效率为 99.8%，最大吸附容量为 310mg/g。

② 光催化氧化去除污染物：张慧仙制备了改性 $g-C_3N_4$复合材料 SA-Fe/$g-C_3N_4$，并将该材料应用于类芬顿光催化反应，成功实现了三种新污染物双酚 A、磺胺甲噁唑、磺胺二甲氧嘧啶的光催化氧化降解。

# 13.6 金属纳米材料

## 13.6.1 金属纳米颗粒及其复合材料

### 13.6.1.1 金属纳米颗粒及其复合材料的概述

纳米尺度的金属材料具备许多块体金属材料不具备的优越性能。近年来，金属纳米颗粒(Metal Nanoparticles，MNPs)尤其是金纳米颗粒(Au NPs)和银纳米颗粒(Ag NPs)及其复合材料在环境污染物分析检测中的应用受到了研究者们的广泛关注，这与金属纳米颗粒独特的理化性质有关。一方面，金属纳米颗粒特别是 Au NPs 易与生物大分子所带的—$NH_2$和—SH 等基团共价键合，并且这些纳米粒子本身具有较好的生物相容性，能够在固载分子的同时保证生物大分子具备一定的生物活性，因此金属纳米粒子表面可以经巯基化或氨基化修饰后连接 DNA 或蛋白质，进而设计用于环境污染物检测的生物传感器。另一方面，金属纳米颗粒特别是 Ag NPs 具有独特的光学性质(具有较高的消光系数和局部表面等离子体共振的特性)，可利用此特性设计比色探针，用于环境污染物的可视化比色分析。

### 13.6.1.2 金属纳米颗粒及其复合材料在环境监测中的应用

金属纳米颗粒及其复合材料在环境监测中的主要应用是构建各种类型的高灵敏、高特异性的传感器。

(1) 构建生物传感器

金属纳米颗粒特别是 Au NPs 可用于搭建生物传感器，实现对水环境中 $Pb^{2+}$、$Cd^{2+}$等重金属离子的高特异性、高灵敏性分析。温丽苹等以 $Fe_3O_4$磁纳米颗粒和金纳米颗粒为载体，并分别进行镉抗原和镉抗体的功能化，利用抗原-抗体的特异性识别作用构建了一种基于乙酰胆碱酯酶的酶联增敏的生物传感器，用于测定水中 $Cd^{2+}$含量。在该体系中，磁纳米颗粒和修饰了乙酰胆碱酯酶的金纳米颗粒发生竞争性自组装。当体系中不存在 $Cd^{2+}$时，大量的功能化 Au NPs 与功能化 $Fe_3O_4$结合并磁分离后，$Fe_3O_4$-抗原-抗体-Au NPs-乙酰胆碱酯酶形成的组装体可催化底物乙酰胆碱水解产生大量乙酸，引起体系反应前后较大的 pH 值变化；而随着体系 $Cd^{2+}$浓度的增加，$Cd^{2+}$和功能化 $Fe_3O_4$产生竞争，导致组装体数目减小，磁分离后 pH 值变化减小。反应体系的 pH 变化值与 $Cd^{2+}$质量浓度的对数值呈现负线性相关，从而实现对 $Cd^{2+}$的测定，检出限达到 0.24ng/L。

张玉锦制备了一种基于氧化还原石墨烯(RGO)-Au NPs-脱氧核酶的电化学生物传感器，用于特异性识别检测 $Pb^{2+}$。在该传感器中 Au NPs 修饰的电极通过

Au-S 键连接巯基修饰的脱氧核酶，脱氧核酶自杂交形成 DNA 发夹结构。当 $Pb^{2+}$ 存在时，脱氧核酶解离，信号分子二茂铁脱离生物传感器，电解液中添加的氧化还原电对在电极的表面上流通相对比较顺畅；当 $Pb^{2+}$ 不存在时，脱氧核酶未解离，阻碍了氧化还原电子对的流通，使得电极表面的电信号产生变化。在该传感器中 RGO 的高电导率和比表面积以及脱氧核酶与 Au NPs 之间的强化学吸附作用是对 $Pb^{2+}$ 高选择性、高灵敏性电化学响应的关键。

（2）构建比色传感器

金属纳米颗粒材料特别是 Au NPs 和 Ag NPs 已被证实在重金属和有机污染物高灵敏比色检测领域具有应用价值，其基本原理是：金和银纳米粒子具有独特的局域表面等离子体共振效应，其共振频率在可见光范围内的可见光波段产生很强的吸收峰，致使其胶体溶液呈现鲜艳的颜色。目标分析物能够触发纳米粒子的聚集或分散，引起肉眼可辨的颜色变化。基于此原理发展出了纳米粒子比色检测技术，通过可视化肉眼比色或紫外-可见分光光度计即可实现环境污染物的快速检测分析。马双制备了一种罗丹明 B 修饰的银纳米材料（RhB-Ag NPs），用于可视化检测多菌灵，多菌灵的加入会引起 RhB-Ag NPs 溶液的颜色从浅黄色到橘色的显著变化，在紫外-可见光谱中表现为 400nm 处吸收峰下降，并在 510nm 处出现新的吸收峰。其原理如图 13-6 所示：在该材料体系中，罗丹明 B 通过羧基以非共价键的方式吸附在 Ag NPs 表面，由于罗丹明 B 分子之间的静电排斥作用，银纳米颗粒呈现出稳定的分散状态；而多菌灵分子含有氨基，氨基与 Ag NPs 的结合能力远强于羧基，它会取代吸附在 Ag NPs 表面的罗丹明 B，使银纳米粒子上的罗丹明 B 脱落，进而导致银纳米颗粒失去稳定剂而团聚，最终表现为溶液颜色从浅黄色变为橘色。

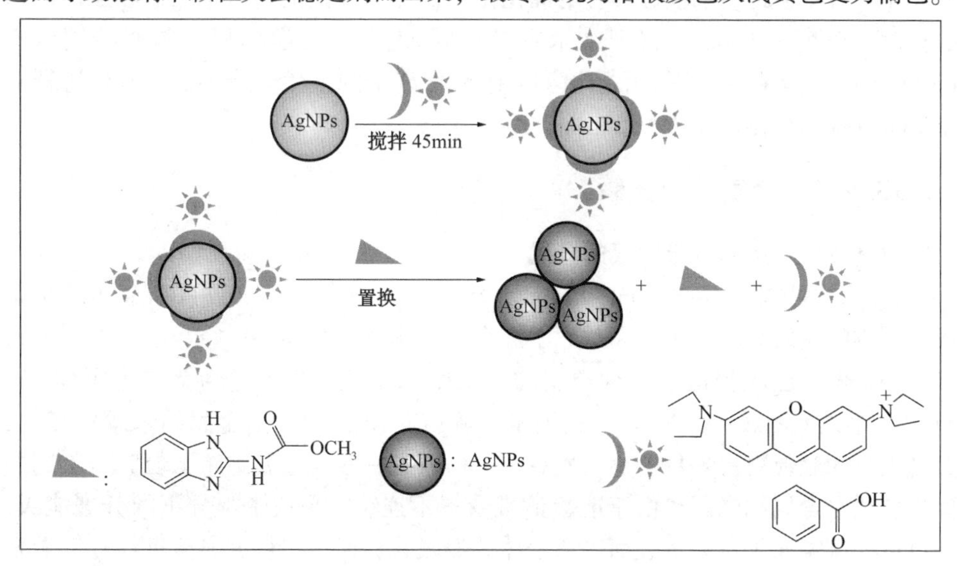


图 13-6　罗丹明 B 修饰的银纳米颗粒（RhB-Ag NPs）检测多菌灵机理示意图

利用上述原理还可以设计其他金属纳米颗粒复合材料，用于环境中重金属污染物的比色检测。何顺珍将聚乙烯吡咯烷酮（PVP）作为功能化基团修饰在 Ag NPs 的表面，作为比色探针，建立了特异性检测 Cr（Ⅵ）的比色方法。实验发现，PVP 在 pH 值为 5.5 的磷酸缓冲液（PBS）存在的情况下，可以选择性与 Cr（Ⅵ）发生配位作用，使 Ag NPs 由分散状态变成聚集状态，溶液颜色由亮黄色变成橘红色，Cr（Ⅵ）浓度与吸光度比值 $A_{530nm}/A_{390nm}$ 呈较好的线性关系，进而实现 Cr（Ⅵ）的定量测定，检出限达到 34.0nmol/L。

（3）构建表面等离子共振传感器

表面等离子共振（SPR）技术可用于表征生物分子间的相互作用以及金属表面分子吸附作用，基于 SPR 可设计成传感器，用于实时监控分子之间相互作用的特异性信号。Wang 等设计了一种用于检测水中汞离子的 SPR 传感器，该传感器利用 Au-S 键将汞离子特异性识别的寡核苷酸序列（MSO）链接到金膜表面，该序列能够将连有互补 DNA 序列的金纳米粒子连在金膜表面，而金纳米颗粒的引入能使 SPR 信号响应提升 3 个数量级。在 $Hg^{2+}$ 存在的条件下，MSO 与 $Hg^{2+}$ 形成稳定结构，不能与金纳米颗粒结合，造成 SPR 信号响应发生改变，进而实现 $Hg^{2+}$ 的定量检测。

（4）构建电化学传感器

电化学传感器尤其是伏安传感器在水质现场监测中已得到了广泛应用，其工作电极一般需要进行修饰，以增强对目标污染物的响应。对于硝酸盐和亚硝酸盐的检测，使用碳纳米管为基材并复合 Au NPs、Ag NPs、Cu NPs、Pt NPs、Pd NPs 等，由于金属纳米颗粒具有电催化作用，可以极大提高对硝酸盐和亚硝酸盐的检测灵敏度。Pham 等将钯纳米颗粒（Pd NPs）电化学沉积于单壁碳纳米管（SWCNTs）薄膜上，制备了用于检测亚硝酸根离子的电伏安传感器，该传感器对于 $NO_2^-$ 的仪器检出限达到 0.25μmol/L。

## 13.6.2 金属纳米团簇

### 13.6.2.1 金属纳米团簇的概述

金属纳米团簇（Metal Nanoclusters，MNCs）一般由几个至数百个金属原子组成，其空间尺度大小介于金属单原子和金属纳米颗粒之间，粒径与电子费米波长接近。目前，已经报道了多种类型的金属纳米团簇，主要包括金纳米团簇（Au NCs）、银纳米团簇（Ag NCs）、铜纳米团簇（Cu NCs）等。与金属纳米颗粒相比，金属纳米团簇粒更易聚集，稳定性更差，但具有一些与金属纳米颗粒完全不同的优良性质。金属纳米团簇由于能级谱带变得不连续，形成了类分子的分裂能级，在可见光区域通常不显示表面等离子体共振吸收，而是在可见光至近红外区域发射具有尺寸依赖性的荧光。金属纳米团簇因其光稳定性好、量子产率高、荧光寿命长、具有量子限域效应、生物相容性较好，成为构建荧光传感平台的理想材料和研究热点。

**13.6.2.2　金属纳米团簇在环境监测中的应用**

近年来，以金属纳米团簇作为荧光探针对环境污染物进行分析检测的方法逐渐发展起来，其应用领域十分广泛，涵盖了无机污染物、有机污染物以及微生物的检测。

① 无机污染物检测：金属纳米团簇及其复合材料可用于检测 $Pb^{2+}$、$Hg^{2+}$、$Cd^{2+}$、$Cu^{2+}$ 等重金属离子以及亚硝酸盐、硫化氢、氰化物等其他无机污染物。Hu 等以聚乙烯醇(PVA)溶液作为溶剂，醋酸纤维素(CA)薄层作为收集和保护层，通过静电纺丝将发射蓝光的碳点(CDs)和发射红光的 Au NCs 这两种荧光团掺入纳米纤维膜中，制备了可用于荧光和可视化检测水中氰化物的核壳结构的 CDs/AuNCs-PVA@ CA 复合材料。水中存在氰化物时，Au 核与 $CN^-$ 发生配位，致使红色的 Au NCs 荧光猝灭，而 CDs 的蓝色荧光几乎不受影响，进而导致体系颜色发生肉眼可见的变化，445nm 蓝色荧光和 650nm 红色荧光的强度比值与氰化物浓度之间呈良好的线性相关。该方法对水中氰化物的检出限达到 0.15μmol/L。图 13-7展示了该复合材料的合成及氰化物测定原理。

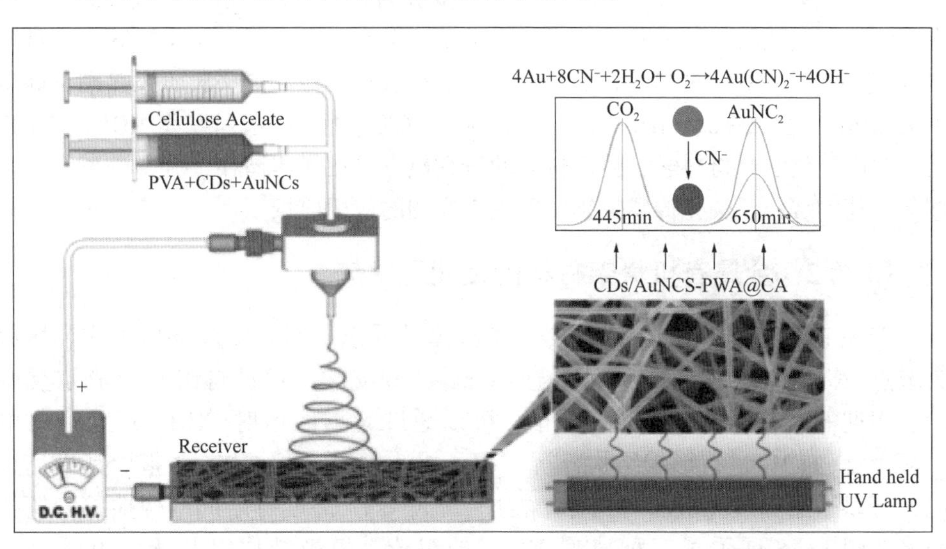


图 13-7　CDs/Au NCs-PVA@ CA 复合材料的合成及氰化物检测机理

② 有机污染物检测：金属纳米团簇及其复合材料可用于检测芳香族硝基化合物、甲醛、有机磷农药等有机污染物。Li 等开发了一种基于胰蛋白酶水解牛血清蛋白(BSA)-Au NCs 的荧光传感方法用于检测食品中的草甘膦。当胰蛋白酶存在时，BSA 模板能够被酶特异性水解，进而引起 Au NCs 发生团聚，导致荧光猝灭。而草甘膦则可以有效抑制胰蛋白酶的活性，使 BSA-Au NCs 的荧光猝灭效率

显著降低，由此可建立定量测定草甘膦的方法，该方法的检出限为0.037ng/mL。

③ 微生物检测：金属纳米团簇及其复合材料可用于检测大肠杆菌、金黄色葡萄球菌、沙门氏菌等微生物。Zhang 等设计了一种无修饰超灵敏检测沙门氏菌 S. typhimurium 的传感器，在沙门氏菌存在时，经过分支迁移和链置换扩增，实现了触发序列的循环复制，导致用于 Ag NCs 形成的支架被连续释放，从而合成了高荧光强度的 Ag NCs，该传感器的检出限为50CFU/mL。

## 13.7 金属有机骨架(MOFs)

### 13.7.1 金属有机骨架材料的概述

金属有机骨架(Metal Organic Frameworks，MOFs)也被称为金属有机框架、配位聚合物，是一种基于金属离子或金属簇与双齿或多齿有机配体通过自组装形成的具有周期性网格结构的晶体多孔材料。MOFs 材料的最早发现可追溯到 1989 年澳大利亚的 Robson 教授发现的一系列多孔配位聚合物的晶体结构。1995 年美国的 Yaghi 教授使用一价铜离子和4，4'-联吡啶为原料，通过水热合成法制备了具有金刚烷型网状结构的配位聚合物 MOF-1，并首次提出了 MOFs 的概念。进入 21 世纪，围绕 MOFs 材料的设计、合成、表征及应用掀起了一股研究热潮，诞生了 HKUST-1、ZIF-8、MIL-101、UIO-66、PCN-14 等一系列经典 MOFs，MOFs 成为国内外化学、材料学、纳米科学的研究热点，在气体储存、分子分离、多相催化、药物缓释、荧光传感等领域展现出广阔的应用前景。

### 13.7.2 金属有机骨架材料的性能及优势

① 周期性、有序性：MOFs 是一类典型的晶态材料，由金属离子或金属簇为节点(Node)，以有机配体为桥连(Linker)和支架，通过自组装形成了规则的、周期的、有序的多维网络结构，可以通过 X 射线衍射(XRD)以及透射电子显微镜(TEM)进行形貌结构分析。为了描述 MOFs 的结构，并指导其设计合成，可以采用描述无机沸石拓扑结构的方法，将其高度有序的结构抽象为拓扑网络。图 13-8 展示了三种典型 MOFs 的组成、模拟结构以及透射电子显微镜图。

② 具有规则且孔径可调的孔道：大多数 MOFs 为典型的微孔材料，其孔道结构与 MOFs 有机配体的种类、中心金属的配位数等因素密切相关，其孔道的尺寸、形状和刚性可通过结构设计进行人为调控。正因如此，某些刚性结构的 MOFs 可起到分子筛的作用，对小分子物质的透过具有特异性和选择性，可应用于石油化工中乙烯/乙烷气体分离。

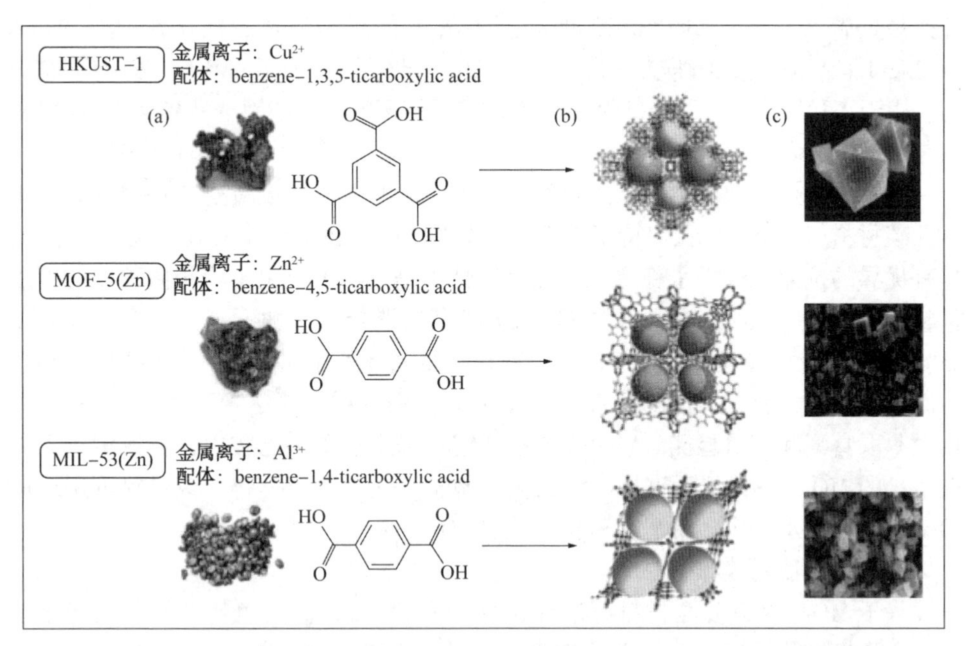


图 13-8　三种典型 MOFs 的前驱体组成(a)、模拟结构(b)、透射电子显微镜图(c)

③ 高比表面积：MOFs 的孔隙率高，且拥有远大于传统多孔材料的比表面积，最高可达到 $7000m^2/g$ 以上，这种特性可用作优良的吸附材料或大量负载治疗药物。

④ 结构多样性：MOFs 的金属节点和有机配体可以有很多种设计和选择，用以组装成不同结构的 MOF。其中心金属可选择 Cr、Fe、Co、Ni、Cu、Zn、Zr 等过渡金属元素以及镧系稀土元素、锕系元素等，有机配体可选择不同尺寸的芳香性多元羧酸、含氮杂环碱以及氮氧混合配体等，形成类分子筛型、八面体型、四方体型等多样的空间拓扑结构。

⑤ 可修饰性：通过对配体的预设计或后修饰，可以将氨基、巯基、酰胺基等所需的官能团负载或嫁接到 MOFs 表面，实现 MOFs 的修饰、改性和功能化，用于实现特定的功能。

### 13.7.3　金属有机骨架材料在环境监测中的应用

(1) 环境样品前处理

MOFs 及其复合材料、衍生材料作为优良的吸附剂，已被成功运用于环境及农产品样品中重金属、多环芳烃(PAHs)、多氯联苯(PCBs)、农药残留、药品及个人护理品(PPCPs)等污染物的固相萃取、固相微萃取、基质分散固相萃取等前处理方法中。

① MOFs 复合材料：Huo 等制备了一种 Cr 基 MOF(MIL-101)，将其与 $SiO_2$ 包裹的 $Fe_3O_4$ 纳米颗粒复合作为磁性固相萃取吸附材料，实现了对环境水体中多

环芳烃的高效富集，并以高效液相色谱法进行测定，方法检出限达到 2.8～27.2ng/L。Amiri 等以组胺为有机配体连接桥合成了一种 Zn 基 MOF，该 MOF 被成功应用于水和果汁中 5 种有机磷农药的分散固相萃取，富集因子达到 803～914 倍，以氢火焰离子化气相色谱法(GC-FID)进行测定，方法检出限为 0.03～0.21ng/mL。

② MOFs 热解型衍生多孔碳材料：以 MOFs 为牺牲模板高温热解制备的衍生多孔碳材料(DPCM)，在保持了 MOFs 骨架的同时，还可以掺入氮、硫等杂原子，具有优异的抗溶胀性、水稳定性和热稳定性，是一类可应用于固相微萃取的涂层材料。Guo 等将 Co 基 MOF 材料 ZIF-67 在氢氩混合气氛围下高温热解，最后用 0.5mol/L 的硫酸处理以除去 Co 纳米颗粒，得到保留了 ZIF-67 骨架结构的高比表面积多孔碳材料，并成功实现了对福建 6 市河水样品中多氯联苯(PCBs)的固相微萃取富集和痕量检测。Wei 等把不锈钢丝浸入盐酸多巴胺中，获得钢丝上原位生长的 MOF-74，然后直接高温碳化，制备了一种复合材料，该材料可用于固相微萃取环境水样中多种恶臭有机污染物(OOCs)。

(2) 传感器构建

基于 MOFs 及其复合材料可设计各种各样的传感器(比色传感器、荧光传感器、化学发光传感器、电化学传感器、电化学发光传感器、光电化学传感器)，用于检测水环境中阴离子、重金属离子和有机化合物等污染物。Feng 等将 Al 基 MOF(MIL-53)、碲化镉量子点(CdTe QDs)和聚乙烯亚胺(Polyethyleneimine, PEI)复合，构建了一种具有优异电化学发光(ECL)性能的传感材料，用于 $Pb^{2+}$、$Hg^{2+}$的检测。当体系中无 $Hg^{2+}$ 和 $Pb^{2+}$ 时，传感器表现出较高的 ECL 强度。当体系中引入 $Hg^{2+}$ 和 $Pb^{2+}$ 时，如图 13-9 所示，由于增强共振能量转移作用(ERET)，ECL 发光强度大幅降低，进而实现了对水体和鱼虾样品中 $Hg^{2+}$ 和 $Pb^{2+}$ 的高灵敏检测。

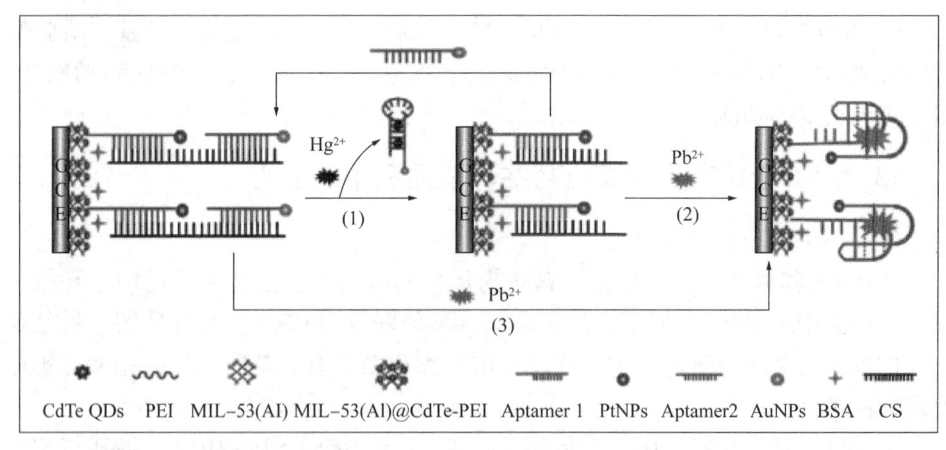


图 13-9 MIL-53(Al)@CdTe-PEI 电化学发光传感器检测 $Hg^{2+}$ 和 $Pb^{2+}$ 原理

(3) 环境污染物去除

MOFs 复合材料以及 MOFs 热解型衍生多孔碳材料可应用于环境污染物的吸附以及催化氧化去除。欧昌进等以生物质狗尾草原位负载 ZIF-67 为前驱体，高温热解制备了复合材料，并应用该材料催化过硫酸盐氧化降解水中的内分泌干扰物双酚 A(BPA)，去除率高达 98.65%。

# 13.8 共价有机骨架(COFs)

## 13.8.1 共价有机骨架材料及分类

共价有机骨架(Covalent Organic Frameworks，COFs)是一类由轻元素(碳、硼、氧、氮等)经热力学控制的可逆聚合形成的具有有序多孔结构的晶态材料。2005 年，美籍化学家 Yaghi 首次合成了一种含硼的刚性、多孔、结晶的有机聚合物，从此打开了 COFs 材料的大门。COFs 材料设计思路与 MOFs 类似，均来源于框架化学概念，基于几何空间拓扑学基本理论的系统性骨架材料设计理论，将有机单体分子通过可逆缩合反应形成的强共价键精确地整合在一起，形成预先设定的骨架和纳米孔。

按照 COFs 中共价键的种类，可将 COFs 分为硼酸酐类、硼酸酯类、三嗪类、亚胺类(席夫碱类)、腙类、酰亚胺类、卟啉类、酞菁类等多种类型。不同类型 COFs 的刚柔性、孔道结构以及溶剂稳定性有所差异。

## 13.8.2 共价有机骨架材料的性能及优势

COFs 材料的一些性能及优势与 MOFs 类似，具有低密度、大比表面积、高孔隙率、孔径可调控、方便修饰和功能化等性能特点。由于 COFs 材料完全由强共价键构成，它们与 MOFs 材料相比具有更高的热稳定性。而与其他传统的无机多孔材料和有机高分子聚合物材料相比，共价有机骨架材料的显著优势在于它们具有更好的结构可设计性、功能可定制性。近年来，COFs 已在分子吸附与分离、多相催化、光电传感以及质子传导等领域展现出良好的应用前景。

## 13.8.3 共价有机骨架材料在环境监测中的应用

① 环境样品前处理：COFs 的多孔结构及高比表面积能够为吸附环境污染物提供足够多的吸附位点以及高的吸附容量。不仅如此，COFs 易于修饰和功能化的特点使得其能通过多种作用力(疏水作用、氢键作用、静电相互作用、π-π 堆积作用、主客体作用等)吸附目标污染物。此外，COFs 可通过与磁性纳米颗粒、碳纳米管、石墨烯等材料复合，进一步提高其对各类污染物的富集能力。COFs

及其复合材料已被用于环境样品中多环芳烃（PAHs）、多氯联苯（PCBs）、全氟化合物（PFCs）、邻苯二甲酸酯类（PAEs）、内分泌干扰物（EDCs）、药品及个人护理品（PPCPs）等污染物的固相萃取、磁性固相萃取、固相微萃取以及分子印迹方法中。

Guo 等以氨基化的不锈钢丝作为载体，在室温下原位制备了 COFs 萃取涂层的固相微萃取纤维，用于萃取水产品中的多氯联苯，该方法对于水产品中的多氯联苯类污染物的富集因子达到 4471～7488 倍，样品加标回收率达到 87.1%～99.7%。Xu 等将一种多孔共价有机氮骨架作为固相萃取柱填料，用于从多类复杂基质样品（水、牛奶、鸡肉）中快速高效提取 8 种磺胺类抗生素（SAs）。李巍霞设计合成了一种新型的分子印迹 COFs 复合纳米材料（MICOF@ $SiO_2$），并将其应用于分散固相萃取环境水样中的痕量非甾体抗炎药（NSAIDs）类污染物，其萃取机理是 NSAIDs 通过 π-π 相互作用、分子印迹特异性识别作用和疏水相互作用在复合材料的表面形成了单层吸附。图 13-10 展示了该材料分散固相萃取水中 NSAIDs 的过程。

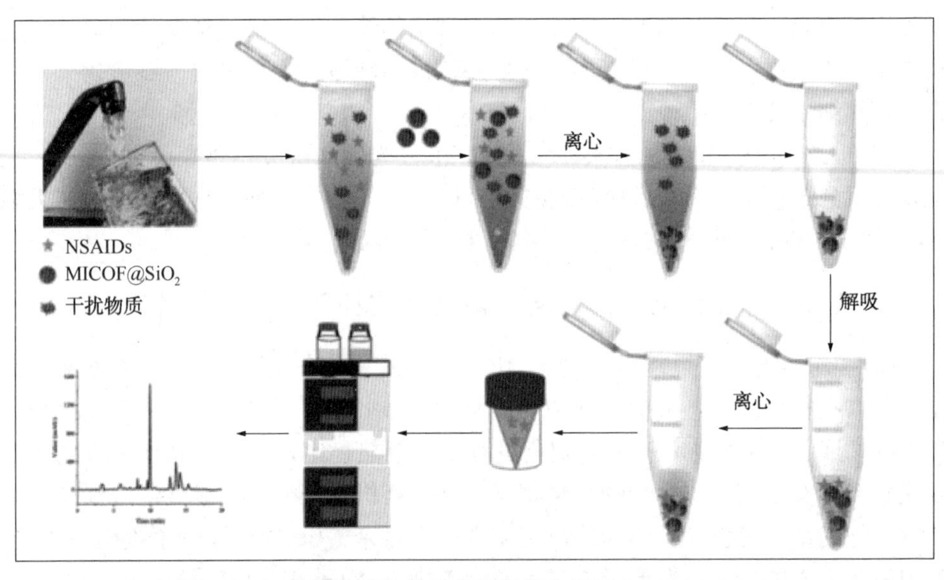


图 13-10　分子印迹共价有机框架复合材料（NICOF@ $SiO_2$）
分散固相萃取环境水体中非甾体抗炎药（NSAIDs）

② 传感器构建：COFs 可修饰和功能化的特性使其可以构筑各种环境污染物特异性检测的传感器。王林玉等通过胺醛缩合反应获得了一种新型的含硫 COFs 材料，并将其应用于构建电化学传感器。该 COFs 中含有大量的硫原子，可作为 $Hg^{2+}$ 的特异吸附位点，从而实现对水中 $Hg^{2+}$ 的灵敏检测，其线性范围为 0.54nmol/L～5.0μmol/L，检出限为 0.18nmol/L。

③ 环境污染物去除：COFs 的规则孔道、高比表面积、稳定结构等特性使它们对水环境中的重金属离子、放射性核素以及有机污染物具有良好的吸附去除作用。韩歆宇等采用离子热共聚法制备了共价三嗪多孔聚合材料(CTFs)，并研究了其对四环素的吸附性能和机理，发现 CTFs 对四环素的吸附机理包括静电作用力、阳离子-π 键作用、π-π 电子交互作用和介孔的孔道作用，研究结果表明，CTFs 是一种高效去除水体中四环素的功能纳米材料。

## 13.9 离子液体

### 13.9.1 离子液体及分类

离子液体(Ironic Liquid，IL)是指一类在室温或近室温下呈液体状态的盐类，一般是由有机阳离子和无机/有机阴离子构成，又称室温离子体、室温熔融盐或有机离子液体等。与常用的液态有机溶剂不同的是，组成离子液体的物质均为离子化合物，由阴离子和阳离子构成，阴阳离子之间的作用力为离子键(库仑力)。由于离子液体的阴阳离子体积较大，结构松散，导致阴、阳离子之间的离子键较弱，熔点较低，在常温或近常温状态下呈现液态。有关离子液体的最早研究可追溯到 1914 年 Walden 合成了低熔点的硝酸乙胺，但由于此化合物受热易爆炸，当时未能引起学界重视。直到 20 世纪 90 年代随着 Wikes 等成功制备了稳定的咪唑类离子液体，离子液体的相关研究开始得到广泛关注。

离子液体按其结构中的阳离子可分为咪唑类、吡唑类、三氮唑类、季铵盐类、胍盐类、锍盐类等；按阴离子则可分为卤素类、四氟硼酸盐类、六氟磷酸盐类、三氟甲磺酸盐类、三氟乙酸盐类等；而根据酸碱性不同，可将离子液体分为酸功能化离子液体、碱功能化离子液体以及中性离子液体。

### 13.9.2 离子液体的性能及优势

① 非挥发性：与传统有机溶剂相比，离子液体的蒸气压接近零，不易挥发，可用于进行真空体系反应，减少了因挥发而导致的环境污染问题。

② 良好溶解性：离子液体对许多无机盐、有机物、无机物和聚合物等物质均具有良好的溶解性，包括弱极性物质(如甲苯)和强极性物质(如碳水化合物)。

③ 高稳定性：许多离子液体在空气和水中稳定，不易水解和氧化，在 300℃ 以下大部分离子液体能稳定存在且能保持液态，是一种理想的有机溶剂。

④ 可回收利用性：离子液体具有比较好的可回收性和可循环性。

⑤ 可设计性：可根据性质需要(如极性、疏水性、溶解性、黏度等)通过选用不同的阴阳离子组合或对侧链取代基进行修饰，合成所需的功能化离子液体，

故离子液体又被称为“设计溶剂”。

离子液体作为一种新兴的非分子型绿色溶剂，在电化学、有机合成、绿色催化、分离科学等领域中得到了广泛应用。

### 13.9.3 离子液体在环境监测中的应用

(1) 环境样品前处理

① 金属污染物的萃取：离子液体可通过自身功能化修饰或加入冠醚等配体，经液液萃取或液相微萃取富集环境介质中的金属离子。应丽艳等以1-己基-3-甲基咪唑六氟磷酸盐([HMIM][PF6])离子液体为萃取剂，吡咯烷基二硫代甲酸铵(APDC)为配体，乙腈为分散剂，采用分散液液微萃取富集水中的重金属离子，建立了测定地表水中 $Ni^{2+}$、$Cu^{2+}$、$Hg^{2+}$ 三种重金属离子的分析方法。

② 有机污染物的萃取：离子液体可应用于有机污染物的液液萃取、液相微萃取、磁性固相萃取等前处理方法中。徐能斌等建立了温度控制/超声辅助-离子液体-分散液液微萃取检测水中4种芳香胺及酰胺类化合物的方法，水样在调节pH值之后加入[C8MIM][PF6]离子液体和乙腈，通过水浴控温/超声辅助的方法促进萃取，冷却后离心分离，此方法操作简便，灵敏度高，适用于大批量样品的快速分析。郭振福等利用羟基功能化离子液体1-羟己基-3-甲基咪唑溴盐(HFIL)包被磁性氧化石墨烯作为磁性固相萃取吸附材料，提取并富集水体环境中5种三嗪类和脲类除草剂，该吸附材料具有大的表面积和较大的吸附能力，此方法与传统的固相萃取法相比，需要的样品量更少，萃取时间更短，洗脱溶剂更少，更加安全环保。

(2) 色谱柱固定相

离子液体可以用作色谱柱固定相。周行等通过表面自由基链转移聚合和亲核取代反应制备了一种新型奎宁功能化聚乙烯咪唑修饰硅胶亲水色谱固定相(Sil-PIm-Qn)，并在亲水相互作用色谱(HILIC)模式下对其进行了色谱性能评价。结果表明该固定相对5种氨基酸、9种磺胺以及10种碱基核苷有较好的分离选择性，有望应用于磺胺类药物及碱基核苷等亲水性物质的分析。章围合成了一系列杯芳烃离子液体，用于制备气相色谱固定相，该固定相对不同类型的分析物均展现出良好的分离能力，对于苯胺异构体的分离度优于HP-35和DB-17商品柱。

(3) 烟气脱硫

胍类、咪唑类、醇胺类离子液体对 $SO_2$ 的亲和性极高，可用于烟气中 $SO_2$ 的捕获吸收，合成的离子液体可直接使用，也可以负载于硅胶或膜等介质上使用。Karousos等制备了可支撑的离子液体膜用于烟气脱硫，离子液体阳离子是烷基-3-甲基咪唑，阴离子是三氰甲根($[TCM]^-$)或三氟代甲基磺酸根($[TfO]^-$)，支撑体是管状具有介孔分离层的复合陶瓷基板。[RMIM][TCM]和[EMIM][TfO]两种离子液体膜表现出很高的 $SO_2/CO_2$ 选择性。

## 13.10 超分子溶剂

### 13.10.1 超分子溶剂的概述

超分子溶剂(Supramolecular Solvents, SUPRASs)是指含有亲水基和疏水基的两亲性分子在水溶性有机溶剂作用下分散在水相中，通过疏水相互作用按照一定顺序排列生成大分子，进而聚集成纳米级或微米级的三维聚合物，可在 pH 值、温度、电解质、溶剂等外部条件诱导下，从水相中分离出来。根据两亲化合物、分散剂或有机溶剂的种类不同，可将超分子溶剂分为 3 种结构，即囊泡、正向胶束和反相胶束。超分子溶剂特有的理化性质，赋予其在替代传统萃取溶剂过程中不容忽略的优势。超分子溶剂可通过氢键、偶极-偶极、π-π 作用等相互作用同时富集具有较宽极性范围的溶质；超分子溶剂特有的囊泡结构可以阻碍腐殖酸、蛋白质、糖类等大分子物质通过，达到净化的效果；超分子溶剂中含有较高浓度(0.1~1mg/μL)的亲和位点，即使在较小的溶剂体积下依旧能够取得高的萃取效率，在样品分析时可以获得较大的富集因子，提高检测灵敏度。基于上述特征可知，超分子溶剂是一种绿色、高效的溶剂、吸附剂、萃取剂。图 13-11 为基于超分子溶剂的中空纤维膜液相微萃取富集苯胺类化合物等环境污染物的示意图。

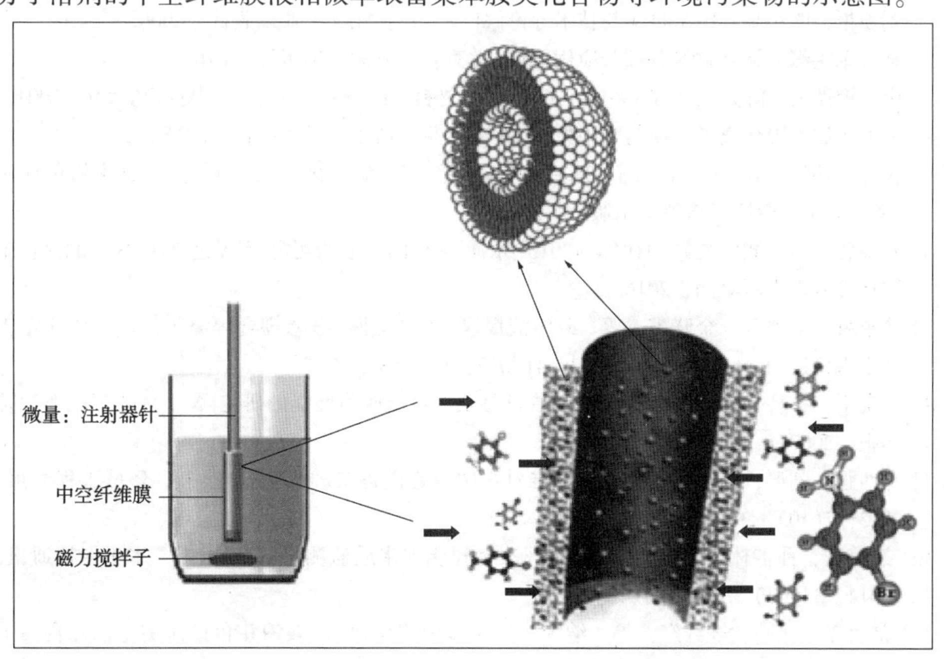


图 13-11 基于超分子溶剂的中空纤维膜液相微萃取示意图

### 13.10.2 超分子溶剂在环境监测中的应用

超分子溶剂在环境监测中的主要应用领域是环境样品的前处理，可用于固相萃取、液相微萃取、超临界流体萃取。目前，超分子溶剂已应用于环境水体和水产品中药品和个人护理品类化合物、农产品中真菌毒素、尿液中羟基多环芳烃等环境、食品、生物样品领域的污染物分析中。超分子溶剂微萃取(Supramolecular Solvent-based Microextraction，SSBME)是由西班牙学者 Rubio 等提出的一种以超分子溶剂为萃取剂的萃取技术。超分子溶剂在实际样品萃取过程中通常有两种合成方式，一是将超分子溶剂的制备材料与待测物溶液混合在一起进行液相微萃取，超分子溶剂在溶液中实现自组装并同时萃取其中的待分析物，多用于萃取液体基质样品中的目标物质；二是通过离线方式合成超分子溶剂，将制备好的超分子溶剂加入固体样品中，进行待测物的固液萃取。熊力等开发了一种土壤中 5 种氯代多环芳烃和 15 种多环芳烃的超分子溶剂微萃取-高效液相色谱荧光检测分析方法，该方法以辛醇-四氢呋喃-水制备了超分子溶剂，将 400μL 超分子溶剂加入 200mg 土壤样品中，涡旋 2min，离心，上清液过滤膜后经 HPLC 梯度分离后进行荧光检测，并以外标法定量。该方法简便快速，样品处理过程不超过 15min，对环境绿色友好，可用于土壤中多环芳烃、氯代多环芳烃的快速分析检测。

## 参 考 文 献

[1] 刘焕彬，陈小泉．纳米科学与技术导论[M]．北京：化学工业出版社，2006.
[2] 林志东主编．纳米材料基础与应用[M]．北京：北京大学出版社，2010.
[3] 中国钢铁工业协会．GB/T 19619—2004. 纳米材料术语[S]．北京：中国标准出版社，2004.
[4] 王方主编．现代离子交换与吸附技术[M]．北京：清华大学出版社，2015.
[5] 长春市环境监测中心站．HJ 638—2012. 环境空气 酚类化合物的测定 高效液相色谱法[S]．北京：中国环境科学出版社，2012.
[6] 甘肃省环境监测中心站．HJ 84—2016. 水质 无机阴离子的测定 离子色谱法[S]．北京：中国环境科学出版集团，2016.
[7] 褚琳琳，王静云，金晓霞，等．碱溶液提取-离子交换-电感耦合等离子体质谱法测定土壤中六价铬[J]．岩矿测试，2022，41(05)：826-835.
[8] 薛文平，孙辉，姜丽丽，等．VOCs 在活性炭纤维上吸附性能的研究[N]．大连轻工业学院学报，2007-6.
[9] 郑西强，刘群，陈云峰．活性炭纤维对水中微囊藻毒素的吸附性能[J]．环境工程学报，2013，7(10)：3802-3806.
[10] 王京文，孙吉林，沈建国，等．离子交换树脂在水质监测中的应用[J]．水土保持通报，2014，34(03)：150-153+184.
[11] 刘海霞，狄婧，饶红红，等．纳米二氧化锰固相萃取-高效液相色谱法测定油炸食品中丙烯酰胺[J]．理化检验(化学分册)，2019，55(12)：1373-1378.

[12] 于三义．发光材料的原理及其应用[J]．信息技术，2011，35(11)，146-149.
[13] 谢瑞加．铼配合物发光材料在环境监测中的应用[J]．海峡科学，2012(09)：10-12.
[14] 曲海波，赵苏春，王志刚．量子点标记荧光分析技术在痕量小分子有机污染物检测中的应用[J]．大气与环境光学学报，2017，12(03)：161-168.
[15] 徐义邦，樊孝俊，刘忠马，等．量子点在环境污染物检测中的应用进展[J]．环境监测管理与技术，2012，24(06)：11-16.
[16] 郭娜，沈卫阳．量子点在环境污染物检测中的应用研究进展[J]．环境科学与技术，2013，36(06)：85-90.
[17] Li H，Li Y，Cheng J. Molecularly imprinted silica nanospheres embedded CdSe quantum dots for highly selective and sensitive optosensing of pyrethroids[J]. Chemistry of Materials，2010，22(8)：2451-2457.
[18] 王蒙，杨健，施龙燕．磁固相微萃取-高效液相色谱法测定土壤中的苯并[a]芘[C]．中国环境科学学会学术年会论文集，2017.
[19] 郭祖鹏，师存杰，焉海波．磁性纳米材料在分离和检测中的应用研究进展[J]．磁性材料及器件，2012，43(01)：9-19+51.
[20] 王校旗．几种纳米材料的制备及其在固相微萃取技术中的应用[D]．兰州：兰州交通大学，2019.
[21] 陈涛，周婕妤，沈亚芹，等．有害气体检测传感器技术进展[J]．化学分析计量，2022，31(07)：90-94.
[22] Park M，Cella L N，Chen W，et al. Carbon nanotubes-based chemiresistive immunosensor for small molecules：Detection of nitroaromatic explosives[J]. Biosensors & Bioelectronics，2011，26(4)：1297-1301.
[23] 陈美莲，梅博，章慧．纳米材料在 QuEChERS 方法中的应用研究进展[J]．农产品质量与安全，2019(06)：47-52.
[24] 武建强，赵中敬，洪霞，等．QuEChERS-GC-MS 法快速同时测定水质中 12 种硝基酚类化合物[J]．食品与机械，2021，37(08)：70-76.
[25] 王雪梅，杨静，赵佳丽，等．钴镍笼状双金属氢氧化物/多壁碳纳米管复合材料对环境水样中农药的高效富集[J]．色谱，2022，40(10)：910-920.
[26] 冯娟娟，纪香平，李春英，等．新型样品前处理材料在环境污染物分析检测中的研究进展[J]．色谱，2021，39(08)：781-801.
[27] 刘倩，史建波，江桂斌．石墨烯在环境样品前处理中的应用[C]．第六届全国环境化学大会暨环境科学仪器与分析仪器展览会摘要集．北京：中国环境科学出版社，2011.
[28] Farajvand M，Farajzadeh K，Faghani G. Synthesis of graphene oxide/polyaniline nanocomposite for measuring cadmium（Ⅱ）by solid phase extraction combined with dispersive liquid-liquid microextraction[J]. Materials Research Express，2018，5(7)：075017.
[29] Amiri A，Mirzaei M，Derakhshanrad S. A nanohybrid composed of polyoxotungstate and graphene oxide for dispersive micro solid-phase extraction of non-steroidal anti-inflammatory drugs prior to their quantitation by HPLC[J]. Microchimica Acta，2019，186(8)：1-7.
[30] Tian X，She C，Qi Z，et al. Magnetic-graphene oxide based molecularly imprinted polymers

for selective extraction of microsystin-LR prior to the determination by HPLC[J]. Microchemical Journal, 2019, 146: 1126-1133.

[31] Gong J, Zhou T, Song D, et al. Monodispersed Au nanoparticles decorated graphene as an enhanced sensing platform for ultrasensitive stripping voltammetric detection of mercury(II)[J]. Sensors & Actuators B Chemical, 2010, 150(2): 491-497.

[32] 孟亮，孙阳，公晗，等．石墨烯基材料应用于水污染物治理领域的研究进展[J]. 新型炭材料，2019，34(03)：220-237.

[33] 张惠仙．石墨相氮化碳改性及其应用于污染物的催化氧化降解研究[D]. 浙江：浙江师范大学，2019.

[34] 吴晗，赵腾雯，陈可妍，等．介孔氮化碳的合成及其在环境卫生领域中的应用[J]. 分析测试学报，2022，41(08)：1259-1266.

[35] Zhang J, Li W, Zhu W, et al. Mesoporous graphitic carbon nitride as an efficient sorbent for extraction of sulfonamides prior to HPLC analysis[J]. Microchimica Acta, 2019, 186(5): 1-9.

[36] Azimi E B, Badiei A, Ghasemi J B. Efficient removal of malachite green from wastewater by using boron-doped mesoporous carbon nitride[J]. Applied Surface Science, 2019, 469: 236-245.

[37] 温丽苹，李琳，程云辉，等．基于纳米颗粒构建的酶联增敏生物传感器测定水中 $Cd^{2+}$[J]. 理化检验(化学分册)，2021，57(04)：289-295.

[38] 张玉锦．基于还原氧化石墨烯-金纳米颗粒与脱氧核酶体系的 $Pb^{2+}$ 检测研究[D]. 长沙：湖南大学，2020.

[39] 刘广洋，刘中笑，张延国，等．基于功能化纳米材料的环境中重金属快速检测研究进展[J]. 环境化学，2017，36(11)：2357-2365.

[40] 周晓丽，赵小娜，刘贤伟．基于局域等离子体纳米材料的水环境中重金属离子可视化监测[J]. 环境化学，2020，39(03)：569-580.

[41] 马双．银纳米颗粒及其复合材料应用于检测农药的可视化新方法研究[D]. 兰州：兰州大学，2017.

[42] 何顺珍．基于功能化纳米银比色法检测水中痕量金属离子的研究[D]. 湖南：南华大学，2018.

[43] Wang L, Li T, Du Y, et al. Au NPs-enhanced surface plasmon resonance for sensitive detection of mercury (II) ions[J]. Biosensors and Bioelectronics, 2010, 25(12): 2622-2626.

[44] 王振全，陈家军．地下水主要无机污染物快速检测方法研究进展[J]. 环境化学，2022，41(10)：3167-3181.

[45] Pham X H, Li C A, Han K N, et al. Electrochemical detection of nitrite using urchin-like palladium nanostructures on carbon nanotube thin film electrodes[J]. Sensors and Actuators B: Chemical, 2014, 193: 815-822.

[46] 穆晋，杨巾栏，张大伟，等．荧光金属纳米团簇的制备及其在环境污染物检测中的应用研究进展[J]. 分析化学，2021，49(03)：319-329.

[47] 刘国良，冯大千，顾益霜，等．发光铜纳米粒子的制备及其在生化传感、环境监测中的

应用综述[J]. 盐城工学院学报(自然科学版)，2017，30(04)：1-8.
[48] 张夏红，周廷尧，陈曦．金属纳米簇应用于环境分析中的研究进展[J]．分析化学，2015，43(09)：1296-1305.
[49] Hu Y，Lu X，Jiang X，et al. Carbon dots and AuNCs co-doped electrospun membranes for ratiometric fluorescent determination of cyanide[J]. Journal of hazardous materials，2020，384：121368.
[50] Li H，Chen H，Li M，et al. Template protection of gold nanoclusters for the detection of organophosphorus pesticides[J]. New Journal of Chemistry，2019，43(14)：5423-5428.
[51] Zhang P，Liu H，Li X，et al. A label-free fluorescent direct detection of live Salmonella typhimurium using cascade triple trigger sequences-regenerated strand displacement amplification and hairpin template-generated-scaffolded silver nanoclusters[J]. Biosensors and Bioelectronics，2017，87：1044-1049.
[52] 杨帆．有机金属框架材料在环境检测中的应用[J]. 绿色科技，2018(02)：101-104.
[53] Rocío-Bautista P，Termopoli V. Metal - organic frameworks in solid-phase extraction procedures for environmental and food analyses[J]. Chromatographia，2019，82(8)：1191-1205.
[54] Huo S H，Yan X P. Facile magnetization of metal - organic framework MIL-101 for magnetic solid-phase extraction of polycyclic aromatic hydrocarbons in environmental water samples[J]. Analyst，2012，137(15)：3445-3451.
[55] Amiri A，Tayebee R，Abdar A，et al. Synthesis of a zinc-based metal-organic framework with histamine as an organic linker for the dispersive solid-phase extraction of organophosphorus pesticides in water and fruit juice samples[J]. Journal of Chromatography A，2019，1597：39-45.
[56] 况逸馨，周素馨，胡亚兰，等．衍生多孔碳材料在固相微萃取中的应用研究进展[J]. 色谱，2022，40(10)：882-888.
[57] Guo Y，He X，Huang C，et al. Metal - organic framework-derived nitrogen-doped carbon nanotube cages as efficient adsorbents for solid - phase microextraction of polychlorinated biphenyls[J]. Analytica Chimica Acta，2020，1095：99-108.
[58] Wei F，He Y，Qu X，et al. In situ fabricated porous carbon coating derived from metal-organic frameworks for highly selective solid-phase microextraction[J]. Analytica chimica acta，2019，1078：70-77.
[59] 李钰杰，柴会宁，卢媛媛，等．基于金属有机框架材料的光/电化学传感器在水环境检测中的应用进展[J]. 分析化学，2021，49(10)：1619-1630.
[60] Feng D，Li P，Tan X，et al. Electrochemiluminescence aptasensor for multiple determination of $Hg^{2+}$ and $Pb^{2+}$ ions by using the MIL-53 (Al)@ CdTe-PEI modified electrode[J]. Analytica chimica acta，2020，1100：232-239.
[61] 欧昌进，袁素涓，吴雨薇，等．生物质负载 ZIF-67 衍生复合材料催化过硫酸盐降解双酚A[J]. 环境化学，2022，41(11)：3789-3798.
[62] 张文敏，刘冠城，马文德，等．共价有机骨架材料在有毒有害物质萃取中的应用进展[J]. 色谱，2022，40(07)：600-609.

[63] Guo J X, Qian H L, Zhao X, et al. In situ room-temperature fabrication of a covalent organic framework and its bonded fiber for solid-phase microextraction of polychlorinated biphenyls in aquatic products[J]. Journal of Materials Chemistry A, 2019, 7(21): 13249-13255.
[64] Xu G, Zhang B, Wang X, et al. Porous covalent organonitridic frameworks for solid-phase extraction of sulfonamide antibiotics[J]. Microchimica Acta, 2019, 186(1): 1-7.
[65] 李巍霞．新型共价有机框架复合材料的制备及其在药物残留检测中的应用[D]．杭州：浙江大学，2019.
[66] 王林玉，汪莉，宋永海．基于一种新型含硫共价有机框架材料的高效汞离子和扑热息痛传感[C]．中国化学会第十四届全国电分析化学学术会议会议论文集(第二分册)，2020.
[67] 韩歆宇，刘志，王琪，等．共价三嗪多孔聚合材料对水中四环素的吸附行为及其机理[J]．环境化学，2022，41(09)：2995-3002.
[68] 林晓峰．离子液体在环境领域中的应用[J]．海峡科学，2013(07)：16-18.
[69] 应丽艳，江海亮，周赛春，等．离子液体分散液液微萃取-高效液相色谱法同时检测水中镍、铜、汞[J]．分析试验室，2017，36(01)：56-59.
[70] 徐能斌，冯加永，朱丽波，等．两种离子液体-分散液液微萃取方法富集水中 4 种胺类化合物的比较[J]．分析化学，2016，44(01)：117-123.
[71] 郭振福，庚丽丽，王素利．羟基离子液体磁性氧化石墨烯混合半胶束磁性固相萃取高效液相色谱测定环境水中的除草剂[J]．环境化学，2021，40(08)：2561-2568.
[72] 周行，陈佳，张樱山，等．奎宁功能化聚乙烯咪唑修饰硅胶亲水相互作用色谱固定相的制备及应用[J]．色谱，2020，38(04)：438-444.
[73] 章围．杯芳烃离子液体在气相色谱分析领域的应用[D]．沈阳：沈阳工业大学，2022.
[74] 邢楠楠，郭沛文，别宇航，等．离子液体吸收二氧化硫的研究进展[J]．科学技术创新，2021(27)：39-41.
[75] Karousos D S, Labropoulos A I, Sapalidis A, et al. Nanoporous ceramic supported ionic liquid membranes for $CO_2$ and $SO_2$ removal from flue gas[J]. Chemical Engineering Journal, 2017, 313: 777-790.
[76] 陈萌，刘艺静，郭兴洲等．超分子溶剂在样品前处理与检测技术中的应用研究进展[J]．分析测试学报，2022，41(01)：22-31.
[77] 熊力，王金成，陈吉平．超分子溶剂微萃取——高效液相色谱法快速测定土壤中氯代多环芳烃及多环芳烃[J]．环境化学，2022，41(10)：3159-3166.

# 第 14 章　新检测技术在环境监测中的应用

## 14.1　微流控技术

### 14.1.1　微流控技术的概述和发展

微流控是一种在微米尺度下对流体进行操控的科学技术，因其可以将生物、化学等多种实验室功能微缩到一个很小的芯片上，微流控芯片也被称为芯片实验室(Lab-on-a-chip，LOC)。微流控最大的优势和特征就是众多技术单元与流程可以通过微通道相连，在微小的平台上灵活组合和大规模集成，能够快速、自动、高通量、低成本地对生物、化学指标进行检测，从而实现一个完整实验室的复杂功能。由于尺寸微小，微流控芯片检测仅需处理极微量的流体，可以极大地节省昂贵生化检测试剂成本。微流控技术的提出和发展是在 20 世纪 60 年代，这一时期，微电子行业广泛使用的光刻技术逐渐发展，被用于在硅片上创建各种微米或亚微米尺寸的机械结构，并最早应用于压力传感器的制造(1966 年)。随后这套技术逐渐发展成为微机电系统(MEMS)技术，广泛用于开发各种流体处理设备，如通道、混合器、阀门、泵等，使得在微尺度上对气、液体样本的操控和检测成为可能。一般认为，第一个芯片实验室(LOC)系统是由斯坦福大学的 Terry 于 1979 年开发的气相色谱仪。然而，直到 20 世纪 80 年代末至 20 世纪 90 年代初，微泵及流量传感器才被陆续开发出来。与此同时，基于将完整的实验室分析系统集成到芯片上的流体处理概念的出现，才使得 LOC 研究得以显著增长，图 14-1 为微流控芯片示意图。

20 世纪 90 年代中期，电泳分离连同随后的 DNA 微阵列等基因组学应用在微流控芯片上的实现，使得同时对大量样本进行快速分析成为可能，展示了微流控芯片作为一种分析化学工具的强大潜力，大幅提升了科研人员对其在研究和商业领域的兴趣。微流控技术有着广阔的应用前景，它的出现与发展有着深刻的内在必然性。首先，各种设备的微型化是近一个世纪以来的大趋势，既跟人类认知能力深入有关，也是能源资源日趋紧张的自然要求；其次，很多设备与技术的发展应用和流体的控制紧密相关，而微纳尺度下流动的特征是一个全新的领域，很多方面至今尚未被人们彻底认识，急需更多的投入和研究；再次，微流控芯片技术

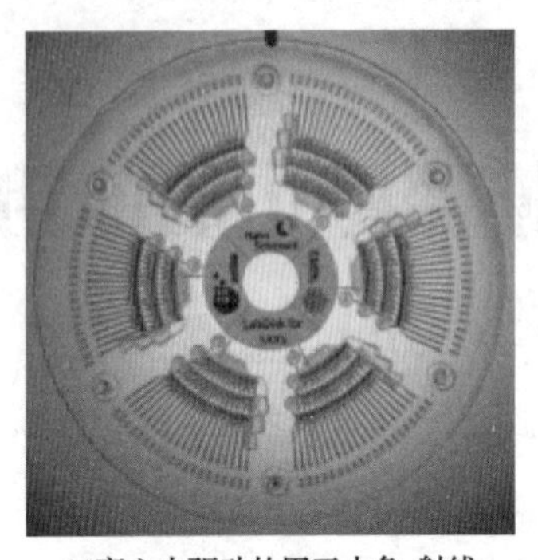

(a)离心力驱动的用于小角x射线散射(SAXS)检测的LabDisk

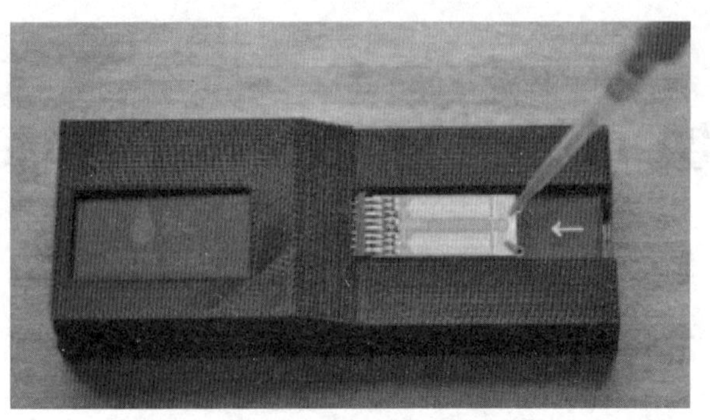

(b)IBM Research开发的毛细力驱动微流控芯片

图 14-1　微流控芯片示意图

与信息学紧密相关，特别随着人类基因组计划的开展以及基因疗法、个性化医疗的日益发展，人们对自身和整个世界所包含的信息的理解越来越深入，因此对分析和调控工具提出了更高的要求；最后，微流控技术与系统化、集成化、模块化的发展理念不谋而合，符合时代发展趋势，为人类提供了既能够操控微小物体，又能把握全局和系统的强大工具。如此强大、新颖的微流控系统，仍然处于飞速的发展之中，并正被应用于越来越广阔的领域。首先，从原则上讲，几乎任何分析化学的检测都能通过微流控芯片完成。其次，随着技术的发展和需求的增长，微流控芯片近几年的发展方向逐渐转变为构建不同类型的芯片实验室，比如与化学合成、生物、材料、光学、信息、能源等相结合，从而应用在不同的领域，如环境监测、医学诊断、细胞组学，以及快速药物合成与筛选器等。微流控芯片是由微通道网络将不同功能的模块相互连接而成，样品在空间上依次经过不同模块，从而实现在不同时间上依次进行不同操作的目的。各模块之间样品的运输依赖于流体的流动，这使得微流体力学成为微流控技术的基础。起初研究者认为在连续性方程框架下微流动和宏观尺度流动很类似，但随着研究不断深入，微尺度下流动的特殊性也逐渐显露出来。由于被广泛应用于多种生物样品的检测，微流控芯片中包含很多诸如非牛顿流体流动，粒子、细胞、液滴、气泡的运动等的特殊流动。另外，由于微流控芯片的高度集成性，微尺寸流动经常受多种物理场——电场、磁场、声、光、热等作用的影响。故而微尺度下流体运动的规律和特征问题吸引了众多不同领域的研究者的兴趣和目光。

### 14.1.2　微流控技术在环境监测中的应用

在环境构成的要素中水环境是最重要的，但也是受破坏和影响最严重的领域。我国的水资源污染问题非常严重，水污染给人们生活带来重大隐患，直接影响着人们的身体健康和生命安全。在一些突发污染事故或野外连续观测的现场，污染物浓度的变化幅度大、速度快，常见的大型固定仪器在使用中受到诸多限制，而便携式仪器和快速、自动连续测定技术则具有更大的优势。目前，在很多领域微流控技术都有着不可替代的作用，如医学、药学、环境科学、生命科学、农业、军事等。微流控技术是在几平方厘米的芯片上将样品制备、生物与化学反应、分离富集和分析检测等过程微缩到一起，有可能会取代目前分析实验室中的很多设备，使便携式"个人实验室"将来变为现实。自然水体污染多种多样，包括重金属、各种有机物和微生物等，其中一些物质的沉积和迁移转化则可能产生更久远的影响。微流控技术在检测自然水体中的有机物方面具有较好的适用性，例如在地表水或地下水中杀虫剂以及农药的检测等都可在10min内完成，在重金属的测试中，微流控技术也显示了高效灵敏的特点，这为固体以及液体中的痕量元素的检测均提供了很好的解决方案。

微流控技术消耗的样品和试剂量很小，具有分析速度快、分离效率高及微型化等特点，特别适合于环境监测中水体的痕量成分分析及现场快速检测。利用微流控技术的毛细管电泳方法可在10min以内完成环境水体中常见的正离子或负离子的分离富集检测，检测灵敏度满足标准要求。选用适合的背景电解质和优化的测试条件，微流控技术可以有效解决水体环境中常见离子及痕量元素的分析检测需求。微流控芯片在自然水体检测中的应用，目前，微流控芯片在微型化、自动化、集成化、便携化等方面正逐步释放出巨大的潜力，在环境监测及污染物分析技术的研发中也取得了一系列重要进展。

**14.1.2.1　微流控技术在水体环境中金属离子的检测**

微流控技术在水环境污染分析中的研究主要集中于重金属、营养元素、有机污染物和微生物等领域。常见的含重金属(铅、镉、铬、汞、铜、锌、镍、钡、钒等)的工业废水、生活污水被排入水体后，这些重金属元素能通过富集作用进入生物链，严重威胁整个生态环境的安全。我们可以使用高精度的原子吸收光谱和原子荧光光谱等方法检测这些重金属，但是需要对一个区域进行连续监测。应对突发性污染物泄漏事件时，大型设备往往显得较为被动，而一些快速、高效的检测工具则会为我们争取到主动权，此时微流控芯片就是一种很好的选择。微流控技术可以使用造价低廉的光电探测器，在很低的成本下保证了检测的高灵敏度。测试中将试剂固定在微芯片之上，容易实现操作的自动化。在硝酸钴的测定中，检测最低限度可以达到$3\times10^{-11}$mol/L，在六价铬的测定中，检测限最低为0.05μg/mL，线性关系在0.1~20mg/L的范围内保持良好。图14-2为使用微流控技术对含有多种金属离子的溶液进行毛细管电泳测试的结果，结果表明11种金属离子在 12min 内可以得到很好的分离富集和测定。

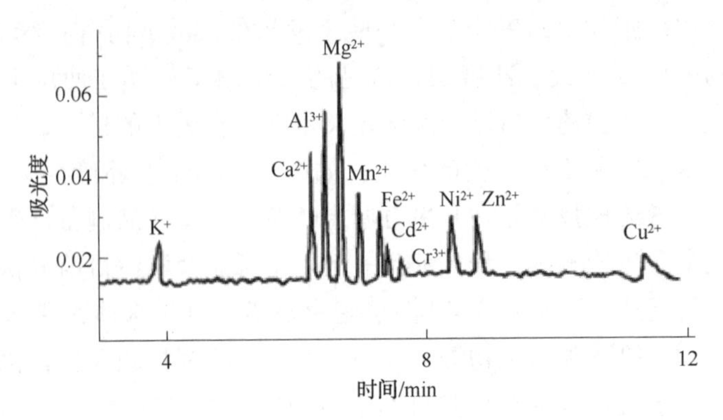


图 14-2　多种金属离子毛细管电泳图

#### 14.1.2.2　微流控技术对水体环境中营养盐的检测

自然水体中营养盐的检测可以利用微流控技术中的毛细管电泳方法。基于毛细管电泳技术的微流控芯片，可在 2min 内完成对亚硝酸盐离子和硝酸盐离子检测，最低检测限能达到 0.08μmol/L，对磷酸盐的检出限也可以达到 0.03μmol/L。理论上任何基于流动注射分析技术-分光光度法的营养盐测定均可在微流控芯片中实现。目前最大的技术瓶颈是微流控芯片通道的微米尺度带来的吸收光程短和光通量弱的问题，期待微流控芯片上长光程检测技术的实现会突破这一限制。

水体中含有的有机污染物可能远超过无机污染物，它们以毒性和减少水中溶解氧的方式对生态系统产生影响，危害人体健康。评价水体污染状况时，有机污染物的数量是极为重要的指标。通常需要进行前期的预处理对有机污染物进行富集，而微流控芯片的优点体现在可以将前期的预处理以及后期的检测进行集成，并且具有较高的萃取/富集效率。基于光谱分析技术的微流控芯片，对多环芳烃进行检测时，其检测线性范围可以达到 0.1~400μg/L。使用电化学检测芯片，可以检测饮用水中的硝基苯类化合物，在样本没有经过复杂预处理的情况下，在饮用水中的最低检测限能达到 3.0μmol/L。使用毛细管凝胶电泳技术的微流控芯片，搭配激光诱导荧光检测法可用来检测水体中的溶解有机碳，可以检测出浓度为 1mg/L 的溶解有机碳。

自然水体中微生物的种群丰度是水体生态调查中的常规监测指标，可以反映水体生态特征和一些重要的污染状况。流式细胞测定技术是进行水中微生物测定的最为快速准确的方法，但其设备体积庞大、价格昂贵、需要熟练的专业人员操作，难以适应现场及连续监测要求。微流控芯片的出现在一定程度上克服了这些局限，使仪器的集成化、小型化、自动化和便携化成为现实。基于鞘流式流体控制的微流控芯片测定原理与流式细胞仪相似，首先对细胞进行荧光标记(可发出自体荧光的无须标记)，采用压力、电动力或空气夹流等形成鞘流的方式进行细胞进样，激光诱导荧光检测区在细胞流经时会对荧光信号及强弱进行计数，借助多种控制方式(如电、光镊和泵阀等)可进一步完成细胞分选。通过芯片中的毛细管电泳技术和芯片的 PCR 预处理技术，细胞捕获的效率可以明显提高，免疫分析和分子杂交技术也是除基于流式细胞测定技术原理的微流控技术以外的常用技术，还有一种固定了免疫磁珠的微流控芯片可以从稀释的样本中检测并分离出大肠杆菌。

#### 14.1.2.3 微流控技术对水体环境中离子的检测

(1)微流控技术对水体环境中阳离子的检测

自然水体中离子测试仪器及试剂：毛细管电泳芯片 0.1mol/L Tris(三羟甲基氨基甲烷)溶液；0.1mol/L Cit 溶液；0.1mol/L EDTA(乙二胺四乙酸)溶液；0.1mol/L TEPA(四乙烯五胺)溶液；0.1mol/L 乙酸溶液；0.1mol/L NaOH 溶液；试剂均为分析纯。试验条件：温度，25℃；分离电压，20kV。清洗液：0.1mol/L NaOH 溶液；0.1mol/L 乙酸溶液；纯净水。阳离子背景电解质：10mmol/L Tris 溶液+0.2mmol/L Cit 溶液+2mmol/L HAC 溶液，pH=4.0(使用 0.1mol/L 乙酸溶液调节)。阴离子背景电解质：10mmol/L Tris 溶液 +10mmol/L $H_3BO_3$溶液+2mol/L TEPA 溶液+0.2mmol/L EDTA 溶液，pH=4.0(使用 0.1mol/L 乙酸溶液调节)。毛细管使用前以 0.1mol/L NaOH 溶液、纯净水、缓冲液分别依次冲洗 3min。自然水体中阳离子测定采用电动进样方式进样，测量使用非接触式电导检测法。对饮用水中 4 种金属离子的测试结果如图 14-3 所示，测试结果分别为：$K^+$：12.5μg/mL；$Na^+$：20.4μg/mL；$Mg^{2+}$：2.5μg/mL；$Ca^{2+}$：5.3μg/mL。测试结果给出的检出限分别为：$K^+$：0.5μg/mL；$Na^+$：0.8μg/mL；$Mg^{2+}$：0.05μg/mL；$Ca^{2+}$：0.1μg/mL。

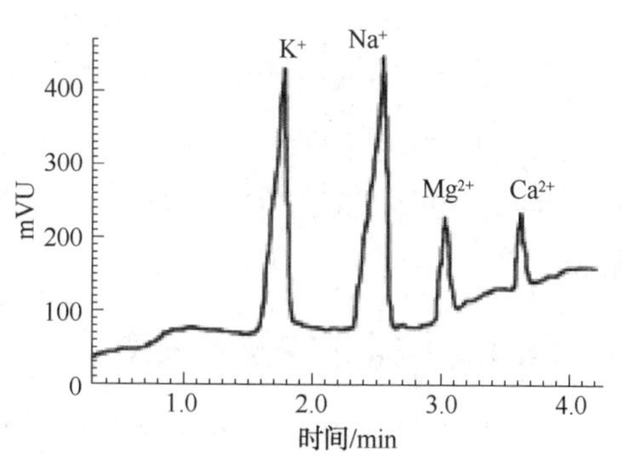


图 14-3 阳离子电泳图

采用电动进样时，淌度大的离子比淌度小的离子进入检测装置的量要大，这会造成进样不均匀，淌度大且与电渗流方向相反的离子可能无法进入检测装置，进而发生离子丢失现象，但电动进样的堆积效应可以使检测灵敏度提高，对痕量元素测量有利。

(2) 微流控技术对水体环境中阴离子的检测

对自然水体中的阴离子进行测定时，电渗流(EOF)的方向与阴离子的电迁移方向相反，且 EOF 速率大于阴离子的电泳速率，阴离子在毛细管电泳中较难检出。解决这个问题比较有效的办法是在缓冲溶液中加入四乙烯五胺，其碳链两端的氨基可与毛细管壁的硅经基通过静电作用相结合，掩盖了一部分硅经基，改变了管壁的电量，有效地抑制电渗流，阴离子可被灵敏检出。电泳运行液的优化结果：810mmol/L Tris(三羟甲基氨基甲烷)+10mmol/L $H_3BO_3$+0. 2mmol/L EDTA(乙二胺四乙酸)+0. 2%四乙烯五胺。对饮用水中的阴离子测定结果见图 14-4。

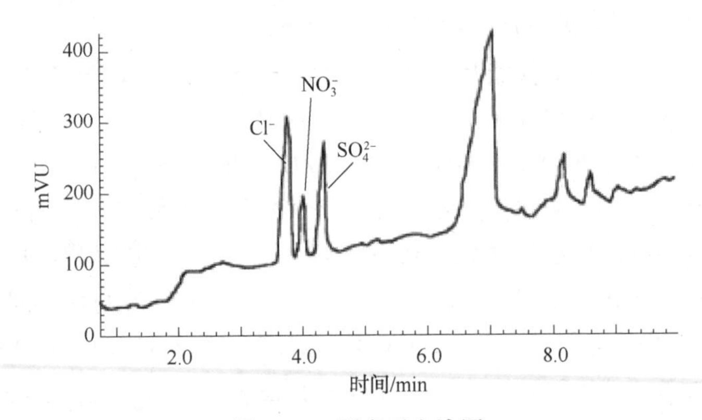


图 14-4　阴离子电泳图

对于图 14-4 测定的 3 种阴离子，测试结果分别为：$Cl^-$：0. 11μg/mL；$NO_3^-$：0. 01μg/mL；$SO_4^{2-}$：0. 12μg/mL。3 种阴离子在生活饮用水中的允许量标准分别为：$Cl^- \leqslant$250μg/mL；$NO_3^- \leqslant$10μg/mL；$SO_4^{2-} \leqslant$250μg/mL，可见所测样品均在标准范围内。

### 14. 1. 3　微流控技术展望

微流控芯片具有高效灵敏、小型便携、自动连续、简易快速等优点，非常适合对自然水体进行连续监测。微流控电泳技术可以对溶液中的离子进行富集分离，对自然水体中的正负离子都有理想的检测灵敏度。在优化的测试条件下，基本可在 10min 以内有效解决常见正负离子检测问题。微流体与宏观连续流体，因流动空间特征尺度不同而存在明显差异。利用微流控技术已经能够实现多相流体的混合、分离、萃取和反应，并实现了微泵、微阀、微反应器等多种器件的集成。然而在微流控技术的应用方面仍然存在一系列的难题：纳米尺度及三维微通道的制备；微纳尺度下流体流动状态的精确控制；微通道内流体流速、温度等物理量的精确测量；微流控器件工艺与传统微电子制造工艺的兼容性；微流控器件与其他微电子、微机械器件的集成与封装等。在高度集成的微流控器件中，通道中的流体也往往是多种液体、气体同时存在。深入研究多相微流体，尤其是界面处的传输过程对于开发各种新型、高效的微流体器件至关重要。但是由于界面的横向尺寸太小，所涉及的微观过程(包括扩散、对流、化学反应、电化学等)和微观相互作用(包括流体与微观粒子之间、流体与固体界面之间、粒子与粒子之间、粒子与固体或液体界面之间的相互作用等)通常又十分复杂，因此至今仍有许多机理尚处于研究当中。多相流体在界面处的相互作用是一个典型的“介尺度”科学问题，如何建立相应的介观尺度研究基础理论、掌握多相微流体的流动特点、全面解析多相微流体间的反应过程与机制，从而实现对多相流体流动及反应的调控将是该领域未来研究的重点之一。

## 14.2 膜进样质谱(MIMS)技术

### 14.2.1 膜进样质谱技术的发展与应用

随着电子技术、新工艺、新材料的迅猛发展，用于有机分析的质谱仪正向大通量、高灵敏度和高分辨率实验室大型质谱仪和移动式(车载式、便携式)小型质谱仪两方面发展。现场检测质谱仪体积小、重量轻、功耗低，可进行实时分析，广泛用于食品安全、环境污染监测、公共安全、过程监测、航空、航天以及突发事故现场检测。现场检测质谱仪无须样品前处理，一般采用直接进样技术，而最常见的直接进样技术主要有毛细管限流器直接进样和膜进样。1963 年 G. HOCK 等首次将膜进样技术与质谱技术结合起来，测定水样中的溶解气体，此后膜进样技术以其简单、快速和高灵敏度优势逐渐得到重视，膜进样质谱在现场检测中的应用也越来越广泛。与吸附、加热解吸或者低温富集技术相比，膜进样技术装置结构简单，能耗低，操作程序方便，无须有机溶剂处理，易于实现自动化、便携化，可与各种高灵敏度的检测器，如质谱仪、气相色谱仪等直接连接，实现自动化操作和在线检测，因此，成为现场快速检测中最具竞争力的进样技术之一。质谱膜进样技术可实现如下功能：①通过膜的分离作用，允许对气体或液体样品进行直接质谱分析；②具有富集功能，能有效提高检测灵敏度；③采用超薄膜设计，响应时间短，能够满足在线分析的需要；④通过对探头、气路和膜加热，可以检测半挥发性和难挥发性化合物；⑤挥发性有机污染物能够快速透过膜，同时又能有效去除本底干扰；⑥空气中的主要成分如氮气、氧气和二氧化碳等气体很少能够透过，因此能够用空气做载气，降低使用成本。质谱仪的质量分析器需要在高真空条件下工作，而样品处于大气压条件下，因此如何实现样品从大气压下进入高真空的质谱室，成为研制膜进样技术现场检测质谱仪的难点之一。随着便携式 MS 和 GC 的发展及膜材料、膜结构的新突破，扩展了膜进样技术的应用领域，提高了质谱仪直接进样的效率。

### 14.2.2 膜进样质谱技术基本原理

膜进样质谱是在膜两侧气体压力差的推动下，被分离的样品由于分子形状、大小以及在膜中的溶解度不同，在膜中渗透速率产生差异，渗透率大的组分在高真空侧得到富集，从而达到分离与富集的目的。膜进样的过程分为三步：①膜表面对待测样品的选择性吸附；②待测样品形成浓度梯度渗透进入膜；③待测样品在真空离子源中解吸脱附。扩散过程是决定反应速率的关键，待测样品的最大检测量可以通过平衡态的渗透速率计算确定，非平衡态的渗透速率决定响应时间。在平衡态条件下，假定渗透过程不受待测样品的浓度和压力影响，膜的传输机理可由 FICK 定律描述：

$$I_m(x,\ t) = -AD[C_m(x,\ t)/x] \tag{1}$$

式中，$I_m(x,\ t)$是待测样品在膜中的渗透速率(mol/s)；$C_m$是待测样品在膜内的浓度(mol/cm$^3$)；$x$ 是膜的厚度(cm)；$t$ 是时间(s)；$A$ 是膜的有效表面积；$D$ 是扩散系数(cm$^2$/s)，与待测样品、膜材料性质及浓度梯度[$C_m(x,\ t)/x$]有关；负号表示被测样品向浓度低的方向渗透。在平衡态时浓度梯度恒定，采用亨利定律($C_m = SP_S$)可描述待测样品在膜表面的传输机制，式(1)可由待测样品在膜中的溶解度系数 S[mol/(Pa · cm$^3$)]和膜样品侧的压力 $P_S$(Pa)表达：

$$I_{SS} = ADS(P_S/L) \tag{2}$$

式中，$I_{SS}$是待测样品在膜中的渗透速率(mol/s)；$L$ 是膜的厚度(cm)。由于渗透系数、扩散系数和浓度梯度受温度影响很大，因此式(2)也加入了温度因子。式(2)仅适用于待测样品在膜内部产生渗透过程的情况，而不适用于多微孔膜(传输机制不同)。10%~90%的膜响应时间可由 FICK 定律计算得到：

$$T_{10\%\sim90\%} = 0.237(L^2/D) \tag{3}$$

响应时间不仅是膜进样的性能指标之一，也是衡量样品在膜上扩散速率的主要指标。

膜材料的化学性质和膜的结构对膜的分离性能有决定性影响。对于质谱仪来说，理想的膜对于待测样品应具有很高的渗透速率，良好的热稳定性和化学稳定性，耐酸碱，耐微生物侵蚀和耐氧化性。膜进样质谱常选择聚四氟乙烯、纤维素、聚二甲基硅氧烷、聚乙烯等作为膜材料。虽然聚四氟乙烯对挥发性有机物(VOC)的检测限较低，但是对 VOC 的选择性很强，很多待测气体不能通过；而纤维素、聚乙烯材料则具有高渗透性、低选择性，因此这些膜材料在应用上有一定的局限性。传统膜进样系统多采用硅聚合物制作半透膜，使某些小分子有机化合物能通过膜壁进入真空系统，而样品中大量的基体和溶剂则不能通过，特别适宜对低含量待测物的连续在线监测。随着膜分离技术的发展，现在的膜材料已经不再局限于各种聚合物半透膜和选择性膜，还发展出液体膜、亲和膜、沸石膜、导轨膜等不同用途的非聚合膜。另外膜进样质谱通过在样品和质谱离子源之间的半渗透膜分离水或气体中的挥发性有机物，膜的一侧暴露在质谱仪真空离子源中，另一侧暴露在气体样品中，气体中的有机物分子通过膜扩散到离子源。膜的形状有双层膜、平(面)膜，也可以将膜涂敷在柱状的表面上。常见不同类别膜进样技术的结构如图 14-5、图 14-6 和图 14-7 所示。

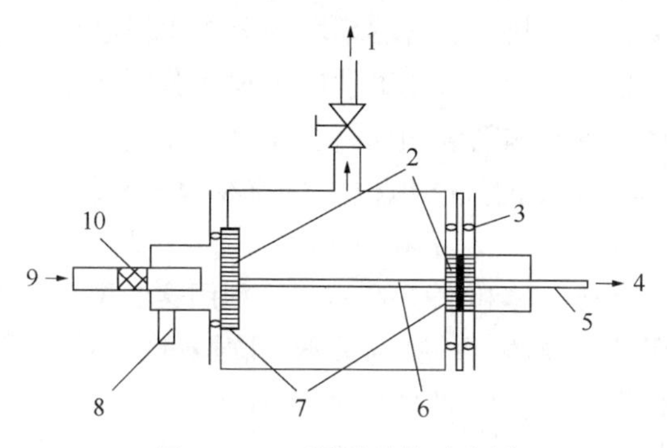


图 14-5　双层膜结构示意图

1—机械泵；2—不锈钢栅网；3—O 形圈；4—进入质谱仪；5—0.5mm 毛细管；6—1mm 不锈钢管；7—硅橡胶膜；8—微型泵；9—样品入口；10—微孔过滤网

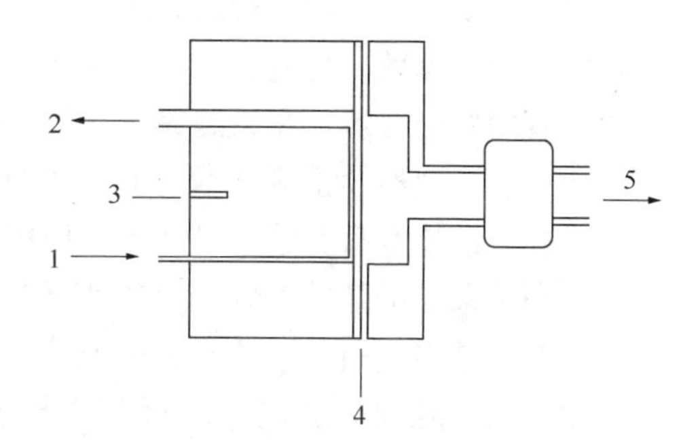


图 14-6　平板膜进样示意图

1—进样口；2—出样口；3—温度传感器；4—平板膜；5—进入质谱仪

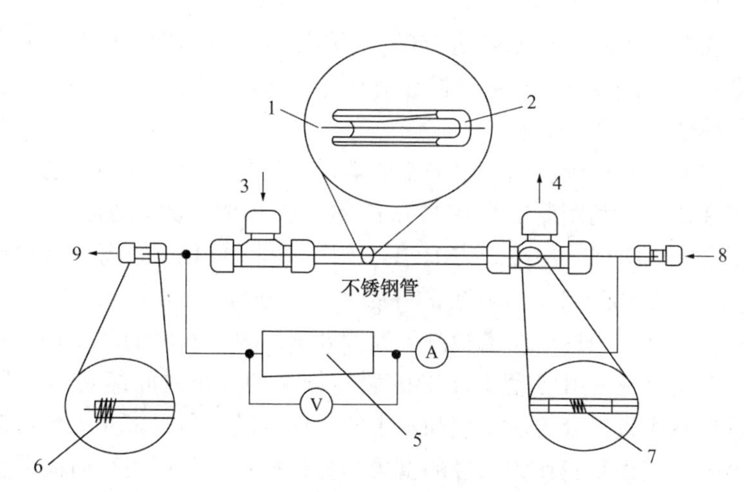


图 14-7　内部加热中空纤维膜进样器结构

1—耐热丝；2—氦气通道；3—进样；4—出样；5—电源；6—加热丝；7—中空纤维膜；8—氦气进口；9—进入质谱仪

### 14.2.3 膜进样质谱技术在环境监测中的应用

经济的发展对环境造成一定程度的破坏和影响，整个世界面临的环境问题也是日益严峻。我国环境污染问题较为严重，环境污染给人们生活带来重大隐患，直接影响着人们的身体健康和生命安全。我国的环境保护也把防控环境污染作为一项最重要的任务。由于分析对象种类广、含量低、污染很容易扩散，环境污染的监测难度较大。随着生活水平的提高，人们对环境质量的要求逐渐提高，各种对自然环境进行检测分析的方法成为有关领域的热点。自然环境的分析手段必须具备准确、灵敏、高速、自动化等特点。目前环境分析几乎动用了现代分析化学中所有的检测技术。在研制完善一些大型精密监测系统的同时，小型、便携、简易快速、自动连续检测技术的研发也具有了重要的战略地位。目前在很多领域，膜进样质谱技术都有着不可替代的作用。

利用聚二甲基硅氧烷膜成功地分离了环境气体和水中的VOC。利用聚二甲基硅氧烷膜进样，用质谱仪检测水中苯、甲苯、氯仿，并测定了不同膜厚度、不同温度对响应时间的影响。最近膜进样质谱技术转向对半挥发性有机物(沸点>160℃)检测的研究，因为这类物质的极性和难挥发性对膜的选择性和灵敏度有很大的影响。利用毛细管内的聚二甲基硅氧烷中空纤维膜进行富集，用膜进样质谱仪在线检测水中的4-氟苯、3,5-二氟苯酸、苯酚、丁基苯和聚二甲基亚砜。车载质谱仪(聚二甲基硅氧烷平面膜，50μm)和便携式质谱仪(聚二甲基硅氧烷平面膜或中空纤维膜，100μm)对苯和多环芳烃化合物(PHA，沸点250~525℃)进行检测分析，实验中膜最高温度可达250℃，沸点高于480℃的PHA均有色谱峰信号。实验证明，膜进样系统可有效防止有机化合物对质谱离子源的污染，实现对有毒有害气体的在线实时分析。

氯氨、溴氨等被广泛应用于自来水的消毒，其分解产生的副产物会对人体和环境产生潜在危害。利用厚度为0.127mm的平板PDMS膜，结合EI电离四极杆质谱实现了水中$NH_2Cl$、$NHCl_2$、$NH_2Br$、$NHBr_2$和NHBrCl的高灵敏检测，其检测灵敏度分别达到0.034mg/L、0.034mg/L、0.10mg/L、0.12mg/L、0.36mg/L。应用环境实验室利用膜进样质谱检测了油沙处理厂附近水中的环烷酸，利用厚度为170μm、长为2cm的中空管状PDMS膜将样品的分析时间缩短至不足15min，还利用膜进样质谱直接分析了土壤和水中的多环芳烃；利用多光子电离膜进样质谱，以PDMS螺旋管状膜作为芳烃的富集和释放材料；利用飞行时间质谱对多光子电离产物进行分析。在膜富集时间为1min条件下，对萘、苊、芴、菲、芘的灵敏度分别可达到5.6ng/L、6.4ng/L、5.4ng/L、14ng/L、46.8ng/L，如果将富集时间延长至5min，可将灵敏度进一步提高2~5倍。微囊藻毒素是一类具有生物活性、分布最广泛的肝毒素。它对水体环境和人群健康有危害，会强烈抑制蛋白磷酸酶的活性，同时还是强烈的肝脏肿瘤促进剂，因此已成为全球关注的重大环境问题之一。基于膜进样质谱实现了 2-甲基-3 甲氧基-4 苯丁酸的在线测定，并建立了定量分析水中微囊藻总量的方法(图 14-8)。

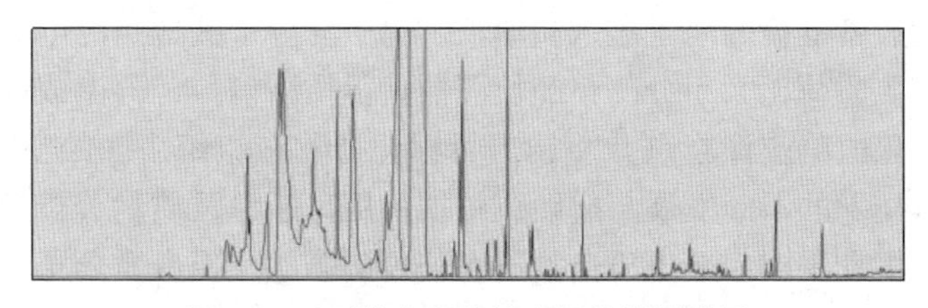

图 14-8　环境中挥发性有机物检测谱图

### 14.2.4　膜进样质谱技术展望

膜进样质谱技术可以快速检测挥发和半挥发性有机物，对挥发性有机物的检测限达到 $10^{-9}$级，性能可靠，响应时间短，成为环境监测和在线监测的主要手段。我国车载和便携式现场检测质谱仪还处在研究阶段，其中膜进样技术是亟须解决的关键问题。不同的应用背景，对现场检测质谱仪的要求不同，对不同的化合物选用的膜材料、设计的膜结构，以及采取的温控方式、流量等有很大区别。用于反化学武器袭击、反化学恐怖袭击、化学突发事件现场检测的车载和便携质谱仪，要求仪器能够对挥发性、半挥发性有机污染物气体、液体进行现场直接进样，检测灵敏度高、响应时间快、选择性好、检测精度高，能够在突发现场实现连续、实时、在线监测。因此，在膜进样系统的设计中，要在保证响应时间短的同时，尽可能提高检测灵敏度。膜进样质谱在无须色谱分离条件下可实现对复杂的实际样品的检测，且在环境监测研究领域的应用日益广泛，今后潜在的发展方向集中在以下三个方面：①膜进样质谱定量方法研究：在各种应用过程中均需测定目标物的浓度，系统研究样品组成、膜进样质谱运行参数等对定量准确性的影响规律，建立膜进样质谱的准确定量方法。②膜进样质谱性能的提升：开发渗透性能更好的膜富集材料，进一步提升膜进样质谱的灵敏度、响应时间以及微型化和便携性等。③新应用领域方面：保护海洋生态环境是我国建设海洋强国的重要组成部分。然而在开发利用海洋资源过程中，海洋生态环境的污染也日益加重，利用膜进样质谱对海洋环境中污染物进行检测和评估是一个潜在的研究方向。

## 14.3　质谱成像(MSI)技术

### 14.3.1　质谱成像技术的发展与应用

质谱成像(Mass Spectrometry Imaging，MSI)技术作为质谱领域的研究前沿和热点，近几年受到高度关注并得到迅速发展。它是作为一种新型的分子影像技术，可以获得样品表面多种分子化学组成及各组分的空间立体结构信息。其主要原理是将质谱分析与分子成像结合，通过激光或离子束照射样本切片使其表面分子离子化，随后带电荷的离子进入质谱仪，离子化分子被适当的电场或磁场在空间或时间上按照质荷比大小分离，经检测器获得质谱信号，再由成像软件将测得的质谱数据转化成响应像素点并重构出目标化合物在组织表面的空间分布图像。随着质谱成像技术的不断发展与成熟，根据所用离子源及质量分析器不同，研究对象由元素分析发展到小分子质谱指纹图谱再到多肽及蛋白质分子成像。与其他成像技术相比，MSI 技术具有以下特点：①无须放射性同位素或荧光标记，且成像分析所需时间短、耗费低；②不局限于目标的一种或几种分子，可以对非目标性物质同时进行成像分析；③不仅可获得分子的空间分布信息，而且能够提供目标物质的分子结构信息。MSI 技术主要按照电离方式(探针)进行分类，目前主要包括以下三大类型：需要在真空条件下进行离子化的二次离子质谱(Secondary Ion Mass Spectrom-etry，SIMS)、基质辅助激光解吸电离(Matrix Assisted Laser Desorption Ionization，MALDI)质谱，以及近几年发展迅速的以解吸电喷雾(Desorption Electrosprayionization，DESI)离子源为代表的常压敞开式离子化质谱成像技术。质谱成像技术通过无标记的方式对大量未知化合物在组织中的分布进行定位，提供高通量、低成本的空间分布信息集，以揭示临床和药理学研究中与疾病相关生物分子的变化。受实验周期、成本及成像仪器的限制，在实际应用中涉及的质谱图像具有低质量、低分辨率的特点。该类质谱图像无法精准定位感兴趣的生物分子，准确提供药物及代谢物在不同组织区域内的分布。伴随着实际应用需求的发展，提高图像质量，增加图像中可视化信息将成为解决实际问题的必然途径。为了提高质谱成像质量，我们对来自合成和天然产物的小分子进行了筛选和对比，发现了能够提高成像均一度的一萘酰亚胺分子，该分子同时具有荧光吸收和离子化能力，适宜作 MALDI 基质，以提高质谱成像质量；另外，通过超分辨重建技术，可以增强图像中的高频分量，消除由低分辨率成像系统产生的图像退化，突破硬件系统对质谱图像分辨率的限制。

### 14.3.2 质谱成像技术在环境监测中的应用

我国环境污染问题较为严重，严重威胁到人们的身体健康和生命安全。质谱成像技术在检测自然环境中的有机物时显示出很好的适用性，且消耗的样品和试剂量很小，具有分析速度快、分离效率高及微型化等特点，特别适合于环境监测中痕量元素分析及现场快速检测。质谱成像技术可以有效解决人们对环境中常见离子及痕量元素分析的需求，在环境监测及污染物分析技术的研发中也取得一系列重要进展。

#### 14.3.2.1 质谱成像技术对土壤中 DEP 的检测

一般质谱成像仪由于体积庞大，沉重，样品准备阶段较长，并不适用于即时成像(Bedside Applications)，MS 成像技术解决了这个问题。DESI 技术于 2004 年首次提出，由于这一方法具有样品无须前处理就可以在常压条件下，从各种载物表面直接分析固相或凝固相样品等优势而得到了迅速的发展。这种方法的原理是带电液滴蒸发，液滴变小，液滴表面相斥的静电荷密度增大；当液滴蒸发到某一程度，液滴表面的库仑斥力使液滴爆炸，产生的小带电液滴继续此过程；随着液滴的水分子逐渐蒸发，就可获得自由徘徊的质子化和去质子化的蛋白分子 DESI 它与另外一种离子源——SIMS(二次离子质谱)有些相似，只是前者能在大气压下游离化。发明这项技术的普渡大学的 Cooks 博士认为 DESI 方法其实就是一种抽取方法，即利用快速带电可溶微粒(比如水或者乙腈)进行离子化，然后冲击样品，获得分析物。DESI 系列产品最大的优势就在于无须样品处理，而使用一般质谱和高效液相色谱进行样品分析时，样品必须经过特殊的分离流程才能够进行分析检测，使得一次样品检测常常需要约一个小时，而 DESI 系列产品可将固体样品直接送入质谱，溶液被喷射到样品检测表面，促使样品离子均匀分布。采用这一手段的质谱分离过程，只需 3min 左右即可完成样品检测全过程。采用表面解吸常压化学电离(SDAPCI)串联质谱成像技术，可以在无须样品预处理条件下直接对土壤中的塑化剂邻苯二甲酸二乙酯(DEP)的分布情况进行分析。利用碰撞诱导解离串联质谱法对待测物母离子进行结构鉴定，可排除检测结果的假阳性；分别选择质子化 DEP($m/z$223)及其特征峰碎片离子($m/z$177)对土壤固体表面进行二维质谱扫描，获得 DEP 的质谱影像图。结果表明，未经任何样品预处理的实际土壤固体表面的 DEP 以团簇或颗粒状不均匀分布于土壤中，这就使得经雨水浸润后的土壤样品表面的 DEP 含量和分布发生变化。DEP 的空间分辨率为 0.25$mm^2$，为复杂基体中塑化剂的含量和分布情况的研究提供了一种新思路。

#### 14.3.2.2 质谱成像在司法鉴定领域中的应用

质谱成像技术对于目标物的分析具有非破坏性的优势，因此常用于司法鉴定中字迹真伪的鉴定、痕量毒品的分析、指纹化学成分分析等方面。采用表面解吸常压化学电离质谱(SADPI-MS)技术对手写签名样品进行检测，通过对所得的质谱特征峰信号进行成像处理，获取书写油墨分布的强度信息。实验结果表明真实签名和伪造签名因为笔压轻重不同而油墨分布位置不同，据此能够区分签名的真伪，同时应用相似度算法对手写签名的特征成像数据进行分析，比较真迹之间以及真迹和伪迹之间的相似程度，结果表明改进的相似度算法能够对手写签名的真伪进行有效鉴定，此技术可在分子水平提供丰富的化学信息，对于笔迹的可靠分析将在法医鉴定等领域具有广泛的应用前景。利用表面辅助激光解吸-飞行时间质谱法对手指沾染不同违禁药物粉末后所留下的指纹进行表征及可视化分析。实验选用四种不同的违禁药物，即安非他明(AF)、甲基苯丙胺(MA)和亚甲基二氧基甲基苯丙胺(DMA，摇头丸)，在手指接触过不同药物粉末后，分别在钢质、铝质、铜质和玻璃4种基质上留下指纹，并对指纹中残留的违禁药物粉末进行分析。该方法对于痕量的毒品分析具有重大意义。隐形指纹的显微成像和残留化学成分分析在司法鉴定中具有巨大的应用价值。基于质谱成像技术可对指纹中的痕量未知化学成分进行结构鉴定。利用基质辅助激光解吸电离质谱成像技术对隐形指纹进行采集，通过对指纹中不饱和脂肪酸含量对比分析，最终确定隐形指纹的残留时间。样品制备方法为将标准样品C16∶1取样于半导体材料薄膜上，放置于室温，在不同时间通过质谱分析测定其氧化物与标准样品C16∶1的峰信号强度之比。结果显示，随着时间的增长，氧化程度加深。在此基础上，将采集的指纹放于室温下，在一定时间内，进行第二次指纹采集。通过质谱成像技术测定不同时间采集的指纹中不饱和脂肪酸信号强度变化，最终确定隐形指纹的时间。

### 14.3.3 质谱成像技术在其他领域的应用

除药学、医学、植物学之外，MSI在其他领域也有广泛的应用。①利用表面解析常压化学电离串联质谱(SDAPCI-MS)，建立了一种能在无须样品预处理条件下直接对纺织品中存在的致癌性邻甲苯胺进行检测的新方法。具体过程为：分别以质子化邻甲苯胺(*m/z*108)及其特征峰碎片离子(*m/z*91)为探针，对穿过的衣服袖口进行二维质谱扫描，用不同颜色表示袖口上芳香胺信号强度的高低，在无损衣服的情况下获得该袖口上邻甲苯胺的质谱影像，在分子水平上对衣袖中邻甲苯胺的分布进行可视化表达，所成像图的空间分辨率达0.2mm$^2$，对了解致癌性芳香胺在纺织品中的分布具有重要意义。②利用基质辅助激光解吸电离质谱成像(MALDI-MSI)对蜜蜂毒液进行研究。以猪耳和大鼠腿为研究对象，建立蜜蜂蜇伤的体外和体内模型。MALDI-MSI用于研究3种毒液变应原(Apim1、Apim4、Apim6)和两种毒液毒素(蜂毒明肽和肥大细胞脱粒肽)的扩散和分布，为设计和测试新毒液免疫疗法(VIT)的体内临床研究开辟了新的路径。③利用表面解吸常压化学电离(SDAPCI)串联质谱，对鸡蛋中的三聚氰胺进行检测。以三聚氰胺的特征碎片离子(*m/z*85)为探针，对熟鸡蛋切面进行二维质谱扫描，用不同颜色表示三聚氰胺的信号强度高低，获得熟鸡蛋切面的三聚氰胺质谱成像。三聚氰胺的空间分辨率达0.6mm$^2$。结果表明超过99.8%的三聚氰胺不均匀地分布在蛋清中，蛋黄中几乎不存在。④应用液体辅助表面解吸常压化学电离源(LA-DAPCI)，对罗丹明6G进行测定。具体为通过电晕放电产生的初级离子和高密度带电液滴，能够对样品表面的中性待测物进行解吸电离，该离子源具有较高的离子化效率，适合复杂基体样品的质谱成像研究。为了满足质谱成像对空间分辨率的要求，研究者通过减小毛细管直径，更改萃取剂组成，调整萃取剂流速和载气流速，优化离子源的几何位置，有效提高了 LA-DAPCI 源的空间分辨率，并应用 LA-DAPCI-MS/MS 方法对罗丹明 6G 进行测定，检出限可低至 0.01ng/$cm^2$，高空间分辨率及低检出限为 LA-DAPCI 应用于复杂基体样品的质谱成像研究提供了支撑。

### 14.3.4 质谱数据处理和统计分析

质谱成像所得到的数据是样品表面所有点的质谱数据的总和，数据量庞大且数据处理非常复杂。多元统计分析方法可以通过对质谱成像数据进行降维和特征提取，建立适合质谱成像数据分析的应用模型。目前，常用的质谱成像数据处理的多元统计方法包括主成分分析(PCA)、聚类分析(HCA)，正交偏最小二乘判别分析(OPLS-DA)等。此外还有因子分析法(FA)、软独立建模分类法(SIMA)、人工神经网络(ANN)等。这些方法成功地对大量质谱数据进行了降维和特征提取，推进了质谱成像技术在各领域的应用。采用空气动力辅助离子源质谱成像技术，对 3 种不同颜料(红色、蓝色、黑色)的笔迹样品进行分析。采用因子分析法对该样品的成像数据进行分析，提取出 3 种颜料的特征质荷比，成像数据被分为背景、黑色、蓝色和红色因子。对因子分析与主成分分析的成像数据处理结果进行了比较，结果显示，因子分析可以更简单并定量地对特征质荷比进行取舍，在生物标志物提取、疾病诊断、药理分析等方面有着较大的应用潜力。

### 14.3.5 质谱成像技术展望

近年来 MSI 技术获得了长足发展，并成为生命科学、材料科学及环境监测等领域的关键研究手段之一。但是，作为一种新兴的分子成像技术，其有待进一步发展，预计其未来的发展方向为：①提高成像技术的空间分辨率至亚微米级，实现单细胞水平的成像分析；②提高灵敏度，实现低丰度生物标记物的成像检测；③开发加快数据采集与分析的软件；④面阵型质谱成像新技术的研发；⑤3D质谱成像新技术的研发；⑥活体在线质谱成像检测技术的研发等。质谱成像可提供待测分子的结构组成、丰度及其空间分布信息，因而该技术已经成为医学、药学、微生物学和植物学等多个生命科学领域的关键技术之一。为适应各分析对象特性，各种离子化技术在质谱成像方面得以发展和应用。然而，不同的质谱成像技术在仪器、样品制备、空间分辨率和数据处理等多个方面都有缺点和局限性。为适应各领域的快速发展，质谱成像技术有待进一步的发展和改进。

## 14.4 稳定同位素技术

### 14.4.1 同位素概述

1913 年 J. J. 汤姆孙和 F. W. 阿斯顿用磁分析器发现天然氖是由质量数为 20

和22的两种同位素组成的，这是人们第一次发现了稳定同位素。1919年阿斯顿制成质谱仪，并在71种元素中发现了202种核素，绝大多数是稳定的；后来又利用光谱等方法发现了氧、氮等元素的稳定同位素。已知有81种元素有稳定同位素，稳定核素的总数为274种(包括半衰期>10年的放射性核素)。

同位素可分为两大类：放射性同位素(Radioactive Isotope)和稳定同位素(Stable Isotope)。凡能自发地放出粒子并衰变为另一种同位素的为放射性同位素，无可测放射性的同位素是稳定同位素。其中一部分是放射性同位素衰变的最终稳定产物，例如$^{206}Pb$和$^{87}Sr$等，另一部分是天然的稳定同位素，即自核合成以来就保持稳定的同位素，例如$^{12}C$和$^{13}C$、$^{18}O$和$^{16}O$等。与质子相比，含有太多或太少中子均会导致同位素的不稳定性，如$^{14}C$。这些不稳定的“放射性同位素”将会衰变成稳定同位素。

同位素是重要的核工业材料或示踪原子。含稳定同位素最多的元素是锡，它有10种稳定同位素。在分析中应用于光谱分析和核磁共振分析、密度分析、气相色谱分析、质谱分析、中子活化分析、红外光谱分析、气相色谱-质谱分析和稀释分析等。

## 14.4.2　同位素相关概念

### 14.4.2.1　同位素丰度

元素的同位素组成常用同位素丰度表示，同位素丰度是指一种元素的同位素混合物中，某特定同位素的原子数与该元素的总原子数之比。

① 绝对丰度：指某一同位素在所有各种稳定同位素总量中的相对份额，常以该同位素与$^{1}H$(取$^{1}H=1012$)或$^{28}Si$($^{28}Si=106$)的比值表示。这种丰度一般是由太阳光谱和陨石的实测结果给出元素组成，并结合各元素的同位素组成进行计算的。

② 相对丰度：指同一元素各同位素的相对含量。例如$^{12}C=98.892\%$，$^{13}C=1.108\%$。大多数元素由两种或两种以上同位素组成，少数元素为单同位素元素，例如$^{19}F=100\%$。

### 14.4.2.2　*R*值和*δ*值

① 一般定义同位素比值$R$为某一元素的重同位素原子丰度与轻同位素原子丰度之比。例如D/H、$^{13}C/^{12}C$、$^{34}S/^{32}S$等。由于在自然界中的轻同位素的相对丰度很高，而重同位素的相对丰度都很低，相应对$R$值就很低且冗长烦琐不便于比较，故在实际工作中通常采用样品的$\delta$值来表示样品的同位素成分。

② 样品(sq)的同位素比值$R_{sq}$与一标准物质(st)的同位素比值($R_{st}$)比较，比较结果称为样品的$\delta$值。其定义为：

$$\delta(‰)=(R_{sq}/R_{st}{}^{-1})\times1000 \quad (4)$$

即样品的同位素比值相对于标准物质同位素比值的千分差。

**14.4.2.3　同位素标准**

$\delta$ 值的大小显然与所采用的标准有关，所以在作同位素分析时首先要选择合适的标准，不同的样品间的比较也必须采用同一标准才有意义。对同位素标准物质的一般要求是：

① 组成均一，性质稳定；

② 数量较多，以便长期使用；

③ 化学制备和同位素测量的手续简便；

④ 大致为天然同位素比值变化范围的中值，便于绝大多数样品的测定；

⑤ 可以作为世界范围的零点。

目前国际通用的同位素标准是由国际原子能委员会(IAEA)和美国国家标准和技术研究所(NIST)颁布的，其主要的分析标准和数据报道如下：

① 氢同位素：分析结果均以标准平均大洋水(Standard Mean Ocean Water, SMOW)为标准报道，这是一个假想的标准，以它作为世界范围比较的基点，其 D/H SMOW = $(155.76 \pm 0.10) \times 10^{-6}$，相对于 SMOW，其氢同位素比值为：$\delta DNBS^{-1} = -47.6‰$。后来 IAEA 分发了两个用作同位素标准的水样 V-SMOW 和 SLAP，其氢同位素比值分别为：

$$\delta DVSMOW = 0‰ \tag{5}$$

$$\delta DSLAP = -428‰ \tag{6}$$

② 碳同位素：标准物质为美国南卡罗来纳州白垩纪皮狄组层位中的拟箭石化石(Peedee Belemnite，即 PDB)，其 $^{13}C/^{12}C = (11237.2 \pm 90) \times 10^{-6}$，定义其 $\delta^{13}C = 0‰$。

③ 氧同位素：大部分氧同位素分析结果均以 SMOW 标准报道，它是根据水样 $NBS^{-1}$ 定义的，$^{18}O/^{16}O$ SMOW = $(2005.2 \pm 0.43) \times 10^{-6}$，$^{17}O/^{16}O$ SMOW = $(373 \pm 15) \times 10^{-6}$；而在碳酸盐样品氧同位素分析中则经常采用 PDB 标准，其 $^{18}O/^{16}O = 2067.1 \times 10^{-6}$，它与 SMOW 标准之间存在转换关系。相对于 SMOW，NBS-1 的氧同位素比值为：$\delta^{18}ONBS^{-1} = -7.94‰$。两个 IAEA 标准水样 VSMOW 和 SLAP 的氧同位素比值分别为：

$$\delta^{18}OVSMOW = 0‰ \tag{7}$$

$$\delta^{18}OSLAP = -55.50‰ \tag{8}$$

④ 硫同位素：标准物质选用 Canyon Diablo 铁陨石中的陨硫铁(Troilite)，简称 CDT。$^{34}S/^{32}S$ CDT = 0.0450045±93，定义 CDT 的 $\delta^{34}S = 0‰$。

⑤ 氮同位素：选空气中氮气为标准。$^{15}N/^{14}N = (3.676.5 \pm 8.1) \times 10^{-6}$，定义其 $\delta^{15}N = 0‰$。

⑥ 硅同位素：硅同位素组成常以 $^{30}Si/^{28}Si$ 比值表示，标准是石英砂 $NBS^{-28}$，

定义其 $\delta^{30}Si=0‰$。

⑦ 硼同位素：采用 SRM951 硼酸作为标准，NBS 推荐的$^{11}B/^{10}B$ 比值为 4.04362±0.00137，定义其 $\delta^{11}B=0‰$。

### 14.4.3 同位素的稳定性

通常以原子核的比结合能(每个核子的平均结合能) $\varepsilon=EB/A$ 作为稳定性的量度；EB 为核的结合能，$A$ 为核子数。$\varepsilon$ 越大，体系的能量越低，也就越稳定。

自然界中，质子数 $Z$ 的稳定范围在 1～83，但没有 $Z=43$、61 的稳定核素。$A$ 的稳定范围在 1～209，但没有 $A=5$、8 的稳定核素。中子数 $N$ 的稳定范围在 0～126，其中没有 $N=19$、21、35、39、45、61、71、89、115、123 的稳定核素。

将自然界存在的核素以 $N(N=A-Z)$ 为纵坐标，$Z$ 为横坐标作图，可见核素分布在一条很窄的带上。在轻核部分，中子数与质子数相等或非常接近，当 $Z>20$，即从钙以后，$N>Z$ 窄带明显偏离 $N=Z$ 的直线而向上发散，至 $Z=83$，中质比为 1.52 以后就没有稳定核素。这说明核的稳定性与中质比值有关，稳定核素的中子数和质子数有近似的对称关系，而在稳定带以外的核都是放射性的。这就是核稳定性的对称规则。

核素的稳定性还与核子数的偶奇性有密切联系。$Z$ 为偶数的元素比 $Z$ 为奇数的元素有更多的稳定同位素，而且偶 $Z$ 和偶 $N$ 的元素占大多数。事实上，奇 $Z$ 的元素最多只有两个稳定同位素，而且它们几乎都是偶 $N$ 的。对 $Z$ 为偶数的元素，除元素铍($Z=4$)外，至少有两个稳定同位素，最多如元素锡，达到 10 个稳定同位素，而其中偶 $Z$ 和奇 $N$ 的核除锡有三个稳定同位素外，一般只有一个或两个稳定同位素。这就是核稳定性的偶-奇规则，也即奥多-哈金斯规则。

### 14.4.4 同位素的分析方法

同位素分析通常是指样品中被研究元素的同位素比例的测定。它是同位素分离、应用和研究中不可缺少的组成部分。

质谱法是稳定同位素分析中最通用、最精确的方法。它是先使样品中的分子或原子电离，形成各同位素的相似离子，然后在电场、磁场的作用下，使不同质量与电荷之比的离子流分开进行检测。若用照相底板摄像检测，则称质谱仪。将离子流收集在法拉第杯电极上，并用静电计测量电流，以使仪器自动连续地接收不同荷质比的离子，这样的仪器称为质谱计。这两种仪器不仅能用于气体，也可用于固体的研究。质谱计能用于几乎所有元素的稳定同位素分析。

随着高分辨质谱计的发展，可以根据质量的测定来确定被分析样品(如标记化合物)的化学式，从而进行物质成分和结构的分析。如在样品引入部分加上气相色谱装置，组成色谱-质谱联用仪，更可直接分析复杂的混合物样品。

核磁共振法是稳定同位素分析的另一重要方法。由于构成有机体主要元素的稳定同位素氘、碳 13、氮 15、氧 17 和硫 33 等的核自旋量子数均不为零，在外磁场的作用下，这些原子核都会像陀螺一样转动，若此时在磁场垂直方向加上一个射频电场，当其频率与这些原子核进动频率相同时，即出现共振吸收现象，核自旋取向改变，产生从低能级到高能级的跃迁；当再回到低能级时就放出一定的能量，使核磁共振能谱上出现峰值，此峰的位置是表征原子核种类的。磁场强度恒定时，根据共振时的射频电场频率，可以检出有机体样品中不同基团上的同位素，根据峰高，还可测定含量，但由于其测定灵敏度较低，一般不作定量分析使用。核磁共振分析与同位素示踪技术相结合，在化学、生物学、医药学等领域已成为很有用的工具。

光谱法利用红外振动光谱中同位素取代引起的谱线位移，可测定氢化合物中的氘含量。原子吸收、发射光谱等可用于氮等同位素分析，甚至可作铀 235 浓度的中等精度测定。但对质量数较大的同位素，由于其位移值较小，应用受到一定限制。

气相色谱法可用于氢、氮、氧等的同位素分析，是一种简单、易行的分析方法。

密度法一般用于水中氘的同位素分析，其中有比重瓶法、落滴法、浮沉子法等。用这些方法测得的是总密度变化，如果水中的氧 18 含量不同于天然含量，则必须借助质谱法测得其氧 18 的真实含量，并换算成密度增值，并从水的总密度中扣除。

中子活化分析也是一种稳定同位素的有效分析方法。

### 14.4.5 稳定同位素比例质谱仪(IRMS)

大多数元素是其同位素的混合物，将其彼此分离(或部分分离)是一种特殊的精密分离-同位素分离。其中氘、锂 6 是重要的核燃料。各种纯的稳定同位素成为核物理学和核化学研究的材料。氢、氮、碳、氧、硫等轻元素的稳定同位素则广泛作为示踪原子，用于研究化学和生物化学的各种过程和机理，以及分子的微观结构与性质的关系等重要问题。

#### 14.4.5.1 稳定同位素比例质谱仪(IRMS)工作原理

质谱是按照原子(分子)质量的顺序排列的图谱。利用光谱法、核感应法或微波吸收法都可以制作试验装置进行质谱研究，而历史上把基于电磁学原理设计而成的仪器叫作质谱仪(Mass Spectrometer 或 Mass Spectrograph)。该质谱仪所获得的信息是离子的质量 $m$ 与电荷 $e$ 之比 $m/e$，并且这种仪器中采用的质量分析器只能对带电粒子起分离作用，因此要将被研究的原子(分子)转变成离子才能进行相应的分析检测。近百年来，人们利用质谱仪进行了原子量测定、同位素分离与分析、有机物结构分析和其他科学实验，形成质谱法(Mass Spetrometry 或 Mass Spetroscopy)，其在现代分离、分析研究领域中占有重要地位。

(1) IRMS 的基本测量过程

在稳定同位素分析中均以气体形式进行质谱分析，因此常有气体质谱仪之称。同位素质谱分析仪的测量过程可归纳为以下步骤：

① 将被分析的样品以气体形式送入离子源；

② 把被分析的元素转变为电荷为 $e$ 的阳离子，应用纵电场将离子束转至成为一定能量的平行离子束；

③ 利用电、磁分析器将离子束分解为不同 $m/e$ 比值的组分；

④ 记录并测定离子束每一组分的强度；

⑤ 应用计算机程序将离子束强度转化为同位素丰度；

⑥ 将待测样品与工作标准相比较，得到相对于国际标准的同位素比值。

(2) IRMS 的基本原理

同位素比例质谱仪的原理是首先将样品转化成气体(如 $CO_2$，$N_2$，$SO_2$ 或 $H_2$)，在离子源中将气体分子离子化(从每个分子中剥离一个电子，导致每个分子带有一个正电荷)，接着将离子化气体打入飞行管中。飞行管是弯曲的，磁铁置于其上方，带电分子依质量不同而分离，含有重同位素的分子弯曲程度小于含轻同位素的分子。

在飞行管的末端有一个法拉第收集器，用以测量经过磁体分离之后，具有特定质量的离子束强度。由于它是把样品转化成气体才能测定，所以又叫气体同位素比例质谱仪。以 $CO_2$ 为例，需要有三个法拉第收集器来收集质量分别为 44、45 和 46 的离子束。不同质量离子同时收集，从而可以精确测定不同质量离子之间的比率。

带电粒子在磁场中运动时发生偏转，偏转程度与粒子的质荷比 $m/e$ 成反比。带电离子携带电荷 $e'$，通过电场时获得能量 $e'V$，它应与该离子动能相等：

$$1/2m'v'^2 = e'V \tag{9}$$

式中，$m'$ 和 $v'$ 分别为粒子的质量和速度，$e'$ 为粒子电荷，$V$ 为电压。带电粒子沿垂直磁力线方向进入磁场时，受到洛伦兹力作用，此力垂直于磁场方向和运动方向，力的大小为：

$$F = e'VB/c \tag{10}$$

式中，$B$ 为磁场强度，$c$ 为光速。合并式(9)和式(10)，得到：

$$F = \frac{Be'\sqrt{2e'V}}{c\sqrt{m}} = \frac{Be'\sqrt{2V}}{c} \times \sqrt{e'/m} \tag{11}$$

显然，$F$ 为粒子质量的函数，确切来说是荷质比为 $\sqrt{e'/m}$ 的函数。据此，带电粒子在磁场中运动时因洛伦兹力而偏转，导致不同质量同位素的分离，重同位素偏转半径大，轻同位素偏转半径小。实际测定中，不是直接测定同位素的绝对含量，因为这一点很难做到；而是测定两种同位素的比值，例如$^{18}O/^{16}O$或$^{34}S/^{32}S$等。用作稳定同位素分析的质谱仪是将样品和标准的同位素比值作对比进行测量的。

#### 14.4.5.2 IRMS 的基本结构

同位素比例质谱仪与其他质谱仪一样，其结构主要可分为进样系统、离子源、质量分析器和离子检测器四部分，此外还有电气系统和真空系统支持。

① 进样系统：把待测气体导入质谱仪的系统。它可以导入样品但不破坏离子源和分析室的真空。为避免扩散引起的同位素分馏，要求在进样系统中形成黏滞性气体流，即气体的分子平均自由路径小于储样器和气流管道的直径，因此气体分子之间能够彼此频繁碰撞，相互作用，形成一个整体。

② 离子源：在离子源中，待测样品的气体分子发生电离，加速并聚焦成束。针对某种元素，往往可以采用不止一种离子源测定同位素丰度。对离子源的要求是电离效率高，单色性好。

③ 质量分析器：主体为一扇形磁铁，要求其分离大，聚焦效果好。

④ 离子检测器：接收来自质量分析器的具有不同荷质比的离子束，并加以放大和记录。由离子接收器和放大测量装置组成。离子通过磁场后，待分析离子束通过特别的狭缝后，重新聚焦到接收器上并收集起来。接收器一般为法拉第筒。现代质谱仪都有两个或多个接收器以便同时接收不同质量数的离子束，交替车辆样品和标准的同位素比值并将两者加以比较，可以得到较高的测量精度。对检测部分的要求是灵敏度高，信号不畸变。

#### 14.4.5.3 IRMS 的主要部件

中国科学院沈阳应用生态研究所农产品安全与环境质量检测中心的 Finnigan MAT DeltaplusXP 同位素比例质谱仪是一种用于精密测定$^{13}C$、$^{15}N$、$^{18}O$和$^{34}S$同位素比值的中型质谱仪。

① 该 IRMS 系统部件主要由系统主机、四个外设、两个接口和一个工作站组成。主机即质谱仪，由离子源、质量分析器、离子检测器、电气系统以及真空系统组成。

② 四个外设包括燃烧型元素分析仪（Flash EA1112）、高温裂解元素分析仪（TC/EA）、气相色谱仪（GC）和预浓缩装置（PreCon）。

③ 两个接口为连接元素分析仪的连续流接口（即 Conflo Ⅲ）和连接气相色谱仪的带燃烧、裂解的接口（GCC）。

④ 一个工作站，即一台运行控制程序 ISODAT NT 的奔腾计算机。

### 14.4.6 IRMS 分析技术的应用

随着同位素质谱测试技术的发展，拓宽了稳定同位素的研究领域。人们所熟知的“稳定同位素地球化学”已成为一门独立的学科，稳定同位素技术还应用于农业、医学和环境科学研究等领域。通过同位素分析，可以得知农作物施肥的最佳配方比和时间、诊疗病症、了解物品组成成分与来源、推断出气候及环境条件特征等。

它的应用主要分为两个方面：

① 各种物质同位素 δ 值存在着天然的差异；

② 稳定同位素示踪方法。

**14.4.6.1　同位素比例质谱法鉴别海洛因来源**

当前，毒品来源推断技术已成为国际上的研究热点之一。化合物的稳定同位素比值被称为该化合物的“同位素签字”，它能反映化合物的来源信息。海洛因是由吗啡经二乙酰化得到，海洛因的$^{13}C$同位素比值能反映海洛因的合成和来源信息，但由于乙酰基对$^{13}C$的贡献，不能完全反映吗啡来源地信息。因此，为研究海洛因的来源地，应排除乙酰基的影响，即把海洛因水解为吗啡，再测定吗啡的$^{13}C$同位素比值来推断其原产地。

**14.4.6.2　生态系统中污染物的监测与环境保护**

在不同环境条件下，稳定同位素的组成会有一定的差异。譬如不同来源的含氮物质可以由不同的氮同位素组成，因此氮同位素是一种很好的污染物指示剂。目前，化肥的使用非常普遍，土壤中的氮肥及其他的含氮有机物随着水土的流失而流进江河湖海，因此 $\delta^{15}N$ 值可以作为水域环境污染程度指标。

孙玮玮等在《稳定性同位素示踪技术在环境领域的应用初探》中通过系统分析国内外近年来稳定性同位素示踪技术在各环境介质中污染物的迁移、转化及判源分析等方面的研究现状：稳定性同位素技术用于环境领域研究特别是水环境中不同物态的有机物来源、运移、转化研究较为成熟；我国稳定性同位素用于环境领域特别对污染物判源及不同环境介质中迁移、转化与降解的稳定性同位素研究尚属起步阶段，但前景广阔。

杨蓉等在《碳氮氧稳定同位素技术在水生态环境中的应用》中指出：稳定同位素技术是研究环境和生态系统中元素循环途径的重要方法。稳定同位素的丰度变化反映了自然界和生物体内混合、分馏双重作用的结果，因此可作为指标计算混合物的来源贡献，或研究造成分馏的化学反应和生物代谢路径。从 20 世纪中期确立稳定同位素的基础原理开始，70 年间该技术在地球化学、环境科学、生态学、微生物学、食品科学等领域获得了大量有价值的成果。其中，水体作为自然环境的重要组成和人类社会的重要资源，已有诸多研究涉及稳定同位素在水环境中污染物溯源、水生态系统元素迁移转化、水生生物营养来源和营养关系等方面的应用。通过梳理常见的碳、氮、氧稳定同位素在水环境和水生态领域的研究进展，发现污染物和食物来源分析已不局限于定性识别，基于数学模型的混合物组分定量评估方法正得到越来越多的应用；同时，为开展水体脱氮强度和通量估算、水生生物营养级计算及食物网分析，精确测量$^{18}O$、$^{15}N$和$^{13}C$的富集程度以及通过试验和调研获取运算所需的基础参数都是关键步骤。虽然在实际应用中存在待完善之处，但稳定同位素技术的前沿研究仍昭示了其整体化、精细化的发展方向，未来与计算科学的方法学进步相结合，将为水科学研究提供更有力的技术支撑。

张妙月等在《稳定同位素示踪土壤中重金属环境行为的研究进展》中提出：随着以多接收器电感耦合等离子体质谱仪(MC-ICP-MS)为代表的高精度质谱分析技术的革命性突破，稳定同位素的研究取得了跨越式发展。重金属稳定同位素成为示踪土壤环境介质中重金属地球化学循环的有效工具，在识别污染来源、解析关键过程、跟踪环境行为等方面展现出极大的应用潜力。从同位素基本概念出发，系统介绍了利用重金属稳定同位素示踪土壤环境重金属污染的来源与归趋、土壤-植物体系重金属元素的迁移转化以及金属纳米颗粒的环境过程等方面的研究进展，并进一步总结了氧化还原、沉淀溶解、吸附解吸、络合反应、生物作用等影响重金属稳定同位素分馏的相关机制，最后针对当前应用和研究现状，提出了拓展稳定同位素示踪重金属环境行为的潜在研究方向和研究内容，对土壤重金属污染防治及修复具有重要的指导意义。

胡新笑等在《氯/溴稳定同位素分析技术及其在环境科学研究中的应用》中提出：稳定同位素分析被认为是环境污染物溯源和转化途径探究的有效工具。针对氯/溴稳定同位素研究已经开发了一些较为可靠的分析技术，被广泛应用于氯乙烯、氯苯、溴酚、多溴二苯醚和有机氯农药等有机污染物的研究．本文综述了近年来氯/溴同位素分析技术的最新进展，介绍了稳定同位素分析技术在含氯/溴有机污染物的溯源分析和降解途径识别等方面的应用实例，分析了现有分析技术在仪器测定、分析策略、理论知识等方面的不足，展望了该技术的发展方向及其在环境科学领域的应用前景。

傅慧敏等在《轻稳定同位素环境检测样品的采集和前处理方法》中指出：稳定同位素技术已被广泛应用于环境领域的鉴定、溯源、CN循环、反应机理等研究，检测样品的采集和前处理方法会直接影响研究结论。综述了目前在环境样品自然丰度的轻稳定同位素研究中，已被认可的样品采集和前处理方法的应用与进展，包括气体及其颗粒物样品、植物样品、沉积物样品、土壤样品、水样、生物样品和地质样品，为进一步提高数据的准确性、可靠性和多样性提供技术支持。

**14.4.6.3　食品质量控制方面的应用**

根据植物$C_3$和$C_4$循环产物的$\delta^{13}C$值的不同，碳同位素技术在食品质量控制方面可以发挥特别的作用，能够解决常规分析技术解决不了的问题。例如，常规分析技术无法分辨甜菜糖和蔗糖，但甜菜是$C_3$植物，$\delta^{13}C$约为-25.5‰，甘蔗是

$C_4$ 植物，$\delta^{13}C$ 约为-11.5‰，应用碳同位素技术可以轻而易举地加以区分；同样的枫树是 $C_3$ 植物，$\delta^{13}C=-22.4‰\sim-25.5‰$，所以在枫树糖浆中若掺入蔗糖，用 $\delta^{13}C$ 分析即可检出；同样的方法可以鉴别蜂蜜（主要来自 $C_3$ 植物）中掺入的蔗糖，或是区别天然香料（$\delta^{13}C$ 约为-20‰）和合成香料（$\delta^{13}C=-27‰$）等；谷物发酵形成酒精的过程中碳同位素分馏不超过千分之几，所以也可用来鉴别酒类；应用碳同位素技术甚至可以鉴定喂鸡的饲料，用麦子喂养鸡的蛋 $\delta^{13}C=-23.7‰$，玉米喂养鸡的蛋 $\delta^{13}C=-11.0‰$，混合饲料喂养鸡的蛋 $\delta^{13}C$ 介于其间。

同样的原理还可以应用于考古，由于有机残余物的 $\delta^{13}C$ 可追溯古代文明的食品状况，因此把碳和氧同位素综合应用，还可对不同食品的混合作出更精细的判断。

## 14.5 微机电系统（MEMS）技术

### 14.5.1 微机电系统概述

微机电系统（Micro-Electro-Mechanical System，MEMS），也称为微电子机械系统、微系统、微机械等，指尺寸在几毫米乃至更小的高科技装置。微机电系统的内部结构一般在微米甚至纳米量级，是一个独立的智能系统。

MEMS 是在微电子技术（半导体制造技术）基础上发展起来的，是融合了光刻、腐蚀、薄膜、LIGA、硅微加工、非硅微加工和精密机械加工等技术制作的高科技电子机械器件。也是集微传感器、微执行器、微机械结构、微电源微能源、信号处理和控制电路、高性能电子集成器件、接口、通信等于一体的微型器件或系统。MEMS 是一项革命性的新技术，广泛应用于高新技术产业，是一项关系到国家的科技发展、经济繁荣和国防安全的关键技术。

常见的产品包括 MEMS 加速度计、MEMS 麦克风、微马达、微泵、微振子、MEMS 光学传感器、MEMS 压力传感器、MEMS 陀螺仪、MEMS 湿度传感器、MEMS 气体传感器以及它们的集成产品等。

### 14.5.2 微机电系统技术的特点

MEMS 是一个独立的智能系统，其系统尺寸在几毫米乃至更小，其内部结构一般在微米甚至纳米量级。例如，常见的 MEMS 产品尺寸一般都在 3mm×3mm×1.5mm，甚至更小。

概括起来，MEMS 具有以下几个基本特点：微型化、智能化、多功能、高集成度和适于大批量生产。MEMS 技术的目标是通过系统的微型化、集成化来探索具有新原理、新功能的元件和系统。MEMS 是一种典型的多学科交叉的前沿性技术，几乎涉及自然及工程科学的所有领域，如电子技术、机械技术、物理学、化学、生物医学、材料科学、能源科学等。

① 微型化：MEMS 器件体积小、重量轻、耗能低、惯性小、谐振频率高、响应时间短。

② 以硅为主要材料，机械电器性能优良：硅的强度、硬度和杨氏模量与铁相当，密度类似铝，热传导率接近钼和钨。

③ 批量生产：用硅微加工工艺，在一片硅片上可同时制造成百上千个微型机电装置或完整的 MEMS。批量生产可大大降低生产成本。

④ 集成化：可以把不同功能、不同敏感方向或致动方向的多个传感器或执行器集于一体，形成微传感器阵列、微执行器阵列，甚至把多种功能的器件集成在一起，形成复杂的微系统。微传感器、微执行器和微电子器件的集成可制造出可靠性、稳定性很高的 MEMS。

⑤ 多学科交叉：MEMS 涉及电子、机械、材料、制造、信息与自动控制、物理、化学和生物等多种学科，并集约了当今科学技术发展的许多尖端成果。

### 14.5.3 微机电系统技术的主要分类

#### 14.5.3.1 传感

传感 MEMS 技术是指用微电子微机械加工出来的，用敏感元件如电容、压电、压阻、热电耦、谐振、隧道电流等来感受转换电信号的器件和系统。它包括速度、压力、湿度、加速度、气体、磁、光、声、生物、化学等各种传感器，按种类分主要有面阵触觉传感器、谐振力敏感传感器、微型加速度传感器、真空微电子传感器等。传感器的发展方向是阵列化、集成化、智能化。由于传感器是人类探索自然界的触角，是各种自动化装置的神经元，且应用领域广泛，未来将备受世界各国的重视。

#### 14.5.3.2 生物

生物 MEMS 技术是用 MEMS 技术制造的化学/生物微型分析和检测芯片或仪器，使用在衬底上制造出的微型驱动泵、微控制阀、通道网络、样品处理器、混合池、计量、增扩器、反应器、分离器和检测器等元器件集成为多功能芯片。可以实现样品的进样、稀释、加试剂、混合、增扩、反应、分离、检测和后处理等分析全过程。它把传统的分析实验室功能微缩在一个芯片上。生物 MEMS 系统具有微型化、集成化、智能化、成本低的特点。功能上有获取信息量大、分析效率高、系统与外部连接少、实时通信、连续检测的特点。国际上生物 MEMS 的研究已成为热点，不久将为生物、化学分析系统带来一场重大的革新。

#### 14.5.3.3 光学

随着信息技术、光通信技术的迅猛发展，MEMS 发展的又一领域是与光学相结合，即综合微电子、微机械、光电子技术等基础技术，开发新型光器件，称为微光机电系统(MOEMS)。它能把各种 MEMS 结构件与微光学器件、光波导器件、半导体激光器件、光电检测器件等完整地集成在一起。形成一种全新的功能系统。MOEMS 具有体积小、成本低、可批量生产、可精确驱动和控制等特点。较成功的应用科学研究主要集中在以下两个方面：

① MOEMS 的新型显示、投影设备，主要研究如何通过反射面的物理运动来进行光的空间调制，典型代表为数字微镜阵列芯片和光栅光阀。

② 通信系统，主要研究通过微镜的物理运动来控制光路发生预期的改变，较成功的有光开关调制器、光滤波器及复用器等光通信器件。MOEMS 是综合性和学科交叉性很强的高新技术，开展这个领域的科学技术研究，可以带动大量的新概念的功能器件开发。

#### 14.5.3.4 射频

射频 MEMS 技术传统上分为固定的和可动的两类。固定的 MEMS 器件包括本体微机械加工传输线、滤波器和耦合器；可动的 MEMS 器件包括开关、调谐器和可变电容。按技术层面又分为由微机械开关、可变电容器和电感谐振器组成的基本器件层面；由移相器、滤波器和 VCO 等组成的组件层面；由单片接收机、变波束雷达、相控阵雷达天线组成的应用系统层面。

随着时间的推移和技术的逐步发展，MEMS 所包含的内容正在不断增加，并变得更加丰富。世界著名信息技术期刊《IEEE 论文集》在 1998 年的 MEMS 专辑中将 MEMS 的内容归纳为：集成传感器、微执行器和微系统。人们还把微机械、微结构、灵巧传感器和智能传感器归入 MEMS 范畴。制作 MEMS 的技术包括微电子技术和微加工技术两大部分。微电子技术的主要内容有氧化层生长、光刻掩膜制作、光刻选择掺杂(屏蔽扩散、离子注入)、薄膜(层)生长、连线制作等。微加工技术的主要内容有硅表面微加工和硅体微加工(各向异性腐蚀、牺牲层)技术、晶片键合技术、制作高深宽比结构的 LIGA 技术等。利用微电子技术可制造集成电路和许多传感器。微加工技术很适合于制作某些压力传感器、加速度传感器、微泵、微阀、微沟槽、微反应室、微执行器、微机械等，这就能充分发挥微电子技术的优势，利用 MEMS 技术大批量、低成本的优点可制造高可靠性的微小卫星。

MEMS 技术是一个新兴技术领域，主要属于微米技术范畴。MEMS 技术的发展已经历了 10 多年时间，基于现有技术制作出来一批新的集成器件，大大提高了器件的功能和效率，显示出了巨大的生命力。MEMS 技术的发展有可能会像微电子一样，对科学技术和人类生活产生革命性的影响，这将有利于大批量生产低成本和高可靠性的微小卫星。

### 14.5.4 微机电系统技术的主要应用

微机电系统技术的主要应用方向有三大类：射频(比如 relay、switch、可变电容、谐振器)、生物(比如微全分析系统)和微能量采集(比如微马达)。

人们不仅要开发制造各种 MEMS 技术，更重要的是要将 MEMS 技术与航空航天、信息通信、生物化学、医疗、自动控制、消费电子以及兵器等应用领域相结合，制造出符合各领域要求的微传感器、微执行器、微结构等 MEMS 器件与系统。

微机电系统在生物医学方面的一个应用——胶囊式内窥镜系统。胶囊式内窥镜系统包括低功耗数模混合集成电路芯片解决方案、低功耗 SOC 系统设计、射频无线启动开关、医学图像处理以及高清数字视频的研发等方面。

微机电系统在医疗器械中的应用包括生命体征监测器械、心血管疾病治疗器械和其他医疗器械(如人工耳蜗、腹腔镜抓手等)等。

#### 14.5.4.1 基于高速解调电路的新型手持式工频电场检测系统

唐立军、顾植彬、彭春荣等在《基于高速解调电路的新型手持式工频电场检测系统》一文中指出：基于高性能的微机电系统电场敏感芯片进行工频电场检测，设计了前置放大电路并对芯片输出的微弱信号进行二级放大；基于相敏检测原理，设计了一种可抑制背景干扰噪声的模拟解调电路，提高了系统的响应速度；基于 ARM 微控制器实现了信号的处理，最终成功研制了一种新型手持式工频电场检测系统。输电线路下的电场检测实验表明：系统具有良好的检测性能，检测结果与德国 Narda 电场测量仪具有较好的一致性。

#### 14.5.4.2 基于微机电系统的高深宽比气相微色谱柱

罗凡等在《基于微机电系统的高深宽比气相微色谱柱》一文中指出：色谱柱的微型化是实现气相色谱仪微型化必须要解决的关键问题之一。该文基于微机电系统技术设计制作了一种具有高深宽比微沟道的气相微色谱柱。通过 Comsol 软件进行仿真分析，得出气相微色谱柱具有均匀的流速场分布。测试结果表明，该气相微色谱柱成功分离了烷烃类气体混合物及苯系物，其理论塔板数可达 14028plates/m，$C_7 \sim C_8$ 的分离度最高，这种气相微色谱柱由于具有体积小、能耗低、分离性能好等优点，可望在微小型气相色谱仪上获得应用。

此文基于 MEMS 技术设计并制作了一种具有更高的深宽比矩形横截面的气相微色谱柱，采用蛇形沟道布局，更高深宽比的沟道既能保证气相微色谱柱有足够的柱容量，又有利于气体分子在两相之间迅速达到平衡，从而获得高柱效。测试表明该气相微色谱柱能有效分离烷烃类气体成分($C_6 \sim C_{10}$)、苯系物混合物成分，其理论塔板数为 14028plates/m，$C_7 \sim C_8$ 分离度最高为 1082。

#### 14.5.4.3 基于微机电系统技术的微型气相色谱检测器在测定白酒微量乙酸乙酯中的应用

彭强等在《基于微机电系统技术的微型气相色谱检测器在测定白酒微量乙酸乙酯中的应用》一文中表明：在优化的色谱条件下，使用构建的一种新型的用于微型化气相色谱的热导检测器(TCD)测定白酒中微量乙酸乙酯的含量时，微型TCD检测器的测定结果与商用火焰离子化检测器(FID)的测定结果一致。

微型TCD检测器的检测结果与商用FID检测器的检测结果很接近，两者相差约2.5%，采用t检验判断两组结果没有显著性差异(显著性水平$\alpha=0.05$)。实验结果表明，TCD检测器芯片能可靠地用于气相微量物质含量的测定。比较实验数据，TCD检测器的RSD较大，主要原因有两点：①TCD检测器是一种通用型检测器，对样品中大量的水有响应，这导致内标乙酸正戊酯的峰出现在水峰的拖尾上，积分处理色谱数据时对内标峰的面积计算会引入较大偏差。相比之下FID检测器只对有机物有响应，基线平稳很多。②TCD检测器本身的灵敏度比FID差，考察两种检测器检测白酒样品中乙酸乙酯的信噪比，FID检测器的信噪比为3345，而TCD的信噪比仅为97。FID的信噪比是TCD的30多倍，在信噪比较低时计算色谱峰面积也会引入较大偏差。

## 14.6 原位电离质谱技术

### 14.6.1 原位电离质谱技术概述

自2004年普渡大学Cooks教授提出解吸电喷雾电离(Desorption Electrospray Ionization，DESI)以来，目前已发展了几十种原位电离技术，例如实时直接分析(Direct Analysis in Real Time，DART)、介质阻挡放电电离(Dielectric Barrier Discharge Ionization，DBDI)、萃取电喷雾电离(Extractive Electrospray Ionization，EESI)等，原位电离技术的提出及应用推广进一步推进了质谱分析技术的发展。

原位电离质谱(Ambient Ionization Mass Spectrometry，AIMS)是当前质谱理论与应用研究的热点之一。原位电离质谱技术无须样品制备，在常温常压条件下可对样品进行直接分析，是质谱分析领域的一次重大变革。原位电离质谱技术具有选择性强、易于实现自动化与智能化的特点，目前已迅速渗透至各个行业，在食品安全、药品质量控制、环境检测、生物分析、材料分析以及安全反恐等领域获得应用，正在改变质谱分析的现状，引领新一代分析检测技术的开发和应用。

### 14.6.2 原位电离质谱(AIMS)常用的电离技术

#### 14.6.2.1 解吸电喷雾电离(DESI)

解吸电喷雾电离(Desorption Electrospray Ionization，DESI)是先把喷雾溶剂加

上较高的电压，通过雾化装置的内部毛细管进行溶剂喷射，内部毛细管的外圈同时喷出高纯氮气瞬间雾化溶剂，使带电液滴冲击样品表面，样品被高速液滴冲击之后发生溅射，在氮气的作用下带电液滴继续去溶剂化，通过传输管进入质谱入口，然后用质谱检测器进行检测。DESI 质谱成像的效果和质量与所用溶剂关系极大，改变溶剂系统可以检测样品表面的不同待测物。DESI 喷嘴与样品溅射面、质谱入口之间的角度和距离对质谱成像谱图的信号强度和分辨率有很大的影响，实验示意图如图 14-9 所示。

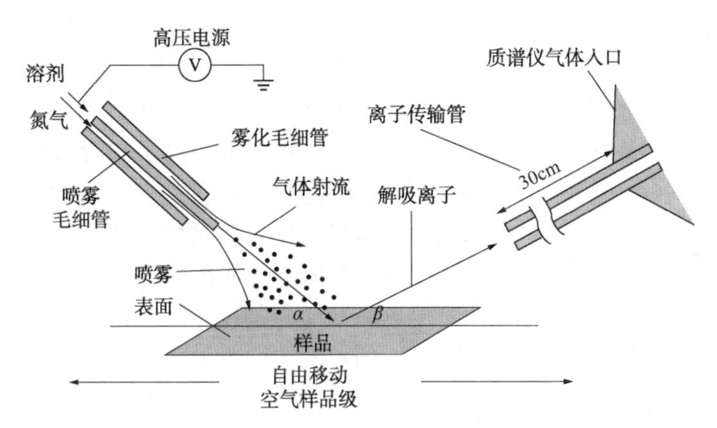


图 14-9　典型 DESI 实验示意图

Zhang 等探索了 DESI-MS 技术对大脑代谢信号成像的应用，在阿尔茨海默病小鼠模型的脑组织中，检测脂肪酸、胆碱、甘油酯和磷脂酰乙醇胺等化合物的变化水平，以更好地了解脂质代谢功能障碍与阿尔茨海默病的相关性。

**14.6.2.2　纸喷雾电离(PSI)**

纸喷雾电离(Paper Spray Ionization，PSI)利用位于 MS 入口前面的三角形纸基板，在其上添加少量液体样品后添加喷雾溶剂。当对纸张施加高电压时，电离发生在基板的尖端，通过与传统 ESI 类似的机制产生离子。与其他基于电喷雾的 AIMS 技术相比，PSI 的主要优点是使用了纸基质基板，它同时起到过滤器的作用，过滤掉可能导致基质效应的杂质。PSI 电离源的工作原理如图 14-10 所示。

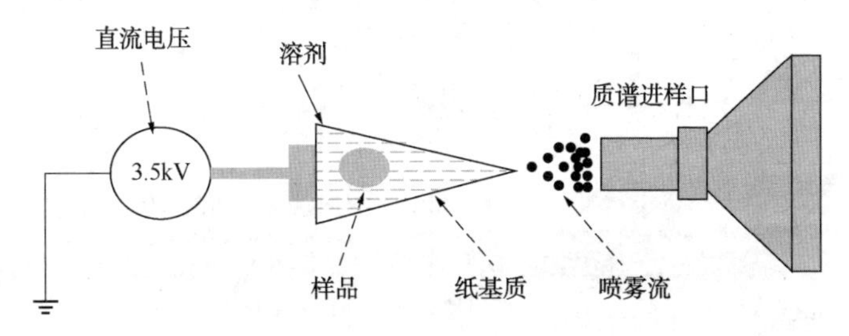


图 14-10　PSI 电离源工作原理

Cai 等人开发了一种纸喷雾法来监测工人的环境暴露危害因素，将纸条放在参与者戴的口罩的内外表面。然后收集纸条并直接分析，以检测吸收到纸中的环境和呼出分析物。该研究表明，可以使用 AIMS 开发一种可穿戴的采样设备，除了环境暴露外，还可以通过生物标记物来监测佩戴者的健康状况。

**14.6.2.3 探针电喷雾电离(PESI)**

探针电喷雾电离(Probe Electrospray Ionization，PESI)使用带电的金属细丝作为探针。移动探针在样品上接触式取样，回收探针至质谱的连接接口，施加电压产生的喷雾进入质谱内部。PESI 的去除杂质干扰的能力更强，它的工作原理如图 14-11 所示。

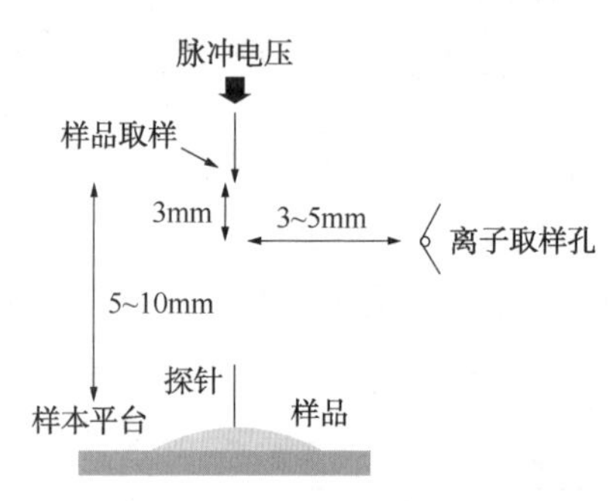


图 14-11 PESI 电离源的工作原理

激光使拉曼光谱获得了新生，因为激光的高强度极大地提高了包含双光子过程的拉曼光谱的灵敏度、分辨率和实用性。为了进一步提高拉曼散射的强度，最近又研究出两种新技术，即共振拉曼光谱法和相关反斯托克斯拉曼光谱法(CARS)，使灵敏度得到更大的提高，但尚未成为常规的分析方法。

**14.6.2.4 液体萃取表面分析(LESA)**

液体萃取表面分析(Liquid Extraction Surface Analysis，LESA)能够通过在样品表面和导电吸管尖端之间形成液体连接来提取分析物，在自动将移液管尖端重新定位在 MS 入口前方进行电喷雾之前，将溶剂反复吸入样品表面数秒钟。这项技术能够实现快速和自动化的表面采样，并已被证明在生物组织成像方面具有广阔的应用前景。该技术最新的进展为 MICROLESA 技术，减少了传统 LESA 的采样面积。探针电喷雾电离源的工作原理如图 14-12 所示。

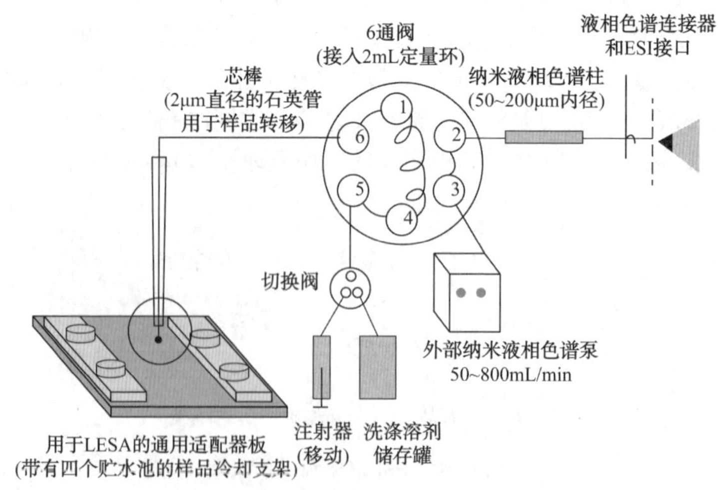


图 14-12 探针电喷雾电离源的工作原理

Zhang 等研究了与 LESA 有点类似的 MasSpec 技术，它使用液-固萃取过程进行环境采样，溶剂通过一个易于使用的手持设备提取。将该设备放在与样品表面接触的位置，用于分析物提取，然后将含有萃取分析物的溶剂拉向质谱仪进行电离和分析。

**14.6.2.5　实时直接电离技术(DART)**

实时直接电离技术(Direct Analysis in Real Time，DART)是利用电晕放电产生激发态氦气原子，加速后的氦气原子冲击并离子化待测物表层的物质，在几秒钟内就可以完成电离，然后导入质谱入口进行分析，方法的优点是无论待测样品是何种物理形态或形状，均可以快速进行检测。DART 电离源的工作原理如图 14-13 所示。

**14.6.2.6　介质阻挡放电电离(DBDI)**

介质阻挡放电电离(Dielectric Barrier Discharge Ionization，DBDI)把中空不锈钢针作为放电电极，中间通氦气；载玻片下方使用金属作为基底电极，电极尖端和载玻片表面的距离很小，当两个电极施加较高的电压时，不锈钢针和金属基底电极之间形成等离子体，安置在载玻片上的待测物被电离后导入质谱仪进行测定。DBDI 电离源的工作原理如图 14-14 所示。

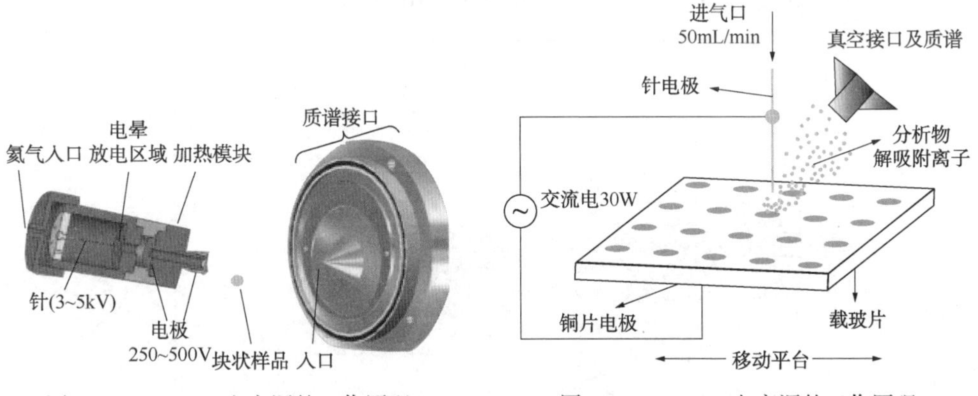


图 14-13　DART 电离源的工作原理　　图 14-14　DBDI 电离源的工作原理

苏晶等使用 DBDI 串联质谱技术在大批的水产品中快速筛查孔雀石绿，待测的水产品简单清洗处理后，使用氦气流量为 3L/min、离子源温度为 230℃ 的 DBDI 离子源条件下采用 MRM 模式进行分析，结果快速而准确。

**14.6.2.7　激光烧蚀电喷雾电离(LAESI)**

激光烧蚀电喷雾电离(Laser Ablation Electrospray Iionization，LAESI)的工作原理是脉冲激光束聚焦在分析物表面上，激光解吸与 ESI 离子源联用，从而在大气压力条件下进行电离。LAESI 与电感耦合等离子体质谱(ICP-MS)组合时，激光烧蚀可以成功地用于待测品表面元素的定量分析。烧蚀的组分被等离子体源雾化并离子化成元素和同位素离子，随后通过质谱仪进行分析。LAESI 电离源的工作原理如图 14-15 所示。

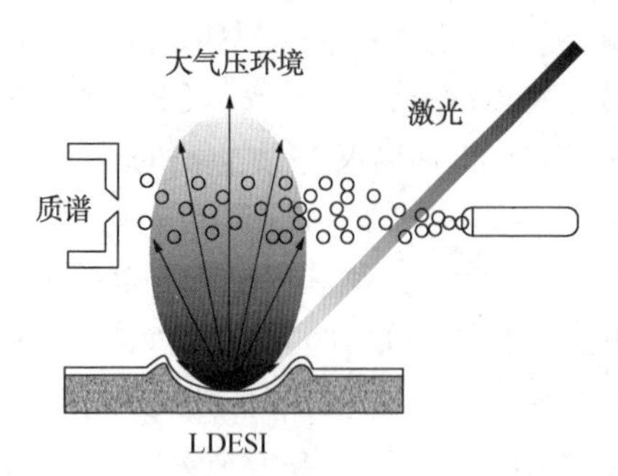

图 14-15 LAESI 电离源的工作原理

这种光源配置使用了长距反射式物镜，既可以实现样品的可视化，又可以获得比常规 LAESI 装置更小的 LAESI 激光束剖面。有学者分析了 200 个洋葱单细胞和精氨酸秋海棠的高空间分辨率成像，并利用耦合傅里叶变换质谱仪进行了高分辨率和高精度的代谢组学研究。

#### 14.6.2.8 快速蒸发电离(REI)

快速蒸发电离(Rapid Evaporative Ionization，REI)的技术原理是首先使用带有高频电流的手持式智能刀(iKnife)切入样品表面，再通过样品表面瞬时产生信息丰富的蒸汽进入智能刀内部。借助样品传输管线和辅助装置到达质谱接口，然后蒸汽沿着传输毛细管到达加热的冲击器表面，使得蒸汽分子发生电离，产生的离子直接进入质谱真空，质谱前端的离子导向技术可有效去除潜在的污染物，保证质谱系统清洁度。REI 电离源的工作原理如图 14-16 所示。

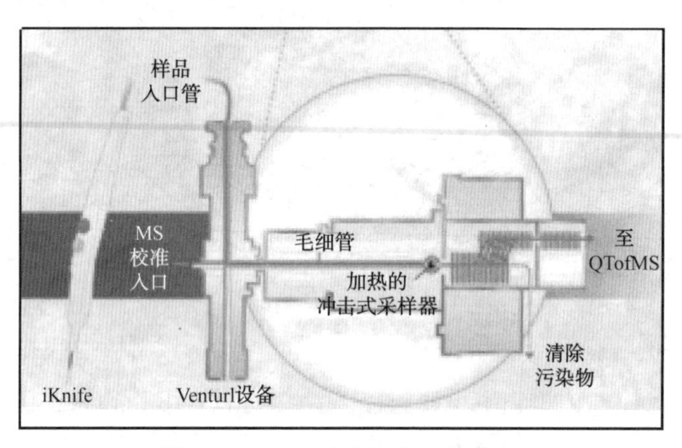

图 14-16 REI 电离源的工作原理

#### 14.6.2.9 二次电喷雾电离(SESI)

二次电喷雾电离(Secondary Electrospray Ionization，SESI)的工作原理为溶剂在初级电离源中雾化后与第二级电离源中的待测物进行第二次电离，电离完成后导入质谱进行分析。SESI 电离源的工作原理如图 14-17 所示。杜睿等在使用 SESI 串联超高分辨质谱技术，研究人呼出气中的邻苯二甲酸二丁酯、邻苯二甲酸酐、吲哚和丙酮，改变电离源内纯净零气、二氧化碳和氮气的混合比例时，记录了待测化合物的电离效果，结论为在把 3 种气体按一定的比例混合后，可大幅增加检测灵敏度并减少基体干扰。

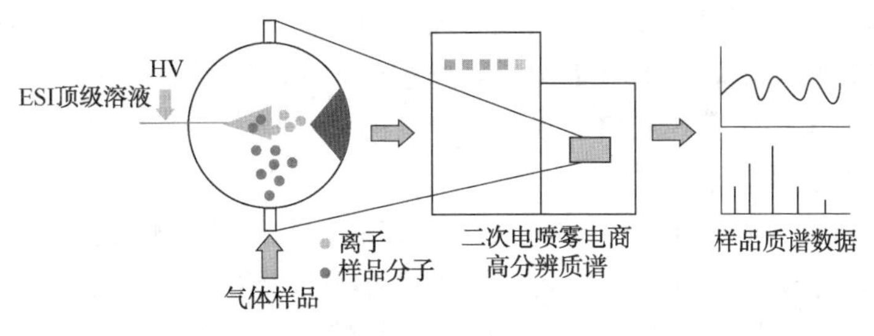


图 14-17　SESI 电离源的工作原理

## 14.6.3　原位电离质谱技术的应用

原位电离(Ambient Ionization，AI)是近年来发展迅猛的一种常压敞开式离子化技术，该技术无须或极大简化了样品前处理步骤，且仅需要少量样品即可完成原位质谱分析，具有分析速度快、简便高效、绿色环保等优势。原位电离技术的提出及应用推广进一步推进了质谱分析技术的发展。与此同时，小型便携式质谱是质谱小型化和专门化趋势的必然产物。小型便携式质谱体积小、质量轻、功率低、便携带，可移动至样品所在处，实现对样品的现场、实时、快速分析，在口岸、机场、车站、医院、超市等众多具有现场检测需求的场景有着广阔的应用前景。

目前已经商品化的小型便携式质谱仪产品主要有美国 1st Detect 公司的 MMS1000 型质谱仪(体积 19cm×33cm×23cm，质量 8kg)、美国 Devices 公司的 M908 型质谱仪(体积 22cm×18.5cm×7.6cm，质量 2kg)、谱育科技的 EXPEC 3500 型质谱仪(体积 44cm×42cm×26cm，质量小于 19kg)、禾信质谱的 DT-100 型质谱仪(体积 45.5cm×45.1cm×22.1cm，质量 15kg)、美国 BaySpec 公司的 Portability 型质谱仪(体积 33cm×28cm×23cm，质量 7.7kg)、清谱科技的 Miniβ 型质谱仪(体积 55cm×24cm×31cm，质量 20kg)、美国 INFICON 公司的 HAPSITEER 型质谱仪(体积 46cm×43cm×18cm，质量 19kg)、美国 PerkinElmer 公司的 Torion T-9 型质谱仪(体积 38.1cm×39.4cm×22.9cm，质量 14.5kg)等。上述产品有的适用于挥发性物质的检测，有的可实现非挥发性组分的分析，可用于化学战剂、爆炸物检测、生命科学、产品安全等领域的现场快速分析。原位电离技术可在常压下直接电离样品，能够实现气体、液体及固体表面的直接实时分析，从而免除或极大简化了样品前处理过程。将原位电离与小型便携式质谱联用，具有广阔的应用前景。北京理工大学徐伟教授一直致力于开发基于连续大气压接口的原位电离小型便携式质谱仪，目前已开发了三代小型质谱仪设备。第一代原位电离小型便携式质谱仪体积为 30cm×30cm×18cm，总质量不足 10kg，功耗低于 150W，采集速率达 5Hz。第三代原位电离小型便携式质谱仪体积精简至 28cm×21cm×16cm，与传统的压斜波和方波不同，第三代质谱仪波形采用正弦波频率扫描形式驱动离子阱，这种驱动方式不仅可以减小系统的尺寸和功耗，还可以提高其分析性能，质量扫描范围提高至100~2000Da，分辨率达0.2Da(*m/z*128)。

原位电离小型便携式质谱技术在环境监测领域也发挥了重要作用。Keil 等将 Mini10 小型便携式质谱仪用于对空气中碳酰氯、环氧乙烷、二氧化硫、丙烯腈、氯化氰、氢氰酸、丙烯醛、甲醛、乙基对硫磷共 9 种毒性化合物进行检测。Jjunju 等采用解吸大气压化学电离技术结合小型便携式质谱仪直接分析测定 1，2，3，5 鄄四甲基苯、五甲基苯、六甲基苯等烷基取代苯和荧蒽、蒽、苯并[k]荧蒽、二苯并[a，h]蒽、苊、茚[1，2，c，d]芘、9-乙基芴、1-苄基-3-甲基-萘等多环芳烃。Kudryavtsev 等针对空气中存在的甲硫醇、二甲硫等污染物，首先通过硅胶进行吸附采集，再热解吸和快速色谱分离后，采用配有大气压化学电离源的移动式质谱仪进行检测分析，整个分析周期约 3min，对甲硫醇和二甲硫的检出限分别可达 1.0ppb 和 0.2ppb。Soko 等应用 Mini10.5 小型便携式质谱仪对气体中的苯、二硫化碳、二氯甲烷、甲苯、二甲苯等物质及水中的烃类化合物进行了检测。Huang 等采用 Mini10.5 小型便携式质谱仪对空气中的苯、甲苯和乙苯进行了检测，检出限分别为 0.2ppb、0.5ppb 和 0.7ppb。采用原位电离小型便携式质谱进行环境监测，可实时掌握空气、水体等环境状况。

AIMS 的发展改变了传统的分析手段，使研究者能够以简单、快速、高效和便携的方式实现样品分析，它不仅适用于实验室，也适用于现场，已经成为许多研究领域的重要工具。但是 AIMS 也有着基质效应干扰较大，准确度和精密度比传统质谱技术低的缺点。此外 AIMS 各种方法的数据谱库需要更全面的数据分析积累，研究者们还需不断改进电离技术，使方法的定量能力、灵敏度等方面进一步提高，同时不断优化电离源的电离性能，保证检测结果的重复性和稳定性以扩大适用对象范围。未来质谱仪的最大增量是原位电离小型质谱仪，原位电离技术的不断发展促进了快速质谱分析的兴起，小型便携式 AIMS 是未来质谱检测技术发展最大优势，它的应用前景也将越来越广阔。

## 14.7 激光吸收光谱技术

### 14.7.1 激光吸收光谱概述

激光吸收光谱测量技术的研究开始于 20 世纪 60 年代，早期采用盐铅激光器，设备复杂、价格昂贵，需要在低温下运转，限制了测量技术的发展，随着光电技术的发展，半导体激光器具有体积小、寿命长、电光转换效率高和价格低廉等优势，成为气态物质检测的理想光源，促进了激光吸收光谱研究工作的发展。

可调(谐)激光光源实际上是一台可调谐激光器，又称波长可变激光器或调频激光器。它所发出的激光，波长可连续改变，是理想的光谱研究光源。可调激光器分为连续波和脉冲两种，脉冲激光的单色性比一般光源好，但其线宽不能低于脉宽的倒数值，分辨率较低。用连续波激光器作光源时，分辨率可达到 $10^{-9}$（线宽<1μHz）。

### 14.7.2 常见的激光吸收光谱

#### 14.7.2.1 折叠吸收光谱

激光用于吸收光谱，可取代普通光源，省去单色器或分光装置。激光的强度高，足以抑制检测器的噪声干扰，激光的准直性有利于采用往复式光路设计，以增加光束通过样品池的次数。所有这些特点均可提高光谱仪的检测灵敏度。除去通过测量光束经过样品池后的衰减率的方法对样品中待测成分进行分析外，由于激光与基质作用后产生的热效应或电离效应也较易检测到，以此为基础发展而成的光声光谱分析技术和激光诱导荧光光谱分析技术已获得应用。利用激光诱导荧光、光致电离和分子束光谱技术的配合，已能有选择地检测出单个原子的存在。

#### 14.7.2.2 折叠荧光光谱

高强度激光能够使吸收物种中相当数量的分子提升到激发量子态。因此极大地提高了荧光光谱的灵敏度。以激光为光源的荧光光谱适用于超低浓度样品的检测，例如用氮分子激光泵浦的可调染料激光器对荧光素钠的单脉冲检测限已达到 $10^{-10}$mol/L，比用普通光源得到的最高灵敏度提高了一个数量级。

#### 14.7.2.3 折叠拉曼光谱

激光使拉曼光谱获得了新生，因为激光的高强度极大地提高了包含双光子过程的拉曼光谱的灵敏度、分辨率和实用性。为了进一步提高拉曼散射的强度，最近又研究出两种新技术，即共振拉曼光谱法和相关反斯托克斯拉曼光谱法（CARS），使灵敏度得到更大的提高，但尚未成为常规的分析方法。

#### 14.7.2.4 折叠高分辨激光光谱

激光对高分辨光谱的发展意义重大，是研究原子、分子和离子结构的有力工具，可用来研究谱线的精细和超精细分裂、塞曼和斯塔克分裂、光位移、碰撞加宽、碰撞位移等效应。

#### 14.7.2.5 折叠时间分辨激光光谱

能输出脉冲持续时间短至纳秒或皮秒的高强度脉冲激光器，是研究光与物质相互作用时瞬态过程的有力工具，例如，测定激发态寿命以及研究气、液、固相中原子、分子和离子的弛豫过程。

### 14.7.3 激光吸收光谱的应用

近年来，激光光谱技术在环境监测中的应用已受到广泛关注。利用激光功率密度高、光子通量大、单色性和指向性好、可快速调谐等特性以及激光与物质相互作用所产生的独特现象，相继建立和发展起了许多激光光谱分析方法，如激光诱导荧光、差分吸收光谱、激光拉曼散射以及激光雷达等，这些方法的出现极大地提高了检测灵敏度和选择性，使得空气中痕量 VOCs 的实时、快速和在线监测成为可能。而与多光程吸收池相结合的可调谐二极管激光吸收光谱(Tunable Diode Laser Absorption Spectrometry，TDLAS)技术更是因其独特的优点迅速发展起来，得到了越来越广泛的应用，TDLAS 技术具有灵敏度高、选择性好、实时、动态等特点，利用波长调制技术在 1s 的检测时间内检测限可达到 ppm 级甚至 ppb 级，检测灵敏度可以提高 100 倍以上，使其可以在高温、高压、高粉尘及强腐蚀环境下测量，因此成为恶劣条件下气体污染物在线监测的首要选择。TDLAS 采用分子窄波段吸收技术，在一定的波长间隔内利用差分吸收原理进行测量，最大限度地减少了各种因素如被测试样中尘埃、水蒸气以及光谱传送等对分析结果的影响，使其基于“单线光谱”测量技术，即选择被测气体位于特定波长的吸收光谱线，在所选吸收谱线波长附近无测量环境中其他气体组分的吸收谱线，激光谱宽远小于被测气体单吸收谱线宽度，其频率调制范围也仅包含被测气体单吸收谱线，从而避免了背景气体的交叉干扰。TDLAS 在线监测系统包括激光发射单元、开放式多光程池、控制单元及数据处理单元。该系统具有价格便宜、维护费用低、能在恶劣条件下运行、便于操作等特点，符合我国环保仪器的发展趋势，利于该技术的完善和推广，现已用于在线监测大气中的痕量 VOCs。目前 Kormann 等应用一套含有 3 个激光器的可调谐激光吸收光谱仪在线监测城市大气中的甲醛等痕量气体，实验室和现场实验结果具有良好的一致性；Nadezhdinskii 等利用近红外可调谐激光光谱仪监测乙醇气体，检测结果表明仪器具有很高的灵敏度和选择性；Hanoune 等应用红外激光光谱法监测法国东部一所大学图书馆内的甲醛气体，与其他检测方法对比，该方法更适于对室内空气的甲醛时行监测。国外还有学者利用激光光谱技术对甲烷、乙醛、丙烯醛和 1,3-丁二烯等物质进行监测，国内也在这方面也进行了广泛的研究并取得了很多的成果。中国科学院安徽光学精密机械研究所长期以来从事大气环境污染机理的激光光谱研究，其利用可调谐二极管激光吸收光潜和紫外差分吸收光谱(Differential Optical Absorption Spectroscopy，DOAS)原理研制的道边实时监测机动车尾气仪可实现对丁二烯等碳氢化合物的在线监测。

#### 14.7.3.1 灵敏激光吸收光谱仪监测北京城区甲烷浓度变化

阚瑞峰、刘文清、张玉钧等在《高灵敏激光吸收光谱仪监测北京城区甲烷浓度变化》一文中利用可调谐半导体激光吸收光谱(TDLAS)对环境空气中的甲烷进行了测量，选择不受干扰的 1.65m 处的吸收线对甲烷进行浓度监测。在 2005 年秋季对北京城区的甲烷气体以 1min 的时间分辨率进行了近 1 个月的连续监测。

监测结果表明：甲烷的浓度在19：00左右开始上升，在凌晨1：00左右开始下降，具有明显的周期性；浓度最低值出现在白天，而最大值出现在夜里，给出了甲烷的日变化和连续监测结果。

该方法采用波长调制与多次反射池长光程技术相结合的TDLAS技术实现了对$CH_4$的高灵敏度检测，其检测下限可达到0.060ppmv。使用自行研制的痕量$CH_4$监测仪实现了对北京城区$CH_4$的长时间连续监测，为我国的大气环境监测提供了新方法。

#### 14.7.3.2 基于激光吸收光谱的惰性气体Xe在线探测技术

陶波等在《基于激光吸收光谱的惰性气体Xe在线探测技术》一文中指出在分析惰性气体Xe能级结构的基础上，利用823nm二极管激光器和辉光放电管，建立了亚稳态Xe激光吸收光谱测量系统，实现了典型工况下Xe总粒子数密度及$^{129}Xe$和$^{131}Xe$粒子数密度的定量测量，验证了采用激光吸收光谱技术测量惰性气体Xe的可行性，为研制小型一体化的Xe实时在线监测装置奠定了技术基础。

激光吸收光谱探测方法是基于激光与原子的共生效率，可以降低单次检测的样品用量。需要指出的是，惰性气体Kr具有和Xe类似的能级结构，亚稳态Kr的吸收谱线在811.5nm附近。因此，激光吸收作用，具有可分辨同位素的超高选择性。后期将进一步研究亚稳态Xe的产生方法，提高亚稳态Xe的产光吸收光谱探测方法有望实现Xe、Kr及其放射性同位素的高选择性同步测量。

#### 14.7.3.3 基于中红外激光吸收光谱技术的微量乙炔检测研究

刘立富等在《基于中红外激光吸收光谱技术的微量乙炔检测研究》一文中指出基于可调谐半导体中红外激光吸收光谱技术与长光程多次反射技术，利用乙炔($C_2H_2$)气体位于中红外波段3025.7nm附近的吸收谱线，实现了nmol/mol级微量$C_2H_2$气体的快速实时检测。通过DDS芯片AD9958产生高频正弦波与三角波信号叠加，经恒流电路实现对带间级联激光器的稳定驱动，采用HgCdTe光电检测器接收中红外激光，通过集成锁相放大器提取目标信号。基于White型多次反射与平面反射的组合设计了一款长光程吸收池，测量光程达到19.2m，进一步降低了$C_2H_2$检出限。在实验室对0~1000nmol/mol微量$C_2H_2$进行了初步测试，结果表明线性误差不超过±1% F.S.，检出限达到0.29nmol/mol，表明该方法具有测量准确性高、测量不受背景气体交叉干扰和使用方便等优势。

#### 14.7.3.4 激光光谱技术在溶解无机碳碳同位素分析中的应用

汪智军等在《激光光谱技术在溶解无机碳碳同位素分析中的应用》一文中指出，天然水溶解无机碳(DIC)碳同位素组成($\delta^{13}C_{DIC}$)分析是研究碳元素循环及相关生物地球化学过程的重要手段之一。近年来，激光光谱技术的发展为碳同位素比值测定提供了一种新的方法。文中阐述了一种总有机碳仪—激光光谱同位素仪联用在线测定水中 DIC 含量及 $\delta^{13}C_{DIC}$值的技术方法。该方法具有较高的测试精度，DIC 含量测试结果相对标准偏差能控制在 1%以内，$\delta^{13}C_{DIC}$值精度优于 ±0.1‰(1σ)。不同类型岩溶水中 $\delta^{13}C_{DIC}$值的测试结果与质谱仪法结果接近，差值总体≤0.3‰，表明该测试技术具有较高的准确度。由于吸收光谱信号与目标气体浓度有关，较低的 $CO_2$浓度会影响激光光谱仪的稳定性，在测试时需要根据 DIC 浓度控制样品进样量，最好采用多标样法来校准仪器测量值。激光光谱技术因其具有低成本、测试快速可靠，且仪器小巧便携等特点，在岩溶水溶解无机碳碳同位素分析中具有较大的应用前景。

通过对大量岩溶水样品的分析测试表明，同一批同类型样品的测试都能获得准确可靠的结果。另外，样品进样含碳量与仪器$^{12}CO_2$信号具有很高的线性关系，故也可根据该$^{12}CO_2$信号强度来估算样品中的 DIC 含量。鉴于激光光谱仪小巧便携，可在任何环境使用，该分析设备可被安放在野外监测站，以便对岩溶水样品进行高密度分析测试，从而获取高分辨率的 DIC 含量及 $\delta^{13}C_{DIC}$数据，以更深入地开展岩溶动力系统动态变化、岩溶关键带过程及其对气候环境变化的响应研究。

**14.7.3.5 利用可调谐半导体激光吸收光谱法同时在线监测多组分气体浓度**

张志荣等在《利用可调谐半导体激光吸收光谱法同时在线监测多组分气体浓度》一文中指出，由于线宽窄，可调谐半导体激光吸收光谱技术(TDIAS)一般情况下只能对一种气体进行检测。为了实现多种气体同时或近同时在线监测，该文以 1578nm-$H_2S$ 和 1747nm-HC 混合气体同时在线监测为例，研究 3 种检测方法：①同频 10kHz 正弦波和两路同频 30Hz 不同步的分时锯齿信号法；②同频 10kHz 正弦和 30Hz 锯齿信号的光开关检测法；③多频(10kHz 和 20kHz 正弦信号)正弦调制法。实验结果表明：分时锯齿信号法除幅值略有微小变化外，在使用前后对测试结果影响很小；光开关法在切换瞬间会略有不稳定，但不影响后期的浓度反演；多频正弦法的信噪比和抗干扰能力均有所提高，进行 HC1 探测和 Hs 探测时，信噪比在激光器关闭和打开情况下分别提高了 0.95 倍和 3.17 倍。以上 3 种方法操作简单，可以方便地实现多气体组分的同时在线监测，提高了 TDIAS 仪器的竞争力。

该论文仅论述了两种气体的检测情况，当检测较多种类气体时，需要根据气体的数量进行方法改进：①根据气体的数量选择分时锯齿的数目；②根据气体数量选择光开关的通道数；③根据气体数量选择多频正弦的频率数等。具体情况需要根据实验进行分析。以上多组分检测后半部分的结构有所简化，其最大的不足之处就是依然没有摆脱激光器的窄线宽特性，因此，需要根据气体数量选择等量的激光器和相应温度、电源控制板。这也是未来研究中所必须要考虑和解决的一个重要问题。

### 14.7.3.6 激光吸收光谱技术在燃气泄漏检测中的应用

张帅等在《基于激光吸收光谱技术天然气管道泄漏定量遥测方法的研究》一文中指出，基于激光吸收光谱学原理的天然气管道泄漏移动遥测技术，通过模拟天然气泄漏，分析了移动遥测的关键技术问题。为了定量遥测天然气管道微量泄漏，引入一个和剩余幅度调制(RAM)等值反相的信号对偏差进行补偿，降低了RAM对谐波信号影响的同时，提高了系统检测灵敏度。针对遥测回波吸收光谱特征，提出了改进软阈值小波去噪法，就提高系统信噪比而言，比传统软阈值去噪法高出2倍以上，同时对二次谐波(2f)信号形状也有很好的保留，通过探测限计算，系统移动遥测灵敏度达到80ppm/m。

## 14.8 光腔衰荡光谱技术

### 14.8.1 光腔衰荡光谱技术概述

光腔衰荡光谱(Cavity Ring-Down Spectroscopy，CRDS)技术是一种通过测量腔内光场衰荡时间来获得腔内介质浓度的直接吸收光谱技术。CRDS技术的工作原理是：当光波注入光学谐振腔，由于谐振腔损耗的影响，腔内光子数随时间变化衰减，其输出光强随时间的变化呈现衰荡特性。通过建立衰荡时间与相关物理因素的函数关系，即可实现对相关物理因素的测量。

光腔衰荡光谱的检测设备主要由电源模块、光学设计模块和数据采集模块三部分组成。图14-18为光腔衰荡光谱设备的原理简图。

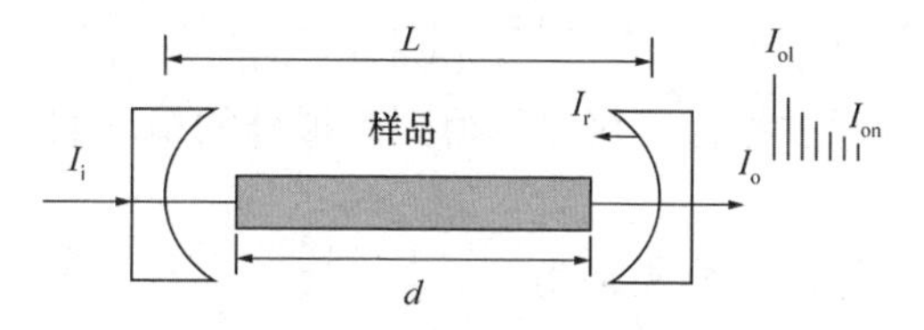


图14-18 光腔衰荡光谱简图

CRDS技术利用分子吸收光谱，基于Beer-Lambert定律进行透射光强的计算，即

$$I_t = I_0 \exp(-\alpha L) \tag{12}$$

式中，$I_t$为透射光强，$I_0$为入射光强，$\alpha$为分子吸收率，$L$为光学谐振腔的腔长。一般来说，光学谐振腔内的高反镜的反射率为$R$($R$>99.99%)，透射率为$T$，以脉冲激光为例，其在光学谐振腔内的衰减主要有两方面原因，一为样品吸收，二为高反镜损耗，对于反射率$R$>99.99%的高反镜，其损耗可忽略不计，对于第一次脉冲：

$$I_0 = I_{\text{loser}} T^2 \exp(-\alpha L) \tag{13}$$

第二次脉冲：

$$I_1 = I_0 R^2 \exp(-2\alpha L) \tag{14}$$

第 $n$+1 次脉冲：

$$I_n = I_1 R^{2n} \exp(-2n\alpha L) \tag{15}$$

由于脉冲间的间隔时间为：

$$t_r = \frac{2L}{c} \tag{16}$$

根据式(16)，可以将式(15)转换成时间分辨：

$$I_{(}t) = I_0 \exp\left[-\frac{tc}{L}(\ln R - \alpha L)\right] \tag{17}$$

其中由于 $R$ 接近于 1，则 $\ln R \approx 1-R$，所以：

$$I_{(}t) = I_0 \exp\left[-\frac{tc}{L}(1-R-\alpha L)\right] \tag{18}$$

定义衰荡时间 $\tau(v)$ 为光强衰减为初始值 $1/e$ 时所耗费的时间，则：

$$\tau(v) = \frac{L}{c(1-R+\alpha L)} \tag{19}$$

定义衰荡时间 $\tau_0$ 为不存在吸收时的空腔衰荡时间。则：

$$\tau_0 = \frac{L}{c(1-R)} \tag{20}$$

根据式(19)和式(20)，得到：

$$\alpha(v) = \frac{1}{c}\left(\frac{1}{\tau}\frac{1}{\tau_0}\right) \tag{21}$$

其中 $\tau$ 和 $\tau_0$ 均可通过拟合衰荡曲线得到。拟合的精度取决于采集系统和拟合函数的精度。

根据式(21)，系统的探测极限为：

$$a_{\min}\frac{\Delta\tau_{\min}}{c\tau_0^2} \tag{22}$$

其中 $\Delta\tau_{\min}$ 为系统能分辨的最小衰荡时间。根据式(22)可知提高空腔衰荡时间和降低系统能分辨的最小衰荡时间，能有效地提高系统的探测极限，根据式(20)可知，增加衰荡光腔腔长和高反镜反射率能提高空腔衰荡时间。

与其他光学检测技术相比，CRDS 技术有两个显著的优点：第一，入射激光在高精细光学腔中往返传播，可使有效光程大大提高，从而获得更高的检测极限。第二，CRDS 技术不是直接检测光强的变化，而是通过测量光强在腔内的衰减时间变化来确定腔内总损耗的变化，再根据总损耗的变化，得到引起损耗变化的相关物理量。因此，其对光源的波动不敏感。

### 14.8.2 光腔衰荡光谱技术在环境监测中的应用

光腔衰荡技术最初应用于测量腔镜的反射率，用来表示脉冲光或者连续光中断后在腔内的光强的指数衰减情况。在 1988 年，Deacon 等人利用该技术首先测得了氧分子的禁阻跃迁谱线，正式将 CRDS 技术应用于光谱检测领域。近年来，光腔衰荡技术因其高灵敏度、高响应度和高分辨率等优点被广泛应用于各个领域中。

随着半导体产业的飞速发展，其生产所使用的高纯气体的规格也越来越高，对气体的纯度要求较最初提高了四个数量级。在半导体制造领域，气体中只要有十亿分之一的水分就会在硅片上造成瑕疵。CRDS 技术是少数能达到上述要求的光谱技术，世界上第一台商业化的基于 CRDS 原理的仪器 MTO-1000-$H_2O$，可以准确、快速地检测普通气体中 200ppt 的水分。在医学领域，CRDS 技术可以用来检测人体呼出气体中的$^{13}CO_2/^{12}CO_2$的含量，其计算得到的 C 的同位素比能够作为某些疾病的诊断依据。在生态环境领域，CRDS 技术也是表征 $H_2O$ 和 $CO_2$生态循环的有效方法。接下来主要介绍一些光腔衰振荡光谱技术在环境监测中的典型应用。

#### 14.8.2.1 光腔衰荡光谱技术用于大气环境中 $CO_2$浓度的监测

2021 年 3 月，中国将减缓气候变化的行动纳入“十四五”规划，制定了 2030 年碳达峰行动计划，并积极采取行动实现 2060 年碳中和目标。为了达到“双碳”目标，对 $CO_2$浓度的监测和排放控制是重中之重。目前 $CO_2$浓度的检测方法主要有红外吸收法和电化学法，红外吸收法主要依靠测量 $CO_2$气体对红外光吸收时产生的特征谱线，多用于实验室的 $CO_2$气体研究工作和工业现场的 $CO_2$气体监测，此方法结构可靠但是功能单一。电化学法 $CO_2$气体检测仪优点在于抗干扰能力强，功耗低，但是对于长时间的 $CO_2$气体监测以及低浓度的 $CO_2$气体检测，无法保证稳定性与可靠性。与其他方式相比，CRDS 技术不依赖于 $CO_2$对光的吸收量，而通过测量光腔内的衰荡时间来定量，能够达到更低的检出限，同时脉冲激光光源产生的特征能量也大大提高了仪器的抗干扰能力，这些优点使其应用场景更为广泛。

针对温室气体高精度测量仪器国产化的需求，安徽光学精密机械研究所环境光学与技术重点实验室于 2014 年开展了基于 CRDS 的高精度温室气体浓度探测技术研究，并研究出多种气体组分的 CRDS 高精度温室气体检测样机，实现了大气中 $CO_2$浓度的高灵敏探测。图 14-19 为基于 CRDS 的 $CO_2$大气浓度测量仪器的原理。通过对空腔长时间测量得到的信号进行 Allan 方差分析，结果显示该仪器的灵敏度为 $4.5\times10^{-11}cm^{-1}\cdot Hz^{-1/2}$，当平均时间为 60s 时，检测极限为 $6\times10^{-12}cm^{-1}$。

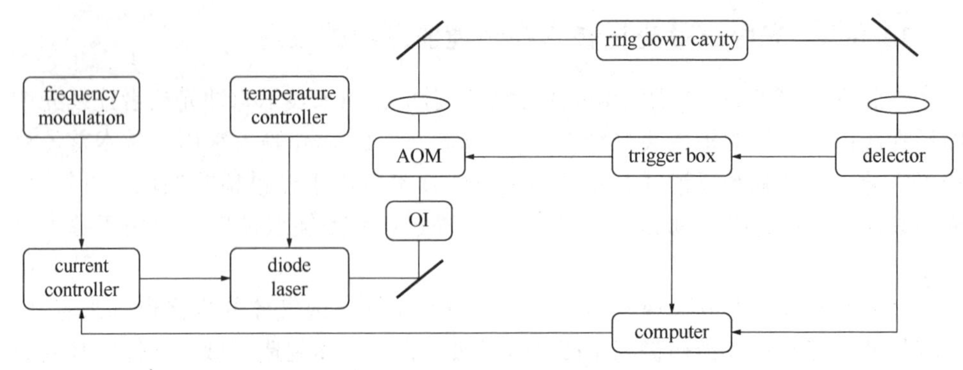


图 14-19　基于 CRDS 的 $CO_2$大气浓度测量仪器的原理

### 14.8.2.2　光腔衰荡光谱技术用于气体中微量水分的测定

随着各种高新技术产业的发展，高纯气体的需求量正逐渐增加。高纯气体在大规模集成电路的研究和生产、高纯金属的冶炼和处理、太阳能光伏产业等领域都有着广泛的应用。高纯气体中的水分是影响气体质量的重要指标，是影响用气产品质量的重要因素之一。因此，严格控制气体水分成为相关产业质量检验必不可少的环节之一。目前对于气体中的水分测定方法主要有电解法、露点法、重量法和卡尔费休库仑法等。电解法使用涂敷了磷酸的两个电极形成一个电解池，气体中的水分被吸湿剂五氧化二磷膜层连续吸收，生成磷酸，并被电解为氢和氧，在已知环境温度、压力和气体流量的情况下，根据法拉第电解定律可以推导出电流与水分之间的关系，从而通过测量电解电流来测量样气的湿度。该方法适用于不与五氧化二磷反应的气体湿度的测定，缺点在于电解池的气路需要在使用前干燥很长时间，且对气体的腐蚀性和清洁性要求较高。露点法的原理是利用每一种气体湿度都对应一个露点温度，通过测量气体的露点就可以测定气体的湿度。该方法不适用于在水分冷凝前就冷凝的气体，且响应速度慢，尤其在露点-60℃以下时，平衡时间需要几个小时。重量法是让所测气体通过干燥剂，精确称取干燥剂吸收水分之前与之后的重量，来计算气体的湿度。该方法原理简单，适用范围广，但方法精确度不高，对于高纯气体中痕量水分的测定无法满足需求。卡尔费休法测量水分是一种电化学方法，主要依靠的是卡尔费休试剂在水的存在下发生的氧化还原反应，通过检测反应到达平衡时消耗的电量来确定水分的含量，该方法精确度高，无须标定，操作简单，目前已有成熟的商业化仪器，但只能测量不具有氧化还原性的气体组分，且复杂的气体成分会对结果造成很大的干扰。

相比这些方法，光腔衰荡光谱法适用于检测各类高纯气体中的痕量水分，基于光腔衰荡光谱法生产的激光震荡衰减水分分析仪的最低检测限达到了$2\times10^{-9}$。该方法不但可以快速、准确地分析痕量水分，而且可以适用于有腐蚀性和有毒性气体（如 $PH_3$、$NH_3$ 等）的检测。超纯氨是微电子氮化硅和氮化镓掩蔽膜的主要材料，是光电子领域、半导体、发光二极管行业的重要原材料，其纯度对器件产品的使用寿命、材料的电学性能和光学性能具有直接的影响。有资料表明，超纯氨在硅片中的生产中仅含 0.005%的水分时，就会使整个硅片报废。因此，测量氨中的痕量水分需要高灵敏度和准确度的分析仪器，而基于 CRDS 的痕量水分析仪可以满足要求。

Tiger Optics 基于 CRDS 原理的痕量水分析仪自 2001 年起就被应用在气体水分含量检测与分析之中，其无与伦比的灵敏度、响应速度和卓越的稳定性，在相关领域中一直扮演着重要的角色。图 14-20 是基于 CRDS 技术的痕量水分分析仪原理。分析仪可实现连续测量，并具有自动零点校准功能，仪器简单易用，无须移动部件和消耗件，能够适用于从最洁净的半导体晶圆厂到最污染的燃煤电厂等不同领域。

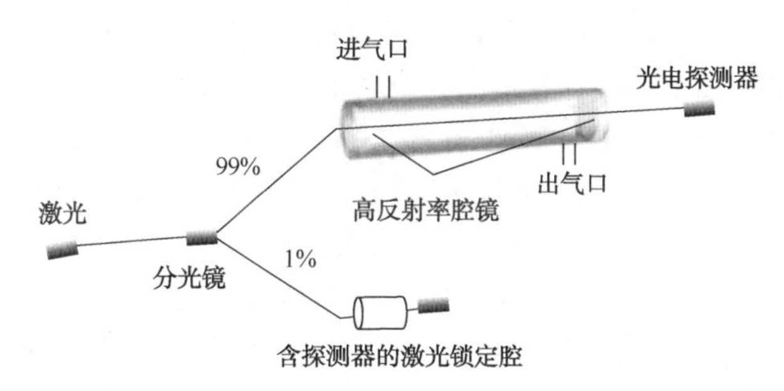


图 14-20　基于 CRDS 技术的痕量水分分析仪原理图

对于 CRDS 技术而言，若需要精确地测量水分，仪器的关键有以下几点。

（1）零点基线的精确度

基于 CRDS 技术的分析仪系统使用光学零点，即通过利用对水分含量不吸收的波长找到真正的零点基线，与气体中是否含有水分无关。在仪器测量运行期间，组分含量读数始终参照零点基线，确保读数绝对精确。

（2）基线的稳定性

基于 CRDS 原理，可以通过时间差直接得到精确的测量结果。测量过程中不受仪器漂移、环境变化、激光衰减等因素影响，使得高纯气中残留的水分都可以被仪器真实反映，得到最准确的数值。

（3）响应速度

水分子具有吸附性，导致大部分的水分析仪器响应速度慢，但是基于 CRDS 技术的痕量水分分析仪可以实现对水分的实时、快速监测。CRDS 是纯光学的设计，非接触式的检测方式，不会与水分子直接接触，因此不会降低分析仪的响应时间。

#### 14.8.2.3 光腔衰荡光谱技术用于深海溶解气体的测定

海水中溶解气体的浓度对海洋生态有着重要的影响，也是观察海洋水环境变化的重要参数。海水中的溶解气体主要有二氧化碳和甲烷，它们都是重要的温室气体，也是地球碳循环的重要组成部分。

近几十年来，通过遥感和海水采样，已经对海洋中溶解气体的浓度进行了广泛的研究。然而，未来对海水中溶解气体的研究需要测量技术的进一步发展。这是因为传统方法基于对收集的水样的分析，难以满足连续长期观测的需要。海底沉积物内含有大量 $CO_2$和 $CH_4$，它们通常以水合物的形式储存在深海沉积物中，对温度和压力的变化极为敏感。全球变暖导致的海平面上升降低了海底沉积物中 $CO_2$和 $CH_4$水合物的稳定性，水合物的分解将大量 $CO_2$和 $CH_4$释放到海水中。$CH_4$在海洋微生物的作用下会被氧化为 $CO_2$，或生成溶解性无机碳。$CO_2$溶解在水中会使水体酸化，影响钙化生物及其他物种的繁殖，进而影响海洋生态系统。过去针对海洋溶解性气体的测量以“采样-实验室分析”为主，这种方式易受外界干扰且时空分辨率低，离散的采样获取的有限数据难以支撑起海洋科学研究。为了更深入地了解深海生命、环境和地质过程，需要长时间、实时、原位观测技术。目前的原位探测溶解性气体的手段主要包括电化学传感器、直接光学传感器和间接通过膜分离技术的气相测量技术，如水下质谱、半导体气敏传感、红外光谱测量等。现有的大部分传感器都具有一定的局限性，尚没有一种原位传感器在灵敏度、稳定性、响应时间、功耗、体积等方面能够完全满足深海溶解性气体的测量需求。深海甲烷的浓度在 nmol/L 量级，目前基于 CRDS 技术的原位甲烷传感器的检出限可以满足海底甲烷的日常变化检测需求，对了解深海甲烷产生、消耗和迁移过程，寻找可燃冰等海洋资源以及评估全球气候变化等具有重要意义。

由安徽光学精密机械研究所环境光学与技术重点实验室研制的 AIOFM 型 CRDS 甲烷测量仪在 2019 年搭载深海勇士号在南海海深 3570m 处进行了甲烷原位测量。图 14-21 为深海溶解甲烷原位分析系统原理。光腔内测得的甲烷气体浓度可根据 Henry 定律换算成海水溶解甲烷浓度，而 Henry 定律与海水成分、温度、压力有关，因此深海复杂多变的环境成了 CRDS 技术应用于精确测量深海溶解气体的阻碍。

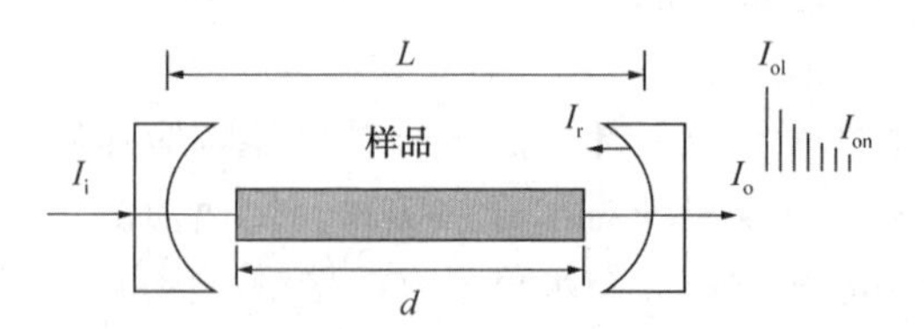


图 14-21　深海溶解甲烷原位分析系统原理图

### 14.8.3 光腔衰荡光谱技术在环境监测中的优势与局限

#### 14.8.3.1 光腔衰荡光谱技术在环境监测中的优势

CRDS 技术相较于其他吸收光谱法主要有以下优点：

① 不会受到激光的强度波动的影响。在大多数吸收测量中，光源光强必须是稳定的，不会因有无样品而改变。任何光源的漂移都会在测量中引入误差。在光腔衰荡光谱中，衰荡时间并不取决于激光的强度，所以激光强度的波动都不会影响检测结果。同时，其不依赖于激光强度的特性使得其不需要用到外部标准进行校准或者对照。

② CRDS 技术有着非常长的吸收长度和很高的灵敏度。在吸收测量中，最小可检测吸收正比于样品的吸收长度。由于光在反射镜之间来回反射了多次，使得它有着非常长的吸收长度。例如，激光脉冲来回通过一个 1m 的光腔 500 次，就会带来 1km 的有效吸收长度。

③ CRDS 技术测量的衰荡时间可以达到毫秒级别，使得其一次测量时间非常短，响应十分迅速。这种特性使得 CRDS 技术在在线监测方面应用十分广泛。

#### 14.8.3.2 光腔衰荡光谱技术在环境监测中的局限

① 在经典的 CRDS 技术中，使用的光源是窄光源，它的波长必须和所要研究的物质的吸收特性相匹配，这是 CRDS 技术的主要缺点，很大程度上阻碍了该技术的发展。为此，新型的基于 CRDS 原理的分析仪采用了可调谐的激光器，但也需要不断重复地选择波长进行试验，使得前期的调试工作变得较为烦琐。

② 尽管 CRDS 技术在检测物质的种类和精度方面都有着巨大的优势，但基于 CRDS 的分析仪大都制造成本过高、仪器装置复杂，仪器所需的高反射率的腔镜、可调谐的激光器都对制造工艺有着较高的要求，目前这些技术大部分被国外所垄断。过高的研发成本和使用成本导致了 CRDS 仪器的普及受到了阻碍。

### 14.8.4 光腔衰荡光谱技术在环境监测中的应用展望

近年来，高灵敏分子探测技术发展迅速，对检测能力的要求从 $10^{-6}cm^{-1}$ 量级提升到了 $10^{-9}cm^{-1}$，甚至 $10^{-12}cm^{-1}$ 量级。CRDS 技术是一种新兴的分子探测技术，经过多年的发展，CRDS 技术已在高灵敏分子探测方面展现出优势。在环境监测领域，对极其微量的分子或者极端环境下的分子探测逐渐成为研究热点。例如，为了应对全球变暖，对温室气体进行监测，尤其是对含量较低的氢氟碳化物、全氟化碳等微量气体的监测显得尤为重要。同时，为了满足在线监测和实时分析的需求，CRDS 分析仪正不断地向小型化、便携化方向发展。在不久的将来，利用 CRDS 技术测量地质年鉴中的 $^{14}C$ 丰度，以及用于判断陨石来源的陨石 $^{13}C$ 同位素将成为可能。在对地外环境的探测中，随着基于 CRDS 仪器的稳定性不断提高，其在对月球南极水冰同位素，以及火星等行星同位素的测量中将发挥重要作用。

## 14.9 腔增强吸收光谱技术

### 14.9.1 腔增强吸收光谱技术概述

腔增强吸收光谱技术(Cavity-Enbance Absorption Spectroscopy，CEAS)是在CRDS技术基础上发展的一种高灵敏检测技术，CEAS与CRDS技术在原理上是相同的，但二者的测量参数有所不同，CRDS测量的是光在谐振腔内的衰荡时间，而CEAS测量的是光经过谐振腔的透射光强。CEAS与CRDS相比，不需要增加控制光路通断的元器件，同时对数字采集速度、光电探测器灵敏度等要求均不高，因此其实现方式比CRDS更加简单方便。同时，CEAS技术可实现超长光程光路，具有极高的测量灵敏度，相对于传统测量方法具有无可比拟的优势和广泛的应用领域。

CEAS的主要难点在于将激光与带宽很窄的腔模式相匹配，经过多年的发展，人们提出了不同的实现方法，主要分为两类。第一种方法是通过电子反馈回路将激光频率锁定到腔谐振频率上，其中最广泛的锁定技术是Pound-Drever-Hall(PDH)技术，这种技术探测来自腔镜的反射光并分析其频率特性得到误差信号，通过误差信号反馈调节激光器波长或者谐振腔长来使二者锁定。第二种方法是通过快速调节激光频率的方式使其扫过连续的腔模式，同时使用采样速率相对较慢的光电探测器探测腔透射信号，它测量的是腔模透射光强的积分而不是透射峰值，所以这种技术也被称为集成腔输出光谱(ICOS)。对透射光强取积分可以减小激光光源光强振荡对系统的影响，但是由于其检测的是各模式透射光强的积分而不是峰值，将导致有效吸收路径长度变为原来的一半，并且腔横向模式的非均匀激发也会引入其他噪声。

2001年Paul等提出了一种离轴积分腔输出光谱技术(OA-ICOS)，该技术通过使入射激光方向偏离光轴的方式，来降低F-P腔的干涉效应和激光光强波动引入的噪声，提高了系统的灵敏度。与共轴相比，这种方式降低了系统的调节难度，增强了抗干扰能力，更适合于室外环境的实地测量。

腔增强吸收光谱技术，已经成为目前使用最广泛的气体光学特性原位测量方法之一，由于其原位、实时的特性，测量过程中不会改变气体状态，测量具有代表性，近年来已成为各种仪器综合比对实验中的参考标准，经过20多年的发展，相关技术日益成熟，使得其在环境监测等领域中的应用也更加广泛。

### 14.9.2 腔增强吸收光谱技术在环境监测中的应用

随着全球大气污染状况的持续加剧，各种污染气体和危险气体对人民生命财产安全、经济发展和自然环境保护的影响越来越大。近年来，我国发生的许多重大安全事故都是由于未能准确及时地检测生产环境中的危险气体含量造成的。随着经济和工业的发展，作为工业原料和能源的各种有毒、易燃、易爆气体的使用量逐年增加，随之而来的安全问题也越来越严峻，因此研制快速、准确、高灵敏的气体检测系统，准确、及时地对这些有害气体的浓度进行检测，对石油、化工、煤炭等产业的安全生产有着重要的意义。另外，这些产业工厂排出的有毒有害气体也会污染大气，严重影响人类的生存环境。对这些气体进行实时监测，了解气体的泄漏、排放情况，对于环境保护也有着重要的意义。

常见的气体检测方法主要有电化学检测、气相色谱和红外吸收光谱等方法，不同的检测方法有着不同的特点。腔增强吸收光谱作为近年来的新兴技术，在环境监测中的应用也越来越广泛。接下来主要介绍它在环境气体中的应用。

**14.9.2.1 腔增强吸收光谱技术用于气溶胶的消光检测**

气溶胶是指悬浮于空气中的液体或固体颗粒，通常粒径大小在3~100000nm，主要分布在对流层底层几千米范围内，粒子浓度随垂直高度的升高一般呈指数下降趋势。气溶胶的尺度、来源、化学组分、浓度、光学性质和粒径谱分布随时间和空间有很大的变化，虽然气溶胶颗粒在地球大气中只占很小的一部分，但它对空气质量、能见度、酸沉降、云和降水、大气的辐射平衡等都有着重要影响。

气溶胶消光是粒子对光的散射和吸收共同作用的结果，消光系数为散射和吸收系数之和。消光检测对气象能见度等实际问题有着重要意义，随着我国雾霾天气日益增多，对区域气候和大气能见度产生重要影响，迫切需要开展气溶胶光学特性的深入研究。

传统的消光系数的测量受限于吸收光程的长度，使得其检测灵敏度不尽如人意。腔增强光谱的出现很好地解决了这个问题。腔增强吸收光谱能够在很短的吸收池上(通常为1m左右)，实现数千米到数十千米的有效光程，具有很高的探测灵敏度，这为气溶胶的消光测量提供了新型测量方法。同时，由于其原位、实时的特性，测量过程中气溶胶的状态不会发生改变，近年来已逐渐成为主流的测量方法。

在2013年，安光所的研究小组以及美国国家海洋和大气管理局的研究小组将CEAS应用于气溶胶消光光谱的测量研究获得了气溶胶的折射率随波长的变化关系，为气溶胶的光学特性研究提供了新的测量方法。图14-22为气溶胶消光光谱的示例。腔增强吸收光谱能够同时获得吸收性气体的浓度和气溶胶的消光光谱，同时，利用消光光谱反演得到的复折射率与文献报道值一致。

大气实际上是一个复杂的吸收和散射物质的混合体，消光系数随时间变化很快，为了能够得到准确的结果，交叠吸收必须精确分开，因此需要对气溶胶及气体的吸收同时记录。例如，在可见波段，大气中的$NO_2$的吸收对消光测量的影响

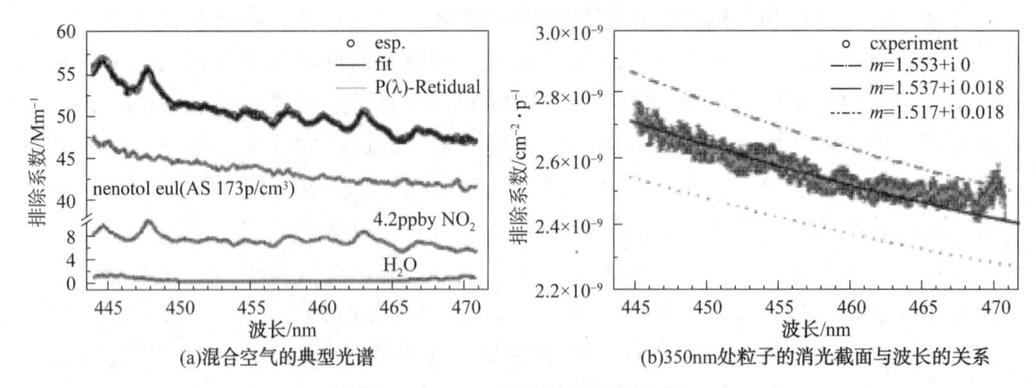

(a)混合空气的典型光谱

(b)350nm处粒子的消光截面与波长的关系

图 14-22　气溶胶消光光谱示例

最为显著，在整个可见波段，$NO_2$都有很强的吸收。在紫外波段，$O_3$吸收的影响则更为显著，特别是对于排放源的地方，气体浓度较大，并且变化迅速。传统的检测仪器本身无法区分气溶胶吸收和大气环境中其他气体的吸收，从而影响结果的准确性。宽带腔增强吸收光谱技术应用于气溶胶消光光谱的测量可以有效地解决现有仪器中气体吸收影响的问题。通过宽带光谱的测量，可同时获得气体浓度和气溶胶消光系数，充分显示了腔增强吸收光谱技术在气溶胶消光测量方面的优越性。

#### 14.9.2.2　腔增强吸收光谱技术用于挥发性有机物的检测

挥发性有机物($VOC_S$)在地球大气环境中种类繁多，来源广泛，可对人体健康造成直接影响，同时参与大气化学反应，生产二次污染物。目前常用的检测仪器有质子转移反应质谱(PTR-MS)、气相色谱-质谱(GC-MS)、傅里叶变换红外光谱(FTIR)等，但这些技术在检测大气中部分重要挥发性有机物如甲烷、乙炔等小分子，甲醛、乙二醛、甲基乙二醛等羰基化合物等都有着不同程度的限制，而 CEAS 技术的发展很好地弥补了这个缺陷。

乙二醛和甲基乙二醛是典型的大气 α-二羰基化合物，主要来源是异戊二烯等天然源 $VOC_S$的氧化中间产物，同时生物质燃烧和人类排放 $VOC_S$氧化也是其来源之一。它们通过光解与羟基自由基的反应参与臭氧的产生和大气自由基循环，同时也是二次有机气溶胶的重要前体物，研究此类物种对量化 $VOC_S$排放，理解 $VOC_S$氧化机理，理清臭氧和气溶胶形成过程等具有重要的意义。应用 CEAS 技术针对乙二醛和甲基乙二醛的检测，主要方法是在近紫外到可见波段，选取较强吸收波段，根据吸收光谱反演出气体样品中的成分与目标物质的浓度，乙二醛和甲基乙二醛在可见光的强吸收波段在 420~480nm。2008 年，美国科罗拉多大学的 Washenfelder 等首先利用 IBBCEAS 技术实现了对 $NO_2$和乙二醛的同步检测，并在后续工作中不断改进，用 LED 光源替换氙弧灯，缩短腔长至 42cm。用铝材料和碳纤维定制笼式光学固定系统，使其能够在受振动和环境温度、压力快速变化的飞行环境中保持稳健的性能。中国科学院安徽光学精密仪器研究所研制了相似的便携式 IBBCEAS 系统，不同于传统的艾伦方差分析，他们提出将卡尔曼自适应滤波应用于反演浓度，对二氧化氮和乙二醛的检测精度分别提高了 2 倍和 4 倍，说明了卡尔曼滤波方法在 IBBCEAS 技术中的潜在适用性。

甲醛是大气中浓度水平最高的含氧挥发性有机物。甲醛在城市地区来自机动车尾气、化工产业等一次排放以及大气光化学反应的二次生成，对人体有致癌、致畸、致突变等风险。尽管甲醛在近紫外波段的吸收光谱具有明显特征，但是因为吸收截面较弱，对浓度反演增加了难度。基于 LED 光源搭建的 CEAS 系统，在红外波段具有高相干性和高光强特性，非常适合作为 CEAS 光源检测在此波段有特征吸收的大气物质。利用该系统能够检测工业污染大气中常见的污染物，检测限低于 $10^{-6}$ 量级。

**14.9.2.3 腔增强吸收光谱技术用于大气中氮氧化物的检测**

氮氧化物在大气化学循环中扮演着重要角色，其中，一氧化氮(NO)、二氧化氮($NO_2$)、四氧化二氮($N_2O_4$)、硝酸根自由基($NO_3^{\cdot}$)、五氧化二氮($N_2O_5$)、亚硝酸(HONO)等氮氧化合物所参与的大气氧化过程是二次污染物形成的关键驱动力。二氧化氮的人为来源主要有汽车尾汽排放、生物质燃烧等，不同地区大气中 $NO_2$ 含量差异巨大，空气中洁净地区的大气 $NO_2$ 体积分数一般在 $10^{-11}$ 量级，而重污染地区体积分数能够达到 $10^{-7}$ 量级。氮氧化物在大气中产生大量自由基，是大气化学中重要的活性反应物。由于氮氧化物的活性高、反应快，同时受环境影响，因此开发大气环境中氮氧化物精准检测方法受到了科研人员的广泛关注。腔增强吸收光谱技术自提出以来，因为其时间分辨率高、灵敏度高、可操作性强等优点，使得氮氧化物的检测在实验室研究、烟雾箱模拟研究以及外场观测中都得到了广泛的应用。图 14-23 列举了近年来国内外关于 CEAS 技术在氮氧化物检测中的关键参数。

氮氧化物中的 $NO_2$ 在近紫外到可见光波段的吸收光谱比较均衡，有多个适宜吸收光谱检测的波段可选，因此通常与其他物质共同检测再根据吸收光谱反演出各自的浓度。$NO_3^{\cdot}$ 自由基在可见光波段的强吸收段在 620~690nm 的红外波段，这也是应用 CEAS 系统检测 $NO_3^{\cdot}$ 自由基的主要目标波段，而 $N_2O_5$ 在可见光波段无明显吸收，通常在仪器的进样系统中将其热解转化 $NO_3^{\cdot}$ 自由基与 $NO_2$，通过检测 $NO_3^{\cdot}$ 自由基与 $N_2O_5$ 的总量后再用差值法获得其浓度。

大气中亚硝酸在近紫外波段的吸收光谱较强，能够吸收 300~400nm 波段的光辐射，光解成为 · OH 自由基，因此针对亚硝酸检测的 CEAS 系统多采用近紫外的 LED 光源。Ruth 等人首先在烟雾箱中采用开放腔的 CEAS 系统检测了 $NO_2$ 与亚硝酸，这也是 CEAS 技术首次应用到近紫外波段。利用该方法得到的检测结果与现有的检测方法相比效果良好，验证了 CEAS 系统无须样品的制备与化学转

| Research Institutes | Light Souree/ nm | Wavelength/ nm | Cavity Length/ m | Deteetor | Target | Aequiring Time | Detection Limit** ($\times 10^7$ molecule·$cm^{-3}$) |
|---|---|---|---|---|---|---|---|
| University of Cambridge | LED | 542~582 | 1.5 | CCD | $NO_2$ | 516s | $2\times 10^3$ |
| | | 652~672 | 1.9 | CCD | $NO_3$ | 516s | 6.2 |
| | LED | 630~680 | 1.1 | CCD | $NO_3$ | 10s | 0.62 |
| | | | | | | 400s | 0.22 |
| | | 410~482 | 0.94 | CCD | $NO_2$ | 1748a | 12 |
| | LED | 615~706 | 0.94 | CCD | $NO_3$ | 850s | 0.5 |
| | | 638~680 | 0.94 | CCD | $NO_3$ | 830s | 0.42 |
| University College Cork | Xe lamp | 620~690 | 4.5* | CCD | $NO_3$ | 60s | 10 |
| | LED | 360~380 | 1.15* | CCD | $NO_2$ | 20s | $3.4\times 10^4$ |
| | | | | CCD | HONO | 20s | $2.8\times 10^6$ |
| | | | 4.5* | CCD | $NO_2$ | 10min | 930 |
| | | | | CCD | HONO | 10min | 320 |
| | Xe lamp | 630~645 | 20* | CCD | $NO_2$ | 5s | $5\times 10^6$ |
| | | | | CCD | $NO_3$ | 5s | 5 |
| | | 620~720 | 6.7* | CCD | $NO_3$ | 60s | 5 |
| University of Colorado | Xe lamp | 441~469 | 0.944 | CCD | $NO_2$ | 60s | 49 |
| | LED | 361~389 | 0.48 | CCD | $NO_2$ | 5s | 197 |
| | | | | CCD | HONO | 5s | 861 |
| | Xe lamp | 315~355 | 1 | CCD | $NO_2$ | 60s | 886 |
| Universite du Littoral Cote d″ Opale | LED | 635~675 | 1~2 | CCD | $NO_3$ | 100s | 4.2 |
| | | | | CCD | $NO_2$ | 100s | $3.9\times 10^3$ |
| | LED | around 365 | 1.76 | CCD | HONO | 120s | 738 |
| | | | | CCD | $NO_2$ | 120s | $2\times 10^3$ |
| | LED | 620~680 | 2* | CCD | $NO_3$ | 60s | 8.9 |
| | | | | CCD | $NO_2$ | 60s | $1.0\times 10^4$ |
| Anhui Institute of Opties and Fine Mechanies, Chinese Academy of Science (AUIFM~CAS) | Xe lamp | 520~560 | 1.125 | CCD | $NO_2$ | 6s | 81 |
| | LED | 445~480 | 1.02 | CCD | $NO_2$ | 100s | 133 |
| | LED | 355~385 | 0.48 | CCD | $NO_2$ | 320s | $1.1\times 10^3$ |
| | | | | CCD | HONO | 320s | 540 |
| | LED | 360~385 | 0.55 | CCD | $NO_2$ | 30s | 836 |
| | | | | CCD | HONO | 30s | 440 |
| | LED | 440~480 | 0.42 | CCD | $NO_2$ | 21s | 98 |
| | LED | 445~475 | 4 | CCD | $NO_2$ | 2s | 230 |
| | LED | 438~465 | 0.7 | CCD | $NO_2$ | 30s | 71 |

图 14-23　国内外检测氮氧化物的 CEAS 系统及其关键参数

化而直接检测亚硝酸浓度的能力。

#### 14.9.2.4　腔增强吸收光谱技术用于天然气中痕量杂质的检测

全球能源消费近年来持续增长，天然气在能源市场中所占份额也在逐年增加。天然气作为一种清洁能源，燃烧后不会产生废渣和废水，相比常用的煤炭、石油等能源，能够在很大程度上降低污染物的排放，同时还可以减少二氧化碳的排放强度，减少二氧化碳排放量约 60%。天然气的主要成分为甲烷，含量超过 90%，其次为乙烷，含量为 5%~10%，还含有硫化氢和二氧化碳等少量杂质。

甲烷作为天然气的主要成分，是重要的化工原料和清洁能源，具有无色、无味、无臭、易燃易爆等特性。乙烷作为天然气第二大组分，监测乙烷含量是区分天然气和沼气的主要方法。目前市场上可以用来区分沼气和天然气的商业仪器主要是德国舒驰的乙烷分析仪，其中乙烷的最小检测灵敏度为10ppm。虽然该方法检测灵敏度高，但是仪器昂贵，定性分析还需要校准，检测结果往往受到环境条件的影响，无法满足实时、在线的监测需求；同时，也无法满足检测天然气中痕量杂质的要求。因此，考虑到天然气在开采、生产、运输过程中所含杂质及泄漏带来的巨大影响，节省仪器研发成本，提高经济效益，基于长光程的 CEAS 技术对天然气中痕量成分的快速、精准探测是至关重要的。

中国科学技术大学的田兴等人开展了基于离轴积分腔技术的水和甲烷的高灵敏度测量技术研究。利用反射率为99.9976%的高反射率腔镜建立了有效吸收光程达到8.626km 的离轴积分腔，艾伦方差结果表明该系统对探测甲烷的最佳平均时间为100s，甲烷最小可探测浓度极限为7.5ppb；对探测水的最佳平均时间为200s，水的最小可探测浓度极限为55ppm。实验过程中对数据处理方法进行了研究，不平均时甲烷测量精度为40ppb，平均20s 后测量精度提高到20ppb；不平均时水的测量精度为548ppm，平均20s 后测量精度提高到426ppm。与数据平均方法相比，Kalman 滤波数据处理方法能极大地提高测量精度，而且显著缩短了系统的响应时间。根据此方法，测量了实际大气中甲烷和水的浓度，连续两天的测量数据浓度变化趋势基本吻合。

基于 CEAS 技术开展的在近红外波段的天然气杂质分析和泄漏检测，通过波长调制与扣除背景技术的结合，能够显著提高探测灵敏度，实际测量中的检测浓度完全达到了目前商业仪器的分析标准，能够同时实现实时在线分析，具有巨大的发展空间。

### 14.9.3 腔增强吸收光谱技术在环境监测中的优势与局限

腔增强吸收光谱技术是在腔衰荡光谱的基础上发展而来的，它具备了 CRDS 的大部分优点，如具有很长的光程，检测灵敏度高，分析的物质广泛，适用于大部分场景，不破坏分子结构，实现原位、实时监测。与之相比，CEAS 技术省去了声光调制器或电光调制器和阈值快门，同时对数字采集速度、光电探测器灵敏度等要求不是很严苛，在实现手段上比前者更加简单方便，因此简化了实验装置，降低了实验成本，便捷了操作等。

CEAS 技术的主要难点在于光源必须与腔模式相对应，这个问题的存在也导致了该方法很难同时测量多个组分。在大气污染物种类各异的情况下，CEAS 技术主要针对单一物质或同一类物质，对于成分复杂的未知气体，很难有效分析各个组分的体积分数，这大大地制约了 CEAS 技术的应用场景。随着科技的不断进步和发展，通过将新型光源与 CEAS 技术相结合，能够很好地解决这一类问题，实现多组分的同时测量。

### 14.9.4 腔增强吸收光谱技术在环境监测中的应用展望

由于以上特点，腔增强吸收光谱技术经过近 20 年的发展，不仅得到了广泛的应用，而且在技术上也在不断地创新和改进，衍生出了其他类型的腔增强吸收光谱方法，如光学反馈腔增强吸收光谱(OF-CEAS)、非相干宽带腔增强吸收光谱(IBBCEAS)、波长调制腔增强吸收光谱(WM-CEAS)、离轴入射腔增强吸收光谱(OA-CEAS)、噪声免疫腔增强吸收光谱(NICE-OHMS)等，这些光谱技术基本原理类似，方法各异，在探测灵敏度上有了很大的提高。腔增强吸收光谱技术比传统的检测方法更加灵活方便，设备简单、灵敏度和分辨率高，因此具有广阔的应用前景。

腔增强光谱技术将在越来越多的领域发挥作用。随着半导体材料的发展，其使用的关键器件的性能封装结构越来越小，集成度越来越高，其体积、质量逐渐满足飞机卫星、深海探测等载荷要求，这就大大拓展了腔增强光谱技术的应用范围。另外，腔增强技术能够在相对较小的积分腔容积内实现超长光程，在呼吸气体检测、冰芯气体组分、外星气体等稀有样气的高灵敏度检测方面具有较大的潜力。纵观 CEAS 技术的发展，其光源覆盖了从紫外到中红外的大部分气体吸收光谱区域，从紫外的非相干光源对氮氧化物等痕量气体和气溶胶的探测，到中红外 QCL 更高灵敏度的痕量探测和同位素丰度分析。目前，腔增强光谱技术的发展趋势为：①与新型光源相结合，进行宽波段调谐，可实现探测多组分气体的体积分数；②通过改良光路结构，可实现更小容积的长光程探测；③与其他的探测手段相结合，可实现大气动态范围的多组分的探测。

总之，随着气体和同位素分子探测的要求越来越高，腔增强光谱技术在新型光源选择、新方法探测、光路结构改进和其他手段的结合联用上呈现出新的发展趋势，其探测精度和灵敏度日渐提高，逐渐向可搭载运动平台的应用领域拓展，具有广阔的发展前景。

## 14.10 三维荧光光谱技术

### 14.10.1 三维荧光光谱技术概述

三维荧光光谱是近几十年发展起来的一种新的荧光分析技术。由于获取光谱所采用的手段和讨论问题的角度不同，该技术的使用名称不一，常见的有三维荧光光谱、总发光光谱、激发-发射矩阵和等高线光谱等。三维荧光光谱与普通荧光分析的区别主要在于它能获得激发波长和发射波长同时变化的荧光强度信息。

#### 14.10.1.1 三维荧光光谱技术方法原理

当紫外线照射到某些物质的时候，这些物质会发出各种颜色和不同强度的可见光，当紫外线停止照射时，所发射的光线也随之消失，这种光线被称为荧光。物质在吸收入射光的过程中，光子的能量传递给了物质分子。分子被激发后，发生了电子从较低的能级到较高能级的跃迁。这一跃迁经历的时间约为$10^{-15}$s。跃迁所涉及的两个能级间的能量差，就等于所吸收的光子能量。紫外、可见光区的光子能量较高，足以引起分子中的电子发生能级间的跃迁。处于这种激发状态的分子，称为电子激发态分子。

电子激发态的多重态用$2S+1$表示，$S$为电子自旋角动量量子数的代数和，其数值为0或1。分子中同一轨道里所占据的两个电子必须具有相反的自旋方向，即自旋配对。假如分子中的全部电子都是自旋配对的，即$S=0$，该分子便处于单重态，用符号$S$表示。大多数有机物分子的基态是处于单重态的。倘若分子吸收能量后电子在跃迁过程中不发生自旋方向的变化，这时分子便具有两个自旋不配对的电子，即$S=1$，分子处于激发的三重态，用符号$T$表示。符号$S_0$、$S_1$和$S_2$分别表示分子的基态、第一和第二电子激发单重态，$T_1$和$T_2$分别表示第一和第二电子激发三重态。

处于激发态的分子不稳定，它可能通过辐射跃迁和非辐射跃迁的衰变过程而返回基态。辐射跃迁的衰变过程伴随着光子的发射，即产生荧光或磷光；非辐射跃迁的衰变过程，包括振动弛豫、内转化和系间窜越，这些衰变过程导致激发能转化为热能并传递给介质。图14-24为分子内所发生的激发过程以及辐射跃迁和非辐射跃迁衰变过程的示意图。

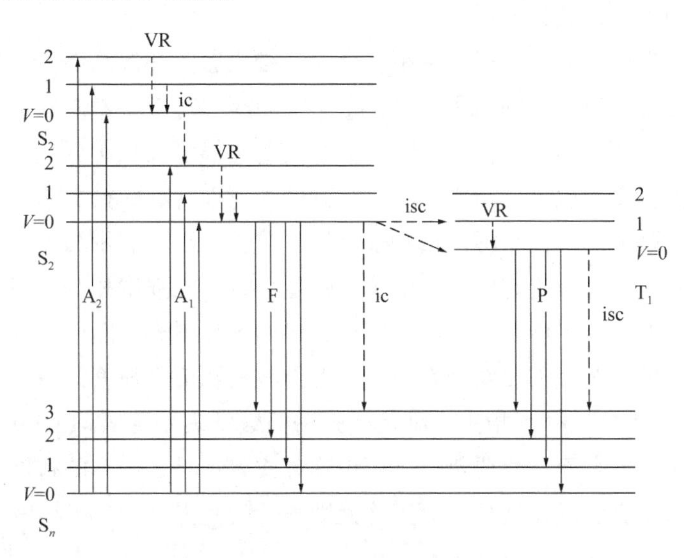


图14-24 分子内的激发和衰变过程

$A_1$，$A_2$—吸收；F—荧光；P—磷光；ic—内转化；isc—系间窜越；VR—振动弛豫分子发光的类型，可按激发模式即提供激发能的方式来分类，也可按分子激发态的类型加以分类。按激发的模式分类时，如分子通过吸收辐射能而被激发，所产生的发光称为光致发光；如果分子的激发能量是由反应的化学能或生物体释放出来的能量所提供，其发光分别称为化学发光或生物发光。此外，还有热致发光、场致发光和摩擦发光等。按分子激发态的类型分类时，由第一电子激发单重态所产生的辐射跃迁而伴随着发光现象称为荧光；由最低的电子激发三重态发生的辐射跃迁所伴随的发光现象称为磷光。

荧光是一种光致发光现象，由于分子对光的选择性吸收，不同波长的入射光便具有不同的激发效率。如果固定荧光的发射波长而不断改变激发光的波长，并记录相应的荧光强度，所得到的荧光强度对激发波长的谱图称为荧光的激发光谱。如果使激发光的波长和强度保持不变，而不断改变荧光的测定波长，并记录相应的荧光强度，所得到的荧光强度对发射波长的谱图则为荧光的发射光谱。激发光谱反映了在某一固定发射波长下所测量的荧光强度对激发波长的依赖关系；发射光谱则反映了在某一固定的激发波长下所测量的荧光的波长分布。激发光谱和发射光谱可用于鉴别荧光物质，并可作为进行荧光测定时选择合适的激发波长和测定波长的依据。

普通的荧光分析所测得的光谱是二维谱图，但是，实际上荧光强度应是激发和发射这两个波长变量的函数。描述荧光强度同时随激发波长和发射波长变化的关系谱图，即为三维荧光光谱。

三维荧光光谱的表示形式有两种：等角三维投影图和等高线光谱图。前者是一种直观的三维立体投影图(图 14-25)，空间坐标 X、Y、Z 轴分别表示发射波长、激发波长和荧光强度。作图时，Y 轴的激发波长可以从小到大，所得到的为正面观察的投影图，也可以从大到小，得到的为背面观察的投影图。

等高线光谱图的平面坐标的横轴表示发射波长，纵轴表示激发波长，平面上的点表示有两个波长所决定的样品的荧光强度。将荧光强度相等的各个点连接起来，便在平面上显示了由一系列等强度线组成的等高线光谱图(图 14-26)。

复杂体系的总荧光需要对激发波长、发射波长和荧光强度等三个参数加以表征。早在 1961 年 Weber 就指出三维荧光光谱的数学表示形式(EEM)在完全表征一个复杂荧光体系方面的重要价值。用矩阵方式表示时，矩阵的行序表示发射波长，矩阵的列序表示激发波长，而矩阵元则表示荧光强度。

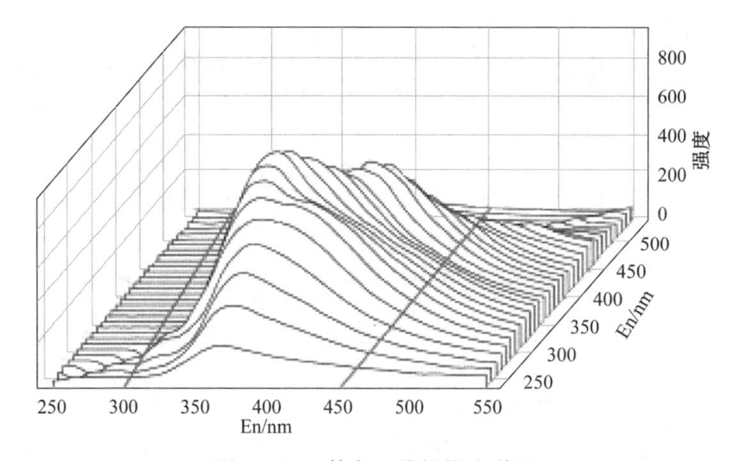


图 14-25 等角三维投影光谱图

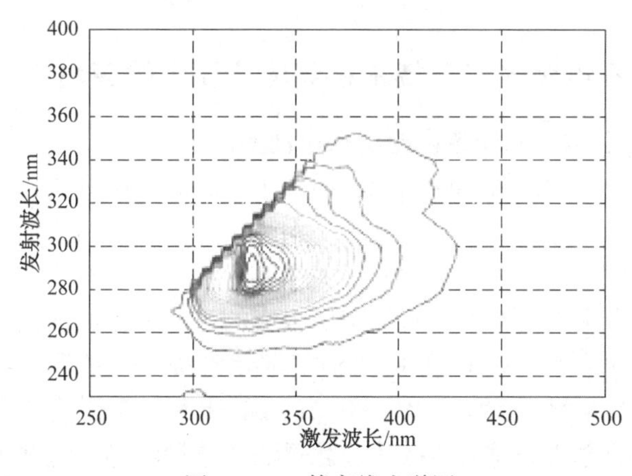


图 14-26 等高线光谱图

### 14.10.1.2 三维荧光光谱的仪器组件

获取三维荧光光谱，最简单的办法是应用常规的荧光分光光度计首先获取各个不同激发波长下的发射光谱，例如激发波长每增加 5nm 或 10nm 即测绘一次发射光谱，然后利用所获得的一系列光谱数据，手工绘出等角三维投影图或等高线光谱。这种办法十分费时，实际意义小。进一步的改进则是采用联用微机的快速扫描荧光分光光度计，在保持一定的激发波长增量条件下，重复进行发射波长的扫描，并将所获得的发光强度信号输入计算机进行实时处理和作图。采用快速机械扫描的办法，多数情况下会遇到再现性和信噪比损失的问题。因而，更先进的办法是采用电视荧光计，这种技术的特点是采用多色光照射样品，应用二维多道检测器检测荧光信号，并使系统与小型计算机连接以进行操作控制和实时的数据采集和运算。

荧光分光光度计作为荧光分析的主要检测仪器，主要由光源、单色器、狭缝、样品室、信号放大系统和数据处理系统组成。光源用来激发样品，单色器用来分离单色光，信号放大系统用来把荧光信号转化为电信号。一般荧光分光光度计结构如图 14-27 所示。

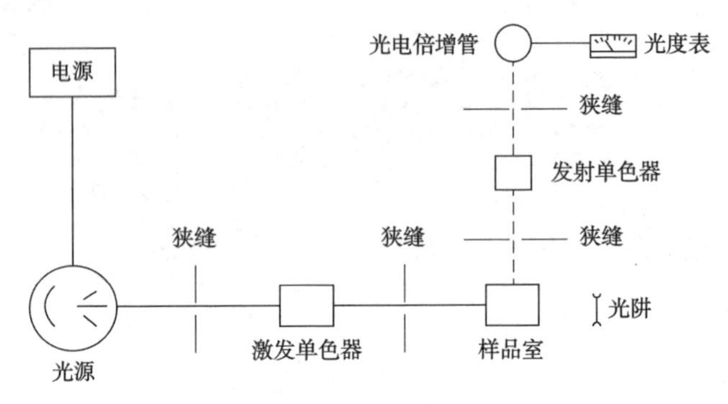


图 14-27　荧光分光光度计结构示意图

## 14.10.2　三维荧光光谱技术在环境监测中的应用

### 14.10.2.1　三维荧光光谱在检测水中油的应用

随着人类对能源的需求不断增加，导致了能源的过度开采，在这过程中，不可避免地导致了水体环境的污染。其中，各类矿物油是水污染的主要成分，因此对水中矿物油的种类及其含量的检测至关重要。

矿物油类污染是指对原油进行加工所合成的产品和各类油类分解物对环境所造成的破坏。原油一般是以 C 和 H 两种基本元素所形成的混合物。此外，原油也会存在一定量的金属元素，如 V、Ni、Fe 和 Al 等。在线检测水中油浓度的方法有很多，传统的方法如总有机碳法、悬浮法、重量法等，这些方法一般需要进行萃取，操作难度大，准确性较低，不能精确高效地检测水中油浓度。现在常用的检测方法主要是光谱法和色谱法，如紫外荧光光谱法、红外光谱法、气相色谱-质谱联用法等，其中红外光谱受环境和人为因素影响较大，结果误差大，气相色谱-质谱联用法虽然准确率高，但是操作复杂、成本高，同时无法鉴别相似的样品谱图。三维荧光光谱避免了上述缺点，已成为目前最广泛和有效的检测方法。

三维荧光光谱是一种新型的荧光分析方法，与二维的荧光光谱相比，三维荧光光谱更能完整地反映出矿物油中所包含的全部光谱信息，得到物质的荧光特性。通过比较不同的矿物油的三维荧光光谱图(如图 14-28)，可以发现，不同浓度的矿物油的三维荧光光谱，其中峰值以及最佳激发波长和最佳发射波长的位置是不相同的，由于每一种矿物油含的碳原子个数不同，导致其内部结构不一样，所发出的荧光就不相同，从而可以通过它们的荧光特性来判断具体是哪一种物质。

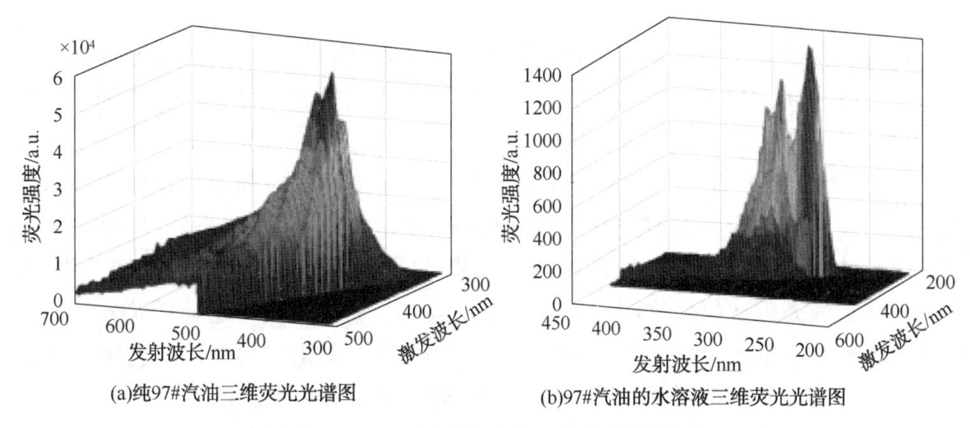


图 14-28　不同矿物油的三维荧光光谱图

由朗伯比尔定律可知，物质的溶液浓度与荧光物质产生的荧光强度是呈正比的，这就可以成为三维荧光技术的定量基础。通过对不同浓度的水溶液进行三维荧光扫描，可以得出荧光强度和溶液浓度的关系曲线及线性范围，这也证明了三维荧光检测法的可行性。

矿物油污染中的成分是复杂多样的，同时三维荧光光谱的谱图信息量也是巨大的，这也导致了对实际样品的检测是十分困难的。因此，对三维荧光技术得到的“指纹图”进行数据分析也是该技术广泛应用的前提。近年来，将三维荧光光谱与数字图像识别技术相结合，能够为复杂污染物的鉴别提供很好的解决思路。首先，利用多种混合油样品，获取其三维荧光光谱数据，并对该数据进行求导和灰度化处理，进而得到三维荧光导数光谱灰度图；其次提取样品三维荧光导数光谱灰度图的颜色、纹理和形状等数字图像特征，通过数据运算建立样本的分类模型，从而逐步建立定量模型及各组分的相对体积模型，实现了对复杂油类的定性定量分析。

**14.10.2.2　三维荧光光谱在土壤有机碳检测中的应用**

可溶性有机碳(DOC)是土壤有机碳中最活跃的部分，在土壤中虽然含量极少，但其自身具有的高生物活性，使其在整个土壤碳库循环中至关紧要，同时DOC对土壤中营养元素的有效释放、重金属污染及微生物活动等多个方面也有重要作用。DOC还是影响土壤肥力和作物产量的重要因素，土壤中DOC的释放和固定是改变土壤与大气之间的碳平衡的重要因子之一，对温室效应影响显著。

在20世纪90年代，三维荧光光谱技术首次被海洋学家Coble用于探究DOM的结构组成，通过DOM中各荧光组分的激发/发射波长的位置确定了类蛋白和类腐殖质荧光基团的存在。此后，三维荧光光谱技术不断改进发展，具有较高灵敏度，所需样品少，保证样品结构完整性和信息量丰富等优点，常被用于结构组分复杂体系中荧光光谱对象重叠的物质识别和结构表征，尤其被广泛用于定性定量地识别表征 DOM 的组分与来源。

针对三维荧光光谱技术主要的数据分析方法包括峰值法、荧光区域积分法和平行因子分析法。峰值法是较早用来表征 DOM 不同荧光组分含量变化的数据处理方法，主要通过直接选取国际定义的特定区域位置处的荧光强度来表征。海洋学家 Coble 将主要的荧光峰与特定位置可能的荧光物质对应起来，主要明确了类色氨酸、类酪氨酸、类腐殖酸和海洋腐殖酸这四类荧光物质的激发/发射波长范围，此后的研究多以此为基础进行延伸。荧光区域积分法是在峰值基础上提出，根据研究目的人为地将三维图谱划分为 5 大区域，通过计算给定面积荧光区域的标准化体积及体积百分比，来定量表征 DOC 的结构变化，其中，在应用荧光区域积分法计算荧光数据时要注意激发/发射波长间距的荧光物质含量比例，得出蛋白质类物质比例偏小，腐殖质类比例偏大的结果。平行因子法可针对复杂重叠的荧光峰，运用主成分分析方法将荧光数据有效分离出来，定性定量地表征 DOC 组分的含量变化。平行因子法可以实现复杂荧光图谱化学计量学分离并给予量的变化，可以更加直观具体地反映荧光物质变化与具体时空过程的关系，科研人员可通过比较 DOM 分子中各荧光组分的变化情况与具体被检测指标之间的相关性，判断荧光结构对检测指标的影响力大小。

**14.10.2.3　三维荧光光谱在检测水体中多环芳烃的应用**

多环芳烃(PAHs)是一种有机污染物，具有持久性，在环境中较为常见，多以痕量形式存在于水体中。PAHs 具备“三致”效应，即致癌、致畸、致突变。由于 PAHs 会接连产生并转移，而且能通过人的呼吸作用等途径进入人体，因此，该类化合物具有很大的威胁性。PAHs 有着光致毒效应，这是指 PAHs 在吸收紫外可见光后，其毒性会产生明显的变化，当人体接触紫外光照射下的 PAHs 时，会损害 DNA，导致基因突变。

目前对水体中多环芳烃的检测常用的有色谱法和光谱法。色谱法有气相色谱、液相色谱、气相色谱-质谱联用等方法，它能够对复杂污染物实现准确的定性定量分析，但是往往会涉及复杂的前处理和昂贵的仪器。光谱法主要有紫外分光光谱法和荧光光谱法。

多环芳烃大多具有两个或多个苯环，能够产生较大的共轭体系，且它是一类多组分混合的化合物，其各组分均具有较宽的荧光光谱线，光谱主峰位置相近甚至重叠。物质的荧光强度是发射波长和激发波长两者之间变化的函数，三维荧光光谱信息丰富，很大程度上增强了光谱的分辨识别能力，但它在记录激发—发射数据信息的同时也记录了其他较强的荧光体信号(如背景或干扰物)，增加了对物质定性定量分析的难度。因此，数据的定性定量分析必须基于三维荧光光谱法，结合化学计量学算法来实现。L. R. Tucker 等人于 20 世纪 60 年代初就提出了一系列的光谱三线性模型，其中最经典的是三维光谱数据的主成分分析方法，主要缺点是具有旋转不确定性且没有实际的物理意义。Harshman 等人提出了平行因子分析数据模型，即较为经典的用于三维数据的三线性结构模型。其主要成分具有实际的物理意义，分解结果唯一，具有“二阶优势”，且该模型符合朗伯比尔定律，因此在化学分析中受到广泛应用。

近年来，面临着各种各样的复杂样本，增加了对“灰色”和“黑色”复杂化学体系分析检测的难度。复杂的样本通常包含了多组分的混合物，含量差异较大，已知信息较少(灰色)，甚至成分和含量等信息都未知(黑色)的化合物。结合了先进数据处理技术的三维荧光光谱方法对复杂污染物的检测与分析具有很大的优势，已经逐渐受到研究人员的重视。

样品的荧光光谱易受到空白溶剂和其他较强的荧光体的干扰而产生散射，从而难以得到准确的定量结果。散射分为两种类型，即 Raman 和 Rayleigh 散射。激发波长为发射波长一倍或两倍位置处的散射是 Rayleigh 散射，Raman 散射的荧光强度主要是受测试样品的溶剂影响。Raman 散射的荧光强度远远弱于 Rayleigh 散射的荧光，当所需仪器的灵敏度较高且所测样品浓度很低时，Raman 散射带靠近于目标分析物的荧光特征峰，甚至融入其中，无法识别，这增加了对目标物测定的难度。在样本溶液中，很多处于基态的分子受到激发而跃迁到同一激发态的较高能级上而导致 Rayleigh 散射的产生，如溶剂、溶质甚至容器壁等都会产生 Rayleigh 散射，一般情况下，简单的空白扣除是无法消除散射的。

目前，对于光谱数据散射问题，常用的方法有空白扣除、加权法 Delaunay 插值法、平行因子法等。利用 Delaunay 插值法可以有效地去除光谱数据中的散射。试验结果如图 14-29 所示，对苊的荧光光谱散射进行校正，该方法不只能有效地突出有机发色团的荧光信号，且光谱波长和荧光强度没有出现偏差，散射区中的有用光谱信息能有效地保留下来。

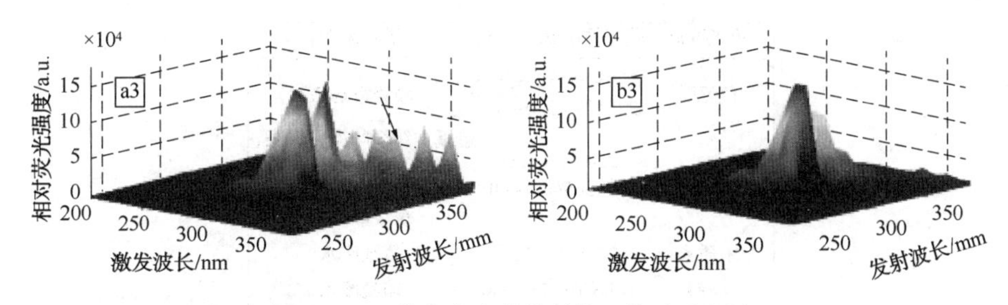


图 14-29　苊荧光光谱散射校正前后对比图

#### 14.10.2.4　三维荧光光谱在水体污染溯源中的应用

目前，城市生活污水已经成为我国最主要的污水来源，排放的化学需氧量及氨氮等污染物均已超过同期的工业废水。面对频繁发生的水污染问题，构建快速、准确的污染源识别与解析方法，对水质安全保障以及流域水污染风险防控具有重大意义。水体中的溶解性有机物的性质决定了其荧光特征，因此不同水体的三维荧光指纹谱存在显著的差异。这种一一对应的特点可以用来表征水体的有机物差异，因此水体的三维荧光指纹谱也被称为“水质荧光指纹”，可以用来表征水体的荧光特征。

对于不同类型的污废水，由于所含的荧光类溶解性有机物存在较大的差异，使得其三维荧光指纹谱的特征存在显著差别，主要体现在图谱形状、荧光峰位置、荧光强度即荧光峰个数等方面。对于同类型的污染源的三维荧光指纹谱由于生产工艺、产品类型、季节等影响也存在一定的差异。其中，荧光峰的位置是污染废水三维荧光指纹谱用来表征有机物特征的最主要指标。吴静等人对石化废水的三维荧光特征进行了分析，研究显示石化废水的三维荧光指纹谱主要有 10 个典型的荧光峰，其中激发波长/发射波长 = 230/340nm 处的荧光峰在各种石油类物质的光谱中都出现过，根据荧光峰的相关性，石化废水的荧光指纹可以分为 3 个比较独立的水纹区。同区的各个荧光峰之间的线性关系显著。经试验对比发现，激发波长/发射波长 = 230/305nm 附近可能与苯类物质有关，各峰的荧光强度范围和各峰荧光强度的相关性，都可以作为石化生产是否正常的判据。

研究不同污染源的典型三维荧光指纹谱，找到不同污染源独特的荧光特征，能够为污染源识别提供依据。当发生突发性污染事件时，可以将被监测水体的三维荧光指纹谱同潜在污染源的典型三维荧光指纹谱进行对比，包括荧光峰识别与图谱解析出的荧光峰同目前已知的荧光物质的荧光峰进行比对，如图 14-30 所示，找到可能的荧光物质，并判断其潜在的污染来源。图谱相似度比较主要是通过置信系数来确定潜在的污染源，一般的，当相似度>90%时，就可以定性判断为污染来源。

| 荧光物质 | 荧光锋(Ex/Em)/nm | 潜在来源 |
| --- | --- | --- |
| 色氨酸 | 270~290/320~370<br>225~240/320~370 | 垃圾渗滤液 |
| 荧光增白剂 | 250/344(442)<br>360~365/400~440 | 造纸、纺织印染、洗涤、塑料废水；城市生活污水；人类排泄物；垃圾渗滤液 |
| 木质素 | 285/320(385) | 造纸废水 |
| 染料 | 275/320；230/340 | 印染废水 |
| 苯胺类 | 280/340；230/340 | 印染废水 |
| 苯酚 | 220/300；270/300 | 练油废水 |
| 石油醚 | 225/(350~360) | 石化废水 |
| 多环芳烃 | 220~300/370~430 | 电子行业废水 |

图 14-30　部分荧光溶解性有机物的荧光峰及其潜在来源

水体三维荧光指纹谱除了直观的图谱形状、荧光峰位置、荧光峰强度和个数等信息均可以用于污染源追溯，一些研究还发现荧光参数也可以作为一个荧光特征用于污染源追溯。目前常用的荧光参数包括荧光组分百分比、荧光峰强度比值、荧光指数、腐殖化指数和生物指数等。陈茂福等人研究了城市污水的典型三维荧光光谱纹谱特征，发现城市污水水体中的荧光峰比值(表示第二荧光峰强度与第一荧光峰强度的比值)，可以作为判断污染来源的重要参考，当该比值为1.3时，表示该城市污水中含工业废水比例较大；当该比值为1.6时，表示该城市污水以生活污水为主。

三维荧光指纹谱已经被证实是一种有价值的水体污染监测与溯源工具，其荧光指纹图谱库的构建已成为发展趋势，当发生突发性污染事件时，就能够快速地识别污染来源。谱库的技术框架主要包括环境调查与分析、污染源荧光指纹图谱库构建、基于污染源荧光指纹图的污染源追溯，具体的流程如图14-31所示。为了辨识环境受体(河、湖等)中的特征污染物、潜在排放源以及重点污染源，需要对环境受体污染物及与其具有水利联系的潜在排放源开展系统全面的调查。首先，通过资料调查对环境受体的自然地理、水利、生态、环境、工业、农业等方面进行调查；其次，在此基础上开展现场调查，了解环境受体本身及周边环境，最主要的是了解与其具有水利联系的工业、农业、生活污染源情况，列出潜在污染源清单；最后，开展环境受体本身的荧光图谱调查，通过采样、测试、图谱解析最终识别环境受体的荧光特征。同时要进行实时三维荧光监测，以便对水质变化作出快速预警。

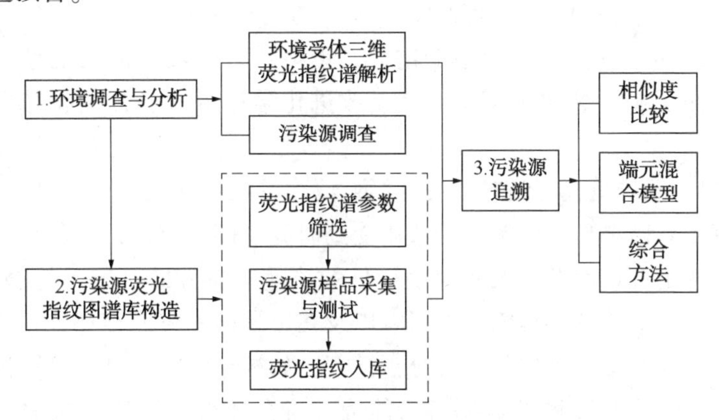


图14-31　荧光指纹图谱库构建技术流程

目前，三维荧光指纹谱由于具有测试简单、信息丰富、反应灵敏等特点，受到人们的广泛关注，但是，由于水体三维荧光指纹谱仅能表示水体中荧光类溶解性有机物的种类、含量变化，而且其特征受到酸碱性、金属离子及其他离子和温度的影响，使其基于单一的三维荧光指纹谱进行污染来源解析产生不确定性。因此，为了更加准确、快速地开展水体污染来源追溯与解析，还需要不断地研究，一方面需要继续开展污染源的特征研究，特别是污染源的荧光特征信息，不仅要包括不同类型的工业废水，还应包括同种类型不同企业所产生的工业废水，尽可能地完善荧光指纹图谱库，另一方面将三维荧光指纹谱同其他的源解析技术相结合，实现更加准确的源解析。

### 14.10.3 三维荧光光谱技术在环境监测中的优势与局限

#### 14.10.3.1 三维荧光光谱在环境监测中的优势

三维荧光光谱不仅具有传统荧光光谱的灵敏度高、线性范围宽、重现性好等优点，而且三维荧光光谱在这个基础上，包含了激发波长、发射波长和荧光强度3种信息，可以直观地描述荧光强度、荧光峰位置及荧光强度变化趋势，能提供比常规荧光图谱更为丰富的信息，更加完整地描述荧光物质的荧光特性。

三维荧光图谱在速度快、成本低、专属性强、前处理简单等优点的基础上，能够更加全面地反映一种复杂物质的光谱信息，并且具有较高的测量灵敏度，对分子的结构也具有较好的选择性，这些优点都使其应用范围越来越广。

#### 14.10.3.2 三维荧光光谱在环境监测中的局限

三维荧光光谱的局限性主要体现在三个方面：第一，三维荧光技术所检测的物质局限于必须有荧光特性，其产生的荧光信息必须足以被仪器捕捉，而且被测物分子必须有较高的荧光效率；第二，被测物的荧光强度受到环境因素影响严重，如温度、pH 值、溶液中离子等，这就对实验环境和操作有了较高的要求；第三，对于化学结构相似的组分，单纯从三维荧光谱图上难以分辨，无法实现其定量分析。常见的解决方法是改进化学计量方法，提高对复杂物质的解析能力。

### 14.10.4 三维荧光光谱技术在环境监测中的应用展望

三维荧光光谱在环境监测中的应用受到研究者们的重视，尤其在水环境中对污染物的快速定性、溯源以及对突发事件的快速响应方面有着无与伦比的优势，尽管三维荧光光谱受到环境因素的影响以及在定量检测方面存在许多不足，但是通过不断的研究，结合现代的先进分析模型，如神经网络计算，计算机的深度学习等，改进三维荧光图谱的数据解析能力，将会使得三维荧光光谱的应用更加广泛。

在环境监测的不断发展中，实时监测、原位监测等要求不断提高，三维荧光光谱可以很好地满足不断发展的环境监测要求。同时，随着各类污染事件的不断发生，对污染物溯源也是必不可少的，三维荧光光谱对水体中有机污染物的溯源有着巨大的发挥空间。

## 参 考 文 献

[1] 刘平，孙金龙，王俊娟．微流控技术在自然水体检测中的应用研究[J]．分析仪器，2018(05)：88-91.

[2] 陈昱．微流控技术中的微流体控制与应用[J]．海峡科技与产业，2018(06)：21-28.

[3] 李宇杰，霍曜，李迪，等．微流控技术及其应用与发展[J]．河北科技大学学报，2014，35(01)：11-19.

[4] 张琳，李翠萍，曹丙庆，等．现场检测质谱膜进样技术研究进展[J]．分析仪器，2010(04)：1-6.

[5] 罗志刚，贺玖明，刘月英，等．质谱成像分析技术、方法与应用进展[J]．中国科学：化学，2014(05)：795-800.

[6] 张琦玥，聂洪港．质谱成像技术的研究进展[J]．分析仪器，2018(05)：1-10.

[7] 郑永飞．稳定同位素地球化学[M]．北京：科学出版社，2000.

[8] 孙玮玮，毕春娟，陈振楼，等．稳定性同位素示踪技术在环境领域的应用初探[J]．环境科学与技术，2009，32(09)：88-92.

[9] 杨蓉，李垒碳．碳氮氧稳定同位素技术在水生态环境中的应用[J]．环境科学研究，2022，35(01)：191-201.

[10] 张妙月，尹威，王毅，等．稳定同位素示踪土壤中重金属环境行为的研究进展[J]．土壤学报，2022，59(05)：1215-1227.

[11] 胡新笑，侯兴旺，刘倩，等．氯/溴稳定同位素分析技术及其在环境科学研究中的应用[J]．环境化学．2021，40(02)：331-342.

[12] 傅慧敏，王巧环，孟龄，等．轻稳定同位素环境检测样品的采集和前处理方法[J]．环境监测管理与技术，2022，34(04)：10-14+20.

[13] 唐立军，顾植彬，彭春荣，等．基于高速解调电路的新型手持式工频电场检测系统[J]．传感器与微系统，2018，37(01)：114-116+123.

[14] 罗凡，冯飞，赵斌，等．基于微机电系统的高深宽比气相微色谱柱[J]．色谱，2018，36(09)：911-916.

[15] 彭强，邢婉丽，梁东，等．基于微机电系统技术的微型气相色谱检测器在测定白酒微量乙酸乙酯中的应用[J]．分析科学学报，2006，22(06)：723-725.

[16] 劳哲．原位电离质谱技术的应用与研究进展[J]．临床研究，2022，30(06)：193-198.

[17] 郭项雨，黄雪梅，翟俊峰，等．原位电离小型便携式质谱的研究进展[J]．分析化学，2019，47(03)：335-346.

[18] 阚瑞峰，刘文清，张玉钧，等．高灵敏激光吸收光谱仪监测北京城区甲烷浓度变化[J]．大气与环境光学学报，2007(03)：204-207.

[19] 陶波，王淏，朱峰，等．基于激光吸收光谱的惰性气体 Xe 在线探测技术[J]．现代应用物理，2021，12(02)：37-40+46.

[20] 刘立富，冯雨轩，陈东，等．基于中红外激光吸收光谱技术的微量乙炔检测研究[J]．量

子电子学报，2021，38(05)：648-660.
[21] 汪智军，李建鸿．激光光谱技术在溶解无机碳碳同位素分析中的应用[J]．中国岩溶，2021，40(04)：636-643.
[22] 张志荣，夏滑，董凤忠，等．利用可调谐半导体激光吸收光谱法同时在线监测多组分气体浓度[J]．光学精密工程，2013，21(11)：2771-2777.
[23] 袁敏，毋焱，邓勇，等．激光吸收光谱技术在燃气泄漏检测中的应用[J]．办公自动化，2014(S1)：38-42.
[24] 刘文清，王兴平，马国盛，等．高灵敏腔衰荡光谱技术及其应用研究[J]．光学学报，2021，41(01)：434-450.
[25] 董美丽，赵卫雄，程跃，等．宽带腔增强吸收光谱技术应用于痕量气体探测及气溶胶消光系数测量[J]．物理学报，2012，61(06)：113-118.
[26] 叶相平．浅述高纯气体中微量水的分析[J]．低温与特气，2014，32(03)：33-36.
[27] 阎文斌．微量气体定量分析的新方法：光腔衰荡光谱[J]．低温与特气，2007(01)：35-38.
[28] 陈剑．光腔衰荡光谱方法探测大气中氮氧化物[D]．合肥：中国科学技术大学，2017.
[29] 吴涛，胡仁志，谢品华，等．大气 HCHO 光谱学探测技术研究进展[J]．量子电子学报，2021，38(06)：699-726.
[30] 仰青颖，程存峰，孙羽，等．腔增强拉曼光谱方法检测痕量氢气[J]．量子电子学报，2021，38(05)：669-676.
[31] 陈东阳，周力，杨复沫，等．腔增强吸收光谱技术在大气环境研究中的应用进展[J]．光谱学与光谱分析，2021，41(09)：2688-2695.
[32] 陈稳稳，郑凯元，曹延伟，等．基于腔增强激光光谱的水中溶解甲烷传感系统[J]．光子学报，2021，50(09)：176-184.
[33] 刘梓迪，郑凯元，张海鹏，等．离轴积分腔增强红外激光二氧化碳传感系统[J]．光子学报，2020，49(11)：185-193.
[34] 段俊，唐科，秦敏，等．宽带腔增强吸收光谱技术应用于大气 $NO_3^-$ 自由基的测量[J]．物理学报，2021，70(01)：252-261.
[35] 薛柯伲，佟娟，何友文，等．工业园区污水厂处理过程中溶解性有机物的三维荧光特征分析[J]．环境工程学报，2022，16(11)：3618-3628.
[36] 周黎，王清泉，程雨涵，等．三维荧光光谱——熵权法在水污染溯源中的应用研究[J]．四川环境，2022，41(05)：17-22.
[37] 刘稜，方逸川，孙孝龙．基于三维荧光光谱——平行因子分析(EEM-PARAFAC)的有机质研究进展[J]．净水技术，2022，41(10)：7-16+185.
[38] 雷涛，张汉，杨仁杰，等．土壤中 PAHs 荧光光谱检测技术研究进展[J]．天津农学院学报，2022，29(03)：84-90.
[39] 敖静，王涛，常瑞英．三维荧光光谱法在土壤溶解性有机质组分解析中的应用[J]．土壤通报，2022，53(03)：738-746.

[40] 崔兵，高红杰，郑昭佩，等．基于三维荧光和二维相关光谱的城市河流溶解性有机质组成及其空间分异特征[J]．生态与农村环境学报，2021，37(03)：369-377.
[41] 丁铖，于兴娜，侯思宇．西安市大气降水污染和沉降特征及其来源解析[J]．环境科学，2020，41(02)：647-655.
[42] 杨斌，骆荣．长三角地区大气污染物的研究进展[J]．环境生态学，2019，1(05)：74-78.
[43] 胡晨璐，卢旷．$PM_{2.5}$源解析技术研究现状及发展趋势探讨[J]．资源节约与环保，2019(08)：106.
[44] 彭杏，史旭荣，史国良，等．基于受体模型和源成分谱的缺失组分反演算法[J]．中国环境科学，2019，39(03)：939-947.
[45] 魏迎辉，李国琛，王颜红，等．PMF 模型的影响因素考察——以某铅锌矿周边农田土壤重金属源解析为例[J]．农业环境科学学报，2018，37(11)：2549-2559.
[46] 刘童，王晓军，陈倩，等．烟台市环境受体 $PM_{2.5}$四季污染特征与来源解析[J]．环境科学，2019，40(03)：1082-1090.